高职高专环保类专业教材系列

环 境 监 察

李莉霞　主　编

彭丽娟　阮亚男　副主编

姚运先　陈占军　主　审

科 学 出 版 社

北 京

内 容 简 介

本书全面系统地阐述了环境监察的基本内容、方法和要点，并关注环境监察工作的新进展、新动向。全书共十章，阐述了污染源及其污染防治设施监察、建设项目环境监察、生态环境监察、排污申报登记与排污核算、排污收费、环境行政处罚、环境污染事故与纠纷的调查和处理、环境监察文书及档案管理、环境监察信息化建设与管理等内容。本书把环境监察基本内容与监察工作任务情境下相关活动的实践相结合，以案例导入、任务分析作为环境监察工作内容的切入口，形式生动，案例丰富、练习题实用。

本书可作为高职高专环保类专业及相关专业的教材，对地方各级环境监督管理人员、企业环境与安全管理人员以及相关从业人员也有一定的参考价值。

图书在版编目（CIP）数据

环境监察 / 李莉霞主编. —北京：科学出版社，2011
（高职高专环保类专业教材系列）

ISBN 978-7-03-032237-1

Ⅰ. ①环…　Ⅱ. ①李…　Ⅲ. ①环境监测－高等职业教育－教材
Ⅳ. ①X83

中国版本图书馆 CIP 数据核字（2011）第 176691 号

责任编辑：张　斌 / 责任校对：马英菊
责任印制：吕春珉 / 封面设计：东方人华平面设计部

科 学 出 版 社 出版
北京东黄城根北街 16 号
邮政编码：100717
http://www.sciencep.com

北京九州迅驰传媒文化有限公司 印刷
科学出版社发行　各地新华书店经销

*

2011 年 9 月第 一 版　　开本：787×1092　1/16
2023 年 12 月第九次印刷　　印张：21
字数：503 000

定价：75.00 元
（如有印装质量问题，我社负责调换〈九州迅驰〉）
销售部电话 010-62142126　编辑部电话 010-62135120

序

　　环境保护是我国的一项基本国策，而环境保护教育又是环保工作的重要基础。因此必须加强环境学科相关知识在实践中的应用，提高我国环保类专业学生的环境科研、监管能力，注重学生实践操作能力的培养，努力提高环保专业课程体系的整体性、系统性、实用性。

　　环境管理作为人类自身行为管理的一种活动，是在 20 世纪 60 年代末开始随着全球环境问题的日益严重而逐步形成、发展的，它揭示了人类社会活动与人类生存环境的对立统一关系。在人类社会中，环境—社会—经济组成了一个复杂的系统，作为这个系统核心的人类为了生存发展，需要不断地开发利用各种自然资源和环境资源，而无序无节制的开发利用，导致地球资源急剧消耗，环境失调，从而影响人类的生存和发展。为遏制这种趋势及其蔓延，人类开始研究并采取措施推动资源的合理开发利用，推进环境保护及其自我修复能力的提高，努力实现人类的可持续发展。环境—社会—经济系统能否实现良性循环，关键在于人类约束以及影响这一系统的方法和手段是否有效，这种方法和手段就是环境管理。

　　环境管理随着人类环保实践活动的推进而不断演变。相当长的时期内，人们直接感受到的环境问题主要是局部地区的环境污染。人类沿袭工业文明的思维定式，把环境问题作为一个单纯的技术问题，其环境管理实质上只是污染治理，主要的管理原则是"污染者治理"和末端治理模式。随着末端治理走到环境污染治理的尽头，加之生态破坏、资源枯竭和其他环境问题的进一步凸现，人们开始从经济学的角度去探寻环境问题的根源与对策，通过"环境经济一体化"使"环境成本内部化"，将环境管理原则变为"污染者负担，利用者补偿"，从而推进了源头削减、预防为主和全过程控制的管理模式的形成。人们在科学发展、保护环境的长期追求与探索中，逐步认识到环境问题是人类社会在传统自然观和发展观支配下导致的必然结果，其管理和技术手段都是"治标不治本"的，只有在改变传统的发展观基础上产生的财富观、消费观、价值观和道德观，才能从根本上解决环境问题。因而环境管理不是单纯的技术问题，也不是单纯的经济问题和社会问题，而是人与自然和谐、经济发展与环境保护相协调的全方位综合管理。

　　加强课题研究，通过课程设计和构建，着力解决高等职业教育环保类专业人才培养和社会需求，以就业为导向，坚持改革创新，努力提高学生的职业能力，使学生将课堂与工作现场直接对接，进一步理解目前的学习如何为将来的职业服务，从而提高学生学习的积极性、针对性，提高教学质量，这是我国环保职业教育必须坚持的方向。

　　非常高兴的是，2009 年 4 月，由长沙环境保护职业技术学院牵头，集合全国与环境保护相关的本科及职业院校、企业、科研机构等近百家单位共同组建的环境保护职业教育集团正式成立，这是我国目前环保职教领域阵容最大的产学研联合体。该集团的成立，在打造环保职业教育品牌和提升环保职业教育综合实力上，将产生深远影响。

　　本套教材的作者都是长期从事环保高职教育的一线教师，具有丰富的教学经验，在相关领域又有比较丰富的环保实践经验，在承担相关环保科研与技术服务中，将潜心研究的科研成果与最新技术、方法、政策、标准等体现于职业教育的教材之中，使本套教材具有鲜明的职业性、实践性，对环保职业教育具有较好的指导与示范作用。

　　衷心希望这套教材的出版发行，能为我国环保教育事业的发展发挥积极的推动作用。

祝光耀

2010 年 3 月 10 日

祝光耀：中国环境与发展国际合作委员会秘书长，原国家环保总局副局长。

前　言

近 30 年来，我国经济持续保持高速增长的势头。同时，与之伴随的是持续恶化的环境与自然资源的日益枯竭。经济发展与环境保护的协调，是实现社会经济可持续发展的永恒主题。环境问题在经济发展的过程之中产生，也必须且只能在经济发展的过程中才能得以遏制和消除。面对持续恶化的环境和日益枯竭的资源，减缓甚至停止发展的步伐不是出路，科学的发展观指引我们，只有改变现有的高耗能、高排放、高污染以及资源掠夺式的发展方式，强化经济建设过程中的环境管理和执法监督，才是环境问题得以和谐解决的出路。

2008 年 3 月，原国家环保总局升格为环保部，表明了国家对环境保护的重视。其现实意义不仅仅是环保机构的升格，更是环保职能的强化。面临这一新形势、新挑战，环境执法监督工作的现状与环境保护工作的新形势、新要求、新任务不相适应凸显出来，特别是执法人员的专业技能和职业素养需要花大力气提高与加强。另外，环境执法的强化，需要政府和企业相互协助，共同推进。2008 年 9 月，环保部发出《关于深化企业环境监督员制度试点工作的通知》，决定将企业环境监督员制度试点范围扩大到国家重点监控污染企业，有条件的地区可以扩大到省级或者市级重点监控污染企业。2004年，在原国家环保总局颁布的《环境污染治理设施运营资质许可管理办法》中也明确规定，污染治理设施运营单位必须具有相应数量的设施运营现场管理人员。一线职业人才的需求，是高职教育专业建设和课程设置的导航标，而开发适应环保现场执法新机制、新任务、新挑战的实用的高职高专教材，则是课程开发的一项重要任务。

本书作为高职高专环保类专业的教材，是国家社会科学基金"十一五"规划（教育学科）一般课题（批准号：BJA060049）"以就业为导向的职业教育教学理论与实践研究"的子课题（编号：BJA060049-ZKT028）"以就业为导向的高等职业教育环保类专业教学整体解决方案研究"的研究成果之一。

本书是针对"环境现场监督检查并作出相应处理"这一职业活动所开发的，主要内容包括：对污染源、建设项目、生态环境、污染事故、污染纠纷等不同的环境执法现场，开展环境监督检查工作的方式、程序、内容以及相应的违法行为的查处等知识和技能进行详细讲述和说明；对主要污染物排放量的核算、排污费的计算、环境行政处罚、环境监察文书和档案管理等方法和专业技能进行详细的分析和讲解，对环境监察执法文书制作规范、环境监察档案的管理要求、环境监察工作信息化等前沿的问题做了简要的介绍和探讨。

本书是国家教育部关于"'十二五'期间职业教育课程改革和教材建设规划"工作的一部分。随着环境监察工作的深入开展，我国环境监察在工作内容、工作方式、工作任务等方面发生了新的变化，提出了新的要求；近年来，我国对《固体废物污染环境防治法》、《水污染防治法》、《环境行政处罚办法》等法律法规进行了修订，环保部陆续出台了《环境行政处罚办法》、《限期治理暂行办法》等部门规章，使得排污费的计算与征收、行政处罚执行，以及限期治理等方面的内容，发生了重大变化。原有的《环境监察》教材亟待更新和完善。另外，近年来高职教育类型的重新定性和高职人才培养规格的重新定位，必须对原有教材学科性知识内容进行选择和序化，以适应职业性人才培养目标。

本书的开发注重环境监察能力的训练，在编写中运用案例分析和任务驱动模式，力求激发学生的学习兴趣和求知欲望，达到培养学生职业岗位技能和专业素养的目标。在内容上的选择上，参考了《环境监察》（第三版）（环境保护部环境监察局编著）、《环境监察》（郭正、陈喜红主编）和高职教材《环境法规》（陈喜红主编）的相关内容。在结构上安排上，结合环境监察工作任务和工作过程、环境管理活动的过程方法，以及高职学生的思维特点和认知规律，基于"以职业工作任务为导向"的教材建设，针对政府环境监察员、企业环境监督员和污染治理设施运行现场管理员等职业岗位群，参考环境监察与企业环境监督员的职业标准，以案例导入，以任务驱动，重构行动导向的知识体系。每个章节按统一模式进行编辑，简明易懂、实用性强，可作为高职高专环境类专业或再教育的公共教科书，也可作为非环境类专业的选修、培训教材，对地方各级环境监督管理人员、企业环境与安全管理人员以及相关从业人员的工作也有很好的参考价值。

本书具体编写分工如下：第一章由长沙环境保护职业技术学院李莉霞编写，第二章（一至三节）、第八章由杭州万向职业技术学院阮亚男编写，第二章（四至六节）、第三章、第六章由长沙环境保护职业技术学院彭丽娟编写，第四章、第五章由广西生态工程职业技术学院陈雷编写，第七章由长沙环境保护职业技术学院黎虹编写，第九章由长沙环境保护职业技术学院凌云编写，第十章由长沙环境保护职业技术学院张晓缝编写。李莉霞、彭丽娟负责完成全书的统稿工作。

全书由长沙环境保护职业技术学院环境监测系主任姚运先教授和湖南省环境保护厅法制宣传处陈占军处长审阅。

本书在编写过程中，得到了国家环保部、国家环境监察局、湖南省环境保护厅、杭州市环境监察支队的有关领导、专家和业务部门的大力支持，同时也参考了一些著作和其他资料，书后附有参考文献，在此对他们一并表示衷心感谢。

本书在修订过程中厚植"深入实施科教兴国战略、人才强国战略、创新驱动发展战略，开辟发展新领域新赛道，不断塑造发展新动能新优势"的理念，紧密对接国家发展重大战略需求，不断更新升级，旨在为人才培养提供重要支撑，为引领创新发展奠定重要基础，更好地服务于高水平科技自立自强、拔尖创新人才培养。

由于编者学识和经验有限，书中难免有各种疏漏，敬请读者提出批评和修改意见。

目 录

第一章 环境监察概述

学习目标

通过本章的学习，从环境监察的概念、特点、任务等方面来认识环境监察，知道环境监察的机构设置、工作组织和工作岗位，了解环境监察的发展历史和当前的建设需求；掌握环境监察机构、能力建设要求以及从事环境监察工作的岗位能力。

技能要求

1. 能认知环境监察的发生、发展、工作任务、特点和发挥的作用。
2. 掌握环境监督管理的具体法律制度，能分析具体案情并正确选择和适用相关法律、法规、规章条款和政策规定。

任务分析

1. 列出图表，分析归纳环境监察不同阶段的主要任务、环境管理的主要手段。
2. 归纳环境监察的作用和特点。
3. 总结环境监察当前存在的问题和未来发展需要。
4. 熟悉环境监察从业人员的任职资格和考核要求。

第一节 我国环境监察的产生和发展

一、环境监察的概念

（一）环境管理的基本概念

环境是人类生存和发展的物质基础。人类自身的再生产、人类的社会经济活动都要从环境中取得资源和能源，经过人类社会的"代谢活动"将废物排入环境。在一定的时间和空间内，环境的承载能力和环境容量是有限的，过多从环境中获取资源、能源（过度开发利用），过多排放废物，超越了环境的承载能力和环境容量，就会出现污染与破坏，造成人类社会经济发展与环境的关系失调。

环境保护是指采取行政、经济、技术、法律等措施，保护和改善生活环境与生态环境，合理利用自然资源，防治污染和其他公害，使之更适合人类的生存和发展。

环境管理就是综合运用经济、技术、法律、行政、宣传教育等手段，调整人类与自然环境的关系，通过全面规划使社会经济发展与环境相协调，达到既满足人类生存和发展的基本需要，又不超出环境的容许极限，最终实现可持续发展的目的。

环境管理的核心是实施社会经济与环境的协调发展，它涉及人类社会经济和生活的方方面面，既关系到人民群众现实的生活质量和身体健康，又关系到人类长远的生存与发展，是一项公益性十分突出的事业，因此它早已成为政府的一项基本职能。

（二）环境管理的五个基本手段

（1）法律手段。依法管理环境是防治污染，保障自然资源合理利用并维护生态平衡的重要措施。我国已形成了由宪法、环境保护法、与环境保护有关的相关法、环境保护单行法、环保法规、环境标准等组成的环境保护法律体系，成为管理环境的基本依据。

（2）经济手段。指运用经济杠杆、经济规律和市场经济理论，促进和诱导人们的生产、生活活动遵循环境保护和生态建设的基本要求。例如国家实行的排污收费制度、废物综合利用的经济优惠政策、污染损失赔偿、生态资源补偿等。

（3）技术手段。指借助那些既能提高生产率，又能把环境污染和生态破坏控制到最小限度的管理技术、生产技术、消费技术及先进的污染治理技术等，达到保护环境的目的。例如国家推广的环境保护最佳实用技术和清洁生产技术等。

（4）行政手段。指国家通过各级行政管理机关，根据国家的有关环境保护方针、政策、法律、法规和标准实施的环境管理措施。例如对污染严重而又难以治理的"十五小"企业实行的关、停、取缔。

（5）宣传教育手段。指通过基础的、专业的和社会的环境宣传教育，不断提高环保人员的业务水平和社会公民的环境意识，使全民爱护环境。实现科学管理环境，提倡社会监督。例如各种专业环境教育，环保岗位培训，社会环境教育等。

（三）环境监察与环境管理

环境管理的重要工作之一是抓好环境现场管理，尤其是环境监察的现场执法工作。

"监察"从字面上理解就是站在一定的高度，通过对人物、事物、现象的直接观察和客观分析，加以审核、判断，并依法进行处置、处理的行为和活动。环境监察从广义来讲，环境监察是指专门的执法机构对任何组织和个人贯彻执行环境保护法律法规的情况依法实施监督，并对违法行为进行处理的执法行为，监察的手段可以是法制、经济和行政的。从狭义来讲，环境监察是指专门的执法机构对辖区内的工业污染源及其污染物排放情况进行监督，对海洋及生态破坏事件进行现场调查取证处置，并参与处理的执法行为。环境监察是在环境现场进行的执法活动，重点突出"现场"和"处理"。环境监察的核心是日常监督执法。

综上所述，环境监察是在各级环境保护行政主管部门领导下，环境监察机构依据法律、法规和规章实施现场监督检查，调查环境违法行为，实施行政处罚和采取其他行政措施的行政执法活动。环境监察机构是我国环境保护系统唯一的一支现场执法队伍。

环境监察是一种具体、直接、微观的环境保护执法行为，是环境保护行政部门实施统一监督、强化执法的主要途径之一。按时间的不同可分为事前监察、事中监察和事后监察；按环境监察的活动范围可分为一般监察与重点监察；按环境监察的目的可分为守法监察与执法监察。环境监察具有委托性、直接性、强制性、及时性、公正性等特点。

（四）环境监察的特点

1. 委托性

委托性是指环境监察机构在环境保护行政主管部门领导下，受其委托在本辖区实施环境监督执法和行政处罚工作。在委托形式上，由环保部门向接受委托的环境监察机构出具书面委托书，对职权范围和委托时限加以说明。

2. 直接性

环境监察的主要工作任务是现场执法，包含大量的环保政策法规宣传，现场检查和取证，询问被检查人，现场处置，必定将直接面对被监察对象；另一方面，它取得的信息量是最大的、最迅速的。

3. 强制性

环境监察是直接的执法行为，是环境执法主体的代表。为保障环境监察工作的顺利进行，充分体现执法工作的严肃性和强制性，环境监察员在执行任务时被赋予法律权力。

4. 及时性

环境监察工作的核心是加强排污现场的监督、检查、处理，运用征收排污费、罚款等经济手段强化对污染源的监督处理，这决定了环境监察必须及时、快速、准确、高效。随着环境管理日益现代化，环境监察工作的及时性特征进一步突出，污染日趋严重的环境形势决定了环境监察机构的现代化装备，如监察车、对讲机、摄像机、放像机、录音机、照相机、声级计、林格曼黑度计、微机等。做到赶赴现场快、原因分析快、事故处理快，使环境监察人员充分发挥"环境警察"的作用。

5. 公正性

环境监察代表国家监督环保法规的执行情况，必须要保证国家和人民的根本利益。此外，不允许监察机构与监察人员直接参与企业的生产经营活动，也不允许监察人员与监察的相对人有直接的利害关系，监察人员的工资福利依照公务员制度进行管理。这些都保障了监察工作的公正性。

二、我国环境监察的起源和发展

环境执法的演变与环境管理的发展密切联系在一起。随着环境管理理念与手段的完善，环境执法的理念与手段也在不断丰富与提升。同时，随着环境管理的发展，环境执法在环境管理中的地位日渐突出。

我国环境监察的起源与发展大体经历了四个阶段。

（一）探索起步阶段（1986 年以前）

1972 年 6 月，联合国在瑞典首都斯德哥尔摩召开的"人类环境会议"推动了中国当代环境保护的起步。1973 年 11 月，国家计委、国家建委、卫生部联合批准颁布了我国第一个环境标准——《工业"三废"排放试行标准》。从此，我国环境保护事业开始起步，逐步开展了以"三废"治理和综合利用为主要内容的污染防治工作。

1979 年我国颁布了《中华人民共和国环境保护法（试行）》（以下简称《环境保护法》），标志着我国的环境保护进入了法制轨道。《环境保护法（试行）》第 18 条规定："超过国家规定的标准排放污染物，要按照排放污染物的数量和浓度，根据规定收取排污费。"到 1981 年，全国有 27 个省、市、自治区开展了排污收费的试点工作。1982 年7 月，国务院颁布了《征收排污费暂行办法》，全国普遍实行了排污费征收工作，并成为我国早期环境执法的主要形式。

部分地方政府出于环境执法要求，成立了环境执法队伍，主要从事排污收费征收工作，兼顾特定行业污染源监督管理、污染纠纷调处等执法活动。这标志着我国环境执法监督队伍从无到有，环境监察工作开始起步，为贯彻落实国家环保法规和政策、促进环境保护法制建设发挥了积极作用。

（二）试点阶段（1986～1995 年）

1986～1992 年，国家环保局先后在广东顺德、山东威海等地开展监理试点，探索建设一支与环境法律法规相适应的专职执法队伍。工作范围由过去单一的征收排污费扩展为"三查两调一收费"。1991 年国家环保局制定颁布了《环境监理工作暂行办法》和《环境监理执法标志管理办法》。1993 年 3 月，国务院发出了《关于开展加强环境保护执法检查严厉打击违法活动的通知》。明确"环境保护工作的重点是充分运用法律武器和宣传舆论工具，强化环境执法监督。严厉打击那些造成严重污染和破坏生态环境、影响极坏的违法行为"。在第八届全国人大会议上成立了全国人大环境保护委员会，成立的第一件重要工作，连续 4 年查处了一批环境违法案件，严厉打击了违法行为，调解了一些污染纠纷。1995 年，国家环保局颁布了《环境监理人员行为规范》。同时，人事部批复同意国家环境保护系统环境监理人员按照国家公务员制度进行管理。

试点单位在队伍建设、经费来源、现场执法等方面进行了积极探索，积累了经验，建立了全国统一的环境监理队伍，为全面开展环境执法监督工作打下了基础。

（三）发展阶段（1996～2001 年）

1996 年第四次全国环境会议后，国家环境保护局升格为正部级的国家环境保护总局，为国务院直属机构。国家环保总局颁布了《环境监理工作制度（试行）》和《环境监理工作程序（试行）》，环境监理队伍正式建立，走向规范化、制度化发展的道路。同年，国务院颁布了《关于环境保护若干问题的决定》，提出县级以上环保行政管理部门成立环境监理机构。国家建立总量控制指标体系，将排污总量指标分解到各省、直辖市、自治区加以落实，控制环境恶化和生态破坏加剧的趋势。1998 年，国家环保总局、国家计委、财政部发出了《关于在杭州等三城市实行总量排污收费试点的通知》。三城市的环境监理机构成功完成了试点工作。1999 年初，国家环保总局发出了《关于开展排放口规范化整治工作的通知》。其目的是使排污口达到便于采样、计量监测和日常现场监督检查的要求。同时开始建立污染源自动监控系统。同年中旬，国家环保总局发出《进一步加强环境监理工作若干意见的通知》，对环境监理队伍的性质、机构、职能、队伍管理、规范执法行为和标准化建设作了具体规定。初步形成了以环境监察队伍为主体的环境执法监督体系。

环境执法监督工作逐步走向规范化、制度化，初步形成了国家、省、市、县四级环境执法监督网络，环境执法监督逐渐成为环保部门的立足之本。

（四）深化阶段（2002 年至今）

2002 年 3 月，国家环保总局发文，组建国家环保总局环境应急与事故调查中心（简称环境应急中心），属总局司级单位，对外称"环境监察办公室"，标志着环境监察提升为直属总局的一支环境执法队伍。7 月 1 日，国家环保总局发文要求全国各级环境保护局所属的"环境监理"类机构统一更名为"环境监察"机构。更能体现行政执法的性质，树立执法权威。2003 年 3 月，国家环保总局发文，要求全国各级环境保护局所属的环境监察队伍开展生态环境监察试点工作。10 月，中央机构编制委员会办公室批复同意国家环保总局成立环境监察局。2005 年 12 月国务院颁布了《国务院关于落实科学发展观加强环境保护的决定》规定：建立健全国家监察、地方监管、单位负责的环境监管体制；健全环境监察、监测和应急体系。完善环境监察制度，强化现场执法检查；加强环保队伍和能力建设。2006 年 7 月 8 日，国家环保总局印发了《总局环境保护督查中心组建方案》，督查中心为总局派出的执法监督机构，是总局直属事业单位。2006 年 11 月，国家环保总局环境监察局印发了《全国环境监察标准化建设标准》和《环境监察标准化建设达标验收暂行办法》，要求加快推进环境监察标准化建设，提高环境执法能力与水平。2006～2007 年，国家环保总局联合国家发改委、国家安全生产监督管理总局等几个部门针对饮用水源保护区、重点行业的突出污染问题持续开展了环保专项行动。2007 年，国家环保总局发布了《国家重点监控企业名单》，污染源自动监控工作将国家重点监控企业作为实施重点。2008 年 3 月，国家环保总局改设为中华人民共和国环境保护部，成为国务院的组成部门之一。环境执法监督能力得到大幅提高。为贯彻落实《国务院关于落实科学发展观加强环境保护的决定》、《国务院关于印发〈节能减排综合性工作方案〉的通知》提出的"建立企业环境监督员制度，实施职业资格管理"、"扩大国家重点监控污染企业实行环境监督员制度试点"要求，国家环保部从 2008 年起开始举办企业环境监督员制度培训班。2009 年，工业和信息化部、环保部联合发布《关于认真开展 2009 年整治违法排污企业保障群众健康环保专项行动的通知》，切实解决当前危害群众健康和影响可持续发展的突出环境问题。2010 年，环境监察局发布《关于开展滴滴涕、氯丹、灭蚁灵及六氯苯生产和使用企业执法检查的通知》，要求四省（市）组织对滴滴涕、氯丹、灭蚁灵及六氯苯生产和使用企业开展执法检查工作。

完备的环境执法监督体系开始建设，国务院环境保护行政主管部门成立了环境监察局、环境应急与事故调查中心和区域环境保护督查中心，地方监管能力得到加强，工作机制逐步完善，环境监察队伍成为环保工作的中流砥柱。

三、我国环境监察的成效

环境监察队伍是我国环保领域的现场执法监督队伍。它担任着污染源现场检查、排污申报登记和征收排污费、建设项目环境监察、农业和生态环境监察、环境信访、环境应急以及执行环保行政主管部门处理处罚决定。环境监察工作成效有以下几点：

1. 促进了环境保护法律法规的贯彻实施

环境执法是环境立法实现的途径和保障，是防治污染、保障自然资源合理利用并维护生态平衡的重要措施。

连续多年开展"整治违法排污企业保障群众健康环保专项行动"，由 2003 年的国务院六部门到 2009 年国务院九部门。2009 年，全国共出动执法人员 242 余万人次，检查企业 98 万多家次，立案查处环境违法问题 1 万余件，其中取缔关闭企业 744 家，停产治理 841 家，限期治理 810 家。通过开展环保专项行动，各地严肃查处了一批环境违法案件。开展重金属、类金属污染专项检查。全面排查了涉铅、镉、汞、铬和类金属砷的企业 9123 家，初步摸清了重金属污染企业情况，查处了一批违法建设项目、超标排放企业和危险废物违法经营单位，提升了重金属污染企业环境风险应对能力，初步遏制了重金属污染事件频发势头。

2010 年，专项行动把重金属污染整治作为重中之重，深化专项整治。全面排查污染源，依法处罚违法排污，切实追究法律、行政责任，开展污染综合整治，坚决遏制重金属污染事件频发态势。联合国家电监会组织对电力行业脱硫设施运行情况开展专项检查，继续加强污水处理厂、造纸厂等重点行业污染治理设施运行情况的专项检查，确保污染减排的措施落到实处，全面完成"十一五"期间污染减排的目标任务。

多年的环境执法专项行动，强化了环境保护现场执法，促进了环境保护法律法规的贯彻实施，环境执法力度逐年加大，切实解决了群众关心的突出环境问题。

2. 促进了产业结构调整和升级

环境监察在贯彻落实国家宏观经济调控措施，遏制重点行业盲目建设势头和高能耗行业的无序扩张态势方面发挥了积极作用，也在控制高能耗、高污染产品出口，防止发达国家污染转移等方面发挥了重要作用。

2009 年 4 月，为贯彻落实国家针对"锰三角"的重要精神，国家环保部在湖南省花垣县召开了"锰三角"地区环境综合整治工作座谈会，提出了"锰三角"和全国锰行业环境整治的新要求。组织开展了电解锰行业专项整治，广西、湖南、贵州、云南、宁夏结合实际制定了切实可行的电解锰行业整治工作方案和验收办法，对企业进行"一厂一策"的监督管理，整治工作成效明显，电解锰行业污染防治水平得到明显提升。

3. 解决了突出的环境污染问题

"十五"期间，各级环境监察机构按照国务院的统一部署，联合有关部门持续开展了专项行动，分别针对群众反映突出的工业污染反弹、城市污水处理厂超标排放、垃圾处理厂和农村畜禽养殖业污染严重、重污染行业盲目发展以及建设项目违规上马等问题，组织开展了大规模监察。

4. 维护了公众环境权益

2009年全国环保部门统计，污染事故、纠纷、信访等发生800多起，处理率98%；污染纠纷发生11多万起，处理率94%；信访50多万件，处理率96%。

5. 推进了排污收费制度改革

实行排污收费制度是"谁污染谁治理"和"污染者付费"原则的具体化，是用经济手段加强环境保护的一项行之有效的措施。

2009年全国共向51万户排污单位征收排污费171.5亿元。目前，全国重点污染源申报数据库已基本建立，重点水污染企业、大气污染企业和污水处理厂的申报户数分别增长了8.0%、22.6%和23.1%，排污申报从单一服务于排污费征收向构建污染源基础信息数据库等多用途转型已经得到了初步体现。

6. 促进了生态环境保护

按照"立足监督、各负其责、依法'借'权、联合执法"指导思想，国家在全国107个地区进行了生态环境监察试点。

河北省、北京市海淀区等73个省、市、县（区）作为第二批全国生态环境监察试点地区，继续稳步推进试点工作。试点地区将生态环境监察工作作为落实科学发展观、践行生态文明建设的重要措施，因地制宜，积极探索非污染型建设项目、自然资源开发与利用、农村和农业环境保护等领域环境执法监督的途径和方法，普遍建立了定期会议、案件移送、联合办案、生态环境执法工作程序等制度，在自然保护区、风景名胜区、畜禽养殖、农村饮用水源保护区、查处生态破坏案件等方面的执法监管均取得了明显的成效。

第二节 环境监察机构设置和建设

一、环境监察的工作机构设置

（一）环境监察机构组成

各级环境保护行政主管部门设立的环境监察机构就是在各级环境保护行政主管部门

的领导下，依法对辖区内一切单位和个人履行环保法律法规，执行环境保护各项政策、制度的标准的情况进行现场监督、检查、处理的专职机构。环境监察机构是依据环境保护法律法规，受环境保护行政主管部门委托，专门对污染源现场直接执法的职能机构。是环境管理的基础。

我国环境监察机构分为五级，并按省、市、县、乡镇确定环境监察机构的具体名称，如表 1.1 所示。

表 1.1　我国环境监察机构设置

级别	环保行政主管机构名称	环境监察机构名称
一	国家环保部（原国家环保总局）	国家环境监察局、环境应急与事故调查中心、六个环境督察中心
二	省、自治区、直辖市环保局（厅）	省环境监察总队（或省环境监察局）
三	市、州、盟环保局	市环境监察支队（或市环境监察分局）
四	县（县级市）旗、区环保局	县环境监察大队
五	乡、镇、街道	环境监察中队

截至 2009 年年底，全国共设有环境监察机构 3350 个，在编人员 6 万人（大专以上学历占 60%）。江苏、陕西、河北、安徽、辽宁、江西、广东、甘肃等省成立了环境监察局，重庆市环境监察总队升格为副局级，总队长为局党组成员。

环境监察机构受同级环保部门领导并行使现场执法权，业务受上一级环境监察机构指导。

（二）环境监察的职责

环境保护部门是国家在环境保护方面的执法部门，通过执法环境保护法律法规，实施环境保护规划，协调社会经济发展与环境的关系，达到实现科学发展的目的。环境保护部门的行政行为能否达到预期的目的，行政决策是否得到认真执行，执行现场有何情况，需要及时反馈和处理。《环境监理工作暂行办法》明确的环境监察机构的职责有 9 条：

（1）贯彻国家和地方环境保护的有关法律、法规、政策和规章。

（2）依据主管环境保护部门的委托依法对辖区内单位或个人执行环境保护法规的情况进行现场监督、检查，并按规定进行处理。

（3）负责污水、废气、固体废弃物、噪声、放射性物质等超标排污费和排污水费的征收工作。

（4）负责排污费财务管理和排污费年度收支预、决算的编制以及排污费财务、统计报表的编报汇审工作。

（5）负责对海洋和生态破坏事件的调查，并参与处理。

（6）参与环境污染事故、纠纷的调查处理。

（7）参与污染治理项目年度计划的编制，负责该计划执行情况的监督检查。

（8）负责环境监理人员的业务培训，总结交流环境监理工作经验。

（9）承担主管或上级环境保护部门委托的其他工作任务。

上述 9 条概括为"三查二调一收费"："三查"一是对辖区内单位和个人执行环保

法规的情况进行监督、检查；二是对各项环境保护管理制度的执行情况监督检查；三是对海洋污染和生态破坏情况进行监督检查。"二调"是调查污染事故和污染纠纷并参与处理；调查海洋和生态环境破坏情况并参与处理。"一收费"即全面实施排污收费制度。

1999 年，《关于进一步加强环境监理工作若干意见的通知》增加三项职责：

（10）核安全设施的现场监督检查。

（11）自然生态保护监察。

（12）农村生态环境监察工作。

2003 年 10 月，成立国家环境监察局时，增加三项职责：

（13）负责突发性事件的环境应急处理工作。

（14）负责环境保护行政稽查工作。

（15）受理环境事件公众举报。

2008 年，国家环保总局升格为国家环保部，国家环境监察局工作又新增四项职责：

（16）负责环境执法后督察和挂牌督办工作。

（17）组织国家审批的建设项目"三同时"监督检查工作。

（18）建立企业环境监督员制度，并组织实施。

（19）负责环境保护行政处罚工作。

（三）环境监察机构与其他部门的关系

1. 环境监察与环保系统内部各机构的关系

各级环境行政主管部门（以下简称环保局）一般由三个系统组成，即宏观环境管理与决策系统、现场监督执行系统和支持保证系统。

1）宏观环境管理与决策系统

宏观环境管理与决策系统由环保局机关内各主要职能部门组成，如有污染管理、综合计划、法制、宣教等科室，主要运用政策、制度、规划、计划、协调等措施，参与社会经济发展决策，防治环境污染与生态破坏，并统揽全局的业务工作。

2）现场监督执行系统——环境监察机构

现场监督执行系统是以环境监察机构为核心，负责现场监督检查单位和个人执行环保法规的情况，参与处理违法行为，执行环保局的有关行政处罚决定。

3）支持保障系统——监测站、科研所、学院、学会、产业协会等

支持保证系统由环境监测站、科研所、产业协会、环保学会等组成，为环境监督管理提供技术支持。

环境监察机构与环保局机关各部门之间严格分工，密切配合。环境监察机构要经环保局授权才能开展现场执法。环境监察机构具有相对独立性，是环保行政主管部门统一负责执法的机构，是环保局专职执法队伍。环境监察机构应及时反馈信息，提出调查报告和建议，参与有关环境管理和决策。环境行政处罚权一般在环保局（有的地方监察机构也有一定的处罚权），环保局的行政处罚决定下达后，监察部门执行。

2. 环境监察与环境监测站的关系

环境监察工作具有政策性强的特点，环境监测具有科学技术性强的特点。环境监察执法以环保法规为准绳，以监测数据为依据（排污收费技术依据、判定违法排污行为）。

环境监测是环境保护的耳目，是环境监督的技术之一，是环境决策的依据，是科学管理环境的基础。合法的监测数据只能由环境监测站提供，环境监察部门只有采样、取证权。

普遍的做法是环境监察部门专门委托培训一些监察员，掌握一些简单项目的现场监测技术，如烟尘黑度测试、噪声声级测量等项目的开展，但这些监察人员必须经监测上岗考核合格并持证上岗，其监测数据还要得到监测站的认可，否则不能作为环境监察的依据。

3. 与其他行政执法部门的关系

人大组织的或由工商、城管、交通、公安等部门参加的联合执法检查（人大检查环保，以及多部门参加的联合环境执法）；与交警部门、水资源部门或林业部门共同解决特定污染问题（交通噪声、汽车尾气、水源保护区巡查、污染纠纷、生态保护等）；争取司法部门的支持，保证有关环境行政处罚正确并得以及时执行；争取财政、金融部门的支持（"收支两条线"，排污费的催交、扣交、划拨等）。

二、环境监察队伍建设

按照人事部《关于同意国家环境保护系统环境监理人员依照国家公务员制度进行管理的批复》的要求，环境监察人员应依照公务员制度管理。

2009年年底前，环境监察系统大专学历以上占60%，但大多集中在大中城市，县级仍有相当一部分环境监察人员素质低，对法律法规、执法规范、生产工艺、污染治理等不熟悉，影响执法能力。

1. 环境监察人员的基本条件

（1）政治素质好，有事业心、责任感，作风正派，廉洁奉公，熟悉环境监察业务，掌握环境法律法规知识，熟悉环保基本知识，具有一定的组织协调和独立分析处理问题的能力。

（2）县及县级以上环境监察机构的环境监察人员一般应具有大专以上文化程度或取得初级以上技术职称，从事环境保护工作两年以上。

各级环境监察人员的录用必须依照公务员的录用办法，公开招考，择优聘用。环境监察人员要坚持持证上岗制度，新进入队伍的人员必须通过培训，取得合格证书，否则不得颁给环境监察证件，不得独立执行现场监督管理公务。在职的环境监察人员每5年应接受一次培训。环境监察人员培训由国家和省级环境保护部门分别组织。

环境监察员在执行任务时应统一标志，佩戴"中国环境监察"证章，出示"环境监察"证件。环境监察标志、监察证章和证件由国家环境保护部统一监制，省级环境保护部门统一颁发。

2.环境监察人员的行为规范

国家环境保护局1995年颁布的《环境监理人员行为规范》文件，对环境监察人员行为做出以下规范：

（1）坚持四项基本原则，宣传并认真执行国家环境保护的方针、政策、法律、法规和标准。

（2）热爱环境监察工作，敬业进取，忠于职守，钻研业务，精益求精。

（3）遵守社会公德，举止文明，仪表端正，坚持原则，以理服人。

（4）秉公执法，不越权，不渎职，廉洁自律，不徇私情。不收受被监察单位的礼品、礼金或有价证券；不接受被监察单位的宴请；不参加被监察单位邀请的营业性歌舞厅等娱乐活动；不参与被监察单位或个人的营销活动。

（5）在现场监察时，遵守环境监察工作程序。佩带"中国环境监察"证章，出示"中国环境监察证"，持证上岗；执行任务须两人以上，向被监察单位说明来意，公开监察结果和收费、处罚的依据，注意现场勘验和取证，妥善保管有关资料；制止环境违法行为，遇有环境污染的紧急情况，立即采取应急措施；执行现场监察报告制度；为被监察单位保守技术与业务秘密。

（6）在收排污费时，严格执行排污费征收政策、规定和标准。不得提高或降低标准乱收费；不得擅自减、免、缓征排污费；不得挪用、乱用排污费。

（7）在查处环境事故和纠纷时，以事实为依据，以法律为准绳。对群众来信来访逐一登记、立案，妥善处理并及时回复；对群众有关环境问题的检举或控告，认真核实并及时报告有关部门；对环境事故和纠纷的查处，应在规定时限内完成；执行污染事故报告制度。

三、环境监察执法能力建设

（一）环境监察的执法权

1.现场检查询问权（含采样权）

环境监察人员依法进行现场检查时，有权向被监察单位询问和查询与环境有关的生产工艺情况，生产变动情况，污染物产生、治理、排放情况，企业环境管理情况，与企业环境管理和排污数据等有关的资料、记录和相关文件，以了解企业的产污、排污、污染治理、生态破坏等方面的情况，被检查单位应积极配合，不得以任何借口拒绝和阻挠环境监察的合法调查。

环境监察人员在对污染源环境现场进行检查时必须出示证件，表明身份，而且两人以上同行。在进行调查询问时要随时做好记录，要求被询问人签字以留档备查。

2. 处罚权

环境监察机构的处罚权有两种情况：第一，地方环境保护法规授权环境监察机构实施行政处罚的，按地方环境保护法规的授权规定执行；第二，地方各级环境保护行政主管部门根据国务院有关决定和国家环境保护部有关规章的规定，可以在其法定权限内委托环境监察机构实施行政处罚。受委托的环境监察机构应以环境保护行政主管部门的名义行使行政处罚权。并接受委托部门的监督。

3. 建议权

环境监察机构的主要职责是现场监察，应该了解现场市级情况，在环境保护行政主管部门需要了解情况的时候、制订环境保护规划时，要作出调解或处理决定时，环境监察机构要及时提出建议。

4. 执行权

环境监察机构是环境保护行政主管部门所属的唯一的一支现场执法队伍，受环境保护行政主管部门的委托（或法律法规授权），负责环境现场的监督、检查和处理。平时要对环境现场的状况进行检查，发现有异常情况要及时处理，要求排污者立即改正违法行为，调解污染纠纷，发生污染事故时要及时控制污染，减轻污染危害。对环保局的行政决定坚决执行。例如在取缔"十五小"的行动中，环境监察机构在合法的情况下，现场执行断电断水，拆毁违法生产设备设施。

（二）环境监察人员的义务

在执行任务时，必须按照有关规定，执行有关程序，规范执法行为并有为被检查单位和个人保守业务和技术秘密的义务。

（三）环境监察工作的年度考核要求

2007 年 9 月国家发布了《环境监察工作年度考核办法（试行）》，按优秀、良好、合格和不合格四个等级评定考核结果。

四、环境监察机构的标准化建设

标准化建设包括两部分指标：一是人员部分，包括人员编制、人员学历和持证上岗率等项指标；二是执法装备部分，包括交通工具、取证设备（摄像机、录像机、照相机、林格曼仪、水质快速测定仪、声级计、酸度计、计算机、传真机等项指标）。

五、污染源自动监控的建设

为提高环境执法管理的科学性、信息化，国家环境保护总局 2005 年 9 月发布《污染源自动监控管理办法》，对排污申报、排污收费、污染源适时监控、预防污染事故，发挥明显作用。

根据国家环境保护总局 2006 年发布的《关于印发（环境监察局和环境应急与事故调查中心机构建设方案）的通知》，环境监察局负责建立和维护全国重点污染源数据系统，并纳入统一的信息网络；指导地方环保排污收费以及全国污染源自动化监控体系建设工作。建立健全了国家、省、市三级环境监控中心，对全国 65％ 的重点污染源实现实时监控、形成监控网络。

目前，污染源自动监控系统能监控水污染物中 COD、TOC、NH_3-N、总磷及部分重金属，大气污染物中的 SO_2、NO_x、烟尘等主要污染因子，还能够通过视频监视污染源现场情况。

 知识链接

全国环境监察标准化建设标准（东部地区标准）

类别		序号	指标内容	建设标准		
				一级	二级	三级
机构与人员		1	机构名称	经当地编委发文批准的独立机构，具备法人资格；机构名称符合国家环保总局文件规定或为环境监察（分）局；组织健全，正式挂牌		
		2	人员编制	根据工作需求，满足执法需要		
		3	人员管理	人员应全部纳入公务员管理或依照国家公务员管理		
		4	人员学历（大专以上）	95％	90％	85％
		5	持证上岗率	100％	95％	90％
		6	职能到位	按国家环保总局规定的职能能够到位		
		7	办公用房	人均不少于 $12m^2$	人均不少于 $10m^2$	人均不少于 $8m^2$
基本硬件装备	交通工具	8	执法车辆	1辆/3人（省级至少2辆越野车）	1辆/4人	1辆/5人
		9	车载样品保存设备	5 套	3 套	2 套
		10	车载 GPS 卫星定位仪	每车 1 台	每车 1 台	每车 1 台
	取证设备	11	摄像机	5 部	3 部	2 部
		12	照相机	1部/3人	1部/4人	1部/5人
		13	录音设备	1部/3人	1部/6人	1部/8人
		14	影像设备（电视机和 VCD 机等）	1 套	1 套	1 套
		15	水质快速测定仪	3 部	2 部	1 部
		16	酸度计	4 部	3 部	2 部
		17	溶解氧仪	4 部	3 部	2 部
		18	暗管探测仪	1 部	1 部	
		19	烟气黑度仪	3 部	2 部	1 部

续表

类别		序号	指标内容	建设标准		
				一级	二级	三级
基本硬件装备	取证设备	20	烟气污染物快速测定仪	3部	2部	1部
		21	粉尘快速测定仪	3部	2部	1部
		22	标准采样设备	5套	3套	2套
		23	声级计	1部/3人	1部/5人	1部/8人
		24	放射性个人剂量报警仪	6台	4台	2台
	通讯工具	25	固定电话	1部/2人	1部/3人	1部/4人
		26	移动通讯	1部/3人	1部/6人	1部/8人
		27	传真机	3部	2部	1部
	办公设备	28	台式计算机	1台/1人	1台/2人	1台/3人
		29	打印机	4台	2台	1台
		30	笔记本电脑	6台	4台	2台
	信息化设备	31	排污收费管理系统	1套	1套	1套
		32	污染源自动化监控系统	1套	1套	
		33	服务器	1台	1台	
		34	12369环保热线	省、市、县级分设信息管理系统、呼叫中心和受理系统		
应急装备		35	应急指挥系统	1套		
		36	应急车辆	2台	2台	1台
		37	车载通讯、办公设备	2套	2套	1套
		38	应急防护设备	12套	8套	5套
		39	应急取证设备	3套	2套	1套
基础工作		40	执行环境监察工作制度	制度健全、遵守和实施		
		41	执行环境监察工作程序	程序完整合理，操作简单实用，执行规范有序		
		42	执行环境监察报告制度	按有关文件要求报告		
		43	政务公开制度	按5项公开要求公开		
		44	档案管理工作	填写工整规范，资料齐全完整		
		45	执法文书	文书合法有效，填写工整规范，资料齐全完整		

注：① 第22项"标准采样设备"包括：水质标准采样设备、大气标准采样设备和土壤标准采样设备等；
② 第33项"污染源自动化监控系统"包括：独立的能承担24h监控工作需要的监控中心用房、服务器、用于监控指挥的大屏幕、实时监控报警接收设备和联网通讯设备等硬件，以及基于电子地图、实现对污染源现场排放情况在线、实时、自动的监控和报警，并可对有关数据进行汇总、分析及应用的软件；
③ 第35项"应急指挥系统"指应急指挥信息调度平台；
④ 第37项"车载通讯、办公设备"包括：笔记本电脑、无线上网卡、便携打印机、传真机、GPS卫星定位仪、数码相机、胶卷相机、摄像机、管道探测仪，对讲机3对，车载电话；
⑤ 第38项"应急防护设备"包括：应急防护服、防毒面具、空气呼吸器、救生衣、防酸长统靴、耐酸手套、放射性个人剂量报警器；
⑥ 第39项"应急取证设备"包括：水质多参数快速测定仪、水质检测管、便携式水质采样器、事故气体检测箱；
⑦ 基本硬件装备和应急设备都应保持完好，可正常使用，按照规定定期更新；
⑧ 省级及副省级城市环境监察机构应达一级标准，地市级及县级市环境监察机构至少达二级标准，其余县区级环境监察机构至少达三级标准。

思考与练习题

1. 简述我国现行的国家环境监察的架构。
2. 当前在环境执法监督的法律层面上存在哪些问题?
3. 当前在环境执法机制的层面上存在哪些问题?
4. 建设完备的环境执法监督体系应做好哪些方面工作?
5. 如何提高环境执法监督能力?

第二章 污染源及其污染防治设施监察

 学习目标

  通过本章的学习，了解污染源排放及其污染防治设施运行的环境法律法规和政策的具体要求，熟悉污染源排放及其污染防治设施运行的环境管理工作，特别是现场监察的重要性。基本掌握污染源及其污染防治设施现场监察的工作程序和监察要点，掌握相关法律法规、标准的适用范围和具体法律条款的应用。通过练习制定污染源现场监察工作方案，以及编制污染源现场监察报告，进一步熟悉污染源控制的环境法律法规实施要求和现场监察操作步骤。

 技能要求

  1. 能承担区域的污染源调查与评价工作。
  2. 能承担工业污染源的废水、废气、噪声、固废及其他污染源的现场监察和环境管理工作。
  3. 具备污染治理设施运行操作和管理能力，分析和判断企业排污违法行为的能力。
  4. 能制定污染源排放及其污染防治设施环境监察的工作方案、检查表单和监察报告。

 任务分析

  污染源监察是环境监察机构在环境保护行政主管部门领导下，受其委托对辖区内污染源污染物的排放、污染治理和污染事故以及有关环境保护法规执行情况进行现场调查、取证并参与处理的具体执法行为，其实质是监督、检查和督促污染源排污单位履行环境保护法律、法规，达标控制污染物的排放和正常化污染治理。通过污染源监察，发现违法、违章行为，采取诸如警告、罚款、限期治理、关停整改等措施，督促排污单位自觉减少污染物的产生与排放，主动采取防治措施，达标排放并实施污染物总量控制，从而达到保护辖区环境质量的目的。
  本章的任务是熟悉和掌握污染源排放与污染防治设施运行管理的环境监察；熟悉环境监督管理相关法律、法规和政策的使用；运用污染源常规调查和监察方式，选择我国当前快速、标准化的现场监测手段，结合具体个案，制定污染源排放及其污染防治设施现场监察的工作方案,编制污染源现场监察报告。本章选择重点污染行业如电力、电镀、化工、纺织、印染工业的污染源监察为例,对工业企业的污染来源和危害性、污染物排放量的核定,污染物排放和污染治理设施的监察要点、步骤和方法,以及工业企业排污的违法行为识别和判断进行引导性示范。训练中注意掌握污染源现场监察的具体内容和方法的运用,培养污染源监察方案的编制和具体违法行为的分析与处理。

 ## 案例导入

案例一:2010 年 5 月 10 日,中央电视台"焦点访谈"栏目播出了"管不住的排污口":根据奉化市后竺村村民反映,村里有一个工业排污口,常年排放黑色带刺激性气味的工业废水。废水汇入了剡江——流经奉化市的一条主要河道。据调查,剡江沿岸分布着大量的农田和居民生活区。新建的大埠工业区位于剡江附近,工业区排放的工业废水已经严重影响了河水水质。在奉化市后竺村的排污口现场,记者看到黑色的污水奔涌而出,排污口周围泛起了浓浓的白色泡沫,且散发出刺鼻的气味。媒体曝光后,奉化污染事件引起社会的广泛关注。宁波、奉化两级环保部门入驻大埠工业区,并表示彻底查清企业偷排污水的事实。据环保部门调查,大埠工业区现有各类企业 20 家,其中青云镀业有限公司、新星镀业有限公司、大桥明化电镀厂和中兴镀业有限公司 4 家企业,通过控制排污阀门或私自改造污水管道等故意规避监管的手法,将未经处理或未经完全处理的污水排入剡江。通过有关部门对所排废水进行样品监测,结果显示,几家企业所排放的废水中,重金属污染物质六价铬、锌、镍、镉、铜,酸碱度以及石油类超标严重。

任务:

1. 按照污染源监察的工作程序和方法,编制一份大埠工业区的污染源监察工作方案。

2. 根据上述排污举报事件,编写一份工业区内有关企业的废水排放与污染治理现场监察实施清单。

3. 根据现场取证结果,分析排污企业的违法行为,运用相关的法律法规依据,编写一份该事件的环境监察处理报告。

案例二:为进一步改善城市环境空气质量,某市环保监察执法机构决定开展区域内工业大气污染专项整治活动。根据污染源信息所掌握的资料和近期内群众的举报,决定于下个月初的一周时间,环境监察执法队伍分批对辖区内五区三县的重点污染企业的燃煤锅炉、生产车间以及废气污染治理设施运行情况进行按个检查。通过一周的污染源监察,发现辖区北边的一燃煤电厂和某棉纺纺织印染厂烟囱冒黑烟严重,根据林格曼黑度仪对所排废气的初步检测,发现黑度达到 3 级以上;西北部某化工厂的生产车间时有飘出带强烈刺激性气味的白色气体,周围群众反映强烈。执法人员立即进入企业现场对燃煤锅炉及车间废气进行排放检查和工矿调查。专项整治活动检查后发现，火电厂和某棉纺纺织印染厂的除尘设施存在不正常使用的事实，某化工厂的生产车间的酸雾没有经过集中净化处理直接排放。

任务：

1. 按照污染源监察的程序和方法，编写工业大气污染专项整治监察工作方案。

2. 阐述工业大气污染现场取证所选择的监察内容、项目和方法。

3. 根据现场取证结果，分析排污企业的违法行为，运用有关的法律法规规定，说明判断违法行为所依照的法律依据、事实依据和标准依据，编写一份该项目的环境监察处理报告。

第一节　污染源常规监察管理

一、污染源调查

（一）污染源及其分类

污染源是指排放污染物的源头，即向环境排放有害物质或对环境产生有害影响的场所、设备和装置，它包括生产企业污染物排放出口、固体废物的产生、贮存、处置、利用排放点，防治污染设施排放口以及污染事故区和生态污染区域等。

了解污染源的科学分类，有助于把握各类污染源的特点和规律，实施有效的环境监察。

污染源按人类活动功能可分为工业污染源（如钢铁、有色金属、电力、矿业、石油采炼、石油化工、造纸、建材等工业行业）、农业污染源（畜禽养殖、农药、化肥、农膜等）、交通污染源（飞机、机动车、轮船等）和生活污染源。

其中工业污染源主要是工业企业生产中的各个环节，如原料粉碎、筛分、加工过程、化学反应过程、燃烧过程、洗选过程、热交换过程，产品的包装与库存等生产设备和场所都可能成为工业污染源。各种工业生产过程由于使用的原料、生产工艺、生产设备不同，排放的污染物种类、组成、性质都有很大区别，产生和排放规律也不同，往往呈现不规则的变化。即便是同一种生产过程，其污染物的产生与排放水平也会因技术水平、规模大小、管理水平、治理水平等有很大差异，给环境监察带来困难。

农业污染源主要包括畜禽养殖、秸秆、化肥、地膜、农药在农田中的使用、蓄积与迁移，以及农副产品加工企业、农村集镇等。

交通污染源是指飞机、船舶、汽车、火车等运输工具及其管理场所、配套设施和服务企业。它们具有移动性、间歇排放污染物等特点。

城市和人口密集的居住区是主要的生活污染源，污染物产生于人们的日常生活、商业活动、公共设施中。

（二）污染源调查与评价

1. 污染源调查

污染源监察工作从污染源调查着手。污染源调查是取得污染源详细资料的有效途径，污染源调查分普查与详查两种方式。

1）普查

首先要确定调查对象，即确定调查辖区内的各种污染源的名录，确定重点污染源和一般污染源，确定污染源的污染要素类型，逐一对各污染单位的原材料消耗、生产工艺、规模、污染性质、排污量、污染治理情况及对周围环境影响的污染因素进行深入调查和了解，确定污染排放方式和规律、污染排放强度、污染物流失原因。在污染源普查过程中，可以获得大量的调查、分析数据及其他资料，普查可以掌握辖区内的污染源分布规律，在普查的基础上确定重点污染源和一般污染源。

2）详查

在普查的基础上，对重点污染源进行深入的调查分析。调查的内容主要有排污方式和规律，污染物的物理、化学、生物特性，主要污染物的跟踪分析，污染物流失原因分析等。

3）调查主要内容

（1）企业基本情况。包括企业所在位置、功能区及环境现状：企业经济类型、开工年份、产量、产值、环境管理和检测机构等。

（2）原料、能源和水资源情况。包括能源的类型、产地、成分、实际消耗量、主要产品的能耗及节能措施；水资源类型、供水方式、重复用水、主要产品的水耗及节水措施；原辅材料的种类、成分、消耗定额、主要产品的原辅材料的消耗量。

（3）生产工艺和排污情况。包括生产工艺流程、主要设备、主要化学反应、主要技术路线，生产工艺的水平、污染物产生规律、污染物产生的部位、排放方式和去向、污染物的种类、毒性、浓度和排放量。

（4）污染治理情况。包括污染治理设施的方法、种类、投资、运行成本、污染治理的效率、存在的问题。

（5）污染危害情况。包括污染危害的程度、原因、损失、污染事故的隐患、周围群众的反映。

（6）生产发展情况。包括企业的发展方向、规模、发展趋势、预期污染物排放量及影响。

如表2.1所示为工业源普查详表指标。

表 2.1　工业源普查详表指标

填报对象：＿＿＿＿＿＿＿＿＿＿＿＿＿＿＿＿＿＿

表号	表　名	填报范围
G101	工业企业基本情况表	重点污染源全部产业活动单位
G102	主要产品、原辅材料及能源消费情况普查表	
G103	工业用水、排水情况普查表	

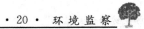

续表

表号	表名	填报范围
G104	废水处理设施普查表	重点污染源全部产业活动单位
G105	废水污染物产生量、排放量普查表	
G105-1	废水污染物产排污系数测算表	
G105-2	废水污染物监测表	
G106	锅炉及废气处理设施普查表	
G107	窑炉及废气处理设施普查表	
G108	生产工艺废气处理设施普查表	
G109	废气污染物产生量、排放量普查表	
G109-1	废气污染物产排污系数测算表	
G109-2	废气污染物监测表	
G110	工业固体废物普查表	
G111	危险废物普查表	有危险废物产生的产业活动单位
G112	电磁辐射设备和放射性同位素与射线装置普查表	有该类设备和装置的产业活动单位
G113	伴生放射性污染源普查表	经过初测作为伴生放射性的稀土、铌/钽、锆石和氧化锆、锡、铅/锌矿、铜、铁、磷酸盐、煤、铝和钒等11类矿产资源的采选、冶炼和加工业的产业活动单位
G114	持久性有机污染物普查表	化学原料及化学制品制造业（C26）所有产业活动单位
G115	含多氯联苯电容器（变压器）普查表	纺织业（C17）、造纸及纸制品业（C22）、黑色金属冶炼及压延加工业（C32）、有色金属冶炼及压延加工业（C33）、电气机械及器材制造业（C39）、电力、热力的生产和供应业（D44）中划为重点污染源的产业活动单位
G116	消耗臭氧层物质普查表	化学原料及化学制品制造业（C26）、医药制造业（C27）、塑料制品业（C30）、通用设备制造业（C35）、电气机械及器材制造业（C39）中划为重点污染源的产业活动单位

2. 污染源评价

污染源调查可以获得大量调查数据及资料，污染源评价就是依据这些资料，采用科学的分析评价方法，区分各种污染物以及各个污染源对环境的潜在危害，分清主次，找出主要的污染物和污染源，以便确定主要环境问题，提高环境监督管理的效率。

污染源评价通常要考虑污染物排放量和生物毒性两方面的因素，采用等标污染负荷法或排毒系数法进行标化评价。污染源调查和污染源评价过程要注意建立污染源档案和重点污染源数据库，以便在日常环境监察工作中方便地查询和使用有关资料。

二、污染源监察一般内容

污染源监察是环境监察部门依据环境保护法律、法规对辖区内污染源污染物的排放、污染治理和污染事故以及有关环境保护法规执行情况进行现场调查、取证并参与处理的具体执法行为。

污染源监察实质是监督、检查污染源排污单位履行环境保护法律、法规的情况，污染物的排放和治理情况。通过环境监察，发现违法、违章行为，采取诸如排污收费、罚款、限期治理、关停整改等措施，督促排污单位自觉减少污染物的产生与排放，主动采取防治措施，达标排放并实施污染物总量控制，从而达到保护辖区环境质量的目的。

污染源监察是环境监察的重点，是环境保护不可缺少的组成部分。

（一）对企业落实环境管理制度的检查

1. 环境管理机构设置的检查

在《环境保护法》、《建设项目环保设计规定》、《建设项目环境保护设施竣工验收管理规定》、《工业企业环境保护考核制度实施办法》以及一些行业和地方环境保护规定中都提出了企业应建立健全自身环境保护机构与规章制度的要求。

企业环境管理机构的职责主要是编制自身环境保护计划，建立和落实各项企业的环境管理制度，协调企业内部、企业之间、企业与社会之间的环境保护关系，实施企业环境监督管理。其设置的形式多种多样，根据企业的规模、生产的复杂程度、环境污染的大小等，可采取设置专门机构、联合机构、专职岗位等形式，对此尚无明确的法律规定。但有一点应该注意，就是企业的各项环境管理制度应贯穿企业生产经营的始终，落实到具体的车间、班组、岗位和职工身上，实行全过程控制，与生产经营紧密结合，这样才能做到有效管理环境，环保、生产相统一的效果才能显示出来。

2. 企业环境管理人员设置的检查

企业环境管理机构必须有相应的人员去落实环境保护责任。在这个管理体系中，厂长（法人代表）是当然的企业污染防治法定责任者，承担政府环境保护责任目标中所规定的污染物削减和防止造成污染的责任目标。为了落实责任、达到目标，需要在企业内部将责任目标层层分解，制定管理规则，进行监督检查和考核，这些工作都要有人具体负责。

企业环境管理人员可以是专职的或兼职，但必须具备一定的业务素质。国家环保总局在《关于开展企业环境监督员制度试点工作的通知》文件中，规定将实行企业环境监督员制度。通过试行企业环境监督员制度，提高企业环境管理人员素质，探索市场经济条件下加强企业环境监督与管理的工作机制、激励机制，为推行企业环境监督员制度积累经验。

1）试行企业环境监督员培训和持证上岗制度

由人事部、国家环境保护总局组织试点企业环境监督员资质考试、统一培训，成绩合格者，颁发环境监督员执业资格证书。

2）企业环境监督员制度

企业环境监督员负责制订企业的环保工作计划和规章制度，有权检查企业产生污染的生产设施、污染防治设施运转情况，污染物排放情况，负责确认监测数据，负责污染事故应急预案的制定和预演，发生污染事故时，负责采取应急措施等。逐步规范企业环境保护组织结构和规章制度建设。

3）逐步建立企业环保管理人员双重管理体制

企业环境监督员定期向环保部门报告情况，加强与环保部门的联系。环保部门指导和监督企业环境监督员的工作，并进行表彰或处罚。

4）设立企业环境监督员制度激励机制

对企业环境监督员制度执行较好的企业，可考虑适当减少环保执法检查频次，并在评选环境保护模范企业、排污费使用等方面优先考虑。对企业内部环境管理薄弱，存在环境污染问题的单位，要加大环保执法检查频次，加大行政处罚力度。有些工种还必须经过培训，持证上岗。例如，锅炉工、污废水处理工、企业环境监测人员和企业内部污染防治设施的运行管理人员原则上应具备一定的上岗资质。

3. 企业环境管理制度建设检查

（1）企业环境保护规划和计划。企业环境保护计划是根据规划目标所制订的年度计划，是有关措施落实的具体时间计划。

（2）企业环境保护目标责任制。包括污染物排放的标准、总量控制的指标、污染物削减的指标，排污许可证的指标等。企业内部的环境管理要做到目标化、定量化、制度化管理。

（3）有关的专项管理制度。为了使企业的各项环境保护工作规范化，企业还应根据自身的生产排污特点，制定一些相关的具体规章制度，常见的有环境监测制度、污染防治设施运行操作规程及管理制度、危险化学品的管理制度、环境突发事件的防范和报告制度、污染源档案管理制度、环保人员的岗位责任制度等。

（二）进行工况调查，检查污染隐患

环境监察人员应深入企业的生产车间，调查生产原料、生产工艺、设备及生产状况，可以了解污染产生的原因、产污规模、排污去向，发现非正常产污和排污行为及污染隐患，确定产物、排污水平。工况调查可根据企业生产工艺和经营组织系统情况逐级进行，以免发生遗漏。对工业企业可按下列步骤和内容调查：

1. 检查生产使用的原辅材料和产品

首先了解原辅材料和产品的种类、性质、来源、成分、贮存及厂内输移、消耗量等因素。注意原料来源变更时成分的变化，尤其要注意有毒成分含量变化情况。

查原料时要专门对水及能源的利用方式进行检查，在这两个方面最容易出现环境问题，改进的潜力也很大。还要检查原辅材料的消耗情况和生产规模，以估计生产状况。

2. 对生产工艺、设备的调查

调查主要的生产设备、生产工艺类型和技术路线，设备、生产工艺的现有状况，包括产生污染的主要生产设备的类型、规模，生产工艺及技术路线等，设备的先进性、适应性，是否属于淘汰、禁止采用之列，工艺、设备的布局是否容易导致环境污染或发生污染事故等。

3. 生产运行情况和污染产生原因

检查设备运行过程中污染物产生的原因，污染物的类型等，生产设备的维护和运行情况、事故发生、生产变动，现场技术资料与运行记录，工艺系统对意外环境污染事故的反应处理能力，是否存在跑、冒、滴、漏现象等情况。

4. 配套的环保设施的情况

检查环保设施的类型、环保设施运行及管理情况，运行记录，是否严格按规程进行运行操作，环保设施的运行效果。

5. 检查产品的贮存与输移过程

要检查原辅材料在贮存过程中是否存在管理混乱、滴漏、外泄、挥发、扬散、流失而造成污染的现象，如贮存槽、罐清洗产生废水污染；贮罐、容器、管道密闭不好造成有害气体挥发和泄漏；原料进入厂区后在输移过程出现散落、流失、扬散等现象。

有些产品或中间品本身具有较大的毒性，属于危险品，管理不善会发生滴洒、泄漏等情况，甚至会发生污染事故，造成严重的环境影响。如许多石化、化工原料和产品、危险化学品和危险废物、腐蚀性的物品、易爆易燃物品等，在其贮存、运输过程中必须采取严格的措施，防止流失和泄漏，同时严格登记和管理制度。

6. 检查生产变动情况

经常见到的有产量的增减、改变生产产品的品种、规格、包装等，随之引起原辅材料投入和污染物产生与排放的变化。同一个纺织印染联合厂，不同的纺织品或相同的纺织品的不同批次，其单位产污量、产污种类都有很大的差别，电镀厂加工的不同产品的排污量也有很大差别。

监察人员仅依据一两种生产状况来实施排污申报审核及其他监察活动，是远远不够的。除了要督促排污单位按法律规定按时申报排污变动情况外，要大力加强现场监察，通过明察和暗访，及时掌握污染源的排污变化情况。

（三）污染源守法监察

排污单位在生产工艺过程中的各个环节都可能产生污染物，但是对外部的环境污染影响，主要表现在其污水、废气、固体废物、噪声的各类污染源的排污水平。

1. 环境管理制度执行情况监察

1）对新建项目要检查环境影响评价制度和"三同时"制度的执行情况

检查排污单位是否存在在建项目，建设项目是否按环评和"三同时"制度程序去进行审定、报批，做到同时设计、同时施工、同时投产。

2）对限期治理项目执行情况的检查

检查限期整改的指标是否能按期完成。

3）是否能如实进行排污申报登记和变更申报

检查申报的排污量是否合理正确，有没有谎报、拒报。

4）对排污许可证制度执行情况的检查

检查排污单位是否按照排污许可证的规定进行排污管理。

2. 污染物排放情况监察

污染物排放情况检查内容主要有：污染物排放口（源）的类型、数量、位置，各排污口（源）排放污染物的种类、数量、浓度、排放方式和排放去向、环境危害等。特别要注意异常情况的检查，如各种参数的变动情况、偷排行为、事故情况等。

3. 污染治理情况监察

污染治理情况监察的主要工作内容有：了解各排污单位拥有污染治理设施的类型、数量、性能；检查污染治理设施管理维护情况、运行情况、运行记录，是否存在不正常停运情况，是否按规程操作，核查污染物处理量、处理率及处理达标率等，检查有无违法、违章或直接排污的行为。

4. 排污收费缴纳的情况监察

对排污单位的排污申报登记情况、核定情况、排污费的缴纳情况进行检查，看是否存在拖欠排污费的情况。

（四）排污量的核定监察

排污收费的工作基础是搞好排污申报工作，排污申报工作主要分年申报和月核定工作，最重要的是搞好月核定工作。环境监察对排污单位污染源的日常检查，还应包括对排污单位各类污染源的排放情况的测算，对生产能力、生产规模、原材料消耗，废水废气的排放、固体废物和超标噪声的排放情况，不仅要有定性的估计，还应该有定量的测算，为环境监督和排污收费工作服务。

（五）污染物排放总量控制的监察

1. 贯彻国家产业和技术政策

对属于国务院和省级人民政府明令关停、取缔和淘汰的落后生产能力、工艺设备、产品等排污单位，不得给予排污总量控制指标。

2. 排污单位排放污染物必须满足国家和地方污染物排放标准

超过标准排放污染物的排污单位，首先要做到稳定达标排放各种污染物。

3. 总量控制的地区应确定排污总量控制指标，确定主要污染物的削减计划

总量控制的地区除了要制定和实施主要污染物的排污总量削减计划，地区内所有建设项目的污染物排放指标必须纳入所在区域或流域内污染物排放总量控制计划。当建设项目新增加的污染物排放量超过这区域污染物总量控制计划或严重影响城市、区域环境质量时，总量控制指标只能在该区域内调剂，不得给予新增加的排污总量控制指标。

4. 实施总量控制指标

排污单位进行改制、改组或兼并后，其排污总量不得超过原指标值；对于分离出来的排污单位，其排污总量控制指标原则上应从原单位排污总量控制指标中划拨。

三、污染源监察程序

（一）污染源监察的计划

对辖区内的污染源进行污染调查、排污核算、分类管理，在此基础上制订具体环境监察计划。

为了对污染源进行分类管理，首先要收集污染源的信息，污染源的信息采集有以下方法：

1. 污染源调查

在有条件的地方，环境监察部门在环保局领导下会同其他环境管理部门共同开展环境污染源调查工作。通过全面调查，搞清辖区污染源的基本情况，在此基础上建立重点污染源、一般污染源名录和各污染源排放的主要污染物的动态数据库。污染源调查获取的资料是污染源监察工作的基础，然后通过一定频率的污染源监察，充实掌握的污染源资料。

2. 排污申报登记

《排污费征收使用管理条例》明确规定环境监察部门负责辖区内排污单位的排污申报登记的申报和核定工作，通过排污申报登记制度的实施对污染源进行定量化管理。

3. 环境保护档案材料登记

宏观管理中所积累的各种建设项目的档案材料是获取污染源信息的重要来源之一。此外，日常环境监察对有关污染源违法行为的调查、处理所积累的材料也是污染源监察的信息来源。按污染源的位置分布、所属行业类别、排放污染物的类型、规模大小、经济类别、所属流域、污染物排放去向等分类，建立污染源信息的动态数据库，并利用计算机等现代化管理设备对数据进行管理。

4. 制订污染源现场检查计划

污染源原始数据库建立后，下一步就是要采用科学的评价方法，结合本辖区环境的

特点，找出不同地区、不同行业的主要污染源和主要污染物，确定目前的主要环境危害，绘制重要污染源分布图，图中不仅仅要标志出污染源的位置和名称，还应该将污染负荷标识清楚。在此基础上，制订污染源现场检查计划。确定调查范围、对象、项目、时间、频次、人员和设备配置，确定污染源监察主要任务和采用的方式，编写污染源监察计划方案。

（二）污染源现场监察

1. 污染源排放现场调查和检查

按制订的监察计划进行现场环境监察，确定排污单位的污染源是正常还是异常排污。如发现异常情况，应及时处理。有时需要委托监测站采样分析，以获取违章排污的确凿证据。

走访现场操作人员及有关管理人员，进行一般性的查询，了解近期生产与环保活动的基本情况，针对具体环境问题进行查询，以了解问题发生的过程和性质。如发现问题，应及时进行现场取证。现场检查的证据有实物证据，如采集的样品，有关的文字记录材料，拍摄的录像、照片，有查询的现场笔记、录音、群众的反映等。现场取得的证据须经污染源单位有关人员签字。

2. 工况调查

工况调查是污染源现场监察中采用的重要手段，是发现问题的有效途径，主要内容如下：
（1）检查生产使用的原辅材料和产品。
（2）对生产工艺、设备的调查。
（3）生产运行情况和污染产生的原因。
（4）配套的环保设施的情况。
（5）检查产品的贮存与输移过程。
（6）检查生产变动情况。

（三）视情处理

对异常情况，除依法征收排污费外，还要做出相应处理。对环境违章的填发《当场处理决定通知书》；对环境违法的，属现场处罚范围执行现场处罚工作程序；对环境监察机构处罚范围，执行环境监理行政处罚工作程序，超过上述处罚范围，填写《环境监察行政处罚建议书》，报环境保护行政主管部门。

（四）污染源执法后督察

对异常情况按规定期限进行复查，以监督检查污染源单位整改措施的落实，切实保证违法行为得到纠正。

（五）总结归档

要求按期总结污染源监察情况，注明发现的问题，处理意见以及处理结果等，并写出相应的监察报告。对所有的原始记录、材料要分类归档备查。

污染源监察步骤如图 2.1 所示。

第一步	污染源监察计划的资料收集。对辖区内的污染源进行污染调查、排污核算、分类管理，在此基础上制订具体环境监察计划。要做好收集污染源的信息：根据污染源调查、排污申报登记、环境保护档案材料登记以及日常环境监察对有关污染源违法行为的调查、处理所积累的材料等
第二步	制定污染源监察计划方案。确定调查范围、对象、项目、时间、频次、人员和设备配置，确定污染源监察主要任务和采用的方式，编写污染源监察计划方案
第三步	污染源现场监察。按监察计划进行现场环境监察，确定排污单位的污染源是正常还是异常排污，如发现异常情况，应及时处理。有时需要委托监测站采样分析，以获取污染源违章排污的确凿证据。工况调查包括：检查生产使用的原辅材料和产品；对生产工艺、设备的调查；生产运行情况和污染产生的原因；配套的环保设施的情况；检查产品的贮存与输移过程；检查生产变动情况。取证应做到规范性，并当场做好检查记录
第四步	视情处理。对异常情况，除依法征收排污费外，还要做出相应处理：对环境违章的填发《当场处理决定通知书》；对环境违法属现场处罚范围执行现场处罚工作程序；对环境监察机构处罚范围，执行环境监理行政处罚工作程序；超过上述处罚范围，填写《环境监察行政处罚建议书》，报环境保护行政主管部门
第五步	后督察执法。对异常情况按规定期限进行复查，以监督检查污染源单位整改措施的落实，切实保证违法行为得到纠正
第六步	总结归档。总结污染源监察情况，注明发现的问题，处理意见以及处理结果等，写成监察报告

图 2.1　污染源监察步骤

四、污染源监察手段和形式

（一）定期检查

定期检查是针对辖区重点污染源所采取的监察措施。重点污染源排污量大、污染物种类多、成分复杂，对本地区的环境有至关重要的影响。

实施现场检查前必须了解和掌握污染源的生产工艺，包括工艺流程、主要化学反应过程及工艺技术指标，了解和掌握产污的关键设备、工艺特点和基本情况，产污节点、产污种类和数据，排放的方式和去向，污染治理设施的基本情况，对外的环境影响等。此外，还应了解以往监察中记录的被监察对象的行为特征，据此预先确定好现场检查的重点目标、步骤、路线，发现有关线索，抓住问题的要害。

（二）定期巡查

定期巡查是根据辖区污染源分布情况，按一定的路线对各种污染源分片、定人、定

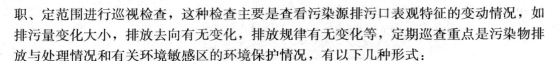

职、定范围进行巡视检查，这种检查主要是查看污染源排污口表观特征的变动情况，如排污量变化大小，排放去向有无变化，排放规律有无变化等，定期巡查重点是污染物排放与处理情况和有关环境敏感区的环境保护情况，有以下几种形式：

1. 重点污染源巡查

针对定期检查中发现的问题以及重点污染源的排污特征，定期复查和巡视检查其整改情况、排污变动情况等。

2. 一般污染源巡视

对一般污染源的排污口进行巡视检查，对水量、颜色、气味进行必要的简易测定，查看其水量、水质的变动情况；对烟囱排烟黑度进行测定，查看烟气污染状况，巡视废气的颜色、气味、大气环境表观特征等，查看工艺废气的排放情况，检测厂界噪声，确定噪声影响等。发现问题要深入排污单位内部追根溯源，视情况进行处理。

3. 废物倾倒巡查

一些排污单位无视环保法规，为了减少清运、处理费用，随意倾倒废渣、污泥、垃圾、废液等。这类随意倾倒行为一般地点比较固定，如废弃的坑、谷，偏僻的角落、路边、湖边、河边等，要通过巡视及时发现废物倾倒行为。有时还要根据发现的倾倒物的性状，通过分析、判断找出倾废嫌疑者，确认并给予处罚。

4. 重点保护区巡视

如饮用水源保护区的保护工作直接关系到人民的身体健康，生态保护区（如防护林和植被）的破坏造成水土流失、泥石流甚至洪水和塌方、滑坡等灾难。所以，必须制订计划、定期巡视这些环境敏感区的环境状况和保护情况，及时发现和纠正不法行为和倾向。

（三）定点观察

许多城市在适当位置设立固定观察点，采用望远镜或烟尘自动监视仪进行巡视，发现问题进行拍照或录像，及时取证处理。定点观察所监视的对象一般是各类烟囱或排气筒。观察点一般设在辖区较高的建筑物上，这样可以将所有的烟囱置于监视范围内，其优点是可以节约大量人力物力，并能进行连续监测，及时发现和纠正超标排烟行为。

（四）不定期检查

一些违反环保法规的行为有时很难通过定期检查发现，如污染物偷排行为、环保设施擅自停运行为、稀释排污行为等。不定期检查也要按计划进行，一般要根据社会经济发展情况，污染源的特征和环境管理的好坏，不同季节比较敏感的污染排放行为，如冬季的烟尘排放、夏季生活污水和医院污水排放等来安排。不定期检查的类型有：

1. 突击检查

对目标污染源进行不预先通知的检查。对某一地区或行业的普遍环境问题进行突击检查，重点检查目标源的各类生产与环保记录和污染物处理及排放情况。

2. 临时性检查

在日常环境监察中经常会出现一些意想不到的突发性环境污染事件，如一些污染事故、信访案件，有时一些环境问题还会成为社会热点，引起普遍关注。临时性检查要做到迅速及时，技术手段完备。

在一些特别时期也需要安排临时性检查，如举办大型国际会议、举办重要的国际运动会以及举行有关庆典活动等对环境质量要求较高的活动时，为了保证有关活动的正常进行，避免产生不良的政治影响和国际影响，要注意开展环境监理工作。

（五）特殊形式检查

1. 污染源执法检查

我国正处在社会主义初级阶段，法制建设还不于分完善，法制意识比较淡薄，对此，很多地方的环境监察机构采取有针对性的污染源执法大检查，由主抓环保的政府有关领导和环保局领导带队，以监察部门为主，检查重点污染源的执法情况，这种方法应以对环境影响突出的重点污染源或污染行为为主，采取边检查、边纠正、边处理的方法，特别要注意宣传，扩大影响，以儆效尤。

2. 联片监察

在污染源监察中，为了提高效率、便于管理，一般采取"分片监察、任务包干、责任到人、奖罚分明"的原则。为了互相学习互相促进，并协助解决一些难点监察问题，采取定期联片监察方法。即在辖区内将不同辖区的监察机构和监察人员混合编队，分别联合检查污染源的执法情况，即进行交叉监察。

3. 节假日、夜间检查

一些违法排污单位为了逃避检查，利用节假日、夜间等监察人员休息的时间集中排污，为此，必须加强节假日和夜间巡视检查。

4. 污染源监视

有些违法排污单位排污行为十分隐蔽和巧妙，不定期、时间短，很难查到。环境监察人员可采取长期蹲点办法，配以先进的技术手段，日夜监视，直到发现问题，并立即派人进行现场取证。

5. 组织部门进行联合执法检查

环保部门是环境执法的综合管理部门。但有些处理权、监督权与其他执法部门相衔接，因此在环境污染源监察中可采取联合执法方法解决，具体做法是：由人大或政府牵头，以环境监察队伍为主，组织公安、法院、交通、工商、城管等执法单位，联合行动，解决那些权限不清的环境污染行为。目前较常见的有以下几类污染源的联合执法检查：社会生活噪声污染源，主要包括歌舞厅、录像厅、咖啡厅、饭店、小吃部、各种用声响设备招揽生意的经营点等，这类地点为了招揽生意常常在室外安装或直接便用高音喇叭，群众反应强烈，其管理涉及工商、城管、公安等部门；交通噪声和汽车尾气监察，交通工具的管理以交通部门为主，环境监察部门参与噪声和尾气监督管理。

向各类保护区排污的单位，常常隶属不同行政区域部门，所以必须联合执法。有时需要省人大或全国人大牵头，如跨省界、跨流域的污染问题的监督检查等。

第二节　水污染源及其污染防治设施环境监察

一、水污染源

水污染是由于大量排放工业废水、生活污水及农业污水造成的。其中工业废水是在工业生产过程中，被工业生产设备或原料所污染，在质量上已不再符合生产工艺的要求，必须从生产系统中排除的水，它含有生产过程中耗用的原料、生产过程的中间体、产品或副产物等，其水质因工业类别、原料、产品、工艺规模等不同而有较大差异。从工业废水产生的机理上可分为两大类；一类是间接使用后排出的水，如冷却水、清洁用水等；另一类是与原料或产品直接接触使用后排出的污水，如冲洗、漂洗、浸泡用水等。

生活污水是指厨房水、卫生用水、洗涤水等污水的总称，以有机物为主，其数量、成分和污染物质浓度与居民的生活水平、生活习惯有关。

农业污水是通过地面径流产生含有悬浮物及氮、磷等营养物质，排入海湾、河口、湖泊等缓流水体，促进其富营养化过程，使水体恶化。

水污染物及其来源见表 2.2。

表 2.2　水污染物及其来源

污染类型		污染物	污染标志	废水来源
物理性污染	热污染	热的冷却水、热废水	升温、缺氧或气体过饱和、富营养化	动力、电站、冶金、石油、化工等废水
	放射性污染	铀、钚、锶、铯	放射性污染	核研究生产、试验、核医疗核电站
	表观污染	浑浊　泥、渣、沙、漂浮物	浑浊	地表径流、生活污水、工业废水
		颜色　腐殖质、色素染料、铁、锰	颜色	地表径流、食品、印染、造纸、冶金类废水
		臭味　酚、氯、胺、硫醇、硫化铵等	恶臭	食品、制革、炼油、化肥、农肥

续表

污染类型		污染物	污染标志	废水来源
化学性污染	酸碱污染	酸、碱等	pH 异常	矿山、化工、化肥、造纸、电镀、酸洗废水
	重金属污染	汞、镉、铬、铜、铅、锌等	毒性	矿山、冶金、电镀、仪表类废水
	非金属污染	砷、氰、氟、硫、硒的化合物等	毒性	化工、火电、农药、化肥类废水
	需氧有机物污染	糖类、蛋白质、油脂、木质素等	耗氧导致水体缺氧	食品、印染、制革、造纸、化工类工业废水、生活污水、农田排水
	农药污染	有机氯农药类、多氯联苯、有机磷农药等	水中生物中毒	农药、化工、炼油工业废水、农田排水
	难降解有机物污染	酚、苯、醛类等	耗氧、异味、毒性	制革、化工、炼油、煤矿、化肥工业废水、地表径流
	油类污染	石油及其制品	漂浮、乳化油增加	石油开采、炼油、油轮废油水等
生物性污染	病原菌污染	病菌、虫卵、病毒等	水体带菌、传播疾病	医院、屠宰、畜牧、制革等工业废水、生活污水、地表径流
	霉菌污染	霉菌素等	毒性、致癌	制药、酿造、食品、制革废水
	藻类污染	无机、有机氮磷	富营养化水体恶化	化肥、化工、食品废水、生活污水、农田排水

二、主要水污染物指标及其监测方法

（一）水中主要控制的环境指标和污染物的毒性

1. COD（化学需氧量或化学耗氧量）

这是指在规定的条件下，水样中能被氧化的物质氧化所需耗用氧化剂的量，它是衡量污水中还原性污染物浓度的综合指标，单位是 mg/L。COD 值根据氧化剂不同，有高锰酸钾法和重铬酸钾法。实际测定中所用氧化剂种类、浓度和氧化条件对结果均有影响。目前我国统一规定以重铬酸钾法作为废水 COD 测定的标准方法。

2. BOD（生化需氧量）

这是指微生物分解水体中有机物质的生物化学过程中所需耗用溶解氧的量，也是衡量污水中有机污染物浓度的综合指标之一，单位是 mg/L。由于微生物分解有机质是个缓慢过程，将所能分解的有机质全部分解需 20d，并与环境温度有关。目前国内外普遍采用 20℃培养 5d 的生物化学过程中溶解氧的消耗最为指标，计为 BOD_5。BOD 的测定方法主要采用稀释接种法。

3. TOC（总有机碳）

这是以碳的含量反应污水中有机物总量的综合指标，通过燃烧使有机物全部转化为 H_2O 和 CO_2，再以生成的 CO_2 的量测算污水中有机物的总含碳量。TOC 指标可以测定

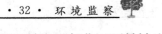

既不易发生氧化又不易被生物降解的有机物，因此比 COD 和 BOD 能更全面反映污水中有机物的量。TOC 的测定多采用 TOC 分析仪，根据工作原理又分为红外吸收法、电导法和气相色谱法等，其中红外吸收法操作简单、灵敏度高，得到广泛使用。

4. 石油类

石油类是指各类水污染源排放的石油及石油制品，单位是 mg/L。如石油化工企业常排放的含油废水，船只动力机械漏油，油船压舱水、洗舱水，机械加工厂排放的污水等，其中含有大量的石油类污染物质，进入水体后会严重影响水生生物的生存。

5. 氰化物

氰化钾、氰化钠和氰氢酸等一些剧毒化合物，单位是 mg/L。常见于化学工业、电镀、煤气和炼焦等生产过程排放的废水中。

6. 重金属

重金属主要指汞、镉、铅、铬以及非金属砷等生物毒性显著的重金属元素，单位为 mg/L。重金属以汞毒性最大，镉次之，铅、六价铬、砷也有相当毒害，这类污染物毒性大，其有较强的生物累积性。在环境中还可能转化成毒性更大的二次污染物。采矿、冶炼和电镀工业是向环境释放重金属的主要污染源。

7. 挥发酚

水体中酚的主要来源是煤气、炼焦、石油化工、塑料等工业排放的含酚污水，单位为 mg/L。其浓度随工业部门不同而不同。

8. pH

表示污水中在化学酸碱程度上是酸性、中性、碱性的程度指标，它用污水中 H^+ 浓度的负对数确定 pH。pH 的测定方法有比色法和玻璃电极法。

9. 色度

当污水中存在某些物质时，呈现出一定颜色的混浊程度，水的颜色可分为真色和表色两种，真色是指除去悬浮物后水的颜色。没去除悬浮物的水的颜色称为表色。水的色度是指水的真色。色度的测定通常采用钴铂标准比色法、稀释倍数法。在测量色度时 pH 对色度有较大的影响。稀释倍数法是广泛使用的测定方法，是将水样按一定的稀释倍数，用水将污水稀释至接近无色时的稀释倍数，即为污水水样的色度。

10. 总磷

含磷污水水样经消解以后，各种形态的磷转变成正磷酸盐的结果叫总磷，单位是 mg/L，其主要来源为生活（含磷洗涤剂）和农业（化肥、农药）排放的污水。水体的磷是促进藻类生长的关键元素，过量的磷是造成水体污秽异臭的主要原因，是湖泊发生富营养化和海洋赤潮的主要原因。

11. 总氮

含氮污水水样经消解以后，各种形态的氮转变成正硝酸盐的结果叫总氮，单位是 mg/L，氮也是导致水体富营养化的主要原因，一般认为水体中的无机氮大于 300mg/L 时，就会导致水体富营养化，其主要来源为生活和农业（化肥、畜禽粪便等）排放的污水。

12. 总大肠菌群

1L 水样中含有的大肠菌群的数目，以个数为计量单位。总大肠菌群是指那些需氧和兼性厌氧的，在 37℃、24h 内使乳糖发酵产酸、产气的革兰阴性无芽孢杆菌，还包括有埃希菌群、柠檬杆菌属、常杆菌数等菌数的细菌。大肠菌群进入水体，随水传播，可引起肠道病流行。为确保水体的卫生和安全，必须对其进行监测和控制。该指标在医疗污水、畜禽养殖污水和生活污水中都很高。大肠菌群可以采用发酵管法或滤膜法加以检定。

13. 总余氯量

对医院等污水处理中使用了液氯、次氯酸钠、二氧化氯、氯片等消毒措施进行氯化消毒后，残留在污水中的有效氯的总数量。总余氯分为游离余氯和化合余氯。污水中的余氯对水生生物有毒害作用。余氯量随时间的推移而减小，因此只要提到余氯量就离不开接触时间。余氯量的单位是 mg/L。我国《医院污水排放标准》规定，使用氯化消毒时，对一般的医院（含肠道传染病医院）污水接触时间应不小于 1h。接触池出口的总余氯浓度为 3mg/L，结核病医院污水的接触时间应大于 1.5h，余氯浓度为 6～8mg/L。

主要工业污染源的废水主要污染物质见表 2.3。

表 2.3 主要工业污染源的废水主要污染物质

主要工业行业或产品	主要污染物质（监测项目）
黑色金属矿（包括磁矿石、赤矿石、锰矿等）	pH、SS、硫化物、铜、铅、锌、镉、汞、六价铬等
钢铁（包括选矿、烧结、炼铁、炼钢、铁合金、轧钢、炼焦等）	pH、SS、硫化物、氟化物、COD、挥发酚、氰化物、石油类、铜、铅、锌、镉、汞、六价铬等
选矿	SS、硫化物、COD、BOD、挥发酚等
有色金属矿山与冶炼（包括选矿、烧结、冶炼、电解、精炼等）	pH、SS、硫化物、氟化物、COD、挥发酚、铜、铅、锌、镉、汞、六价铬等
火力发电、热电	pH、SS、硫化物、挥发酚、铅、锌、镉、石油类、热污染等
煤矿（包括洗煤）	pH、SS、硫化物、砷等
焦化	COD、BOD、挥发酚、SS、硫化物、氰化物、石油类、氨氮、苯类、环芳烃等
石油开采	pH、SS、硫化物、COD、BOD、挥发酚、石油类等
石油炼制	pH、硫化物、石油类、挥发酚、COD、BOD、SS、氰化物、苯类、环芳烃等
硫铁矿	pH、SS、硫化物、铜、铅、锌、镉、汞、六价铬等
磷矿、磷肥厂	pH、SS、氟化物、硫化物、砷、铅、总磷等

续表

主要工业行业或产品	主要污染物质（监测项目）
雄黄矿	pH、SS、硫化物、砷等
萤石矿	pH、SS、氟化物等
汞矿	pH、SS、硫化物、砷、汞等
硫酸厂	pH、SS、硫化物、氟化物等
氯碱	pH、COD、SS、汞等
铬盐工业	pH、总铬、六价铬等
氮肥厂	COD、BOD、挥发酚、硫化物、氰化物、砷等
磷肥厂	pH、氟化物、COD、SS、总磷、砷等
有机原料工业	pH、COD、BOD、SS、挥发酚、氰化物、苯类、硝基苯类、有机氯等
合成橡胶	pH、COD、BOD、石油类、铜、锌、六价铬、环芳烃等
橡胶加工	COD、BOD、硫化物、石油类、六价铬、苯类、环芳烃等
塑料工业	COD、BOD、硫化物、氰化物、铅、砷、汞、石油类、有机氯、苯类、环芳烃等
化纤工业	pH、COD、BOD、SS、铜、锌、石油类等
农药厂	pH、COD、BOD、SS、硫化物、挥发酚、砷、有机氯、有机磷等
制药厂	pH、COD、BOD、SS、石油类、硝基苯类、硝基酚类、苯胺类等
染料	pH、COD、BOD、SS、硫化物、挥发酚、硝基酚类、苯胺类等
颜料	pH、COD、BOD、SS、硫化物、汞、六价铬、铅、砷、镉、锌、石油类等
油漆、涂料	COD、BOD、挥发酚、石油类、镉、氰化物、铅、六价铬、苯类、硝基苯类等
其他有机化工	pH、COD、BOD、挥发酚、石油类、氰化物、硝基苯类等
合成脂肪酸	pH、COD、BOD、油类、SS、锰等
合成洗涤剂	COD、BOD、油类、苯类、表面活性剂等
机械工业	COD、SS、挥发酚、石油类、铅、氰化物等
电镀工业	pH、氰化物、六价铬、COD、铜、锌、镍、锡、镉等
电子、仪器、仪器工业	pH、COD、苯类、氰化物、六价铬、汞、镉、铅等
水泥工业	pH、SS等
玻璃、玻璃纤维工业	pH、SS、COD、挥发酚、氰化物、铅、砷等
油毡	COD、石油类、挥发酚等
石棉制品	pH、SS等
陶瓷制品	pH、COD、铅、镉等
人造板、木材加工	pH、COD、BOD、SS、挥发酚等
食品制造	pH、COD、BOD、SS、挥发酚、氨氮等
纺织印染工业	pH、COD、BOD、SS、挥发酚、硫化物、苯胺类、色度等
造纸	pH、COD、BOD、SS、挥发酚、木质素、色度等
皮革及其加工业	六价铬、总铬、硫化物、色度、pH、COD、BOD、SS、油类等
绝缘材料	COD、BOD、挥发酚等
火药工业	硝基苯类、硫化物、铅、汞、锶、铜等
电池	pH、铅、锌、汞、镉等

（二）水样的采集与保存

1. 采样点位、采样时间和频率的确定

工业废水监测采样，事先应了解废水的排放规律和废水中污染物浓度的时空分布规律，以确定采样点位、采样时间及频率。由于水污染源一般经管道或渠、沟排放，截面积比较小，不需设置断面，而直接确定采样点位。

在车间或车间设备设施排放口设置采样点监测第一类污染物，在工厂废水总排放口布设采样点监测第二类污染物。除第一类污染物以外的其他监测项目一般都按本要求布设采样点位置。

已有废水处理设施的工厂，在处理设施的排放口布设采样点，为了解废水处理效果，在进、出口分别设置采样点。

在厂区内排污渠道上，采样点应设在渠道较直，水量稳定，上游无污水汇入的地方。在厂区内的排污支管和干线上，通常在窨井内。

当废水以水路形式排到公共水域时，为了不使公共水域的水倒流进排放口，在排放口应设置适当的堰．采样点布设在堰溢流处。

城市管网的采样点常选择在：①非居民生活排水支管接入城市污水干管的检查井内；②城市污水干管的不同位置；③合流污水管线的溢流井；④雨水支、干管的不同位置以及雨水调节池；⑤城市污水进入水体的排放口；⑥在接纳支管废水的干管或渠道中，采样点应离支管入口 20～30 倍管径的下游检查井处，以保证水流的充分混合。

污水处理厂的进、出水口常选作采样点；此外，还可根据污水处理厂工艺控制的要求在各处理构筑物进、出水口及构筑物内适当位置布点。

对于连续生产、均匀排放的废水，采样数可少一些，对于非均匀排放的工厂则要深入了解排放规律，变化很大时可采用一段时间采一个样监测，绘成曲线，求出所要的数据（均值、高峰等），最好采用自动连续采样。

2. 水样的采集

采集水样的器具应事先洗净，在采样前用采样地点的水充分润洗后才能采样。采集的水样盛于玻璃或聚乙烯容器中，加盖封好，有的项目需在现场测定，有的项目需保存后送至实验室测定。因此，废水样品采集后应及时将污染源名称、排污口名称、废水种类、废水流量、现场测定结果、送检样品标记、保存条件和现场简要描叙等做认真登记，填入废水采样记录及样品送检表。

3. 水样的保存

微生物的新陈代谢活动和化学作用的影响；通过某种物质的聚合、解聚作用而发生变化；物理作用引起的絮凝作用；悬浮物表面产生胶体吸附现象等因素都能引起水样组分的变化。

为尽量减少水样组分的变化，使水样具有代表性最有效的办法是力求缩短保存时间，尽快分析，如不能及时运到或不能及时分析，应对不同的监测项目要求保存好，水样应采取不同的保存方法，水样的保存方法有冷藏法（水样在4℃左右保存，最好放在暗处或冰箱内，可以抑制生物活性，减缓化学变化的速度）、化学保存剂法（根据不同的测试项目可以采用杀生物剂法或酸化法）等。

（三）水污染源排放的监察要点

污染源监察要求所有排污口要达标排放，但达标排放后，如废水量持续增加，各种污染物的排放总量还会增加。另外，排污收费实施多因子总量收费和总量控制管理，污染物的总量还要靠监测数据和物料衡算关系才能核算出来，必须关注污染物排放浓度。

1. 用水量与污水排放量的核定

污水排放量是指按所有污水排放口加总后的污水排放量。它包括外排的生产废水、厂区生活污水、直接冷却水、矿井水等，不包括独立外排的间接冷却水（清污不分流的间接冷却水应计算在内），按规定排污单位应将生产污水与生活污水分流管理，这样工业废水不包括生活污水。

污水排放量的计量可使用各种流量计测量，可以直接读出污水的流量，除了连续计量数据外，因为污水流量是不稳定的动态值，一般监测值不稳定，利用新鲜用水量的多少，再用系数法推算出污水排放量的平均值更为合理；对于许多排污不规律、排污量不确定、所报排污量不真实的小排污单位，还可以采用排污系数法，根据实测、物料衡算或国家环境保护行政主管部门确定的行业排污系数和排污单位的产品级计算其污水排放量。

2. 排放的污水的主要污染物和水质检查

首先要检查排放的主要污染物有哪些，是否向水体和地下排放有毒物质。《中华人民共和国水法》规定了严格禁止向水体排放的污染物的种类和行为。还要检查排水去向是否严格按国家规定达标排放并严格进行减排控制。一般应检查水质记录、监测数据，还要目测，观察排放的废水的表观性状有无异常。是否有稀释、偷排行为，如有异常可进行简易的现场测定，发现问题应及时通知监测部门采样分析。

3. 用水工艺、用水设备和污水的重复利用的检查

检查是否采用了禁止和淘汰的工艺和设备；检查是否浪费水资源；检查是否有"十五小"项目；从生产工艺、设备、循环用水等方面检查单位产品用水量是否超过国家规定的标准；检查处理后的污水的回用情况。污水的重复使用，既可节约水资源和减少废水排放，在达标排放情况下，又可减少污染物排放数量。

4. 排水分流检查

工业污水与间接冷却水、雨水应严格实行排水的清污分流，以减少治理设施的负荷，减少污水排放。

5. 污水处理设施的检查

应严格检查通过治理设施出口的水质状况，污水处理设施的运行状态，运行管理，运行记录、处理效果等。

6. 对每月（或每季）的水污染源排放的污染物进行核定

通过现场的检查，查清排污单位通过水污染源排放污染物的种类、浓度、数量，要保留现场检查证据、笔录、监测数据、人证物证、原材料的消耗、生产规模等相关数据，为每月（或每季）进行的排污申报核定提供现场依据。

三、水污染防治设施运行管理

（一）预处理和初级处理设施的运行管理

预处理单元主要由格栅间、沉砂池、进水泵房和初次沉淀池等组成。在污水水质或水量变化较大的污水处理厂还设有调节池。

预处理过程对去除污染物可能起不到关键作用，但对于保证整个废水处理厂的正常运行是至关重要的。预处理效果不好会导致后续管路堵塞，浆、刮泥机、脱水机等设备的过度磨损，构筑物有效容积减小等。

1. 格栅的运行管理

1）控制过栅流速

污水在栅前渠道内的流速一般控制在 0.4～0.8m/s，经过格栅的流速般控制在 0.6～1.0m/s。过栅流速太大，将把本应拦截下来的软性栅渣冲走；过栅流速太小，污水中粒径较大的砂粒将有可能在栅前渠道内沉积。

2）清除栅渣

清污次数少，栅渣附着在格栅上，过栅断面积减小，造成过栅流速增大，拦污效率下降。粗格栅的栅渣一般采用人工清除。中格栅和细格栅一般采用机械（格栅除污机，有齿耙式和旋转链斗式）清除。

3）定期检查渠道的沉砂情况

格栅前后渠道内积砂除与流速有关外，还与渠道底部流水面的坡度和粗糙度等因素有关系，应定期检查渠道内的积砂情况，及时清砂并排除积砂。

4）卫生与安全

清除的栅渣应及时运走处置，室内的格栅设应采取强制通风措施。格栅间因腐化产生的 H_2S 和甲硫醇等恶臭及有毒气体释放量较大，产生恶臭气体，应采取防止恶臭的净化措施。

5）分析测量与记录

应记录每天产生的栅渣量，根据栅渣量的变化，可以间接判断格栅的拦污效率。根据栅渣量的情况，分析格栅的运行情况。

2. 沉砂池的运行与管理

沉砂池一般分为平流、竖流、旋流（钟氏流砂池）和曝气沉砂池。其中竖流沉砂池处理效果较差，目前已很少使用。

（1）平流沉砂池的运行管理。水平流速一般控制在 0.15～0.3m/s。流速不能太低，防止应在沉淀池去除的有机污泥也将在此沉淀、腐败，难以处置。

（2）曝气沉砂池的运行管理。曝气沉砂池污水中的油类物质上升至水面形成浮渣去除（曝气的气浮作用）。在运行管理中，通过调节曝气强度，来改变池内污水的旋流速度，使大于某粒径的砂粒得以沉淀下来。

（3）钟式沉砂池（涡流沉砂池）。砂粒借重力沉向池底并向中心移动。通过调整旋转桨板转速，可去除其他形式沉砂池难以去除的细砂（如 0.1mm 以下的砂粒）。进水集道内的流速，一般控制 0.6～0.9m/s；圆池的水力表面负荷：指单位而积单位时间处理污水的量，一般控制 200m³/(m²·h)，停留时间一般控制 20～30s。

（4）配水与气量分配。通过调节沉砂池的入流调节闸门或阀门，使进入每一条沉砂池的水量均匀。对于曝气沉砂池来说，配水均匀，才有可能实现配气均匀。

（5）除砂。小型处理厂一般采用阀门控制的重力排砂，大型处理厂则采用机械除砂。阀门控制的重力拌砂方式，如排砂间隙过长会堵塞排砂管，可用气泵反冲疏通，排砂间隙太短会使排砂含水率增大，增加处置难度。砂泵排砂也有同样问题。无论是砂泵排砂还是链条式刮砂机，由于故障或其他原因停止排砂一段时间后，都不能直接启动，应检查池底积砂量，如积砂太多，应排空沉砂池人工清砂，以免过载损坏设备。

（6）洗砂。沉砂中有机物质含量较多，需进行有效地清洗，使有机物与砂粒分离。常用的洗砂设备有旋流砂水分离器和螺旋洗砂器，经清洗分离出的沉砂有机分较低且基本变成固态，可直接装车外运。

（7）大气恶臭。沉砂池是处理厂区恶臭较严重的设施，沉砂应及时处置，不能停留时间太长，否则仍然会产生恶臭。

（8）分析测量与记录。应连续测量并记录每天的除砂量、初沉池排泥中的含砂量，对沉砂池排砂及初沉池排泥应定期进行筛分分析。应定期测定沉砂池和洗砂设备排砂的有机成分。应准确记录曝气沉砂池每天的曝气量。根据测量数据评价除砂和洗砂设备的除沙、洗砂效果，及时进行运行调整。

3. 污水提升泵站的运行与管理

污水提升泵站由水泵、集水池和泵房组成。集水池用于调节来水量和抽升量间的不平衡，避免水泵启动频繁，污水入池后速度放慢。产生泥沙沉积，减少有效池容，影响水泵正常工作，因此集水池应定期清理。管道内的污水会带入有毒气体，池内沉积的污泥也会分解出有毒气体，清理污泥时应注意安全，安全措施包括停止进水，排空池内存水，强制通风，空气检测合格方可扫池，下池后，不能停止通风，且每位操作人员在池下工作不得超过 30min。

4. 污水量的测量

污水量准确测量直接决定工艺控制效果。污水量的测量有多种方法，管道内的流量测量常用超声波流量计、电磁流量计等直接读数的测量仪表。

5. 初次沉淀池的运行与管理

初沉池按照流态及结构形式可分为平流、竖流和辐流沉淀池等。平流和辐流沉淀池应用较广。

（二）生物化学处理设施的运行管理

生物化学处理是利用微生物处理污水中有机污染物的一种工艺，也称为污水的生物处理。该工艺运行费用较低，得到广泛应用，如图 2.2 所示。

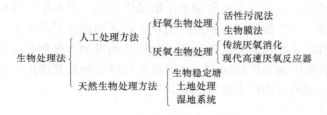

图 2.2　污水生物处理分类

1. 活性污泥系统运行原理

污水二级处理广泛应用的普通活性污泥法、A/O 法、AB 法、SBR 法和氧化法等都属于活性污泥法。

1）影响污泥微生物及处理效果的环境因素

对活性污泥微生物影响较大的环境因素有温度、酸碱度、营养物质、毒物浓度和溶解氧。

（1）温度。各种细菌都有其最适生长的温度范围，在水温 15～35℃运行时，污水处理厂的去除效果影响并不很大。水温低于 13℃时，生物处理效果明显降低。当水温低于 4℃时，几乎无处理效果。因此在北方地区，冬季应注意保温。水温过高时细菌代谢速率很高，可使胶体基质作为呼吸基质而消耗，使污泥结构松散或解絮、吸附，并使出水飘泥、出水 SS 升高，结果出水 BOD 反而升高。温度升高会使溶解氧不足、污泥腐化而影响处理效果，在日常管理中应注意防止水温的突变。

（2）酸碱度。pH 保持在 6～9 较适宜。生化处理中，废水的 pH 过高或过低时，须先用酸、碱加以调节。日常管理时，应防止 pH 的突变。

（3）营养物质。细菌所需营养物质主要有碳、氮、磷、硫、钾、锰等元素。有些工业废水含的营养成分不适合或不能满足微生物的需要，这时，要外加营养来合理调配。投加营养的合理比例通常为 $BOD_5 : N : P = 100 : 5 : 1$。

（4）毒性物质。废水含的重金属和某些化学物质达到一定限度，对微生物产生较强毒害作用。要采用适当的物化方法预处理，防止超过允许浓度的有毒物质进生化装置。

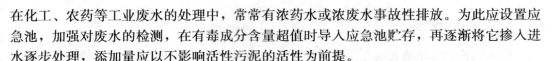

在化工、农药等工业废水的处理中，常常有浓药水或浓废水事故性排放。为此应设置应急池，加强对废水的检测，在有毒成分含量超值时导入应急池贮存，再逐渐将它掺入进水逐步处理，添加量应以不影响活性污泥的活性为前提。

(5) 溶解氧。一般认为，曝气池出口处溶解氧控制在 2mg/L 左右较适宜，基本上可满足污泥中绝大多数好氧微生物对溶解氧的需求。溶解氧过低会影响曝气池细菌的代谢速率，导致出水水质变差，BOD、ESS 等指标升高。溶解氧过高，除能耗增加外，曝气翼轮高速转动或强烈的空气搅拌会使絮粒打碎，易使污泥老化，也会使 ESS 增高影响出水水质。在鼓风曝气系统采用控制进气量方法调节溶解氧的高低；在机械擎气系统通过调整曝气翼轮的浸水深度来调节溶解氧的高低。

2) 活性污泥的培养和驯化

活性污泥的培养为微生物提供一定的生长繁殖条件，即前面提到的营养物质、溶解氧、温度、酸碱度等，并给予微生物的补充（接种），经过一定时间的曝气培养就会形成一定的活性污泥。活性污泥在数量上不断地增长到一定程度，就可用于处理废水。

在正式运转前，活性污泥都必须经过驯化。污泥驯化过程基本上是逐步减少营养物质投加量，逐步增加要处理的废水投加量，最后达到投加的全部是废水。污泥驯化过程中，不适应废水的微生物会逐渐死亡，适应废水的微生物逐渐增加，同时这些微生物在该种废水诱发下，细胞内会产生相应的酶。

2. 活性污泥性状检查

活性污泥培养驯化好后，活性污泥系统即可投入正式运行，在系统运行过程，由于废水水质、水量会随生产而变化，对系统运行管理好坏直接影响到处理单元的水质。因此，必须经常检查与观察反应器中污泥性状、出水水质变化，发现运行中的异常情况，及时处理，避免大的损失。

1) 巡视

(1) 检查色、臭。正常运行的城市污水处理厂及无发色物质的工业废水处理系统，活性污泥一般呈黄褐色。曝气池溶解氧不足时，厌氧微生物相应滋生，含硫有机物厌氧分解释放 H_2S，污泥发黑、发臭。当曝气池溶解氧过高或进水过淡、负荷过低时，污泥中微生物可因缺乏营养而自身氧化，污泥色泽转淡。良好的新鲜污泥略带泥土味。

(2) 检查二沉池观察与污泥性状。活性污泥性状的好坏可从二沉池及曝气池的运行状况中显示出来，巡视二沉池时，应注意观察二沉池泥面的高低、上清液透明程度、漂泥的有无、漂泥粒的大小等。上清液清澈透明表明运行正常，污泥性状良好。上清液混浊表明负荷过高，污泥对有机物氧化、分解不彻底；泥面上升，SVI 高表明污泥膨胀，污泥沉降性差；污泥成层上浮表明污泥中毒；大块污泥上浮表明沉淀池局部厌氧，导致该处污泥腐败；细小污泥上浮表明水温过高、C/N 不适、营养不足等原因导致污泥解絮。

(3) 检查曝气池观察与污泥性状。巡视曝气池时，应注意曝气池液面翻腾情况，池中间若见有成团气泡上升，即表示液面下曝气管道或气孔有堵塞，应予以清洁或更换；若液面翻腾不均匀，说明有死角，尤其注意死角有无积泥。

（4）检查气泡量的多少。在污泥负荷适当、运行正常时，泡沫量较少，泡沫外观呈新鲜的乳白色泡沫。污泥负荷过高，水质变化时，泡沫量往往增多，如污泥龄过短或废水中含大量洗涤剂时，即会出现大量泡沫。

（5）检查泡沫的色泽。泡沫呈白色，且泡沫量增多，说明水中洗涤剂量较多；泡沫呈茶色、灰色，是因为污泥龄太长或污泥被打碎而被吸附在气泡上所致，这时应增加排泥量；气泡出现其他颜色时，则往往因为是吸附了废水中燃料等发色物质的结果。

（6）检查气泡的黏性。用手沾一些气泡，检查是否容易破碎。在负荷过高、有机物分解部完全时，气泡较黏，不易破碎。

2）查污泥性状

在废水生物处理中，活性污泥除了要有很强的"活性"，具有很强的氧化分解有机物的能力外，还要求具有良好的沉降凝聚性能，以使它在二沉池中能很快地实现"泥""水"分离，可通过下述方法判断污泥的这一性状。

（1）检查污泥沉降体积（SV_{30}）。SV_{30}是指 1L 曝气池混合液静止沉降 30min 后污泥所占体积，单位 mL/L。SV_{30}的体积越小，污泥沉降性能越好。城市污水处理厂 SV_{30} 通常为 15％～30％。SV_{30}值应采用 1000mL 量筒来测定。

（2）检查污泥体积指数 SVI。曝气池中的活性污泥混合液经 30min 沉降后，1g 干污泥所占污泥层体积，单位 mL/g，$SVI=SV_{30}/MLSS$。SVI 值排除了污泥沉降体积的影响，反映了活性污泥的松散程度，是判断污泥沉降浓缩性能的一个常用参数。一般认为 SVI 小于 100 时，污泥沉降良好，SVI 大于 200 时，污泥膨胀，沉降性能差。

（3）检查混合液悬浮物浓度（MLSS）、混合液挥发性悬浮物浓度（MLVSS）。MLSS 是指曝气池中单位体积活性污泥混合液中悬浮物的重量。有时也称之为污泥浓度。MLSS 的大小间接反映了混合液中所含微生物的量。除 MLSS 外，有时也以混合液中挥发性悬浮物（MLVSS）来反映污泥的活性。目前，不少污水处理厂根据曝气池中混合液的污泥浓度来控制系统的运行，若 MLSS 或 MLVSS 不断增高，表明污泥增长过快，排泥量过少。实践中，适当维持高的污泥浓度，可减少曝气时间，有利于提高净化效率，尤其在处理有毒、难以生物降解或负荷变化大的废水时，可使系统耐受高的毒物浓度或冲击负荷，保证系统正常而稳定地运行。但污泥浓度过高时，氧的吸收率会下降，还会增加二沉池的负担，会造成跑泥现象。对浓度低的废水，污泥浓度高会造成负荷过低，使微生物生长不良，处理效果反而受到影响。

（4）检查污泥灰分。污泥中各种无机物质，属污泥灰分，即 MLSS 与 MLVSS 的差值，其量可占污泥干重的 10％～50％。污泥中灰分的存在有利于改善污泥的沉降性能。但它无活性作用，数量偏多，不利于处理效果的提高。

（5）检查出水悬浮物（ESS）。ESS 是指单位体积出水中悬浮物的重量。出水 ESS 越高，出水 BOD 值也越高。絮凝良好的活性污泥，通过二沉池污泥的流失为 5％，当曝气池的 MLSS 为 2000～4000mg/L 时，ESS 为 10～20mg/L。SS 的多少与污泥絮粒大小、丝状菌数量等有关。此外，ESS 偏高还同管理不善从而导致污泥性状恶化有关，如溶解氧不足、进水 pH 及有毒物质超标、回流污泥过量等。当 $ESS>30mg/L$ 时，表明悬浮物流失过多，这时应寻找原因，采取对策，加以纠正。

（6）检查污泥的可滤性。凡结构紧密、沉降性能好的污泥，滤速快。凡解构、老化的污泥，滤速甚慢。

（7）检查污泥的耗氧速率（OUR）。OUR是指单位重量的活性污泥在单位时间内的耗氧量。OUR的数值与污泥的泥龄及基质的生物氧化难易程度有关。活性污泥OUR值的测定在废水生物处理中可用于以下几个方面：

控制排放污泥的数量。正常运行时，只要污泥的负荷（废水量和浓度）稳定，OUR亦应稳定。若排泥数量过多，可等致污泥龄过短，结果OUR上升，可据此来控制剩余污泥的合理排放量。

防止污泥中毒。活性污泥系统中毒物浓度突然增加时，污泥的微生物即受抑制，OUR迅速下降。活性污泥的OUR一般为 $8\sim20mg$ $(O_2)/(gMLVSS\cdot h)$。当高于上限时，往往是污泥的F/M过高或排泥量过多；低于下限时，则为比值过低或污泥中毒。

3）活性污泥生物相的观察及其对运行状况的指标作用

活性污泥生物相是指活性污泥中微生物的种类、数量、优势度及其代谢活力等状况的概貌。生物相能在一定程度上反映出曝气系统的处理质量及运行状况。

一般在运行城市污水处理厂的活性污泥中，污泥絮粒大，边缘清晰，结构紧密，其有良好的吸附及沉降性能。絮粒以菌胶团为骨架，穿插生长着一些丝状细菌，但其数量远少于菌胶团细菌。微型动物中以固着类纤毛虫为主，如钟虫、盖纤虫、累枝虫等，还可见到部分纤虫在絮粒土爬动，偶尔可看到少量的游动纤毛虫，在出水水质良好时，轮虫生长。对生物相的观察应注重以下几个方面：

（1）活性污泥的结构。取曝气池新鲜活性污泥，盛于100mL量筒中，静置 $5\sim15min$，观察在静置条件下污泥的沉降速率，沉降后泥、水界面是否分明，上清液是否清澈透明。凡是沉降速率快，泥、水界面清晰，上清液中未见细小污泥絮粒悬浮于其中的污泥样品性能较好。

（2）生物变化。培菌阶段，随着活性污泥的生成，出水由浊变清，这是培菌过程的正常现象。在正常运行阶段，若污泥中生物突然发生变化，可以推测运行状况在发生变化。如污泥结构松散转差时，常可发现游动纤毛虫大量增加。出水浑浊、处理效果较差时，变形虫及鞭毛虫类原生动物数量会大大增加。

（三）物理化学处理设施运行管理

1. 混凝沉淀工艺的运行与管理

1）混凝过程

混凝沉淀包括三个过程：混合、絮凝和沉淀。混合是絮凝的前提，将药液迅速均匀地扩散到污水中。当混凝剂与污水中的胶体及悬浮颗粒充分接触后，形成微小矾花。一般要求在 $10\sim30s$ 完成混合，最多不超过2min。因而要使之混合均匀，就必须提供足够的动力使污水产生剧烈的紊流。

将混凝剂与污水充分混合，污水中多数处于稳定状态的胶体杂质失去稳定，经相互碰撞、相互凝结、逐渐长大成能沉淀去除的矾花，这一过程称为絮凝或反应，相应的设备称为反应池或絮凝池，絮凝池需保证足够的絮凝时间、足够的搅拌外力，污水经混凝过滤形成的矾花，通过沉淀池沉淀去除。矾花沉淀类似于活性污泥在二沉池的沉淀，常用的形式是平流沉淀池、斜管沉淀池和斜板沉淀池。如果这些矾花的浓度以 SS 表示，则沉淀池去除矾花的效率一般为 80%～90%。

2）混凝工艺运行控制

(1) 混凝剂类型。分为无机类和有机类。无机类主要包括硫酸铝、三氯化铁及硫酸亚铁和聚合硫酸铁等。有机类混凝剂主要指人工合成的高分子混凝剂，如聚丙烯酰胺（PAM）、聚乙烯胺等。污水的深度处理中一般都采用无机混凝剂，有机类混凝剂用于污泥的调质。在实际工作中，常常只将无机混凝剂称为混凝剂，而将有机类称为絮凝剂。

(2) 选择混凝剂。选择混凝剂应考虑以下四个方面通过试验确定本厂的混凝剂种类：该种混凝剂操作使用是否方便；该种混凝剂当地是否生产，质量是否可靠；经济上是否合理。总的来说，选择要立足于当地产品，一般情况下可选用硫酸铝。在北方地区，冬季温度较低，可考虑选用氯化铁和硫酸亚铁。在有条件的处理厂或初级水中碱度不足的处理厂，可考虑选用聚合氯化铝等无机高分子混凝剂。

(3) 混凝剂的配制。先将混凝剂倒入溶解池中，加入少量水，用机械、水力或压缩空气使混凝剂分散溶解。后将溶解好的药液送入溶液池中，稀释成规定的浓度，在这个过程中应持续搅拌，药液的配制浓度一般在 5%～10% 的范围内，依处理规模可适当调整。药液应随用随配，同时应按要求的药液浓度配制，配好的药液即可定量投加到污水中。药液的投加方式一般分重力投加和优力投加两种，也可以采用加药泵直接投放。

(4) 影响混凝的因素。影响混凝的因素因所使用的混凝剂的种类和水质不同而各异。污水温度越低，混凝效果越差。原因之一是混凝剂在低温下不易发生水解，发挥不出应用的效能；原因之二是污水在低温下黏度增大，使矾花形成困难，pH 和碱度也影响混凝效果。不同的混凝剂对水的 pH 要求不同。硫酸铝要求的最佳范围为 6.5～7.5；硫酸亚铁要求 pH 为 8.1～9.6；三氯化铁要求的范围为 6.4～8.4。无机高分子混凝剂对 pH 的适应范围都很宽，例如聚合氯化铝允许的 pH 范围为 5～9。混凝剂在水解过程中，会不断产生出 H^+，这时需要污水中有足够的碱度去缓冲这些 H^+、防止 pH 下降。当碱度不足，导致 pH 下降时，将抑制混凝剂的水解，从而使混凝剂发挥不出作用．这时需要投加石灰补充碱度。

2. 过滤工艺的运行与管理

在污水深度处理系统中，过滤工艺可去除前级生物处理工艺及混凝沉淀工艺都不能去除的一些细小悬浮颗粒及胶体颗粒，因而使污水中的 SS、浊度、BOD_5、COD、磷、重金属、细菌及病毒的浓度进一步降低。

滤池内的过滤材料的质量好坏直接决定着出水水质。常用的滤料是石英砂和无烟煤滤料，但目前泡沫塑料珠、陶粒、磁铁矿、石榴石、炉渣、纤维球等各种滤料也都有较广泛的采用。不管何种滤料，都必须具备足够的机械强度、足够的化学稳定性和适当的粒径级配。

滤池工作一段时间之后，将失去过滤效果，要定期进行冲洗。滤池冲洗主要有三种方法：一是反冲洗，因为逆工作水流对滤料进行冲洗，因而称之为反冲洗；二是反冲洗加表面冲洗，浅反冲洗不能保证冲洗效果时，可辅以表面冲洗，表面冲洗有旋转管式表面冲洗和固定管式表面冲洗两种；三是反冲洗辅以空气冲洗。亦称为气水反冲洗，常用于粗滤料的冲洗，因粗滤料要求的冲洗强度很大，如果进行单纯反冲洗，用水量会很大，反冲时间也长，污水深度处理中的过滤，必须采用气水反冲洗。

滤池的工艺控制主要包括滤速与处理量的控制、工作周期的控制、冲洗强度及冲洗历时的控制。

（四）污泥处理处置设施运行管理

在污水处理过程中，产生大量污泥。在污水处理中，污泥主要来自格栅或滤网的栅渣（呈垃圾状，含水率为 70%～80%，量少）、来自初沉池和气浮池的浮渣（可能多含油脂等，量少）、来自沉砂池的沉渣（为相对密度较大的无机颗粒，量少）、来自初沉池的初沉污泥（以无机物为主，数量较大，正常情况下为棕褐色略带灰色，当发生腐败时，则为灰色或黑色，一般情况下，有难闻的气味，当工业废水比例较大时，气味会有所降低，是污泥处理的主要对象）、二沉污泥（剩余的活性污泥，有机物、含水率高，易腐化发臭，难脱水，是污泥处理的主要对象）、化学污泥（指混凝沉淀工艺中形成的污泥，除含有原废水中的悬浮物外，还含有化学药剂所产生的沉淀物）。一般来说，化学污泥气味较小，且极易浓缩或脱水。由于其中有机分含量不高，所以一般不需要消化处理。典型的污泥处理工艺流程包括四个处理阶段。

1. 第一阶段为污泥浓缩

污泥浓缩是使污泥初步减容，主要有重力浓缩、气浮浓缩和离心浓缩三种工艺形式。

2. 第二阶段为污泥消化

污泥厌氧消化系统由消化池、加热系统、搅拌系统、进排泥系统及集气系统组成。消化系统的工艺控制要求进排泥控制、pH 及碱度控制、毒物控制、加热系统的控制、搅拌系统的控制、操作顺序与操作周期、沼气收集系统的控制。

3. 第三阶段为污泥脱水

污泥经浓缩或消化后，仍为液态，体积很大，还需进行污泥脱水，这部分水分占污泥中总含水量的 15%～25%。

污泥脱水分为自然干化脱水和机械脱水两大类。自然干化系将污泥摊置到干化场，通过蒸发、渗透和清液溢流等方式，实现脱水，这种脱水维护管理工作量大，且产生大范围的恶臭。机械脱水系利用机械设备进行污泥脱水，占地少，恶臭影响也较小，但运行维护费用较高。机械脱水可分为真空过滤脱水、压滤脱水和离心脱水几大类。

4. 第四阶段为污泥处置

污泥处置采用某种途径将最终的污泥予以消纳。以上各阶段产生的清液或滤液中仍含有大量的污染物质，应送回到污水处理系统中加以处理。

四、水污染防治设施运行管理的监察

（一）水污染防治设施运行管理的监察要点

1. 污染防治设施管理情况检查

污染防治设施的管理是企业环境管理的核心内容，是排污者达标排放的必要保障。污染防治设施的管理环境监察内容应包括以下几点：

1）污染防治设施的有关资料的管理情况检查

包括污染防治设施的环评资料、"三同时"资料、各项设备的技术资料、设备管理资料、技术改造资料、违法处罚资料、环境监测资料等。

2）污染防治设施的维护保养状况检查

污染防治设施应按规定定期维护保养、检测调试，否则运行状态和效果将受到影响。一般设施运行一段时间后都应保养调试，应保留有相应的记录，反映调试后的运行状态。有些设备在投入正常运行后，就不能达到"三同时"的运行效果，有污染负荷的问题、有管理人员的技术问题、有设备本身的质量问题，尤其对于老设备这方面问题更大。应建立日常运行情况记录台账、监测台账和设备更新、检修台账等方面的特殊制度，保留有关资料。

3）污染防治设施管理人员的素质检查

现在许多企业，尤其是中小型民营企业，污染防治设施没有配备专门的技术人员，往往只安排几个不懂技术的工人进行操作管理。或者不能给予管理技术人员相应的待遇，人员经常变动都是污染防治设施不能正常运行的主要原因。

排污单位应按污染防治设施的技术岗位要求配备具有一定文化水平的操作人员，操作人员应相对固定，且应接受专门的技术培训，使其掌握设施的性能、操作和维护保养知识，还要通过制定和完善相关管理制度，如岗位责任制度、操作规程、安全生产制度、人员培训制度、监测化验制度、设备维护保养制度、运行成本核算制度等，并对各项规章制度的执行情况进行检查考核，实现规范化管理。企业有责任增强设施管理人员的责任心和环保意识，保证设施正常运转。

2. 污染防治设施的运转情况检查

污染防治设施运转情况，是设施监察的一项重要内容。设施是否正常运转，有无擅自停运或闲置环保设施、超标排放污染物等违法行为，只有通过对防治设施运转情况的现场检查，才能发现并予以纠正和处理，起到有效的督促作用。

污染防治设施运行情况主要有以下几方面：

（1）监控仪表、装备情况。从监控仪表和装备情况，可反映出配套的污染防治设施是否与主体生产设施同时运行，是否正常运转；设施是否处于完好状态，有无破损现象。

（2）运转记录检查。查运转记录情况，可反映出设施有无擅自停运或闲置的现象；设施正常运转率和设施运行率。

（3）运转效果现场检测。经现场取样监测，反映设施在正常运转条件下，污染排放情况

及达标情况。既要看排放污染物的浓度是否达标，还要看排放污染物的总量是否达标。

3. 污泥处理、处置检查

污水处理过程中所产生的污泥很不稳定，如不及时处理而随处堆放，可产生二次污染。故应对污水处理过程所产生的污泥经合适的处理方法进行无害化、减量化处理后，再进行填埋或焚烧。

4. 污染防治设施的变动检查

在生产设施处于正常生产状态下，任何擅自改建、拆除及停运污染防治设施的行为都是违法的。根据《水污染防治法实施细则》及《大气污染防治法实施细则》的规定，需要停运、拆除或者闲置、改造、更新污染物处理设施的，应当提前向所在的环境保护部门申报，申明理由，并征得其同意。污染防治设施需拆除、闲置和更新改造的，环境保护行政主管部门自接到申请之日起 1 个月内应予批复，逾期不批复的，视为同意；设施确需暂停运行的，应在 10 日内批复，逾期不批复的，视为同意。

污染防治设施因事故或其他突发性原因暂停运转，无法提前申报的，排污单位除采取必要措施避免或减少污染损害外，还应自停运之时起，24 小时内以电话等形式向当地环境保护行政主管部门或其环境监察机构报告情况，同时补办申报手续。停运后将使环境受到严重污染或对社会安全带来重大影响的重点生产设施，需相应停止运行或停止向环境排放，并通报可能受到污染危害的单位和居民，以减少污染危害和损失。

（二）水污染防治设施运行管理的监察程序

水污染防治设施监察工作程序分为 6 个步骤（图 2.3）。

1. 收集信息

掌握辖区所有的污染防治设施的资料与信息，如设备数量、分类、分布情况、各污染防治设施的运行特点和存在的问题、常见违章单位和违章行为。这些信息资料一般来自三个方面：一是环保系统内部得到的；二是通过日常现场监察获得；三是通过群众举报获得的有关污染防治设施停运、拆除或运转异常的信息。

2. 分类建档

对辖区内所拥有的污染防治设施都应建立详细的档案，记录内容应包括：基本情况（所属单位及生产、经营情况、建设日期、类型、"三同时"验收技术资料等）、技术参数（处理的污染物来源、成分、防治设施的原理、设计处理量和处理效果、添加药剂种类、数量、排放口情况等）、管理情况（负责人、管理机构、有关管理制度和有关规定等）、存在问题（污染防治设施存在哪些缺陷和隐患，如哪些设施不稳定，与生产负荷是否相适应，设施维护情况，是否能正常运行，发生污染事故的可能性和实际状况等）、违章情况（发生过哪些违章行为，处理结果等记录情况）。

制订方案，确定监察的重点，准备好现场检查清单表等资料。

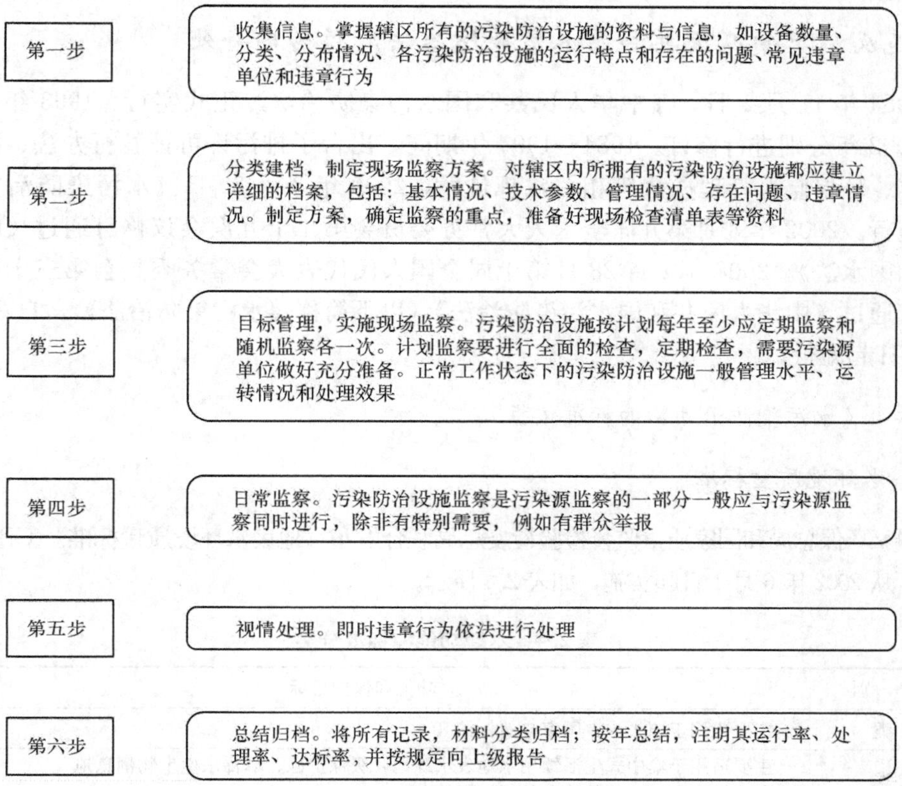

第一步	收集信息。掌握辖区所有的污染防治设施的资料与信息，如设备数量、分类、分布情况、各污染防治设施的运行特点和存在的问题、常见违章单位和违章行为
第二步	分类建档，制定现场监察方案。对辖区内所拥有的污染防治设施都应建立详细的档案，包括：基本情况、技术参数、管理情况、存在问题、违章情况。制定方案，确定监察的重点，准备好现场检查清单表等资料
第三步	目标管理，实施现场监察。污染防治设施按计划每年至少应定期监察和随机监察各一次。计划监察要进行全面的检查，定期检查，需要污染源单位做好充分准备。正常工作状态下的污染防治设施一般管理水平、运转情况和处理效果
第四步	日常监察。污染防治设施监察是污染源监察的一部分一般应与污染源监察同时进行，除非有特别需要，例如有群众举报
第五步	视情处理。即时违章行为依法进行处理
第六步	总结归档。将所有记录，材料分类归档；按年总结，注明其运行率、处理率、达标率，并按规定向上级报告

图 2.3　水污染防治设施运行管理环境监察步骤

3. 目标管理

污染防治设施按计划每年至少应定期监察和随机监察各一次。计划监察要进行全面的检查，定期检查，需要污染源单位做好充分准备。在这种情况下，一般反映的是污染防治设施在最佳状态下运转情况和最佳处理效果，随机监察是反映污染防治设施未经特别准备，正常工作状态下的污染防治设施一般管理水平、运转情况和处理效果。

4. 日常监察

污染防治设施监察是污染源监察的一部分，一般应与污染源监察同时进行，除非有特别需要。

5. 视情处理

视情处理即对违法违章行为依法进行处理。

6. 总结归档

将所有记录，材料分类归档。按年总结，注明其运行率、处理率、达标率，并按规定向上级报告。

五、违反《中华人民共和国水污染防治法》行为的查处

1984 年 11 月 1 日，《中华人民共和国水污染防治法》正式实行。1993 年、1996 年、2002 年分别进行修订。1984～1995 年期间，出台了排污许可证暂行办法、防治技术规定、环保监督管理办法等相关法规规章，2000 年 3 月 20 日《水污染防治实施细则》施行。2002 年 8 月第九届全国人大常务委员会第二十九次会议修订通过《中华人民共和国水法》。2008 年 2 月 28 日第十届全国人民代表大会常务委员会第三十二次会议修订通过《中华人民共和国水污染防治法》（以下简称《水污染防治法》），自 2008 年 6 月 1 日起施行。

（一）《水污染防治法》的标准依据

1. 水环境质量标准

国家环保总局和国家质量监督检验检疫总局联合发布《地表水环境质量标准》（GB 3838—2002），从 2002 年 6 月 1 日起实施，如表 2.4 所示。

表 2.4 水域功能和标准分类

类　　别	功能和保护目标
Ⅰ类	主要适用于源头水、国家自然保护区
Ⅱ类	主要适用于集中式生活饮用水地表水源地一级保护区、珍稀水生生物栖息地鱼虾类产卵场、仔稚幼鱼的索饵场等
Ⅲ类	主要适用于集中式生活饮用水地表水源地二级保护区、鱼虾类越冬场、洄游通道、水产养殖区等渔业水域和游泳区
Ⅳ类	主要适用于一般工业用水区及人体非直接接触的娱乐用水区
Ⅴ类	主要适用于农业用水区及一般景观要求水域

近海水功能水域执行《海水水质标准》，单一渔业水域按《渔业水质标准》管理，处理后的生活污水和相近的工业废水按《农田灌溉水质标准》管理。

2. 污水综合排放标准（GB 8978—1996）

适用于现有单位水污染物的排放管理，以及建设项目的环境影响评价、建设项目环保设施设计、竣工验收及其投产后的排放管理。

行业标准优先于综合排放标准执行。标准按照污水排放去向执行。综合排放标准分年限规定了 69 种水污染物最高允许排放浓度及部分行业最高允许排水量。

污染物按其性质和控制方式分为两类：第一类污染物 13 种，一律在车间或车间处理设施排放口采样；第二类污染物 56 种，在排污单位总排放口排放采样。

排入 GB 3838Ⅲ类水域（划定的保护区和游泳区除外）和排入 GB 3097 中Ⅱ类海域的污水，执行一级排放标准。

排入 GB 3838Ⅳ、Ⅴ类水域和排入 GB 3097 中Ⅲ类海域的污水，执行二级排放标准。

排入设置二级污水处理厂的城镇排水系统的污水，执行三级排放标准。

排入未设置二级污水处理厂的城镇排水系统的污水，必须按受纳水域功能要求，分别执行一级或二级排放标准。

（二）违反《水污染防治法》的行为及法律后果

1. 违法行为

1）排放废水的违法行为

（1）向水体排放油类、酸液、碱液。

（2）向水体排放剧毒废液，或者将含有汞、镉、砷、铬、铅、氰化物、黄磷等的可溶性剧毒废渣向水体排放、倾倒或者直接埋入地下。

（3）在水体清洗装贮过油类、有毒污染物的车辆或者容器。

（4）向水体排放、倾倒工业废渣、城镇垃圾或者其他废弃物，或者在江河、湖泊、运河、渠道、水库最高水位线以下的滩地、岸坡堆放、存贮固体废弃物或者其他污染物。

（5）向水体排放、倾倒放射性固体废物或者含有高放射性、中放射性物质的废水。

（6）违反国家有关规定或者标准，向水体排放含低放射性物质的废水、热废水或者含病原体的污水。

（7）利用渗井、渗坑、裂隙或者溶洞排放、倾倒含有毒污染物的废水、含病原体的污水或者其他废弃物。

（8）利用无防渗漏措施的沟渠、坑塘等输送或者存贮含有毒污染物的废水、含病原体的污水或者其他废弃物。

（9）排放水污染物超过国家或者地方规定的水污染物排放标准，或者超过重点水污染物排放总量控制指标。

2）污染防治设施的违法行为

《水污染防治法》第71条、73条、75条中，特别规定了污染防治设施有关违法行为的所应承担的法律责任。针对工业生产企业废水排放和污染设施运行管理的违法行为主要有：

（1）擅自拆除处理设施。排污单位的处理设施在拆除前未征得县级以上环境行政主管部门的批准，并已自行拆除。

（2）闲置水污染物处理设施。有以下几种情况：处理设施未与相应产生污染的生产设施同时运行；已有的处理设施搁置不用；虽然处理设施在运行，但已失去作用，也相当于闲置。污染防治设施经环保部门批准在规定时间内停运，逾期无故仍不启动，视为擅自闲置。

（3）"不正常"使用污水处理设施。根据《关于"不正常使用"污染物处理设施违法认定和处罚的意见》，"不正常"使用污水处理设施行为包括：

将部分或全部污水或者其他污染物不经过处理设施，直接排入环境。

通过埋设暗管或者其他隐蔽排放的方式，将污水或者其他污染物不经处理而排入环境。

非紧急情况下开启污染物处理设施的应急排放阀门，将部分或全部污水或者其他污染物直接排入环境。

将未经处理的污水或者其他污染物从污染物处理设施的中间工序引出直接排入环境。

将部分污染物处理设施短期或者长期停止运行；违反操作规程使用污染物处理设施，致使处理设施不能正常发挥处理作用。

污染物处理设施发生故障后，排污单位不及时或者不按规程进行检查和维修，致使处理设施不能正常发挥处理作用。

违反污染物处理设施正常运行所需的条件，致使处理设施不能正常运行的其他情形。

另外，排污者明知自己的行为可能导致污染处理设施不能正常发挥处理作用，并希望或放任该结果的发生，环保部门可以认定为"故意"不正常使用污染物处理设施，予以处罚。

3）违反相关法律制度的行为

（1）违反现场检查制度的行为。拒绝环境保护主管部门或者其他依照本法规定行使监督管理权的部门的监督检查，或者在接受监督检查时弄虚作假。

（2）违反落后工艺设备限期淘汰制度的行为。生产、销售、进口或者使用列入禁止生产、销售、进口、使用的严重污染水环境的设备名录中的设备，或者采用列入禁止采用的严重污染水环境的工艺名录中的工艺。

（3）其他相关法律制度的行为：

拒报或者谎报国务院环境保护主管部门规定的有关水污染物排放申报登记事项。

未按照规定安装水污染物排放自动监测设备或者未按照规定与环境保护主管部门的监控设备联网，并保证监测设备正常运行。

未按照规定对所排放的工业废水进行监测并保存原始监测记录。

2. 违法行为的法律后果

相应的违法行为及法律后果所对应的条款见表 2.5。

表 2.5　违反《水污染防治法》的行为及法律责任条款

序号	违法行为	违反的法律法规	法律责任
1	拒绝环境保护主管部门或者其他依照本法规定行使监督管理权的部门的监督检查，或者在接受监督检查时弄虚作假	《水污染防治法》第70条	责令改正，处 1 万元以上 10 万元以下的罚款
2	拒报或者谎报国务院环境保护主管部门规定的有关水污染物排放申报登记事项	《水污染防治法》第72条	责令限期改正；逾期不改正的，处 1 万元以上 10 万元以下的罚款
3	未按照规定安装水污染物排放自动监测设备或者未按照规定与环境保护主管部门的监控设备联网，并保证监测设备正常运行	《水污染防治法》第72条	责令限期改正；逾期不改正的，处 1 万元以上 10 万元以下的罚款
4	未按照规定对所排放的工业废水进行监测并保存原始监测记录	《水污染防治法》第72条	责令限期改正；逾期不改正的，处 1 万元以上 10 万元以下的罚款

续表

序号	违法行为	违反的法律法规	法律责任
5	不正常使用水污染物处理设施，或者未经环境保护主管部门批准拆除、闲置水污染物处理设施	《水污染防治法》第73条	责令限期改正，处应缴纳排污费数额1倍以上3倍以下的罚款
6	排放水污染物超过国家或者地方规定的水污染物排放标准，或者超过重点水污染物排放总量控制指标	《水污染防治法》第74条	责令限期治理，处应缴纳排污费数额2倍以上5倍以下的罚款
7	在饮用水水源保护区内设置排污口；或逾期不拆除	《水污染防治法》第75条	责令限期拆除，处10万元以上50万元以下的罚款；逾期不拆除的，强制拆除，所需费用由违法者承担，处50万元以上100万元以下的罚款，并可以责令停产整顿
8	在饮用水水源保护区内违反法律、行政法规和国务院环境保护主管部门的规定设置排污口或者私设暗管；或逾期不拆除	《水污染防治法》第75条	责令限期拆除，处2万元以上10万元以下的罚款；逾期不拆除的，强制拆除，所需费用由违法者承担，处10万元以上50万元以下的罚款；私设暗管或者有其他严重情节的，责令停产整顿
9	向水体排放油类、酸液、碱液	《水污染防治法》第76条	责令停止违法行为，限期采取治理措施，消除污染，处2万元以上20万元以下的罚款；逾期不采取治理措施的，环境保护主管部门可以指定有治理能力的单位代为治理，所需费用由违法者承担
10	向水体排放剧毒废液，或者将含有汞、镉、砷、铬、铅、氰化物、黄磷等的可溶性剧毒废渣向水体排放、倾倒或者直接埋入地下	《水污染防治法》第76条	责令停止违法行为，限期采取治理措施，消除污染，处5万元以上50万元以下的罚款；逾期不采取治理措施的，环境保护主管部门可以指定有治理能力的单位代为治理，所需费用由违法者承担
11	在水体清洗装贮过油类、有毒污染物的车辆或者容器	《水污染防治法》第76条	责令停止违法行为，限期采取治理措施，消除污染，处1万元以上10万元以下的罚款；逾期不采取治理措施的，环境保护主管部门可以指定有治理能力的单位代为治理，所需费用由违法者承担
12	向水体排放、倾倒工业废渣、城镇垃圾或者其他废弃物，或者在江河、湖泊、运河、渠道、水库最高水位线以下的滩地、岸坡堆放、存贮固体废弃物或者其他污染物	《水污染防治法》第76条	责令停止违法行为，限期采取治理措施，消除污染，处2万元以上20万元以下的罚款；逾期不采取治理措施的，环境保护主管部门可以指定有治理能力的单位代为治理，所需费用由违法者承担
13	向水体排放、倾倒放射性固体废物或者含有高放射性、中放射性物质的废水	《水污染防治法》第76条	责令停止违法行为，限期采取治理措施，消除污染，处5万元以上50万元以下的罚款；逾期不采取治理措施的，环境保护主管部门可以指定有治理能力的单位代为治理，所需费用由违法者承担
14	违反国家有关规定或者标准，向水体排放低放射性物质的废水、热废水或者含病原体的污水	《水污染防治法》第76条	责令停止违法行为，限期采取治理措施，消除污染，处1万元以上10万元以下的罚款；逾期不采取治理措施的，环境保护主管部门可以指定有治理能力的单位代为治理，所需费用由违法者承担

续表

序号	违法行为	违反的法律法规	法律责任
15	利用渗井、渗坑、裂隙或者溶洞排放、倾倒含有毒污染物的废水、含病原体的污水或者其他废弃物	《水污染防治法》第76条	责令停止违法行为，限期采取治理措施，消除污染，处5万元以上50万元以下的罚款；逾期不采取治理措施的，环境保护主管部门可以指定有治理能力的单位代为治理，所需费用由违法者承担
16	利用无防渗漏措施的沟渠、坑塘等输送或者存贮含有毒污染物的废水、含病原体的污水或者其他废弃物	《水污染防治法》第76条	责令停止违法行为，限期采取治理措施，消除污染，处2万元以上20万元以下的罚款；逾期不采取治理措施的，环境保护主管部门可以指定有治理能力的单位代为治理，所需费用由违法者承担
17	生产、销售、进口或者使用列入禁止生产、销售、进口、使用的严重污染水环境的设备名录中的设备，或者采用列入禁止采用的严重污染水环境的工艺名录中的工艺	《水污染防治法》第77条	责令改正，处5万元以上20万元以下的罚款；情节严重的，报请本级人民政府责令停业、关闭

第三节　大气污染源及其污染防治设施监察

一、大气污染的主要形式及其主要控制环境指标

（一）大气污染的主要形式

大气污染的排放一般可分为有组织排放和无组织排放两大类。大型锅炉、窑炉、反应器等，排气量大，污染物浓度高，设备封闭性好，排气便于集中处理，容易进行组织排放。在生产过程中，某些污染源产生大气污染物的点比较分散或难以收集，如原料堆放场产生扬尘或挥发成分的挥发等形成的无组织排放。

1. 燃料燃烧产生的废气污染

燃料燃烧的污染源主要是各类锅炉，在燃料燃烧过程中产生的废气污染，还有各类工业炉窑在生产过程中使用燃料产生的废气污染中，有相当比例是由于使用燃料产生的废气污染，其余为生产工艺原辅料及燃料产生的废气污染。工业燃料燃烧污染源主要是各类工业锅炉和火电、冶金、建材的工业锅炉和炉窑，燃料燃烧产生的废气污染与燃料成分、燃烧设备性能有关。

能源污染是我国大气污染的主要原因，主要是能源的一次利用、二次利用和燃烧产生污染。在我国的能源利用结构中，污染严重的煤占总能源消耗的70%左右，煤的燃烧产生和排放大量二氧化硫、烟尘、氮氧化物和二氧化碳等大气污染物质。

2. 生产工艺产生的废气污染

生产工艺过程废气排放量是指在钢铁、有色金属冶炼、建材工业、人造纤维、石油化工等行业在生产工艺过程中，如物料加工、破碎、筛分、输送、冶炼、气体泄漏、液体蒸发等都会产生大气污染,产生和排放的废气污染成为生产工艺废气污染。

生产工艺过程产生的废气污染分为有组织排放和无组织排放。有组织排放是将产生的废气使用固定的排气筒,收集、处理并向高空排放,无组织排放是从设备的各部位分散地、成面源性地排放。有组织排放的工艺废气,比较容易控制和计量,便于监控,无组织排放的工艺废气,既不便于控制,也不便于计量。《污染源监测技术规范》规定,无组织排放有毒有害气体的,应加装引风装置,进行收集、处理,以便于监督管理。表2.6所示为废气污染物类别。

表2.6　废气污染物类别

类　别	污　染　物
无机气态污染物	SO₂、NO$_x$、CO、氯气、氯化氢、氟化物、氰化物
无机雾态污染物	硫酸雾、铬酸雾、汞及其化合物
颗粒状污染物	一般性粉尘、石棉尘、玻璃棉尘、炭黑尘、铅及其化合物、铬及其化合物、铍及其化合物、镍及其化合物、锡及其化合物、烟尘
有机烃或碳氢氧化合物	苯、甲苯、二甲苯、苯并[a]芘、甲醛、乙醛、丙烯醛、甲醇、酚类、沥青烟
有机碳氢氧或其他	苯胺类、氯苯类、硝基苯、丙烯腈、氯乙烯、光气
恶臭污染物	硫化氢、氨气、三甲氨、甲硫醇、甲硫醚、二甲二硫、苯乙烯、二硫化碳

3. 流动污染源产生的废气污染

交通污染源主要是机动车船和飞机。交通工具主要靠燃油提供动力,其尾气排放主要含有氮氧化物、碳氢化合物、铅、碳氧化物等污染物质,另外机动车在运行过程还会产生大量扬尘。

4. 扬尘污染源产生的废气污染

采矿、道路施工、建筑施工、仓储、运输,装卸及某些农业活动会产生大量扬尘,极易造成局部污染。在许多城市环境管理过程中,扬尘污染正在引起人们的极大关注,一些省市对生产、运输和贮存过程中产生扬尘污染作出一些限制性规定,并对违反相关规定的行为确定了处罚规定。

(二) 大气污染物排放的主要控制指标

大气污染物的种类包括几十种,常见的污染物主要是SO₂、烟尘、粉尘、NO$_x$和CO等。

1. 工业二氧化硫

工业废气中的SO₂主要来自燃料燃烧和有色金属冶炼,浓度单位取mg/m³。燃料燃烧产生的二氧化硫主要来自火力发电、冶金、机械、热力蒸汽加工、建材、轻工等行业。我国的有色金属矿大多为硫化矿,且为多种金属伴生,在冶炼氧化、还原过程中会产生大量SO₂。SO₂超量排放是产生酸雨的主要原因。

2. 工业烟尘

工业烟尘主要是燃料燃烧过程产生的黑烟（主要是游离态的碳和挥发分）和飞灰（由燃料中的灰分产生）。主要是来自火力发电、冶金、机械、热力蒸汽加工、建材、轻工等行业使用燃料的锅炉和炉窑，浓度单位取 mg/m^3。

3. 工业粉尘

工业粉尘主要来自煤炭和矿石的开采、运输、贮存，建材工业生产，建筑施工、道路、铁路、桥梁的施工，露天的仓储、转运、装卸、运输等场所的生产过程，浓度单位取 mg/m^3。

4. 氮氧化物

废气中除了 NO、NO_2 比较稳定外，其他的 NO_x 都不太稳定，故通常所指 NO_x 主要是指 NO 和 NO_2 的混合物，用 NO_x 表示，浓度单位取 mg/m^3。含 NO_x 的废气主要来自电厂的废气、机动车尾气、硝酸、氮肥、火药等工业，NO_x 是形成光化学烟雾的主要物质。

5. 一氧化碳

无色无气味的有毒气体，主要是矿物性燃料燃烧、石油炼制、钢铁冶炼，固体废物焚烧、汽车尾气等过程产生，浓度单位取 mg/m^3。CO 是排放量较大的大气污染物，城市中的汽车多，大气中的 CO 含量较高，CO 被吸入体内能与血红蛋白结合，降低人体的输氧能力，严重时可使人窒息，CO 还可参与光化学烟雾的形成反应而造成环境危害。

6. 碳氢化合物

碳氢化合物包括烷烃、烯烃和芳烃等复杂多样的物质。主要来源是石油化工、燃油机动车等。碳氢化合物中的多环芳烃化合物，具有明显的致癌作用。碳氢化合物也是产生光化学烟雾的主要成分，在大气中活泼的氧化物自由基作用下，碳氢化合物发生一系列链式反应，生成烷、烯、酮、醛及重要的中间产物——自由基。自由基促使 NO 向 NO_2 转化。造成光化学烟雾的主要二次污染物有臭氧、醛、过氧乙酰硝酸酯、过氧苯酰硝酸酯等物质，最终形成的有刺激性的、浅蓝色的混合型烟雾就是光化学烟雾。光化学烟雾对人的眼、鼻、咽喉、肺等器官有明显的刺激作用。

工业废气污染源的主要污染物质见表 2.7。

表 2.7 主要工业废气污染源的主要污染物质

主要工业行业或产品	主要污染物质（监测项目）
燃料燃烧（火电、热电、工业、民用锅炉）	SO_2、NO_x、烟尘、烃类（油气燃料）等
黑色金属冶炼工业	SO_2、NO_x、CO、粉尘、氰化物、硫化物、氟化物等
有色金属冶炼工业	SO_2、NO_x、粉尘（含铜、砷、铅、锌、镉等）、CO、氟化物、汞等

续表

主要工业行业或产品	主要污染物质（监测项目）
炼焦工业	SO_2、CO、烟尘、粉尘、硫化氢、苯并［a］芘、氨、酚
矿山	粉尘、NO_x、CO、硫化氢等
选矿	SO_2、硫化氢、粉尘等
有机化工	酚、氰化氢、氯、苯、粉尘、酸雾、氟化氢等
石油化工	SO_2、NO_x、硫化氢、烃、苯类、酚、醛、粉尘等
氮肥工业	硫化氢、氰化氢、氨、粉尘等
磷肥工业	粉尘、氟化物、酸雾、SO_2等
化学矿山	NO_x、粉尘、CO、硫化氢等
硫酸工业	SO_2、NO_x、粉尘、氟化物、酸雾等
氯碱工业	氯、氯化氢、汞等
化纤工业	硫化氢、粉尘、二氧化碳、氨等
燃料工业	氯、氯化氢、SO_2、氯苯、苯胺类、硫化氢、硝基苯类、光气、汞等
橡胶工业	硫化氢、苯类、粉尘、甲硫醇等
油脂化工	氯、氯化氢、SO_2、氟化氢、氯磺酸、NO_x、粉尘等
制药工业	氯、氯化氢、硫化氢、SO_2、醇、醛、苯、肼、氨等
农药工业	氯、硫化氢、苯、粉尘、汞、二硫化碳、氯化氢等
油漆、涂料工业	苯、酚、粉尘、醇、醛、酮类、铅等
造纸工业	粉尘、SO_2、甲醛、硫醇等
纺织印染工业	粉尘、硫化氢等
皮革及皮革加工业	铬酸雾、硫化氢、粉尘、甲醛等
电镀工业	铬酸雾、氰化氢、粉尘、NO_x等
灯泡、仪表工业	粉尘、汞、铅等
水泥工业	粉尘、SO_2、NO_x等
石棉制品	石棉尘等
铸造工业	CO、SO_2、NO_x、氟化氢、粉尘、铅等
玻璃钢制品	苯类
油毡工业	沥青烟、粉尘等
蓄电池、印刷工业	铅尘等
油漆施工	溶剂、苯类等

二、燃料燃烧产生废气的环境监察

燃烧废气污染源是大气环境监察的主要对象，工业污染源主要包括工业锅炉和炉窑两大类，锅炉的规格都比较大；餐饮、娱乐、服务业的锅炉、茶（浴）炉大灶、商灶等，一般规格都比较小；还有居民炉灶等。几乎所有排污单位都有燃烧废气的烟尘、SO_2和NO_x等污染问题，但主要是由锅炉、炉窑或其他燃烧设备生产引起的。

（一）锅炉使用燃料的检查

检查使用燃料的类型、品质和消耗量。

要检查锅炉使用燃料类型（燃煤、燃气、重油还是轻油）、各种燃料的产地、各种燃料的使用量（t或m³）、各种燃料的品质［硫分（%）］、燃煤的灰分（%）、各种燃料的低位热值，通过这些数值可以测算燃料燃烧的废气量、烟尘、SO_2和NO_x的产生量，同时要核定燃料消耗量。

环境监察部门在审核排污单位燃料消耗量的同时，还应了解排污者的生产情况，利用物料衡算法对排污者的耗煤量进行推算，也可以根据工业锅炉或者炉窑小时耗煤量和工作时间来推算耗煤量，以确认排污者所报的耗煤量是否准确。如可根据火电厂锅炉的机组水平及煤炭灰分确定电位电量煤炭消耗量，2005年我国火电厂平均煤炭消耗5万t煤/（亿kW·h）；一般工业锅炉（多属于中低压蒸汽锅炉）产生5t蒸汽煤耗约为1t。

（二）燃烧设备的检查

检查使用的燃烧设备类型，确定其燃烧方式，确定其燃烧废气排放量。

凡投入运行中的锅炉必须是由正式厂家生产，并经劳动部门和环保部门审验合格，在节能和环保各项指标上应达到国家有关要求。在投产前，要经环保部门验收。它的位置、燃料、烟气黑度及防尘防噪设施必须合乎国家和当地的环保要求。锅炉房的烟囱高度应符合《锅炉大气污染物排放标准》规定的要求。各种锅炉的烟囱应按规定设置便于永久采样的监测孔及相关设施，如安装了自动监测设施，应保证设施能够正常运行。

锅炉燃烧产生的烟尘、NO_x与锅炉的燃烧方式有很大关系。油气炉、煤粉炉、旋风炉和沸腾炉采用悬浮式燃烧方式，链条炉、往复炉、振动炉、固定炉排式工业锅炉、茶浴炉和大灶采用层式燃烧方式，抛煤机炉属于半悬浮半层式燃烧方式。

燃烧方式决定了燃烧产生的废气量，悬浮式锅炉废气产生量约8500m³/t煤。层式锅炉废气产生量约12000m³/t煤。

（三）除尘设施和烟尘排放量的检查

检查除尘设施的类型、除尘方式、除尘率和烟尘排放量。燃料燃烧时产生的烟尘中包括黑烟和飞灰两部分，它们的产生量与燃料成分、设备、燃烧状况有关。常用测烟尘的方法有林格曼仪、收尘法、光电透视法、烟尘测定仪法。

检查烟尘的排放首先要依据《锅炉大气污染物排放标准》检查排放的烟尘是否达标。然后再测算排放的烟尘数量是否与排污申报相一致。

层式燃烧方式锅炉的烟尘排放一般使用林格曼黑度检查排气口，应注意正确使用黑度计。

使用林格曼黑度作为排污收费的依据比较方便，但还需转换成烟尘的排放量，按照耗煤量和耗煤的燃烧值测算废气量，根据排烟的黑度确定废气中烟尘的浓度，再算出废气中排放的烟尘总量。

对于非层式燃烧的锅炉的烟尘排放量一般不应用黑度法确定，而应采用实测方法进行测定，即先采样确定排烟浓度和废气排放量，再测算烟气中排放的烟尘总量。

在现场检查时对黑度超标的，不仅要进行查处，更要对产生的原因进行分析，要求其采取措施进行纠正。锅炉排放烟尘超标可能有多种原因：锅炉刚点火的初始烟尘；锅炉设备的原因；燃烧状况不好：加煤不均匀，有空洞；通风不恰当，挡板位置不对；渣坑未封住，有冷空气进入；集尘设备不密封，有磨损，锁气器未锁，未及时清灰造成堵塞；操作工未按规范操作等。对于非层式方式燃烧的锅炉，应采用实测法或物料衡算法测算排放的烟尘数量。

查炉灰与炉渣。若含碳量高则说明燃烧不完全，可在煤种、设备、操作等方面找原因。

查除尘、集尘设备。干清除要防止漏气或堵塞；湿清除要检查灰水的色泽与流量，流量太小是不正常的，无灰水说明不运行。要检查灰水及灰渣的去向，防止二次污染。

还要严查擅自将除尘设施停止运行的偷排行为。

检查采用的除尘方式，确定去除率，烟尘、粉尘排放的控制技术包括重力沉降室、旋风除尘器、静电除尘器、袋式除尘器和湿式除尘器（表 2.8）。

表 2.8 常见除尘设施

处理设施	作 用	用 途
重力沉降室	含尘气进入沉降室流速降低，颗粒物在重力作用下沉降	除尘效率较低，常用于一级除尘
惯性除尘器	利用粉尘的惯性力大于气体的惯性力，将其分离	除尘效率较低，常用于一级除尘
旋风除尘器	利用旋转的含尘气流产生的惯性力将颗粒物分离	除尘效率可达 80% 左右，一般作预除尘
袋式除尘器	含尘气流穿过许多滤袋时粉尘被滤出，排除	除尘效率较高，可达 99% 以上
静电除尘器	利用静电力从废气中分离尘颗粒	除尘效率较高，可达 95% 以上
湿室除尘	利用洗涤液与含尘气体充分接触，将尘粒洗涤、净化	除尘效率较高，可达 90% 以上

废气处理设施的主要参数是去除率，一般废气处理设施的铭牌上都标有去除率，但这是理想状态下的去除率，实际去除率一般都会小于此值。如有监测值可以计算实际运行的去除率：

$$\eta = (C_1 - C_2)/C_1 \tag{2.1}$$

式中：η——处理设施去除率；

C_1——处理设施进口粉尘浓度，mg/m^3；

C_2——处理设施出口粉尘浓度，mg/m^3。

二级除尘的总去除率为

$$\eta = 1 - (1-\eta_1)(1-\eta_2)$$

烟尘的产生量与锅炉的燃烧方式、燃煤的灰分、除尘率和燃煤消耗量有关，烟尘的排放量可以利用实测法、检测法、林格曼黑度法和烟尘物料衡算法等测算出来。还要检查废气治理设施的运行状态，检查运行记录和监测报告，确定废气处理设施的实际处理率和正常运行天数。许多排污单位虽然具备了除尘和脱硫设施，但由于考虑污染治理成本，只有在检查时才将治理设施正常运转，平时尤其是夜间经常擅自停运治理设施，造成污染大量排放。对擅自停运偷排污染物的违法行为，必须通过明察、暗访、群众举报，进行严厉查处。各类除尘器的除尘效率见表 2.9。

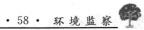

表 2.9 各类除尘器的除尘效率 η

除尘方式	平均除尘率/%	除尘方式	平均除尘率/%	除尘方式	平均除尘率/%
立则式	48.5	SG 旋风	89.5	同济（DE）旋风	90.7
干式沉降	63.4	XZY 旋风	80.0	C 型、CLP（XLP）	83.3
湿法喷淋、冲击、降尘	76.1	XZS 旋风	80.9	管式水膜	75.6
XSW(原 DG)双级旋风	80.6	双级涡旋-6.5、10	86.5	麻石水膜	88.4
XPW(原 PW)平面旋风	81.1	XCZ 旋风	88.5	其他旋风水膜	83.3
CLG、DGL 旋风	79.9	XPX 旋风	93.0	管式静电	85.1
XZZ—D450 旋风	90.3	XCZ 旋风（原新 CZT）	92.0	板式静电	89.7
XZZ—D550、750	93.6	XDF 旋风	75.1	玻璃纤维布袋	99.0
XZD/G—578110	94.0	埃索式旋风	93.3	百叶窗加电除尘	95.2
XZD/G-（ϕ980mm×2)～(ϕ1260mm×4)	88.9	扩散式旋风	85.8	湿式文丘里水膜两级除尘	96.8
XS-1A～4A 旋风	92.3	陶瓷多管旋风	71.3	SW 型钢管水膜	93.0
XS-65A～20A 旋风	88.0	金属多管旋风	83.3	立式多管加灰斗抽风除尘	93.0
XND/G 旋风	92.3	XWD 卧式多管旋风	94.1	电除尘	＞97.0

（四）脱硫措施、确定脱硫率和 SO_2 排放量的检查

检查燃料的硫分、脱硫设施的脱硫率、脱硫剂的消耗、脱硫率、SO_2 的排放量。

SO_2 污染控制技术包括燃料脱硫（洗选可除去 20%～40% 的硫，干法选煤分风力选、空气重介流化床选、摩擦选、磁选、电选等）、燃烧过程脱硫（燃烧时加入固硫剂，脱硫率可达 80%）、烟气脱硫（碱性烟气脱硫率可达 85%，喷雾干燥法脱硫）。各种脱硫技术的平均效果如表 2.10 所示。

表 2.10 各种脱硫技术的平均效果

燃煤设施	脱硫技术	脱硫率	技术类型	脱硫技术	脱硫率
电站锅炉	旋转喷雾干燥烟气脱硫	80%	浮选	脱除黄矿石	30%～40%
	石灰石-石膏法脱硫	＞90%	干法选煤	分风力选、空气中介硫化床选、摩擦选、磁选、电选	20%～40%
	磷铵肥法脱硫	＞95%			
工业炉窑	角管式锅炉炉内喷钙脱硫	50%	燃烧过程脱硫	燃烧时加入固硫剂，如碳酸钙粉吸收剂注入等	50%～60%
	工业型煤固硫	50%	型煤脱硫	煤中掺有固硫剂	50%
	循环流化床脱硫	80%	碱性烟气脱硫	用石灰干法涤气脱硫，适用于高硫煤	一般可达 85%（80%～90%）

SO_2 的排放量与燃煤的含硫率、耗煤量、脱硫率有关，可以用物料衡算法和实测法进行测算。

化石燃料（煤、原油、重油等）普遍含有硫分。煤中的硫分一般为 0.2%～5%。燃煤中硫分高于 1.5% 为高硫煤，城市燃煤高于 1% 的也视为高硫煤。液体燃料主要包括原油、轻油（汽油、煤油、柴油）和重油。原油硫分在 $0.1\%\sim0.3\%$，重油硫分在 $0.5\%\sim3.5\%$，原油中的硫元素通常富集于釜底的重油中，一般轻油中的硫分要低于 0.1%。燃料燃烧后，其所含硫分同时氧化，形成硫氧化物，一般以 SO_2 计。SO_2 随烟气进入大气后在相对湿度大、气压低，且有颗粒物存在的情况下可以生成硫酸雾。

为了严格控制 SO_2 的排放总量，国家对含硫 3% 以上的煤矿限制开采；对开采含硫 1.5% 以上的煤要求进行脱硫洗选；城市用煤的含硫量国家限定应低于 1%；对大型燃烧设备要求有脱硫装置，改进燃烧设备和增设脱硫设施；限制在城市附近新建燃煤电厂和其他大量排放 SO_2 的工业企业；两控区内的 SO_2 应逐步实行总量控制。要严格控制燃煤火电厂的 SO_2 的脱硫和排放。达到区域 SO_2 削减的目标。

为了测算排污单位燃料燃烧过程中的 SO_2 的产生量和排放量，应检查其燃料消耗的种类、产地、含硫量、脱硫措施的脱硫率等项指标，通过核定以上各项指标，可以采用物料衡算法计算 SO_2 排放的总量。

（五）是否有低氮燃烧和脱硝措施，确定 NO_x 排放量的检查

检查锅炉是否有低氮燃烧措施、是否有脱硝措施，确定 NO_x 排放量。

"十一五"期间氮氧化物作为重点大气污染物进行控制，氮氧化物主要来源于机动车尾气、电厂锅炉燃烧废气、各类工业炉窑排放的烟气等。NO_x 排放量与燃煤的含氮率、锅炉燃烧的炉温及是否采用低氮燃烧和脱硝技术有关。

三、工艺废气、粉尘和恶臭污染源监察

（一）排污单位大气污染源的检查

工艺废气排放的形式分有组织排放和无组织排放两种。有组织排放容易计量和监控，无组织排放既不易计量，又不易监控。确定排污单位有多少组织排放的大气污染源，有多少无组织排放的大气污染源。

（二）有组织排放大气污染源的污染排放检查

确定有组织排放大气污染源排放的废气量、排放的主要污染物及其浓度，确定排放每种污染物的排放量。可以用实测法或产污系数法测定排污量。

（三）无组织排放大气污染源的污染排放检查

确定无组织排放大气污染源排放的主要污染物及其浓度，确定排放每种污染物的排放量，一般都是大致估算无组织排放的污染物的量。无组织排放污染物量的确定目前还比较困难，一般都是与企业协议估算确定。

（四）大气污染源是否排放有毒污染物的检查

对有组织排放大气污染源排放有毒污染物的一定要督促其进行净化，达到排放标

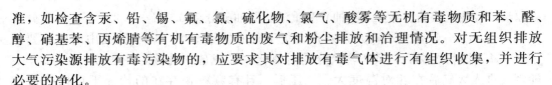

准，如检查含汞、铅、锡、氟、氯、硫化物、氯气、酸雾等无机有毒物质和苯、醛、醇、硝基苯、丙烯腈等有机有毒物质的废气和粉尘排放和治理情况。对无组织排放大气污染源排放有毒污染物的，应要求其对排放有毒气体进行有组织收集，并进行必要的净化。

（五）大气污染源是否排放有异味污染物的检查

对有组织排放大气污染源排放有异味污染物的一定要督促其进行净化，达到排放标准，如检查屠宰、制革、炼胶、饲料加工、食品发酵、石油生产等向大气排放恶臭的物质及治理情况。对无组织排放大气污染源排放有异味污染物的，应要求其对排放有毒气体进行有组织收集，并进行必要的净化。

确定无组织排放大气污染源排放的主要污染物及其浓度，确定排放每种污染物的排放量，一般都是大致估算无组织排放污染物的排放量。污染物无组织排放量的确定目前还比较困难，一般都是与企业协议估算确定。

四、扬尘污染源的环境监察

扬尘主要有交通扬尘、工地扬尘、堆放扬尘、荒漠扬尘等。主要检查仓储堆料的扬尘和建筑生产过程中的扬尘，如煤场、料场、货场、建筑工地及周围。要求货主设置防扬尘的设备，如库房堆存、包装堆存，及时洒水喷淋或加以苫盖等。在粉状货物运输过程中，凡有易扬散货物和建筑工地有渣土、灰沙的地方更要有防扬尘的措施。必要时可征收扬尘排污费，促进治理。

《大气污染防治法》规定："在人口集中地区存放煤炭、煤矸石、煤渣、沙石、灰土等物料，必须采取防燃、防尘措施，防止污染大气。""运输、装卸、贮存能够散发有毒有害气体或者粉尘物质的，必须采取密闭措施或者其他防护措施。""在城市市区进行建设施工或者从事其他扬尘活动的单位，必须按照当地环境保护的规定，采取防止扬尘污染的措施。"

根据《大气污染防治法》的要求，一些省、市已对可能造成扬尘污染的行业和生产行为做出了明确具体的规定，主要是建筑工地、采矿、道路、铁路、桥梁的施工，露天的仓储、转运、装卸、运输等场所的生产行为。

为改善城市环境空气质量，加强扬尘污染控制，国家环境保护总局于 2001 年 4 月 27 日颁发《关于有效控制城市扬尘污染的通知》，对建筑施工、市区拆迁、运输易产生扬尘的车辆，在市区堆放渣土、煤炭、煤灰、煤矸石、灰土、沙石等易产生扬尘的物质等扬尘污染作出具体规定。

五、大气污染防治设施的环境监察

（一）除尘系统的检查

1. 收尘系统的有效性

收尘系统的有效性主要指收尘系统的实际除尘效率，见式（2.1）。

2. 除尘器规格，型号，运行维护情况检查

除尘器的规格、型号因风量的变化对除尘效率有影响，所选的规格应与需处理的风量相适应，所选的型号要合适，要选用较为先进并具有较高稳定性和实用性的除尘器。

除尘器的运行维护，要定时清灰，防止堵塞。排灰口不能漏气，排灰口的严密程度是保证除尘效率的重要因素，特别是使用较为广泛的旋风除尘器尤其要注意不能漏风；据实验，漏风 5%（视入口风量为 100%）可使除尘效率降低 50%，漏风 10%～15%，除尘效率接近于 0，倘若如此，除尘器则以闲置论处。除尘器本体不能破损漏气，保持除尘系统的密封性，否则除尘器除尘效果会降低，甚至失去作用。

3. 除尘废水、废液处理检查

除尘设施在运行中所产生的污水，固体废物，要妥善处理、处置，以防二次污染，污水可经沉淀后回用，废渣可供建筑部门做原料用。

4. 烟气黑度测试

处理后的烟气黑度应达到国家或地方规定的排放标准。

（二）气态污染物净化系统的检查

1. 废气收集系统效果检查

产生的废气能否得到有效的处理，首先要看是否能将废气有效地收集起来，如果废气收集系统效果很差．那么即使除尘净化器效果非常好，也不能说该系统正常。因为有很大一部分废气未经处理排放出去了，亦即实际处理量远远小于应处理量，就像污水处理时有很大一部分污水未经处理直接排放一样。废气收集系统效果检查可从两个方面检查：一是检查收尘系统设计、建造是否合理，如集气罩大小、形状、安装位置、吸风量等是否合理；二是在污染源的各散排口进行检测，看有无超标现象。

2. 处理中产生的污水、固体废物处理情况检查

随着废气中所含污染物的不同，处理中产生的污水、固体废物所含污染物也不尽相同，应做进一步处理后外排或回用。在监察时，要注意检查对处理中产生的污水处理和固体废物的处理情况。

3. 有毒气体处理排放情况检查

有毒气体的排放对环境污染严重，对人体危害较大。因此，在监察时应依法严格检查有毒气体处理后污染物排放浓度是否达到国家或地方排放标准。处理中产生的污水、固体废物要进行处理、处置，防止二次污染。

六、违反《大气污染防治法》行为及其法律后果

1987 年 9 月 5 日由第六届全国人大常委会第二十二次会议通过《中华人民共和国大气污染防治法》（以下简称《大气污染防治法》）。2000 年 9 月 1 日实行修改后的《大气污染防治法》。

（一）大气污染防治法的标准依据

1. 环境空气质量标准

《环境空气质量标准（GB 3095—1996）》于 1996 年 10 月 1 日起执行。大气环境质量功能区分类：

（1）一类区。自然保护区、风景名胜区和其他需要特殊保护的区域。

（2）二类区。规划的居住区、商业交通居民混合区、文化区、一般工业区和农村地区。

（3）三类区。特定工业区。

2. 大气污染物排放标准

一般情况下，除执行国家专门制定的行业性排放标准外，有关大气污染物的排放均应当执行《大气污染物综合排放标准（GB 16297—1996）》。标准规定了 33 种大气污染物的排放限值，包括最高允许浓度、最高允许排放速率和无组织排放监控浓度限值。从 1997 年 1 月 1 日起实施。

按照综合性排放标准与行业性排放标准不交叉执行的原则，我国还按行业的不同分别制定了《水泥厂大气污染物排放标准（GB 4915—2004）》、《工业窑炉大气污染物排放标准（GB 9078—1996）》、《炼焦炉大气污染物排放标准（GB 16171—1996）》、《火电厂大气污染物排放标准（GB 13223—2003）》、《锅炉大气污染物排放标准（GB 13271—2001）》，以及与之相关的各行业执行上述各行业性的排放标准。

（二）违反《大气污染防治法》的行为及法律后果

在《大气污染防治法》中特别规定了有关违法行为的处罚措施，针对燃料燃烧、废气排放及污染防治设施运行管理与经营性的违法行为的处罚措施包括如下：

1. 违法行为的判断

1）排放废气的违法行为

（1）向大气排放污染物超过国家和地方规定排放标准。

（2）未采取有效污染防治措施，向大气排放粉尘、恶臭气体或者其他含有有毒物质气体。

（3）未经当地环境保护行政主管部门批准，向大气排放转炉气、电石气、电炉法黄磷尾气、有机烃类尾气。

（4）未采取密闭措施或者其他防护措施，运输、装卸或者贮存能够散发有毒有害气体或者粉尘物质。

（5）城市饮食服务业的经营者未采取有效污染防治措施，致使排放的油烟对附近居民的居住环境造成污染。

2）燃烧、焚烧的违法行为

（1）在人口集中地区和其他依法需要特殊保护的区域内，焚烧沥青、油毡、橡胶、塑料、皮革、垃圾以及其他产生有毒有害烟尘和恶臭气体的物质。

（2）在人口集中地区、机场周围、交通干线附近以及当地人民政府划定的区域内露天焚烧秸秆、落叶等产生烟尘污染的物质。

（3）当地人民政府规定的期限届满后继续燃用高污染燃料。

（4）新建的所采煤炭属于高硫分、高灰分的煤矿，不按照国家有关规定建设配套的煤炭洗选设施。

（5）排放含有硫化物气体的石油炼制、合成氨生产、煤气和燃煤焦化以及有色金属冶炼的企业，不按照国家有关规定建设配套脱硫装置或者未采取其他脱硫措施。

3）产生扬尘的违法行为

（1）在城市市区进行建设施工或者从事其他产生扬尘污染的活动，未采取有效扬尘防治措施，致使大气环境受到污染。

（2）未采取防燃、防尘措施，在人口集中地区存放煤炭、煤矸石、煤渣、煤灰、砂石、灰土等物料。

4）违反相关环境保护管理制度的行为

（1）违反"三同时"制度。排污单位不正常使用大气污染物处理设施，或者未经环境保护行政主管部门批准，擅自拆除、闲置大气污染物处理设施。

（2）违反限期淘汰落后工艺设备制度。生产、销售、进口或者使用禁止生产、销售、进口、使用的设备，或者采用禁止采用的工艺。禁止将淘汰的设备转让给他人使用。

（3）违法排污申报制度。拒报或者谎报国务院环境保护行政主管部门规定的有关污染物排放申报事项。

（4）违反现场检查制度。拒绝环境保护行政主管部门或者其他监督管理部门现场检查或者在被检查时弄虚作假。

2. 违法行为的法律后果

相应的违法行为及法律后果所对应的条款见表2.11。

表2.11　违反《大气污染防治法》的行为及法律责任

序号	违法行为	违反的法律法规	法律责任
1	拒报或者谎报国务院环境保护行政主管部门规定的有关污染物排放申报事项	《大气污染防治法》第46条	根据不同情节，责令停止违法行为，限期改正，给予警告或者处以5万元以下罚款
2	拒绝环境保护行政主管部门或者其他监督管理部门现场检查或者在被检查时弄虚作假	《大气污染防治法》第46条	根据不同情节，责令停止违法行为，限期改正，给予警告或者处以5万元以下罚款

续表

序号	违法行为	违反的法律法规	法律责任
3	排污单位不正常使用大气污染物处理设施，或者未经环境保护行政主管部门批准，擅自拆除、闲置大气污染物处理设施	《大气污染防治法》第46条	根据不同情节，责令停止违法行为，限期改正，给予警告或者处以5万元以下罚款
4	未采取防燃、防尘措施，在人口集中地区存放煤炭、煤矸石、煤渣、煤灰、砂石、灰土等物料	《大气污染防治法》第46条	根据不同情节，责令停止违法行为，限期改正，给予警告或者处以5万元以下罚款
5	向大气排放污染物超过国家和地方规定排放标准	《大气污染防治法》第48条	应当限期治理，并处1万元以上10万元以下罚款
6	生产、销售、进口或者使用禁止生产、销售、进口、使用的设备，或者采用禁止采用的工艺	《大气污染防治法》第49条	责令改正；情节严重的，责令停业、关闭
7	将淘汰的设备转让给他人使用	《大气污染防治法》第49条	没收转让者的违法所得，并处违法所得2倍以下罚款
8	在当地人民政府规定的期限届满后继续燃用高污染燃料	《大气污染防治法》第51条	责令拆除或者没收燃用高污染燃料的设施
9	未采取有效污染防治措施，向大气排放粉尘、恶臭气体或者其他含有有毒物质气体	《大气污染防治法》第56条	责令停止违法行为，限期改正，可以处5万元以下罚款
10	未经当地环境保护行政主管部门批准，向大气排放转炉气、电石气、电炉法黄磷尾气、有机烃类尾气	《水污染防治法》第56条	责令停止违法行为，限期改正，可以处5万元以下罚款
11	未采取密闭措施或者其他防护措施，运输、装卸或者贮存能够散发有毒有害气体或者粉尘物质	《大气污染防治法》第56条	责令停止违法行为，限期改正，可以处5万元以下罚款
12	城市饮食服务业的经营者未采取有效污染防治措施，致使排放的油烟对附近居民的居住环境造成污染	《大气污染防治法》第56条	责令停止违法行为，限期改正，可以处5万元以下罚款
13	在人口集中地区和其他依法需要特殊保护的区域内，焚烧沥青、油毡、橡胶、塑料、皮革、垃圾以及其他产生有毒有害烟尘和恶臭气体的物质	《大气污染防治法》第57条	责令停止违法行为，处2万元以下罚款
14	在人口集中地区、机场周围、交通干线附近以及当地人民政府划定的区域内露天焚烧秸秆、落叶等产生烟尘污染的物质	《大气污染防治法》第57条	责令停止违法行为；情节严重的，可以处200元以下罚款
15	在城市市区进行建设施工或者从事其他产生扬尘污染的活动，未采取有效扬尘防治措施，致使大气环境受到污染	《大气污染防治法》第58条	限期改正，处2万元以下罚款；对逾期仍未达到当地环境保护规定要求的，可以责令其停工整顿；
16	新建的所采煤炭属于高硫分、高灰分的煤矿，不按照国家有关规定建设配套的煤炭洗选设施	《大气污染防治法》第60条	责令限期建设配套设施，可以处2万元以上20万元以下罚款
17	排放含有硫化物气体的石油炼制、合成氨生产、煤气和燃煤煤焦化以及有色金属冶炼的企业，不按照国家有关规定建设配套脱硫装置或者未采取其他脱硫措施	《大气污染防治法》第60条	责令限期建设配套设施，可以处2万元以上20万元以下罚款

第四节　固体废物污染环境监察

一、固体废物的概念和分类

（一）概念

《中华人民共和国固体废物污染环境防治法》（以下简称《固废防治法》）所定义的固体废物是指在生产、生活和其他活动中产生的丧失原有利用价值或者虽未丧失利用价值但被抛弃或者放弃的固态、半固态和置于容器中的气态的物品、物质以及法律、行政法规规定纳入固体废物管理的物品、物质。主要包括固体颗粒、垃圾、炉渣、污泥、废弃的制品、破损器皿、残次品、动物尸体、变质食品、人畜粪便等，还包括禁止排入水体的废酸、废碱、废油、废有机溶剂等高浓度的液态废物。

（二）固体废物的特性

1. 直接占用并具有一定空间

固体废物除直接占用土地并具有一定空间，它对环境的污染主要通过水、大气或土壤进行，没有这些媒介，就不会对环境造成很大的污染。因此，固体废物既是污染水体、大气、土壤的"源头"，又是废水、废气处理的"终态物"。根据固体废物的这一特性，提示人们应尽量避免和减少固体废物的产生和向水体、大气及土壤环境中排放，这是防止和控制固体废物污染环境的关键。

2. 品种繁多，数量巨大

随着工业生产的发展和人类物质生活的提高，固体废物种类越来越多，数量也逐年增加，以城市垃圾为例，工业发达国家城市垃圾产生量大致以每年 2%～4%的速度增长，欧洲国家生活垃圾平均增长率为 3%，而我国近几年的垃圾增长率每年约按 9%以上的速度增加。由于处理装置设施严重不足，综合利用率低，致使工业固体废物历年堆放量已达 64 亿多 t，2009 年，我国工业固体废物年产生量已达到 20 亿多 t，生活垃圾近 2 亿 t。由于我国在固体废物污染治理方面起步较晚，相对于废气、废水污染控制而言，其治理还是个冷门，加上技术比较落后，投入资金又不足，所以固体废物污染环境的治理工作面临着严峻的形势。

3. 包括有固体形态的危险液体及气体废物

液体和用容器装的气体，如装在容器中的废酸、废碱或气体在法律上都称为危险废物，均列于危险废物的管理范畴之内。

（三）固体废物的来源及其分类

按产生来源，固体废物大体上可分为工业固体废物、生活垃圾、农业固体废物。

1. 工业垃圾

工业垃圾是指在工业生产活动中产生的固体废物。工业固体废物按其特性又可以分为一般工业固体废物和危险废物。

危险废物是指列入《国家危险废物名录》（2008 年公布的名录共有 49 类危险废物498 种）或者根据国家规定的危险废物鉴别标准和鉴别方法认定的具有腐蚀性、毒性、易燃性、易爆性、反应性和感染性、放射性等一种或一种以上危险特性，以及不排除具有以上危险特性的固体废物。危险废物对环境和人体健康可能造成更大的危害。

一般工业固体废物一般工业固体废物系指未列入《国家危险废物名录》或者根据国家规定的危险废物鉴别标准认定其不具有危险特性的工业固体废物。例如粉煤灰、煤矸石和炉渣等。一般工业固体废物又分为Ⅰ类和Ⅱ类两类。

Ⅰ类：按照《固体废物浸出毒性浸出方法（GB 5086—1997）》规定方法进行浸出试验而获得的浸出液中，任何一种污染物的浓度均未超过《污水综合排放标准（GB 8978—1996)》中最高允许排放浓度，且 pH 为 6～9 的一般工业固体废物。

Ⅱ类：按照《固体废物浸出毒性浸出方法（GB 5086—1997）》规定的方法进行浸出试验而获得的浸出液中，有一种或一种以上的污染物浓度超过《污水综合排放标准（GB 8978—1996)》中的最高允许排放浓度，或者 pH 在 6～9 之外的一般工业固体废物。

2. 生活垃圾

生活垃圾是指在日常生活中或者为日常生活提供服务的活动中产生的固体废物以及法律、行政法规规定视为生活垃圾的固体废物。

生活垃圾特别是城市生活垃圾，给环境造成了巨大的压力。一般来说，城市每人每天的垃圾量为 1～2kg，其多寡及成分与居民物质生活水平、习惯、废旧物资回收利用程度、市政建设情况等有关。如国内的垃圾主要为厨房垃圾。有的城市，炉灰占 70%，以厨房垃圾为主的有机物约 20%，其余为玻璃、塑料、废纸等。

3. 农业固体废物

农业固体废物主要为粪便及植物秸秆类。

二、固体废物的管理要求

（一）管理原则

我国固体废物管理政策是鼓励综合利用，允许无害化处置，存储必须有符合环保要求的专设场所，必须以综合利用和最终处置为最终目的；禁止固体废物排放，尤其严禁向水体排放。

1. "三化"原则——减量化、资源化、无害化

《固废防治法》规定，国家对固体废物污染环境的防治，实行减少固体废物的产生、

充分合理利用固体废物和无害化处置固体废物的原则。减量化、资源化和无害化的"三化"原则是法律的核心，也是实施这部法律的目标。

实行减量化，就是从源头抓起，在生产、流通、消费等各个环节，采取综合措施，做好垃圾减量化工作。鼓励公众改变不合理的消费方式，尽量减少使用一次性用品，延长消费品的使用寿命。生产企业应逐步消除对产品的过度包装，同时必须承担回收一定比例的包装物的责任。工业固体废物的要开展清洁生产、降低消耗、提高资源利用率，加大结构调整的力度，促进减量将量化。

推进资源化，就是必须在垃圾收集、运输、贮存、处置等各个环节采取措施，形成一个完整的回收利用网络。对于一些特殊消费品如家用电器的回收，要因物因地制宜，采取不同的手段和措施。工业固体废物的综合利用，要建立起原料和能源循环利用系统，使各种资源能够最大限度地得到利用。

力保无害化，就是应逐步提高垃圾无害化处理水平。在废物处置过程中，坚持高标准、严要求，防止发生二次污染。垃圾填埋场渗沥液要达标排放；对产生的沼气要进行收集，在经济合理的前提下回收利用。垃圾焚烧厂要防止二噁英的大量产生。特别是对危险废物及其医疗废物必须进行集中处置，确保无害化要求，确保人民群众的身体健康。

2. 分类管理原则

《固废防治法》规定：国务院环境保护行政主管部门对全国固体废物污染环境的防治工作实施统一监督管理，国务院有关部门在各自的职责范围内负责固体废物污染环境防治的监督管理工作。相关部门根据实际工作需要建立了相应的固体废物分类标准或分类目录。目前，生活垃圾、危险废物及医疗废物都已建立了各自的分类目录。工业固体废物虽然还没有正式颁布二级分类目录，但是在排放污染物申报登记、环境统计、污染源普查，以及大、中城市固体废物环境防治信息发布等实际工作中，也制定了相应的工业固体废物分类统计目录。我国工业固体废物、生活垃圾、危险废物的具体分类情况见图2.4。

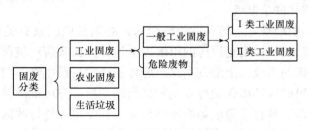

图 2.4 固体废物的分类

(二) 管理制度

1. 申报登记制度

《固废防治法》明确规定：国家实行工业固体废物申报登记制度。产生工业固体废物的单位必须按照国务院环境保护行政主管部门的规定，向所在地县级以上地方人民政府环境保护行政主管部门提供工业固体废物的种类、产生量、流向、贮存、处置等有关

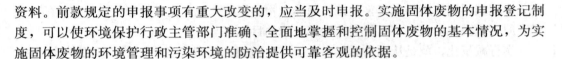

资料。前款规定的申报事项有重大改变的，应当及时申报。实施固体废物的申报登记制度，可以使环境保护行政主管部门准确、全面地掌握和控制固体废物的基本情况，为实施固体废物的环境管理和污染环境的防治提供可靠客观的依据。

2. 规范固废贮存和处置行为的制度

《固废防治法》明确规定：企业事业单位应当根据经济、技术条件对其产生的工业固体废物加以利用；对暂时不利用或者不能利用的，必须按照国务院环境保护行政主管部门的规定建设贮存设施、场所，安全分类存放，或者采取无害化处置措施。建设工业固体废物贮存、处置的设施、场所，必须符合国家环境保护标准。产生危险废物的单位，必须按照国家有关规定处置危险废物，不得擅自倾倒、堆放；不处置的，由所在地县级以上地方人民政府环境保护行政主管部门责令限期改正。可见，对固体废物管理要求，严格贯彻禁止排放的政策要求和原则。

3. 危险废物严格控制和管理制度

1) 危险废物许可证制度

《固废防治法》明确规定：从事收集、贮存、处置危险废物经营活动的单位，必须向县级以上人民政府环境保护行政主管部门申请领取经营许可证；从事利用危险废物经营活动的单位，必须向国务院环境保护行政主管部门或者省、自治区、直辖市人民政府环境保护行政主管部门申请领取经营许可证。禁止无经营许可证或者不按照经营许可证规定从事危险废物收集、贮存、利用、处置的经营活动。禁止将危险废物提供或者委托给无经营许可证的单位从事收集、贮存、利用、处置的经营活动。

通过许可证制度，可以防止和打击一些单位和个人在无防止污染设施和技术的条件下，从事收集、贮存、处置危险废物经营活动，避免严重环境污染事故的发生，消除国家利益和人民生命财产安全的威胁。

2) 危险废物转移联单制度

《固废防治法》明确规定：转移危险废物的，必须按照国家有关规定填写危险废物转移联单，并向危险废物移出地设区的市级以上地方人民政府环境保护行政主管部门提出申请。移出地设区的市级以上地方人民政府环境保护行政主管部门应当经接受地设区的市级以上地方人民政府环境保护行政主管部门同意后，方可批准转移该危险废物。未经批准的，不得转移。转移危险废物途经移出地、接受地以外行政区域的，危险废物移出地设区的市级以上地方人民政府环境保护行政主管部门应当及时通知沿途经过的设区的市级以上地方人民政府环境保护行政主管部门。

为加强对危险废物转移的有效监督，实施危险废物转移联单制度，根据《固废防治法》有关规定，国家环保总局于1999年5月发布了《危险废物转移联单管理办法》，对危险废物转移的报批、联单管理等方面，明确从事和参与危险废物转移活动的单位责任和相关环保主管部门的责任。

3) 处理、处置行政代执行制度

《固体废物污染环境防治法》第55条明确规定：产生危险废物的单位，必须按照国

家有关规定处置危险废物，不得擅自倾倒、堆放；逾期不处置或者处置不符合国家有关规定的，由所在地县级以上地方人民政府环境保护行政主管部门指定单位按照国家有关规定代为处置，处置费用由产生危险废物的单位承担。行政代执行是一种间接的行政强制执行措施，是保证法定义务人履行义务的一种有效手段。

三、固体废物污染现场监察工作要点

（一）一般工业固废的现场监察

1. 产生情况检查

通过分析产污单位使用的原料、产品、生产工艺，确定应产生的固体废物的种类、产生规律、产生方式。检查产生的固体废物哪些属于一般固体废物，哪些属于危险废物。利用物料衡算估算各类一般固体废物和危险废物的产生量。

2. 处理情况检查

对一般固体废物，检查实施减量化、资源化和无害化的方法、技术及其设施的相关信息，并核算综合利用量、符合规定的贮存量、符合规定标准的处置量，判断有没有偷排、私自外弃等情况。

3. 贮存情况的检查

（1）要安全贮存。对产生固体废物单位的贮存和处置场所进行定期检查，防止由此产生的二次污染和安全隐患。严格检查，防范尾矿库尾矿垮坝、贮存和处置场所的扬尘、污水渗漏、煤矸石的自燃等事故的发生。

（2）贮存场所要达标检查。对于那些单位可以加以利用，或暂时不利用、不能利用的，应当按照国家规定建设贮存设施、场所并安全分类存放。

（3）严格分类贮存。固废产生单位应按照法律法规的相关规定，将生产过程中产生的危险废物按一般固体废物和危险废物的要求分类管理，建立从收集、贮存、处理、再循环利用、运输、回收到最终处置的企业管理制度，严格控制固体废物进入水体和大气。

如表 2.12 所示为空白的固体废物现场检查表。

表 2.12　固体废物现场检查表

种类	特性	产生量	综合利用量	符合规定的贮存量	符合规定标准的处置量

（二）危险废物的监察

1. 识别危险废物产生情况

同样通过分析产污单位使用的原料、产品、生产工艺，确定生产过程中产生的固体

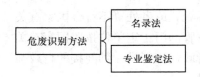

图 2.5　危险废物的识别

废物进行危险废物的识别哪些属于危险废物（图 2.5）。利用物料衡算估算各类危险废物的产生量。

2. 检查危险废物贮存情况

贮存危险废物必须采取符合国家环境保护标准的防范措施，贮存期不得超过 1 年；确需延长期限的，必须报经原批准经营许可证的环境保护行政主管部门批准，法律、行政法规另有规定的除外。

对危险废物的容器和包装以及收集、贮存、运输处置危险废物的场所，必须设置危险废物识别标志。

禁止混合收集、贮存、运输、处置性质不相容而未经安全性处置的危险废物。

禁止将危险废物混入非危险废物中贮存。

3. 监督危险废物转移情况

根据《危险废物转移联单管理办法》的相关规定，对转移和接受危险废物的单位应遵循以下要求：

（1）需进行危险废物交换和转移活动的单位，应向有关部门提出申请，经批准领取危险废物转移联单后，方可进行交换、转移活动。在交换过程中，交换双方必须严格遵守环境保护行政主管部门和其他依法行使监督职能的有关部门的规定，不得擅自更改。

（2）交换和转移危险废物前，危险废物产生单位必须首先对危险废物的有害特性和形态做出鉴别，然后对危险废物进行安全包装，并按照《危险货物包装标志》（GB190—1990）在包装明显位置上附以标签，并如实填写《危险废物转移联单》（联单保存 5 年）。

（3）危险废物运输者和接收者，若发现危险废物的名称、数量等与《危险废物转移联单》填写内容不符，有权拒绝运输、拒绝接受，并向受理申请的环境保护主管部门报告，受理申请的环境保护主管部门应当及时组织调查，做出处理决定。

（4）危险废物运输单位必须得到接受危险废物的单位所在地的环境保护主管部门的许可。在转移危险废物的过程中，必须使用专门的或有安全防护设施的运输工具，能有效地防止危险废物在转移途中散落、泄露和扬散，并具备对可能发生的事故采取应急措施的能力。

（5）在危险废物交换和转移过程中，发生事故或其他突发性事件，造成或者可能造成环境污染时，有关责任单位必须立即采取措施消除或者减轻对环境的污染危害。及时通报可能受到污染危害的单位和居民，并向事故发生地县级以上环境保护行政主管部门报告，接受调查和处理。

（6）接收危险废物的单位，必须具有相应的符合环保和安全要求的利用、处置和贮存的场地、厂房和设备，落实事故防范和应急措施。

（三）污泥

国家环保总局在《关于解释城市污水处理厂污泥是否属于工业固体废物的复函》中

明确规定：城市污水处理设施产生的污泥属于环保设施运营产生的固体废物，属于工业固体废物。但一般工业污水处理厂的污泥不仅属于工业固体废物，有些因其含有有毒污染物，应列入危险废物管理。

四、固体废物污染环境违法行为的查处

（一）一般固体废物污染环境违法行为查处

1. 一般性违法行为及处罚

（1）拒绝有关监督管理部门现场检查。

《固废防治法》第70条规定：拒绝县级以上人民政府环境保护行政主管部门或者其他固体废物污染环境防治工作的监督管理部门现场检查的，由执行现场检查的部门责令限期改正；拒不改正或者在检查时弄虚作假的，处2000元以上2万元以下的罚款。

（2）不按照国家规定申报登记工业固体废物，或者在申报登记时弄虚作假。

《固废防治法》第32条规定：国家实行工业固体废物申报登记制度。产生工业固体废物的单位必须按照国务院环境保护行政主管部门的规定，向所在地县级以上地方人民政府环境保护行政主管部门提供工业固体废物的种类、产生量、流向、贮存、处置等有关资料。规定的申报事项有重大改变的，应当及时申报。不按照国家规定申报登记工业固体废物，或者在申报登记时弄虚作假的，按照《固体废物污染环境防治法》第68条规定予以处罚：责令停止违法行为，限期改正，处5000元以上5万元以下的罚款。

（3）未建设固体废物贮存的设施、场所，或者擅自关闭、闲置或者拆除工业固体废物污染环境防治设施、场所。

《固废防治法》第33条规定：企业事业单位应当根据经济、技术条件对其产生的工业固体废物加以利用；对暂时不利用或者不能利用的，必须按照国务院环境保护行政主管部门的规定建设贮存设施、场所，安全分类存放，或者采取无害化处置措施。建设工业固体废物贮存、处置的设施、场所，必须符合国家环境保护标准。产生工业固体废物的单位需要终止的，应当事先对工业固体废物的贮存、处置的设施、场所采取污染防治措施，并对未处置的工业固体废物作出妥善处置，防止污染环境。产生工业固体废物的单位发生变更的，变更后的单位应当按照国家有关环境保护的规定对未处置的工业固体废物及其贮存、处置的设施、场所进行安全处置或者采取措施保证该设施、场所安全运行。尾矿、矸石、废石等矿业固体废物贮存设施停止使用后，矿山企业应当按照国家有关环境保护规定进行封场，防止造成环境污染和生态破坏。否则按照《固废防治法》第68条规定予以处罚：责令停止违法行为，限期改正，处1万元以上10万元以下的罚款。第69条规定：建设项目需要配套建设的固体废物污染环境防治设施未建成、未经验收或者验收不合格，主体工程即投入生产或者使用的，由审批该建设项目环境影响评价文件的环境保护行政主管部门责令停止生产或者使用，可以并处10万元以下的罚款。

（4）违反规定生产、销售、进口或者使用淘汰的设备，或者采用淘汰的生产工艺。

《固废防治法》第 28 条规定：生产者、销售者、进口者、使用者必须在国务院经济综合宏观调控部门会同国务院有关部门规定的期限内分别停止生产、销售、进口或者使用列入前款规定的名录中的设备。生产工艺的采用者必须在国务院经济综合宏观调控部门会同国务院有关部门规定的期限内停止采用列入前款规定的名录中的工艺。列入限期淘汰名录被淘汰的设备，不得转让给他人使用。第 72 条规定：生产、销售、进口或者使用淘汰的设备，或者采用淘汰的生产工艺的，由县级以上人民政府经济综合宏观调控部门责令改正；情节严重的，由县级以上人民政府经济综合宏观调控部门提出意见，报请同级人民政府按照国务院规定的权限决定停业或者关闭。第 68 条规定：将列入限期淘汰名录被淘汰的设备转让给他人使用的，责令停止违法行为，限期改正，处 1 万元以上 10 万元以下的罚款。

（5）不按规定收集、贮存、运输、利用、处置固体废物。

《固废防治法》第 17 条规定：收集、贮存、运输、利用、处置固体废物的单位和个人，必须采取防扬散、防流失、防渗漏或者其他防止污染环境的措施；不得擅自倾倒、堆放、丢弃、遗撒固体废物。第 20 条规定：从事畜禽规模养殖应当按照国家有关规定收集、贮存、利用或者处置养殖过程中产生的畜禽粪便，防止污染环境。第 21 条规定：对收集、贮存、运输、处置固体废物的设施、设备和场所，应当加强管理和维护，保证其正常运行和使用。未采取相应防范措施，造成工业固体废物扬散、流失、渗漏或者造成其他环境污染的；擅自转移固体废物出省、自治区、直辖市行政区域贮存、处置的行为，按照第 68 条规定予以处罚：责令停止违法行为，限期改正，处 1 万元以上 10 万元以下的罚款。在运输过程中沿途丢弃、遗撒工业固体废物的，责令停止违法行为，限期改正，处 5000 元以上 5 万元以下的罚款。第 71 条规定：从事畜禽规模养殖未按照国家有关规定收集、贮存、处置畜禽粪便，造成环境污染的，由县级以上地方人民政府环境保护行政主管部门责令限期改正，可以处 5 万元以下的罚款。第 73 条规定：尾矿、矸石、废石等矿业固体废物贮存设施停止使用后，未按照国家有关环境保护规定进行封场的，由县级以上地方人民政府环境保护行政主管部门责令限期改正，可以处 5 万元以上 20 万元以下的罚款。

（6）导致污染事故的行为。

《固废防治法》第 82 条规定：造成固体废物污染环境事故的，由县级以上人民政府环境保护行政主管部门处 2 万元以上 20 万元以下的罚款；造成重大损失的，按照直接损失的 30% 计算罚款，但是最高不超过 100 万元，对负有责任的主管人员和其他直接责任人员，依法给予行政处分；造成固体废物污染环境重大事故的，并由县级以上人民政府按照国务院规定的权限决定停业或者关闭。

2. 禁止性行为及其查处

《固废防治法》明令禁止的行为见表 2.13。

表 2.13　一般固废污染管理禁止性违法行为及查处

序号	违法行为	法律责任
1	禁止任何单位或者个人向江河、湖泊、运河、渠道、水库及其最高水位线以下的滩地和岸坡等法律、法规规定禁止倾倒、堆放废弃物的地点倾倒、堆放固体废物	环境保护主管部门责令停止违法行为，限期采取治理措施，消除污染，处 2 万元以上 20 万元以下的罚款；逾期不采取治理措施的，环境保护主管部门可以指定有治理能力的单位代为治理，所需费用由违法者承担
2	禁止在人口集中地区、机场周围、交通干线附近以及当地人民政府划定的区域露天焚烧秸秆	由所在地县级以上地方人民政府环境保护行政主管部门责令停止违法行为；情节严重的，可以处 200 元以下罚款
3	在国务院和国务院有关主管部门及省、自治区、直辖市人民政府划定的自然保护区、风景名胜区、饮用水水源保护区、基本农田保护区和其他需要特别保护的区域内，禁止建设工业固体废物集中贮存、处置的设施、场所和生活垃圾填埋场	环境保护行政主管部门责令停止违法行为，限期改正，处 1 万元以上 10 万元以下的罚款
4	禁止中华人民共和国境外的固体废物进境倾倒、堆放、处置	由海关责令退运该固体废物，可以并处 10 万元以上 100 万元以下的罚款；构成犯罪的，依法追究刑事责任
5	禁止进口不能用作原料或者不能以无害化方式利用的固体废物；对可以用作原料的固体废物实行限制进口和自动许可进口分类管理。禁止进口列入禁止进口目录的固体废物	由海关责令退运该固体废物，可以并处 10 万元以上 100 万元以下的罚款；构成犯罪的，依法追究刑事责任
6	禁止擅自关闭、闲置或者拆除工业固体废物污染环境防治设施、场所	环境保护行政主管部门责令停止违法行为，限期改正，处 1 万元以上 10 万元以下的罚款
7	禁止擅自关闭、闲置或者拆除生活垃圾处置的设施、场所	环境卫生行政主管部门责令停止违法行为，限期改正，处 1 万元以上 10 万元以下的罚款

（二）危险废物污染环境违法行为查处

1. 违反危险废物的一般管理制度

《固废防治法》第 75 条规定：违反本法有关危险废物污染环境防治的规定，有下列行为之一的，由县级以上人民政府环境保护行政主管部门责令停止违法行为，限期改正，处以罚款：

（1）不设置危险废物识别标志。

（2）不按照国家规定申报登记危险废物，或者在申报登记时弄虚作假。

（3）擅自关闭、闲置或者拆除危险废物集中处置设施、场所。

（4）不按照国家规定缴纳危险废物排污费。

（5）将危险废物提供或者委托给无经营许可证的单位从事经营活动。

（6）不按照国家规定填写危险废物转移联单或者未经批准擅自转移危险废物。

（7）将危险废物混入非危险废物中贮存。

（8）未经安全性处置，混合收集、贮存、运输、处置具有不相容性质的危险废物。

（9）将危险废物与旅客在同一运输工具上载运。

（10）未经消除污染的处理将收集、贮存、运输、处置危险废物的场所、设施、设备和容器、包装物及其他物品转作他用。

（11）未采取相应防范措施，造成危险废物扬散、流失、渗漏或者造成其他环境污染。

（12）在运输过程中沿途丢弃、遗撒危险废物。

（13）未制定危险废物意外事故防范措施和应急预案的。

有前款第1项、第2项、第7项、第8项、第9项、第10项、第11项、第12项、第13项行为之一的，处1万元以上10万元以下的罚款；有前款第3项、第5项、第6项行为之一的，处2万元以上20万元以下的罚款；有前款第4项行为的，限期缴纳，逾期不缴纳的，处应缴纳危险废物排污费金额1倍以上3倍以下的罚款。危险废物产生者不处置其产生的危险废物又不承担依法应当承担的处置费用的，由县级以上地方人民政府环境保护行政主管部门责令限期改正，处代为处置费用1倍以上3倍以下的罚款。

2. 违反危险废物经营许可证

无经营许可证或者不按照经营许可证规定从事收集、贮存、利用、处置危险废物经营活动的，由县级以上人民政府环境保护行政主管部门责令停止违法行为，没收违法所得，可以并处违法所得3倍以下的罚款。不按照经营许可证规定从事前款活动的，还可以由发证机关吊销经营许可证。

3. 造成重大污染事故的行为

收集、贮存、利用、处置危险废物，造成重大环境污染事故，构成犯罪的，依法追究刑事责任。

4. 危险废物过境转移

经中华人民共和国过境转移危险废物的，由海关责令退运该危险废物，可以并处5万元以上50万元以下的罚款。

第五节　环境噪声污染源现场监察

一、环境噪声污染的定义和分类

（一）定义

《中华人民共和国环境噪声污染防治法》（以下简称《环境噪声污染防治法》）定义了环境噪声、环境噪声污染两个概念。

环境噪声是指在工业生产、建筑施工、交通运输和社会生活中所产生的干扰周围生活环境的声音。

环境噪声污染是指所产生的环境噪声超过国家规定的环境噪声排放标准，并干扰他人正常生活、工作和学习的现象。

分清概念的内涵和外延，对准确分析和正确处理环境事务有非常重要的现实指导意义。如某企业建在边远的乡村，测得噪声排放超标10dB，但除了对自己的工人有些许影响外，没有对周围单位和居民的生活产生干扰。当地环保局现场监察发现这一情况，以该企业排放噪声污染严重为由，做出限期治理并处罚款的决定，并且核算每月应缴纳噪声超标排污费 1600 元。只要区分清了环境噪声和环境噪声污染的界限，不难看出，当地环保局该企业排放噪声污染严重为由，核算排污收费的行政行为和行政处罚均属不当。

（二）环境噪声的分类

《环境噪声污染防治法》将环境噪声分为工业噪声、建筑施工噪声、交通运输噪声和社会生活噪声。

（1）工业噪声，指在工业生产活动中使用固定的设备时产生的干扰周围生活环境的声音。

（2）建筑施工噪声，指在建筑施工过程中产生的干扰周围生活环境的声音。

（3）交通运输噪声，指在交通运输中产生的干扰周围生活环境的声音。

（4）社会生活噪声，指人为活动所产生的除工业噪声、建筑施工噪声和交通运输噪声之外的干扰周围生活环境的声音。

二、环境噪声相关标准

2008 年，国家环境保护部发布了《声环境质量标准（GB 3096—2008）》、《工业企业厂界环境噪声排放标准（GB 12348—2008）》、《社会生活环境噪声排放标准（GB 22337—2008）》等三项标准，完善了国家环境噪声标准体系，扩大了标准适用范围，解决了低频噪声和城市以外区域噪声控制要求缺失的问题；明确了标准适用对象。三项环境噪声标准的制修订充分考虑了当前噪声污染形势的变化和环境管理需求，全面落实以人为本、构建和谐社会的理念，提高了标准的协调性和可操作性。

（一）《声环境质量标准（GB 3096—2008）》

《声环境质量标准》适用于城乡五类声环境功能区的声环境质量评价与管理，对于与五类功能区有重叠的机场周围区域，应该执行《机场周围飞机噪声环境标准》。但对于机场周围区域内的地面噪声，仍然需要执行《声环境质量标准》。

按区域的使用功能特点和环境质量要求，声环境功能区分为以下 5 种类型：

0 类声环境功能区：指康复疗养区等特别需要安静的区域。

1 类声环境功能区：指以居民住宅、医疗卫生、文化教育、科研设计、行政办公为主要功能，需要保持安静的区域。

2 类声环境功能区：指以商业金融、集市贸易为主要功能，或者居住、商业、工业混杂，需要维护住宅安静的区域。

3 类声环境功能区：指以工业生产、仓储物流为主要功能，需要防止工业噪声对周围环境产生严重影响的区域。

4 类声环境功能区：指交通干线两侧一定距离之内，需要防止交通噪声对周围环境产生严重影响的区域，包括 4a 类和 4b 类两种类型。4a 类为高速公路、一级公路、二级公路、城市快速路、城市主干路、城市次干路、城市轨道交通（地面段）、内河航道两侧区域；4b 类为铁路干线两侧区域。

如表 2.14 所示为环境噪声限值。

表 2.14　环境噪声限值　　　　　　　　　　单位：dB

声环境功能区类别		时　　段	
		昼　间	夜　间
0 类		50	40
1 类		55	45
2 类		60	50
3 类		65	55
4 类	4a 类	70	55
	4b 类	70	60

（二）环境噪声排放标准

1. 《工业企业厂界环境噪声排放标准（GB 12348—2008）》

《工业企业厂界环境噪声排放标准》适用于工业企业和固定设备厂界环境噪声排放的管理，同时也适用于机关、事业单位、团体等对外环境排放噪声的单位。鉴于一些工业生产活动中使用的固定设备可能是独立分散的，标准规定各种产生噪声的固定设备的厂界为其实际占地的边界。如表 2.15 所示。

表 2.15　工业企业厂界噪声（频率噪声）限值　　　　　　单位：dB

厂界外声环境功能类别 / 时段	昼　间	夜　间
0	50	40
1	55	45
2	60	50
3	65	55
4	70	55

2. 《社会生活环境噪声排放标准（GB 22337—2008）》

《社会生活环境噪声排放标准》针对营业性文化娱乐场所和商业经营活动中可能产生环境噪声污染的设备、设施，规定了边界噪声排放限值执行《工业企业厂界环境噪声排放标准（GB 12348—2008）》。《社会生活环境噪声排放标准》并不覆盖所有的社会生活噪声源，例如建筑物配套的服务设施产生的噪声，街道、广场等公共活动场所噪声，家庭装修等邻里噪声等均不适用该标准。

3. 《建筑施工厂界噪声限值（GB 12523—1990）》

《建筑施工厂界噪声限值》适用于城市建筑施工期间场地产生的噪声。噪声值是指与敏感区域相应的建筑施工场地边界线处的限值。具体限值如表 2.16 所示。

表 2.16 不同施工阶段作业噪声限值

施工阶段	主要噪声源	噪声限值/dB（A）	
		昼间	夜间
土石方	推土机、挖掘机、装载机等	75	55
打桩	各种打桩机等	85	禁止施工
结构	混凝土搅拌机、振捣棒、电锯等	70	55
装修	吊车、升降机等	65	55

如有几个施工阶段同时进行，以高噪声阶段的限值为准。

三、环境噪声污染的监察和治理

（一）工业环境噪声污染监察和治理

1. 监察和治理的法律依据

《环境噪声污染防治法》规定：产生环境噪声污染的企业事业单位，必须保持防治环境噪声污染的设施的正常使用；拆除或者闲置环境噪声污染防治设施的，必须事先报经所在地的县级以上地方人民政府环境保护行政主管部门批准。在城市范围内向周围生活环境排放工业噪声的，应当符合国家规定的工业企业厂界环境噪声排放标准。产生环境噪声污染的工业企业，应当采取有效措施，减轻噪声对周围生活环境的影响。

2. 监察和治理要点

1）噪声源的检查和防护

首先，检查产生噪声的设备是否为国家禁止生产、销售、进口、使用的淘汰产品。如许多老式风机，由于能耗高，噪声大，可达 100dB 以上，已被命令禁止使用。

其次，检查产生噪声设备的管理和维修。一些设备在运行一段时间之后，由于机械力的作用，会产生位移、偏心、固定不稳等现象，产生额外的噪声和振动，加剧噪声值，超过原来工程设计与申报的噪声值。在监察中要督促企业加强设备的管理和维护，及时更换磨损部件，降低噪声。

2）噪声传播途径的检查和防护

检查产生噪声的设备的布局是否合理。很多情况下，企业噪声对环境的影响是由于产生噪声设备过于接近厂界造成的。有些企业厂界外围就是居住区，机械设备的工作噪声一般会超过 80dB，必然会严重影响附近居民生活。

其次，检查噪声控制设备是否完好，是否按要求正常使用。噪声控制设备常见的有隔声罩、隔声门窗、消声器、隔振器及阻尼等。设备加装防噪装置后会给设备的操作带来一些不便，如安装隔声罩后，在维修机器时就需要将隔声罩拆开，未及时将隔声罩装上。隔声门窗的安装会使室内空气流通性下降，室温也会有所升高，操作工人有时会违法规定将门窗打开，这就失去安装门窗的意义。

3）对环境噪声源受体的保护措施的检查和防护

（1）严格遵守国家规定的工业企业卫生防护距离标准。

（2）合理安排生产时间。有关设备应该避免在中午、夜间等时间段运行。

3. 违法行为及其查处

工业噪声污染排放违法行为及其所承担的法律责任后果，如表 2.17 所示。

表 2.17　工业噪声污染违法行为及查处

序号	违法行为	法律责任
1	建设项目中需要配套建设的环境噪声污染防治设施没有建成或者没有达到国家规定的要求，擅自投入生产或者使用	责令停止生产或者使用，可以并处罚款
2	拒报或者谎报规定的环境噪声排放申报事项	给予警告或者处以罚款
3	未经环境保护行政主管部门批准，擅自拆除或者闲置环境噪声污染防治设施，致使环境噪声排放超过规定标准	责令改正，并处罚款
4	不按照国家规定缴纳超标准排污费	给予警告或者处以罚款
5	对经限期治理逾期未完成治理任务的企业事业单位	依照国家规定加收超标准排污费外，可以根据所造成的危害后果处以罚款，或者责令停业、搬迁、关闭
6	生产、销售、进口禁止生产、销售、进口的设备	由县级以上人民政府经济综合主管部门责令改正；情节严重的，由县级以上人民政府经济综合主管部门提出意见，报请同级人民政府按照国务院规定的权限责令停业、关闭
7	未经当地公安机关批准，进行产生偶发性强烈噪声活动	由公安机关根据不同情节给予警告或者处以罚款
8	拒绝环境保护行政主管部门或者其他依照本法规定行使环境噪声监督管理权的部门、机构现场检查或者在被检查时弄虚作假	由有检查权的部门以根据不同情节，给予警告或者处以罚款

（二）建筑施工环境噪声污染监察和治理

1. 监察和治理的法律依据

《环境噪声污染防治法》规定：在城市市区范围内向周围生活环境排放建筑施工噪声的，应当符合国家规定的建筑施工场界环境噪声排放标准。在城市市区范围内，建筑施工过程中使用机械设备，可能产生环境噪声污染的，施工单位必须在工程开工 15 日以前向工程所在地县级以上地方人民政府环境保护行政主管部门申报该工程的项目名称、施工场所和期限、可能产生的环境噪声值以及所采取的环境噪声污染防治措施的情况。在城市市区噪声敏感建筑物集中区域内，禁止夜间进行产生环境噪声污染的建筑施工作业，但抢修、抢险作业和因生产工艺上要求或者特殊需要必须连续作业的除外。

2. 监察和治理要点

施工过程的噪声的产生是不可避免的，可以采取下列措施减轻影响。这些措施都需要通过监察来督促施工企业实施。

(1) 采用低噪声设备和施工方法。

(2) 合理设置高噪声施工操作的位置，使其远离敏感区。

(3) 设立隔声墙壁，将高噪声设备与噪声敏感区隔开。

(4) 合理安排施工时间，在中午和夜间停止高噪声施工活动。

3. 违法行为及其查处

建筑施工噪声污染排放违法行为及其所承担的法律责任后果如表 2.18 所示。

表 2.18　建筑施工噪声污染违法行为及查处

序号	违 法 行 为	法 律 责 任
1	在城市市区噪声敏感建筑物集中区域内，夜间进行禁止进行的产生环境噪声污染的建筑施工作业	责令改正，可以并处罚款
2	机动车辆、机动船舶、铁路机车不按照规定使用声响装置	机动车辆由当地公安机关根据不同情节给予警告或者处以罚款；机动船舶由港务监督机构根据不同情节给予警告或者处以罚款；铁路机车由铁路主管部门对有关责任人员给予行政处分
3	未经环境保护行政主管部门批准，擅自拆除或者闲置环境噪声污染防治设施，致使环境噪声排放超过规定标准	责令改正，并处罚款
4	不按照国家规定缴纳超标准排污费	给予警告或者处以罚款
5	对经限期治理逾期未完成治理任务的企业事业单位	依照国家规定加收超标准排污费外，可以根据所造成的危害后果处以罚款，或者责令停业、搬迁、关闭
6	生产、销售、进口禁止生产、销售、进口的设备	由县级以上人民政府经济综合主管部门责令改正；情节严重的，由县级以上人民政府经济综合主管部门提出意见，报请同级人民政府按照国务院规定的权限责令停业、关闭
7	未经当地公安机关批准，进行产生偶发性强烈噪声活动	由公安机关根据不同情节给予警告或者处以罚款
8	拒绝环境保护行政主管部门或者其他依照本法规定行使环境噪声监督管理权的部门、机构现场检查或者在被检查时弄虚作假	给予警告或者处以罚款

(三) 社会生活环境噪声污染监察和治理

1. 监察和治理的法律依据

《环境噪声污染防治法》规定：新建营业性文化娱乐场所的边界噪声必须符合国家规定的环境噪声排放标准；不符合国家规定的环境噪声排放标准的，文化行政主管部门不得核发文化经营许可证，工商行政管理部门不得核发营业执照。经营中的文化娱乐场所，其经营管理者必须采取有效措施，使其边界噪声不超过国家规定的环境噪声排放标准。禁止在商业经营活动中使用高音广播喇叭或者采用其他发出高噪声的方法招揽顾客。在商业经营活动中使用空调器、冷却塔等可能产生环境噪声污染的设备、设施的，其经营管理者应当采取措施，使其边界噪声不超过国家规定的环境噪声排放标准。在已竣工交付使用的住宅楼进行室内装修活动，应当限制作业时间，并采取其他有效措施，以减轻、避免对周围居民造成环境噪声污染。

社会生活噪声污染是群众反映最强烈的环境问题之一。为保障群众有一个良好的生活环境，国家环保总局、公安部、国家工商总局于 1999 年 6 月联合发布《关于加强社会生活噪声污染管理的通知》，对加强社会生活噪声污染的管理做了进一步明确的规定。

2. 违法行为及其查处

社会生活噪声污染排放违法行为及其所承担的法律责任后果见表 2.19。

表 2.19　社会生活噪声污染违法行为及查处

序号	违法行为	法律责任
1	在城市市区噪声敏感建筑物集中区域内使用高音广播喇叭	公安机关给予警告，可以并处罚款
2	违反当地公安机关的规定，在城市市区街道、广场、公园等公共场所组织娱乐、集会等活动，使用音响器材，产生干扰周围生活环境的过大音量	
3	未采取措施，从家庭室内发出严重干扰周围居民生活的环境噪声	
4	经营中的文化娱乐场所，在商业经营活动中使用空调器、冷却塔等可能产生环境噪声污染的设备、设施的，造成环境噪声污染	由县级以上地方人民政府环境保护行政主管部门责令改正，可以并处罚款
5	在商业经营活动中使用高音广播喇叭或者采用其他发出高噪声的方法招揽顾客，造成环境噪声污染	由公安机关责令改正，可以并处罚款

（四）高考期间环境噪声污染的监察

国家环保总局先后下发《关于加强社会生活噪声污染管理的通知》、《关于在高考期间加强环境噪声污染现场监督管理的通知》、《关于在高考期间加强环境噪声污染监督管理的通知》、《关于继续做好中高考期间噪声污染控制和现场监督检查的通知》等文件，对高考期间环境噪声污染的监督管理做出了明确的规定。

（1）各级环境监察机构在高考期间和高考前半个月内要设值班电话，并在当地新闻媒体上公布，除按国家有关环境噪声标准对各类环境噪声源进行严格控制外，对于群众的举报要及时查处，并在 24 小时内将处理结果告知举报人。对于那些影响较大、危害严重的噪声污染事件通过新闻媒体予以曝光。

（2）加强对建筑施工工地、室内装修、营业性娱乐文化场所、室外群众性娱乐活动和其他可能产生噪声污染的场所的晚间和夜间巡查，保证每一个可能产生噪声污染的场所处于有效的监督之下，发现噪声扰民行为要坚决制止，对违反规定的行为要依法从严处罚。

（3）派专人加强对距离学校 100m 范围内的建筑施工作业、各种高音广播喇叭等的现场监督，坚决制止环境噪声污染行为。

（4）积极配合当地公安部门，严格加强对禁鸣区域路段的机动车辆喇叭噪声污染的管理，配合当地公安部门严肃处理违规行为。

第六节　其他污染源的环境监察

一、建筑施工现场环境监察

（一）建筑施工现场环境影响的特点

（1）建筑施工产生的环境问题多且杂。建筑施工既产生环境污染问题，还有可能造成生态环境破坏。所产生的污染问题包括废水污染排放、大气扬尘污染、施工机械噪声污染和产生大量的建筑垃圾。生态破坏方面包括地表植被的破坏，地下水的污染和破坏等方面。

（2）建筑施工现场污染扰民严重。大部分施工活动都位于人口聚集区，因此，施工噪声、扬尘的污染、渣土的运输和堆放、下雨导致地表径流污染地表水等影响格外突出投诉也很多。严重影响城区环境质量和居民的生活质量。

（二）建筑施工现场环境管理要求

施工现场的环境监察和处罚依据的法律、法规是按照污染源监察，不属于《建设项目环境管理条例》的范畴。

1. 建筑施工排污申报登记

《排污费征收使用管理条例》规定："建制镇以上城市规划区范围内的建筑施工项目的施工单位（建设项目的乙方），如在建筑施工过程中使用建筑机械设备，可能产生环境噪声和其他污染的，施工单位必须在工程开工15日前填写《建设施工排放污染物申报登记统计表（试行）》，办理排污申报手续。"根据排污申报登记制度的相关规定，如果建筑施工单位没有进行排污申报，除了责令其补报，还应按规定进行相应处罚。

2. 施工过程的噪声管理

大部分施工活动都位于人口聚集区，因此，施工噪声的影响格外突出。《环境噪声污染防治法》第29条规定："在城市市区范围内，建筑施工过程中使用机械设备，可能产生环境噪声污染的，施工单位必须在工程开工15日前向工程所在地县级以上地方人民政府环境保护行政主管部门申报该工程的项目名称、施工场所和期限、可能产生的环境噪声值以及所采取的环境噪声污染防治措施的情况。"施工过程噪声的产生是不可避免的，要减少影响可采取以下措施：设立隔声墙壁，将高噪设备与噪声敏感区隔开；合理设置高噪声施工操作位置，使其远离敏感区；合理安排施工时间，在中午和夜间停止高噪声施工活动；采用低噪声设备或施工方法等。这些都需要通过监察来督促施工企业实施。施工噪声引起的扰民纠纷最常见，许多工地就在居民楼附近，要严格限制施工的时间。如接到居民举报，应立即检查、处罚。

3. 施工过程的渣土和扬尘管理

要加强施工过程的垃圾管理，要严格控制渣土堆放，检查输运建筑垃圾时散落渣土，这是城市扬尘产生的重要原因。《大气污染防治法》要求运输、装卸、贮存能散发有毒有害气体或粉尘物质的，必须采取密闭措施或其他防护措施。在城市市区进行建设施工或者从事其他产生扬尘活动的单位，必须按照当地环境保护的规定，采取防止烟尘污染的措施。施工过程产生的垃圾主要有：挖掘地基产生的沙石，对场地上的原有建筑进行拆毁作业产生的砖石及其废料，施工中废弃的原材料等。这些建筑垃圾必须及时清运，路面的散落渣土必须及时清理，否则在干燥气候条件下，经汽车碾压，极易产生扬尘，在雨季则易产生渗漏废水污染。同时还要监督其清运工具，运输中的粉尘及垃圾的处置方法是否符合要求。所选择的处置场必须经环保部门及有关部门批准，并按固体废物防治法的要求采取相应的措施。

4. 建筑装修有害气体的检查

许多小型改建项目建筑装潢使用大量化学建材和油漆涂料。这些建筑项目基本处于闹市和居民区，大量对人体有害的挥发性化学气体，常引起许多民事纠纷。但是喷涂作业无组织排放还没有相应的标准，国家有关部门正在制定有关标准。

5. 地面植被等恢复监督

许多建筑工地在施工结束后，很长时间不能恢复建筑周围被破坏的绿地，不仅严重影响环境卫生，而且是城市产生扬尘的主要来源。应督促有关部门限期采取措施恢复绿地，加强建设施工后期管理，扩大地面铺装面积，控制渣土堆放和清运措施，减少市区裸露地面和地面尘土，防治扬尘污染。《大气污染防治法》要求国务院有关行政主管部门应将城市扬尘污染的控制状况作为城市环境综合整治考核的依据之一。

（三）建筑施工现场环境监察工作要点

（1）收集资料，了解项目基本情况。建筑施工现场环境监察应收集在建项目的有关资料，包括项目的基本情况，施工企业的设备、生产方式和拟采取施工现场的环境管理计划，施工过程的排污规律，防治措施等。

（2）制定现场环境监察计划。一般是根据项目及施工方法，按照施工单位施工的进度计划及排污行业，确定不同时间检查的重点项目和检查方式、方法。例如，初期主要检查对植被、景观的保护措施，对保持环境卫生采取的措施等；施工中主要检查噪声、排水、扬尘防护以及建筑垃圾清运及处置情况；后期检查环境恢复情况等。

（3）现场监察。要了解在建项目的地点、工期、资料，是否通过环评，施工现场、生产方式、现场周围环境影响，施工过程的排污规律，防治措施施工现场的环境管理等情况是否落实，是否有扰民的情形。

（4）总结归档。编写总结报告，对查处过程中的相关资料、文字材料及音像资料，及时分类归档。

二、饮食、娱乐服务企业环境监察

（一）饮食、娱乐服务业的环境监察的范围与特点

饮食、娱乐服务企业一般也称"三产"，主要是分布在商业区和生活区的浴池、酒楼饭店、美发美容厅、音像门市部、各种修理店、饮食烧烤摊等。这类企业具有以下特点：

（1）"三产"数量多，规模小，与生活居住区混杂，尽管排污总量小、强度低，但由于紧邻居民住宅，扰民影响大，纠纷多。因此，油烟污染、噪声污染、热污染、环境卫生差等环境问题已成为城市环境的一大公害，许多店铺很小只有一两个人经营，露天饮食摊点更是星罗棋布，难以计数，使各地环境监察防不胜防，也是城市环境投诉数量最多、环境监察最难处理的环境问题。

（2）"三产"大多存在着选址不当、设施简陋、缺乏污染治理设、扰民纠纷多等问题，特别是一些饮食业的污水、油烟、异味和燃煤锅炉的烟尘，娱乐业产生的噪声，食品加工业产生的振动、噪声，饭店业产生的空调噪声和热污染等，严重影响了周围居民的正常生活、工作和学习。

（3）有效实施"三产"环境监察困难大。首先环保法律法规对这些行业规定不具体，也不明确，管理、处罚依据模糊；许多"三产"的排污量不仅与经营规模有关，还与经营状况紧密相关，难以监测和核算，难以采用同一标准；经营"三产"的法人多为个体经营者，法律意识极为淡漠，常出现抗拒执法的行为，环境监察的执法权限常常无法阻止他们的环境违法行为。

（二）饮食、娱乐服务业环境监察的要点

首先要明确，企业不论大小、类型、所属关系，只要向环境排污，就必须遵守环境保护法规，这其中也包括个体工商户的排污行为，这是《环境保护法》明确规定的，其他单项环保法规也有相应的规定，监察的法规依据是十分清楚的。监察中所依据的标准也同样有依据，一般是按照服务企业所处的功能区进行归类管理。原国家环境保护局就曾对歌舞厅等娱乐场所噪声超标收费问题依法给予了肯定的解释。

（1）落实"三产"的排污申报登记制度，逐渐使"三产"的环境管理纳入制度化。落实服务业排污申报登记制度。排污申报登记是环境保护法规定的，是任何排污单位都必须履行的义务，但许多地区忽视了对服务业的排污申报登记，对此必须予以重申和落实。

（2）达到一定规模的"三产"新建、扩建、改建项目，一定要落实环评和"三同时"制度，以免产生扰民纠纷。对此，国家环境保护总局于《关于兴建饮食娱乐服务设施应当执行环境影响评价制度的复函》中已有明确规定。

（3）严格执行相关管理规章制度。国家环境保护局、工商局于 1995 年 2 月 21 日发布的《关于加强饮食娱乐服务企业环境管理的通知》规定：饮食业必须设置收集油烟、异味的装置，并通过专门的烟囱排放；燃煤锅炉必须使用型煤或其他清洁燃料，燃煤的炉灶必须配装除尘器，禁止原煤散烧，排放的烟尘应达到国家和地方的排放标准；居民

楼内，不得兴办产生噪声的娱乐场点、机动车修配厂及超标排放噪声的加工厂，在城镇人口集中区内兴办以上场所，必须采取相应的隔声措施，并限制夜间经营时间，达到规定的噪声标准；宾馆、饭店和商业等经营场所安装的空调产生噪声和热污染的，经营单位应采取措施防治；禁止在居民区内兴办产生恶臭、异味的修理业、加工业的服务企业；严格限制在无排水管网处兴办产生和排放污水的饮食服务业。

由于饮食油烟污染扰民问题，已经成为城市居民环保投诉的热点之一。为了贯彻新修订的《大气污染防治法》，进一步加强对饮食业油烟污染防治的监督管理，原国家环境保护总局于 2000 年 9 月 30 日颁发《关于加强饮食业油烟污染防治监督管理的通知》规定：环境监察部门应将防治饮食业油烟污染监督管理纳入正常的环境管理范围；严格执行"三同时"制度，将饮食业纳入强制管理范围；对饮食业执行排污申报登记，将群众反映强烈、居民集中的严重污染单位列入限期治理名单；应组织有关监测单位对油烟净化设备进行检测；对阻挠饮食业油烟治理工作，干扰市场公平竞争的行为，发动新闻媒体及社会各界进行监督，对违反市场经济规范的行为予以曝光。

三、核安全的环境监察

(一) 核辐射安全的概念

1. 核辐射污染的定义

核辐射污染即放射性污染，是指由于人类活动造成物料、人体、场所、环境介质表面或者内部出现超过国家标准的放射性物质或者射线。随着放射性物质在现代社会中越来越广泛的应用，人们越来越关心核安全问题。特别是 2011 年日本福岛核电站事故发生后，核安全问题引起世界各国的关注和重视。核安全问题主要涉及核反应堆和核电站的事故等，一般的有放射性物质和各种核设施的安全管理与使用，放射性废物的运输、存贮和处理。

2. 核辐射污染的危害

放射性物质对人体的健康危害是很大的，一次性受到大量的放射线照射可引起死亡，如第二次世界大战期间原子弹的袭击使广岛、长崎成一片废墟。受到较大剂量的放射性辐射后经一定的潜伏期可出现各种组织肿瘤或白血病。辐射线破坏机体的非特异性免疫机制，降低机体的防御能力，易并发感染、缩短寿命。此外放射性辐射还有致畸、致突变作用，在妊娠期间受到照射极易使胚胎死亡或形成畸胎。

(二) 核辐射污染源

核辐射污染源即放射性污染源，主要有以下几个来源：

(1) 核设施。核设施是指核动力厂（核电厂、核热电厂、核供汽供热厂等）和其他反应堆（研究堆、实验堆、临界装置等）；核燃料生产、加工、贮存和后处理设施；放射性废物的处理和处置设施等。

(2) 核技术利用。核技术利用是指密封放射源、非密封放射源和射线装置在医疗、工业、农业、地质调查、科学研究和教学等领域中的使用。放射性核素的使用单位（医院、研究单位、大学实验室等）均可能产生放射性"三废"。核技术研究和放射性核素使用单位均会产生放射性污染物，其中除少量属低放射性废液和废气外，通常可分为 7 种主要形式，即各种污染材料和劳保用品；各种受污染的工具设备；零星低放废液的固化物；供试验用的动物尸体或植物；废弃放射源；含放射性核元素的有机闪烁液；医疗辐射进行透视、照射或使用示踪药物。

（3）铀（钍）矿和伴生放射性矿开发利用。有些矿产资源伴生有放射性物质，在开采、冶炼和排放过程中会产生和排放放射性。所谓伴生放射性矿，是指含有较高水平天然放射性核素浓度的非铀矿（如稀土矿和磷酸盐矿等）、含有放射性物质的建筑材料（如大理石、瓷砖、涂料、水泥等）。

（4）放射性废物。放射性废物是指含有放射性核素或者被放射性核素污染，其浓度或者比活度大于国家确定的清洁解控水平，预期不再使用的废弃物。有些矿石煤渣、尾矿渣和粉煤灰制成的砖或水泥放射性会超标，建成的房屋可能 γ 辐射水平较高，有时氡的含量也会达到对人体有害水平。

（三）核安全监督管理

1. 核安全环境监督管理机构设置

核安全监督是对环境监察新增的一项职责。1998 年，国务院机构调整，在国家环境保护总局增设核安全与辐射环境管理司（对外称国家核安全局），承担了核设施安全，辐射防护和放射性废物的主要监督管理职能。原环境监察稽查处也开始研究强化对核设施的安全运转、放射性防护监督及放射性废物的监督管理。2001 年全国环境保护工作会议的报告中提出："严格核安全和辐射环境监督管理，要切实保证对运行核电厂实施严格、有效的监督……健全放射性污染物的申报登记制度，加强城市放射性废物库的建设，提高管理水平。继续加强对核承压设备的监督管理。""十五"规划中提出："强化核安全核辐射监督管理，建立和完善核安全、辐射防护、放射性废物管理的法规和标准。加强对在建核设施的监督，做好和安全评审与环境影响评审，严格建造过程的现场监督和核承压设备的安全监督管理。加强对核设施放射性废物的安全贮存与处置的监督，完成每省一个放射性废物库建设，做好各省中低放射性废物的收贮和管理。"

《放射性污染防治法》和《放射性同位素与射线装置放射性防护条例》明确规定国务院环境保护行政主管部门对全国放射性污染防治工作依法实施统一监督管理。

按照国家有关规定，核安全和放射性防护环境监察的主要职责如下：

（1）环保部门依法对核设施、一般放射性装置的建设项目进行环境保护管理。环境监察的职责同建设项目环境监察的内容。

（2）依照国家对核设施的环境保护管理规定，在日常监察工作中加强对核设施、一般放射性设施的生产运行状况的环境监察，即对该设施进行守法监察。

（3）生产、销售、使用放射性同位素和射线装置的单位，应申请领取许可证，办理登记手续。转让、进口放射性同位素和射线装置的单位，也应办理有关手续。

（4）核设施运营单位在核设施建造、装料、运行、退役等活动前，必须申请领取核设施建造、运行许可证和办理装料、退役等审批手续。

（5）对于采矿业、建筑业中矿石的放射性进行日常监督检查，防止含高放射性的矿产品及建筑材料进入生活环境。

（6）对于危险货物运输的监察检查中，要特别注意放射性货物的贮放、运输，防止放射性货物的污染，还要求对放射性物质和含放射源的射线装置设置明显的放射性标志。

（7）要求产生有放射性物质的废气、废液、固体废物的单位严格按照环境保护法律法规进行管理。

（8）放射源单位应当建立必要的环境应急预案和应急制度，发生放射源丢失、被盗和放射性污染事故时应向相关部门和环保部门报告。

（9）对工业、农业、科研、军工、医疗、教学等行业的放射性废物的处理处置，要严格管理。一般应妥善处理后，交放射性废物库处置。

（10）一旦发生核污染事故，环境监察人员应当参与事故现场的应急处理工作。并立即向省和国家级环境保护部门报告，在国家和省级核安全部门领导下开展工作。

2. 核安全环境监督管理的法律法规依据

2003年10月1日《中华人民共和国放射性污染防治法》（以下简称《放射性污染防治法》）颁布实施，2005年12月14日《放射性同位素与射线装置放射性防护条例》颁布实施，对核安全监督和放射性防护，国家还有一系列法律规定，如《中华人民共和国民用核设施安全监督管理条例》、《中华人民共和国核材料管理条例》、《核电厂核事故应急管理条例》、《放射环境管理办法》、《城市放射性废物管理办法》等，为核安全监督和放射性防护提供了法律依据。

（四）核安全环境管理的主要内容

核设施营运单位、核技术利用单位、铀（钍）矿和伴生放射性矿开发利用单位负责本单位放射性污染的防治，接受环境保护行政主管部门和其他有关部门的监督管理并依法对其造成的放射性污染承担责任。具体包括以下几方面：

1. 核设施的放射性污染防治

1）严格执行环评审批

《放射性污染防治法》对核设施选址编制的环境影响报告书，报国务院环境保护行政主管部门审查批准；未经批准，有关部门不得办理核设施选址批准文件。

2）严格审批和颁发许可证

核设施营运单位在进行核设施建造、装料、运行、退役前等活动，必须按照国务院有关核设施安全监督管理的规定，申请领取核设施建造、运行许可证和办理装料、退役等审批手续和有关许可证或者批准文件后，方可进行相应的建造、装料、运行、退役等活动。

3）严格执行"三同时"

与核设施相配套的放射性污染防治设施，应当与主体工程同时设计、同时施工、同时投入使用。放射性污染防治设施应当与主体工程同时验收；验收合格的，主体工程方可投入生产或者使用。

4）规划限制区

核动力厂等重要核设施外围地区应当划定规划限制区。规划限制区的划定和管理办法，由国务院规定。核设施营运单位应当建立健全安全保卫制度，加强安全保卫工作，并接受公安部门的监督指导。

5）定期监测报告

核设施营运单位应当对核设施周围环境中所含的放射性核素的种类、浓度以及核设施流出物中的放射性核素总量实施监测，并定期向国务院环境保护行政主管部门和所在地省、自治区、直辖市人民政府环境保护行政主管部门报告监测结果。国务院环境保护行政主管部门负责对核动力厂等重要核设施实施监督性监测，并根据需要对其他核设施的流出物实施监测。

6）核事故场内应急计划

核设施营运单位应当按照核设施的规模和性质制定核事故场内应急计划，做好应急准备。出现核事故应急状态时，核设施营运单位必须立即采取有效的应急措施控制事故，并向核设施主管部门和环境保护行政主管部门、卫生行政部门、公安部门以及其他有关部门报告。

国家建立、健全核事故应急制度。核设施主管部门、环境保护行政主管部门、卫生行政部门、公安部门以及其他有关部门，在本级人民政府的组织领导下，按照各自的职责依法做好核事故应急工作。中国人民解放军和中国人民武装警察部队按照国务院、中央军事委员会的有关规定在核事故应急中实施有效的支援。

7）制定核设施退役计划

核设施的退役费用和放射性废物处置费用应当预提，列入投资概算或者生产成本。核设施的退役费用和放射性废物处置费用的提取和管理办法，由国务院财政部门、价格主管部门会同国务院环境保护行政主管部门、核设施主管部门规定。

2. 核技术利用的放射性污染防治

1）许可证制度

生产、销售、使用放射性同位素和射线装置的单位，应当按照国务院有关放射性同位素与射线装置放射防护的规定申请领取许可证，办理登记手续。生产、销售、使用放射性同位素和加速器、中子发生器以及含放射源的射线装置的单位，应当在申请领取许可证前编制环境影响评价文件，报省、自治区、直辖市人民政府环境保护行政主管部门审查批准；未经批准，有关部门不得颁发许可证。

2）三同时制度

新建、改建、扩建放射工作场所的放射防护设施，应当与主体工程同时设计、同时施工、同时投入使用。放射防护设施应当与主体工程同时验收，验收合格的，主体工程方可投入生产或者使用。

3) 严格存放管理

生产、使用放射性同位素和射线装置的单位，应当按照国务院环境保护行政主管部门的规定对其产生的放射性废物进行收集、包装、贮存。放射性同位素应当单独存放，不得与易燃、易爆、腐蚀性物品等一起存放，其贮存场所应当采取有效的防火、防盗、防射线泄漏的安全防护措施，并指定专人负责保管。贮存、领取、使用、归还放射性同位素时，应当进行登记、检查，做到账物相符。生产、销售、使用、贮存放射源的单位，应当建立健全安全保卫制度，指定专人负责，落实安全责任制，制定必要的事故应急措施。发生放射源丢失、被盗和放射性污染事故时，有关单位和个人必须立即采取应急措施，并向公安部门、卫生行政部门和环境保护行政主管部门报告。公安部门、卫生行政部门和环境保护行政主管部门接到放射源丢失、被盗和放射性污染事故报告后，应当报告本级人民政府，并按照各自的职责立即组织采取有效措施，防止放射性污染蔓延，减少事故损失。当地人民政府应当及时将有关情况告知公众，并做好事故的调查、处理工作。

4) 回收利用管理

生产放射源的单位，应当按照国务院环境保护行政主管部门的规定回收和利用废旧放射源；使用放射源的单位，应当按照国务院环境保护行政主管部门的规定将废旧放射源交回生产放射源的单位或者送交专门从事放射性固体废物贮存、处置的单位。

3. 铀（钍）矿和伴生放射性矿开发利用的放射性污染防治

1) 环评制度和许可证制度

开发利用或者关闭铀（钍）矿的单位，应当在申请领取采矿许可证或者办理退役审批手续前编制环境影响报告书，报国务院环境保护行政主管部门审查批准。开发利用伴生放射性矿的单位，应当在申请领取采矿许可证前编制环境影响报告书，报省级以上人民政府环境保护行政主管部门审查批准。

2) "三同时"制度

与铀（钍）矿和伴生放射性矿开发利用建设项目相配套的放射性污染防治设施，应当与主体工程同时设计、同时施工、同时投入使用。放射性污染防治设施应当与主体工程同时验收；验收合格的，主体工程方可投入生产或者使用。对铀（钍）矿和伴生放射性矿开发利用过程中产生的尾矿，应当建造尾矿库进行贮存、处置；建造的尾矿库应当符合放射性污染防治的要求。

3) 监测报告制度

铀（钍）矿开发利用单位应当对铀（钍）矿的流出物和周围的环境实施监测，并定期向国务院环境保护行政主管部门和所在地省、自治区、直辖市人民政府环境保护行政主管部门报告监测结果。

4) 制定铀（钍）矿退役计划

铀（钍）矿开发利用单位应当制定铀（钍）矿退役计划，铀矿退役费用由国家财政预算安排。

4. 放射性废物管理

1）采取"三化"措施

核设施营运单位、核技术利用单位、铀（钍）矿和伴生放射性矿开发利用单位，应当合理选择和利用原材料，采用先进的生产工艺和设备，尽量减少放射性废物的产生量。

2）许可证制度

产生放射性废气、废液的单位向环境排放符合国家放射性污染防治标准的放射性废气、废液，应当向审批环境影响评价文件的环境保护行政主管部门申请放射性核素排放量，并定期报告排放计量结果。

3）排放行为的管理

向环境排放放射性废气、废液，必须符合国家放射性污染防治标准。产生放射性废液的单位，必须按照国家放射性污染防治标准的要求，对不得向环境排放的放射性废液进行处理或者贮存。产生放射性废液的单位，向环境排放符合国家放射性污染防治标准的放射性废液，必须采用符合国务院环境保护行政主管部门规定的排放方式。禁止利用渗井、渗坑、天然裂隙、溶洞或者国家禁止的其他方式排放放射性废液。

α放射性固体废物和低、中水平放射性固体废物在符合国家规定的区域实行近地表处置，高水平放射性固体废物实行集中的深地质处置。

禁止在内河水域和海洋上处置放射性固体废物。

4）处置行为管理

产生放射性固体废物的单位，应当按照国务院环境保护行政主管部门的规定，对其产生的放射性固体废物进行处理后，送交放射性固体废物处置单位处置，并承担处置费用。

设立专门从事放射性固体废物贮存、处置的单位，必须经国务院环境保护行政主管部门审查批准，取得许可证。禁止未经许可或者不按照许可的有关规定从事贮存和处置放射性固体废物的活动。

禁止将放射性固体废物提供或者委托给无许可证的单位贮存和处置。

禁止将放射性废物和被放射性污染的物品输入中华人民共和国境内或者经中华人民共和国境内转移。

（五）核安全监察及其违法行为的查处

根据《放射性污染防治法》的规定，相关的违法行为和法律后果见表 2.20。

表 2.20 反射性污染违法行为及法律责任

序号	违 法 行 为	法 律 责 任
1	不按照规定报告有关环境监测结果	责令限期改正，可以处 2 万元以下罚款
2	拒绝环境保护行政主管部门和其他有关部门进行现场检查，或者被检查时不如实反映情况和提供必要资料	

续表

序号	违 法 行 为	法 律 责 任
3	未编制环境影响评价文件，或者环境影响评价文件未经环境保护行政主管部门批准，擅自进行建造、运行、生产和使用等活动	责令停止违法行为，限期补办手续或者恢复原状，并处 1 万元以上 20 万元以下罚款
4	未建造放射性污染防治设施、放射防护设施，或者防治防护设施未经验收合格，主体工程即投入生产或者使用	责令停止违法行为，限期改正，并处 5 万元以上 20 万元以下罚款
5	未经许可或者批准，核设施营运单位擅自进行核设施的建造、装料、运行、退役等活动	责令停止违法行为，限期改正，并处 20 万元以上 50 万元以下罚款；构成犯罪的，依法追究刑事责任
6	违反规定生产、销售、使用、转让、进口、贮存放射性同位素和射线装置以及装备有放射性同位素的仪表	责令停止违法行为，限期改正；逾期不改正的，责令停产停业或者吊销许可证；有违法所得的，没收违法所得；违法所得 10 万元以上的，并处违法所得 1 倍以上 5 倍以下罚款；没有违法所得或者违法所得不足 10 万元的，并处 1 万元以上 10 万元以下罚款；构成犯罪的，依法追究刑事责任
7	未建造尾矿库或者不按照放射性污染防治的要求建造尾矿库，贮存、处置铀（钍）矿和伴生放射性矿的尾矿	责令停止违法行为，限期改正，处以 10 万元以上 20 万元以下罚款；构成犯罪的，依法追究刑事责任
7	向环境排放不得排放的放射性废气、废液	责令停止违法行为，限期改正，处以 10 万元以上 20 万元以下罚款；构成犯罪的，依法追究刑事责任
7	不按照规定的方式排放放射性废液，利用渗井、渗坑、天然裂隙、溶洞或者国家禁止的其他方式排放放射性废液	责令停止违法行为，限期改正，处以 10 万元以上 20 万元以下罚款；构成犯罪的，依法追究刑事责任
7	将放射性固体废物提供或者委托给无许可证的单位贮存和处置	责令停止违法行为，限期改正，处以 10 万元以上 20 万元以下罚款；构成犯罪的，依法追究刑事责任
8	不按照规定处理或者贮存不得向环境排放的放射性废液	责令停止违法行为，限期改正，处 1 万元以上 10 万元以下罚款。构成犯罪的，依法追究刑事责任
9	不按照规定设置放射性标识、标志、中文警示说明	责令限期改正；逾期不改正的，责令停产停业，并处 2 万元以上 10 万元以下罚款；构成犯罪的，依法追究刑事责任
9	不按照规定建立健全安全保卫制度和制定事故应急计划或者应急措施	责令限期改正；逾期不改正的，责令停产停业，并处 2 万元以上 10 万元以下罚款；构成犯罪的，依法追究刑事责任
9	不按照规定报告放射源丢失、被盗情况或者放射性污染事故	责令限期改正；逾期不改正的，责令停产停业，并处 2 万元以上 10 万元以下罚款；构成犯罪的，依法追究刑事责任
10	产生放射性固体废物的单位，不按规定对其产生的放射性固体废物进行处置	责令停止违法行为，限期改正；逾期不改正的，指定有处置能力的单位代为处置，所需费用由产生放射性固体废物的单位承担，可以并处 20 万元以下罚款；构成犯罪的，依法追究刑事责任
11	未经许可，擅自从事贮存和处置放射性固体废物活动	责令停产停业或者吊销许可证；有违法所得的，没收违法所得；违法所得 10 万元以上的，并处违法所得 1 倍以上 5 倍以下罚款；没有违法所得或者违法所得不足 10 万元的，并处 5 万元以上 10 万元以下罚款；构成犯罪的，依法追究刑事责任
11	不按照许可的有关规定从事贮存和处置放射性固体废物活动	责令停产停业或者吊销许可证；有违法所得的，没收违法所得；违法所得 10 万元以上的，并处违法所得 1 倍以上 5 倍以下罚款；没有违法所得或者违法所得不足 10 万元的，并处 5 万元以上 10 万元以下罚款；构成犯罪的，依法追究刑事责任
12	向中华人民共和国境内输入放射性废物和被放射性污染的物品，或者经中华人民共和国境内转移放射性废物和被放射性污染的物品	由海关责令退运该放射性废物和被放射性污染的物品，并处 50 万元以上 100 万元以下罚款；构成犯罪的，依法追究刑事责任

四、电磁辐射的环境监察

（一）电磁辐射概念

1. 定义

国家环境保护局 1997 年 3 月 25 日公布的《电磁辐射环境保护管理办法》所称电磁辐射是指以电磁波形式通过空间传播的能量流，且限于非电离辐射，包括信息传递中电磁波发射、工业、科学、医疗应用中的电磁辐射，变压送变电中产生的电磁辐射。

随着无线电通信、广播、电视、雷达、微波炉、理疗设备、高频感应加热设备等利用电磁波为人类服务的工艺设备的发展，电磁辐射对环境的污染也在加重。与核物质一样，电磁波在造福人类的同时也给环境带来了污染，形成电磁辐射污染。

2. 特点

（1）产生热效应：人体 70% 以上是水，水分子受到电磁波辐射后相互摩擦，引起机体升温，从而影响到体内器官的正常工作。热效应可造成人体组织或器官不可恢复的伤害，如眼睛产生白内障。当功率为 1000W 的微波直接照射人时，可在几秒内致人死亡。

（2）产生非热效应：人体的器官和组织都存在微弱的电磁场，它们是稳定和有序的，一旦受到外界电磁场的干扰，处于平衡状态的微弱电磁场产生对人体的非热效应，影响人体健康。

（3）产生累积效应：热效应和非热效应作用于人体后，对人体的伤害尚未来得及自我修复之前，再次受到电磁波辐射的话，其伤害程度就会发生累积，久之会成为永久性病态，危及生命。对于长期接触电磁波辐射的群体，即使功率很小，频率很低，也可能会诱发想不到的病变。

3. 电磁辐射的污染危害

大功率的电磁辐射能量可以作为能源利用，但也有产生危害的不利因素存在，有时会有明显的伤害和破坏作用，甚至引起死亡。电磁辐射的危害有以下各方面：

（1）极高频辐射场可使导弹系统控制失灵，造成电爆管效应提前或滞后；也可使金属器件之间相互碰撞而打火，从而引起火药、可燃油类或气体燃烧或爆炸。

（2）具有很强的信号干扰与破坏作用，可直接影响电子设备、仪器仪表的正常工作，使控制失灵，对通信联络造成意外。当铁路控制信号失误时，会引起机车运行事故。当飞行器指示信号失误时，会引起飞机、导弹或人造卫星的失控。当医院附近的电器产生高频电磁辐射，可干扰脑电图、心电图和血流图设备使之无法正常工作。

（3）高强度的电磁辐射以热效应与非热效率两种方式作用于人体，可能导致机体发生功能障碍和功能紊乱，给人体健康带来危害。

（二）电磁辐射污染源

电磁污染源产生于一些电子设备和电气装置的工作系统。

（1）感应加热设备（如高频淬火、高频焊接、高频熔炼等）工作时产生较强大的电磁感应场和辐射场，造成环境污染。

（2）高频介质加热设备（如塑料热合机、高频干燥处理机、介质加热联动机等）工作时引发的电磁辐射比较严重，对值班人员及附近居民有不良影响。

（3）短波、超短波理疗设备的广泛使用。工业、科研、医疗高频设备等对环境造成污染。

（4）微波加热与发射设备，天线系统的旋转会使周围环境受到较严重的污染。例如广播电视发射设备，主要为各地广播电视的发射台和中转台。

（5）无线电广播与通信在定向工作状态下所造成的污染，其半径可达数千米。通信雷达及导航发射设备通信也可造成污染，包括短波发射台，微波通信站、地面卫星通信站、移动通信站。

（6）交通系统电磁辐射干扰，如电气化铁路、轻轨及电气化铁道、有轨道电车、无轨道电车等。

（7）家用电器电磁辐射，包括计算机、显示器、电视机、微波炉、无线电话等。

（三）电磁辐射的环境管理

根据《电磁辐射环境保护管理办法》的规定，任何从事非电离辐射，包括信息传递中的电磁波发射，工业、科学、医疗应用中的电磁辐射，高压送变电中产生的电磁辐射的活动，或进行伴有该电磁辐射的活动的单位和个人，都必须遵守该办法的规定。

1. 执行环境影响评价制度和"三同时"制度

对于总功率在 200kW 以上的电视发射塔，总功率在 1000kW 以上的广播台、站，跨省级行政区电磁辐射建设项目，国家规定的限额以上电磁辐射建设项目，国务院环境保护行政主管部门负责上述建设项目环境保护申报登记和环境影响报告书的审批，负责对该类项目执行环境保护设施与主体工程同时设计、同时施工、同时投产使用的情况进行检查并负责该类项目的竣工验收。

其余的和豁免水平以上的电磁辐射建设项目，由省级环境保护行政主管部门负责其环境保护申报登记和环境影响报告书的审批，负责对该类项目和设备执行环境保护设施"三同时"制度的情况进行检查并负责竣工验收。

市级环境保护行政主管部门根据省级环境保护行政主管部门的委托，可承担全部或部分任务及本辖区内电磁辐射项目和设备的监督性监测和日常监督管理。

2. 污染事故的报告与处理

因发生事故或其他突然性事件，造成或者可能造成电磁辐射污染事故的单位，必须立即采取措施，及时通报可能受到电磁辐射污染危害的单位和居民，并向当地环境保护行政主管部门和有关部门报告，接受调查处理。

发生电磁辐射污染事件，影响公众的生产或生活质量或对公众健康造成不利影响时，环境保护部门应会同有关部门调查处理。

（四）电磁辐射环境保护行为的奖励与惩罚

根据《电磁辐射环境保护管理办法》的规定，相关的行为和法律后果见表 2.21。

表 2.21　电磁辐射环境保护行为奖励与惩罚

序号	行　为	法律后果
1	在电磁辐射环境保护管理工作中有突出贡献	由环境保护行政主管部门给予表扬和奖励
2	对严格遵守本管理办法，减少电磁辐射对环境污染有突出贡献	
3	对研究、开发和推广电磁辐射污染防治技术有突出贡献	
4	对举报严重违反本管理办法的，经查属实，给予举报者奖励	
5	不按规定办理环境保护申报登记手续，或在申报登记时弄虚作假	由环境保护行政主管部门依照国家有关建设项目环境保护管理的规定，责令其限期改正，并处罚款
6	不按规定进行环境影响评价、编制环境影响报告书（表）	
7	拒绝环保部门现场检查或在被检查时弄虚作假	依据《环境保护法》处以警告或罚款
8	违反规定擅自改变环境影响报告书（表）中所批准的电磁辐射设备的功率	处以 1 万元以下的罚款，有违法所得的，处违法所得 3 倍以下的罚款，但最高不超过 3 万元
9	电磁辐射建设项目和设备的环境保护设施未建成，或者未经验收合格即投入生产使用	责令停止生产或者使用，并处罚款
10	违反规定，造成电磁辐射污染环境事故	有违法所得的，处违法所得 3 倍以下的罚款，但最高不超过 3 万元；没有违法所得的，处 1 万元以下的罚款

五、高等院校、医疗卫生系统、科研单位、检验化验单位的环境监察

目前，在许多大中专院校、医院、科研单位、检验化验单位在进行教学、医疗科研和检验化验工作中使用许多有毒、有害化学品、生物制品、含重金属的物质、放射性废物及检验化验的样品，绝大多数未经任何处理，以固体废物和污水的形式随意抛弃和排放，上述单位的污水大多直接排入下水管道。在目前的环境监督管理中，许多环境监察部门不仅没有征收排污费，而且对其中的有毒有害化学品、重金属、放射性物质也没有进行有效监察，对城市的环境造成极大危害。

首先要明确这些事业单位是属于环境检查和排污收费的对象，他们都应履行环境保护法律法规的各项义务，应对其造成的污染承担相应的法律责任。

各级环境监察部门应对这些单位做一个全面调查，要将其列入环境检查和排污收费的对象，要求所有大中专院校、医院、科研单位、检验化验检测单位应按国家的有关法律法规，进行排污申报登记工作。结合调查情况，对各排污单位排污申报情况进行审核和分析。对一些污染危害或污染隐患大的单位和部门加强日常监察。

环境保护法律法规规定，环境监察管理的对象是一切排污单位。各级环境监察部门要对大中专院校、医院、科研单位、检验化验检测单位进行日常监察，同时为了防止发生污染事故，要对其有毒、有害化学品、生物制品、含重金属的物质、放射性废物及检验化验物质的排放，进行监督管理，有条件的应责令其处理达标之后才可以排放，没有条件的应集中贮存，委托其他有条件处理的单位代其处理。对污染物排放严重超标的单位，要责令其限期整改。对拒不采取措施消除污染隐患且造成污染严重后果的，要依法严厉查处。

对医疗卫生系统的排污单位，要求其废水应进行消毒处理，以减少废水中的微生物污染；还要对产生的固体废物进行集中收集和焚烧，因为这些属于危险废物。

在环境监察中，以上单位所属的化学、物理、生物、电子、放射性、工程机械实验室，有毒有害药品、化学品实验室、化验室，辐射照射部门，药检、医检、物检的检验部门都属于重点检查的部门，应对以上部门可能排放的有毒有害物质进行登记，对其贮存、使用和排放进行检查和监测。

思考与练习题

1. 污染源监察的主要形式有哪些？
2. 污染源监察一般从哪些方面着手？
3. 环境监察部门可以要求被检查的排污单位提供哪些情况和资料？
4. 检查排污单位生产变动情况有何用处？
5. 简述工况调查的内容。
6. 水污染源监察要点有哪些？
7. 简要说明污染防治设施常规监察方法。
8. 哪些行为可以认定为闲置处理设施？
9. 违法排放废水应承担哪些法律责任？
10. 生产工艺废气环境监察的主要内容有哪些？
11. 国家对扬尘污染源的环境管理有哪些规定？
12. 简述砖瓦工业的主要污染。
13. 违法排放废气应承担哪些法律责任？
14. 什么是固体废物？什么是危险废物？
15. 固体废物的管理制度有哪些？危险废物的特殊管理制度有哪些？
16. 固体废物现场监察要点有哪些？
17. 危险废物现场监察要点有哪些？
18. 《固废防治法》明令禁止的行为有哪些？应怎样处罚？
19. 什么是环境噪声？什么是环境噪声污染？二者的区别是什么？
20. 简述环境噪声污染分类。
21. 工业环境噪声污染环境监察要点是什么？
22. 建筑施工环境噪声违法行为有哪些？应该怎样处罚？
23. 建筑施工现场要遵守哪些环境管理要求？
24. 简述饮食、娱乐服务业环境监察的要点。
25. 什么是核辐射污染？核辐射污染源有哪些？
26. 核安全环境管理的主要内容有哪些？
27. 什么是电磁辐射？电磁辐射污染源有哪些？
28. 电磁辐射的环境管理规定有哪些？

第三章　建设项目环境监察

学习目标

通过本章的学习，知道建设项目环境管理的相关法律法规的具体要求，熟悉建设项目环境保护工作特别是现场监察的重要作用和地位。掌握建设项目环境监察的工作程序和工作要点，掌握相关法律法规的选择和具体条款的适用。通过练习制定监察工作中的相关文件和表单，进一步熟悉建设项目环境管理法律法规与现场监察的实施要求和步骤。熟悉和掌握法律法规对限期治理的对象、要求以及做出限期治理决定权限的相关规定，并能应用于实际的环境监察工作。知道排污口规范化整治的意义和具体要求，熟悉排污口规范化整治环境监督日常监察要点。

技能要求

1. 能熟悉和掌握建设项目环境监督管理相关法律、法规、规章依据和相关产业政策的检索方式和查询途径。

2. 掌握建设项目环境监督管理的具体法律制度，能分析具体案情并正确选择和适用相关法律、法规、规章条款和政策规定处理建设项目监察事务。

3. 能制作建设项目环境监察的方案、检查表单和监察报告。

4. 能正确应用相关法律法规，处理限期治理项目环境监察事务。

任务分析

建设项目环境监察是环境监察的一项重要内容，是"控制新污染源，治理老污染源"的重要手段。本章的任务是能熟悉和掌握建设项目环境监督管理相关法律、法规、规章依据和相关产业政策；并选择和运用这些依据和条款，结合具体个案，制作具体建设项目环境监察的方案、检查表单和监察报告。建设项目门类繁多，规模不一，对环境的影响也大不相同。本章选择了制浆造纸建设项目的环境监察为例，对建设项目的监察内容、步骤和方法以及相关文件表单给出示范。注意掌握环境监察的具体内容和方法，练习制作相关文书表单。

限期治理项目和排污口规范化整治的环境监察，主要是了解和熟悉相关法律的不同规定，并在不同的污染领域做出正确的决定。本章以具体的限期治理决定为例，掌握限期治理项目环境监察的要点。

案例导入

案例一：红星造纸公司拟在位于大洪河流域的 A 市近郊工业园内新建生产规模为 15 万 t/a 的化学制纸浆工程，在距离公司 2km，大洪河流域附近建设速生丰产原料林基地。项目组成包括：原料林基地、主体工程（制浆和造纸）、辅助工程（碱回收系统、热电站、化学品制备、空压站、机修、白水回收、堆场及仓库）、公用工程（给水站、污水处理站、配电站、消防站、场内外运输、油库、办公楼及职工生活区）。红星公司年工作时间为 340d，三班四运转制，其主要生产工艺流程如下图：

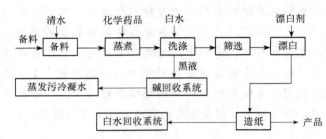

厂址东南方向为大洪河，其纳污段水体功能为一般工业用水及一般景观用水。大洪河自东向西流经 A 市市区。大洪河在公司排污口下游 3km 处有一饮用水源取水口，下游 9km 处为国家森林公园，下游约 18km 处该水体汇入另一较大河流。初步工程分析表明，该项目废水排放量为 2230m³/d。

任务：

1. 按照建设项目环境监察的程序和方法，制作一份现场监察方案。
2. 按照建设项目环境监察的工作内容，制作一份该建设项目现场监察清单。
3. 草拟一份该项目的环境监察报告。

案例二：

关于对××纸业有限公司实施限期治理的决定

×环发 [2010] 48 号

××市环境保护局

××纸业有限公司：

2010 年上半年，环保部华南环保督查中心在对你公司的督查检查时发现，你公司不正常使用污染物处理设施，废水超标排放。你公司的上述环境违法行为被环保部 2010 年于 7 月 6 日通报批评并责令我局进行督办。经查，你公司自 2010 年 1 月 7 日至 6 月 25 日期间，COD 最大排放浓度为 726mg/L（在线监测数据），4 月 15 日监督性监测 COD 排放浓度为 654mg/L，5 月 10 日重点污染源监测 COD 排放浓度为 225mg/L，均为超标排放。经请示市人民政府同意，现对你公司作如下处理决定：

一、根据《中华人民共和国水污染防治法》第73条、第74条之规定，决定对你公司实施限期治理，限期治理期间实施停产整治，期限自本通知送达之日起至2010年12月31日。整治期限内完成整治后，经你公司申请，由我局验收合格并经同意后，方可恢复生产。

二、如你公司逾期未完成治理任务，我局将依据《中华人民共和国水污染防治法》第74条的有关规定，报请市人民政府批准，责令关闭。

2010年7月7日

任务：

1. 分析材料，该限期治理的对象被责令限期治理的理由是什么？

2. 分析材料，限期治理决定书包括哪些要素？

3. 分析材料"经请示市人民政府同意，现对你公司作如下处理决定"，此案中，××市环境保护局的限期治理决定是否必须经过市人民政府同意后才能做决定？什么情况下限期治理由人民政府决定？

第一节　建设项目环境监察

一、建设项目及其管理

（一）建设项目

1. 建设项目概念

建设项目是一个统称，它大体上包括新建、扩建、改建、技术改造的工业项目和非工业开发建设项目。依据《建设项目环境保护管理条例释义》，环境保护工作中所称的"建设项目"是指"中华人民共和国领域内（包括海域）的工业、交通、水利、农林、商业、卫生、文教、科研、旅游、市政、机场等对环境有影响的新建、扩建、改建、技术改造项目，包括区域开发建设项目以及中外合资、中外合作、外商独资等一切建设项目。"

2. 建设项目分类

所有对环境有影响的建设项目均需实施环境保护管理，具体来说，一般分为以下6类：

（1）新兴建的项目（如工厂、矿山、道路、码头、仓库、住房和公共设施）。

（2）扩建和技术改造建设项目。

（3）区域（或）流域开发项目。

（4）生态建设项目。

（5）引进的建设项目（如外来资金独资建设的项目、中外合资项目、中外合作项目）。

（6）军事设施建设项目。

另外，按照工程和设施建设，分为以下四类：基本建设、技术改造、房地产开发（包括开发区建设、新区建设、老区改造）、其他。

（二）建设项目基本建设程序

基本建设程序是对基本建设项目从酝酿、规划到建成投产所经历的整个过程中的各项工作开展先后顺序的规定。它反映工程建设各个阶段之间的内在联系，是从事建设工作的各有关部门和人员都必须遵守的原则。在我国，按照基本建设的技术经济特点及其规律性，规定基本建设程序主要包括如下步骤（图 3.1）。步骤的顺序不能任意颠倒，但可以合理交叉。

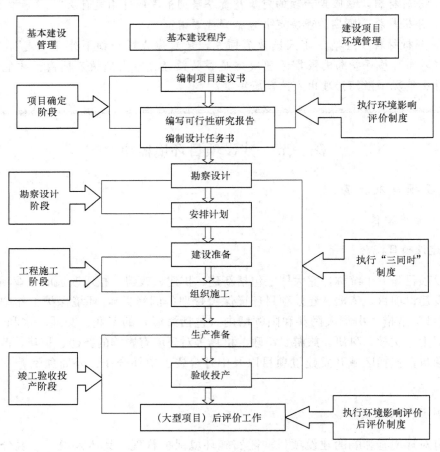

图 3.1 建设项目管理框架图

（1）编制并提请项目建议书。建设单位对建设项目的必要性和可行性进行初步研究，提出拟建项目的轮廓设想，提交国家计划部门审批。

（2）开展可行性研究，获批设计任务书。具体论证和评价项目在技术和经济上是否可行，并对不同方案进行分析比较。设计任务书是计划部门对是否上这个项目、采取什么方案、选择什么建设地点作出决策的正式批复。项目建议书批准文件、可研报告和有关图纸、文件作为设计任务书的附件，由建设单位一并提交计划部门。计划部门经过综合平衡，列入年度基本建设计划。规划部门受理选址申请，根据分级管理权限审查并核发建设项目选址意见书，核定用地位置、并提出规划设计条件。

（3）进行设计规划，获取建设用地规划许可证。从技术和经济上对拟建工程作出详尽规划，即初步设计、施工图设计和技术设计。规划部门受理申请，经审查合格后核发建设用地规划许可证。

（4）落实安排计划，获取建设工程规划许可证。建设单位提交建设项目计划批准或备案文件、土地使用权属证明及其他有关图纸、文件。规划部门受理申请，提出规划设计要求。建设单位提交设计方案、施工图设计方案。规划部门受理申请，经审查合格后核发建设工程规划许可证。城市绿化部门城市工程建设项目附属绿化工程设计方案审查。

（5）进行建设准备，获取建筑工程施工许可证。建设部门审查施工图设计文件（含抗震、墙体材料革新与建筑节能审查），核发建筑工程施工许可证。搞好征地拆迁和"三通一平"（通水、通电、通道路、平整土地），落实施工力量。落实建设资金，组织物资订货和供应，以及其他各项准备工作。

（6）组织施工。准备工作就绪后，提出开工报告，经过批准，即开工兴建；遵循施工程序，按照设计要求和施工技术验收规范，进行施工安装。

（7）生产准备。生产性建设项目开始施工后，及时组织专门力量，有计划有步骤地开展生产准备工作。

（8）验收投产。按照规定的标准和程序，对竣工工程进行验收，编造竣工验收报告和竣工决算，并办理固定资产交付生产使用的手续。

小型建设项目建设程序可以简化。

（三）建设项目环境管理报批程序

我国建设项目环境管理实施基本建设程序相结合的管理方式。在项目各建设阶段，根据项目具体情况实施环境管理。对明确划分各建设阶段的、环保问题较复杂的项目，应按各建设阶段的管理要求实施环境管理（表 3.1）。对环境影响较小的或不明确划分各建设阶段的项目，应在项目可行性研究阶段（或相应的项目核准、办理营业执照或开工等阶段前）报批环境影响评价文件，以及在竣工后申请项目竣工环境保护验收。建设单位向省级环境行政主管部门报批环境影响评价文件、提出试生产（运行）申请、项目竣工环境保护验收申请，应同时将申报文件抄送项目所在地环保部门。

表 3.1　建设项目环境管理和基本建设程序的结合

项目管理阶段		需要编制报批的文件	报批单位	审批（审查）单位
项目确定阶段	项目建议书阶段	项目建议书	建设单位	环保部门：对建议书及简要的环境影响说明进行审查 计划部门：批复项目建议书
	可行性研究阶段	环评文件 计划任务书	建设单位	环保部门：对环评文件进行技术审查和审批；对计划任务书中的环境保护内容审查 计划部门：批复计划任务书

续表

项目管理阶段		需要编制报批的文件	报 批 单 位	审批（审查）单位
规划设计阶段	初步设计阶段	环境保护篇章 申请建设用地规划许可证	建设单位	环保部门：审查环评文件中提出的问题落实情况，设计能否达到环境保护的要求 规划部门：受理审批建设用地规划许可证
	施工图设计阶段	环保设施的设计图纸 申请建设工程规划许可证	建设单位	环保部门：审查环保设施设计图是否完备 规划部门：受理审批建设工程规划许可证
施工阶段		申请建筑工程施工许可证	建设单位	环保部门：会签施工执照 建设部门：颁发建筑工程施工执照
竣工验收阶段	需要试生产的	申请环保设施试运行	建设单位（生产单位）	环保部门：受理并监测、监察、记录试生产运行情况
	不需要试生产的	项目竣工环境保护验收申请 总体工程验收申请	建设单位（生产单位）	环保部门：受理并组织现场验收监察 建设部门：受理并组织总体工程验收

1. 项目建议书制作阶段——提出环境保护初步意见

在项目建议书阶段，项目建设（筹建）单位向省环保局及项目所在地环保部门报告项目的基本情况并提供初步资料。省环保护局在征求下一级项目所在地环保部门意见的基础上，提出环保意见书面答复项目建设（筹建）单位。该意见应纳入上报的项目建议书文件。按投资体制改革要求，核准或备案项目可省略。

2. 项目可行性研究阶段——报批环境影响评价文件

在项目可行性研究阶段（或相应阶段），建设单位向省环保局报批环境影响评价文件，在项目所在地环保部门提出初审意见后，省环保局提出审批意见。对须报批环境影响报告书或环境影响报告表的项目，建设单位应及时委托具有相应环境影响评价资质的机构编制环境影响报告书或环境影响报告表。对须填报环境影响登记表的项目，可由建设单位直接填写。

3. 项目初步设计阶段——落实环境影响评价文件批复的要求

建设项目的初步设计，应当按照环境保护设计规范的要求，编制环境保护篇章，并依据经批准的环境影响报告书（表），在环境保护篇章中落实防治环境污染和生态破坏的措施以及环境保护设施投资概算。

4. 项目施工阶段——落实环境影响评价文件批复的项目施工环境管理方案

环境保护部门负责对项目施工期的环保工作实施监督管理。根据环境影响评价文件批复，在施工期需设立专门的环保监督管理程序的，应按计划要求实施监测、管理。对重大项目和对生态环境影响突出的项目实行施工期环境监理。由建设单位委托具有工程监理资质和环保工程设计或环境影响评价资质的单位，对项目环境保护设施建设、环境保护措施落实情况实行环境监理，环境监理报告作为项目竣工环保验收的重要依据。

5. 项目竣工阶段——检验环境影响评价文件批复要求的实际效果

需要进行试生产（运行）的或省环保局在批复项目环境影响报告书（表）时明确规定须实施项目建成后试生产（运行）申报的项目，建设单位应在项目投入试生产（运行）前向省环保局提出试生产（运行）申请。

建设项目竣工后，建设单位或运行使用单位应向省环保局申请项目竣工环境保护验收；需要进行试生产（运行）的建设项目，建设单位应自投入试生产（运行）之日起 3 个月内（一般要求运行工况稳定，运行负荷达 75％以上），向省环保厅（局）申请项目竣工环境保护验收。

建设项目需要配套建设的环境保护设施经验收合格，该建设项目方可正式投入生产或者使用。

为了适应现代建设项目投资来源多元化的状况，国家按建设项目资金来源决定是否需要审批。国家计划部门（发改委）对建设项目实施审批制、核准制和备案制。根据有关规定：审批制项目应在报送可行性研究报告批准前完成环评报批手续，核准制项目应在提交项目核准申请报告前完成环评报批手续，备案制项目应在办理备案手续后和项目开工前完成环评报批手续。从上述规定可以看出，无论是核准制还是备案制，都必须执行环境影响评价制度。只是在时间上有所区别。对于实施备案制的建设项目，经过国家计划部门备案，确保该项目符合国家的产业政策，生产工艺符合国家要求，属于国家允许建设之项目。

二、建设项目环境管理内容

在我国，社会和经济的发展在很大程度上是依靠建设项目来实现的。对建设项目实施环境管理，从项目决策、设计、施工、竣工投产几个阶段，对拟建项目可能对环境造成的环境影响进行预防，是防止新污染源产生的关键，是我国环境保护"预防为主"指导方针的集中体现，是实践科学发展观的具体举措之一，其具体内容集中体现在《中华人民共和国环境影响评价法》（以下简称《环境影响评价法》）和《建设项目环境保护管理条例》这两个规范性文件中。具体来说，就是执行建设项目的环境影响评价制度和建设项目"三同时"制度。

（一）环境影响评价制度

1. 建设项目的环境影响评价分类管理

由于建设项目门类繁多，规模不一，对环境的影响也大不相同。如果按一个标准要求，一方面将会增加许多不必要的工作量，另一方会给建设单位造成负担，影响他们遵纪守法的积极性。国家根据建设项目对环境的影响程度，对建设项目的环境影响评价实行分类管理。《环境影响评价法》规定：建设单位应当按照规定组织编制环境影响报告书、环境影响报告表或者填报环境影响登记表：

（1）可能造成重大环境影响的，应当编制环境影响报告书，对产生的环境影响进行全面评价。

（2）可能造成轻度环境影响的，应当编制环境影响报告表，对产生的环境影响进行分析或者专项评价。

（3）对环境影响很小、不需要进行环境影响评价的，应当填报环境影响登记表。

环境影响报告书、环境影响报告表和环境影响登记表统称环境影响评价文件。

《建设项目环境影响评价分类管理名录》由国务院环境保护行政主管部门制定并公布。已于 2008 年 8 月 15 日修订通过，自 2008 年 10 月 1 日起施行。

2. 建设项目环境影响评价文件分级审批

凡是建设对环境有影响的项目，不论投资主体、资金来源、项目性质和投资规模，其环境影响评价文件均应按照《建设项目环境影响评价文件分级审批规定》确定分级审批权限（表 3.2）。

表 3.2　建设项目环境影响评价分级审批

分　　级	建设项目类型	检索途径
国家环保部	核设施、绝密工程等特殊性质的建设项目；跨省、自治区、直辖市行政区域的建设项目；由国务院审批或核准的建设项目，由国务院授权有关部门审批或核准的建设项目，由国务院有关部门备案的对环境可能造成重大影响的特殊性质的建设项目	查《环境保护部直接审批环境影响评价文件的建设项目目录（2009 年本）》
省级环保部门	受环境保护部委托审批环境影响评价文件的建设项目	查《环境保护部委托省级环境保护部门审批环境影响评价文件的建设项目目录（2009 年本）》
	有色金属冶炼及矿山开发、钢铁加工、电石、铁合金、焦炭、垃圾焚烧及发电、制浆等对环境可能造成重大影响的建设项目	查地方政府的相关规定（省级环保部门提出的分级审批建议，报省级人民政府批准后实施，并抄报环境保护部）
市级（以上）环保部门	化工、造纸、电镀、印染、酿造、味精、柠檬酸、酶制剂、酵母等污染较重的建设项目	
其他规定	法律和法规关于建设项目环境影响评价文件分级审批管理另有规定的，按照有关规定执行	

1）环境保护部负责审批环境影响评价文件的建设项目

（1）核设施、绝密工程等特殊性质的建设项目。

（2）跨省、自治区、直辖市行政区域的建设项目。

（3）由国务院审批或核准的建设项目，由国务院授权有关部门审批或核准的建设项目，由国务院有关部门备案的对环境可能造成重大影响的特殊性质的建设项目。

环境保护部可以将法定由其负责审批的部分建设项目环境影响评价文件的审批权限，委托给该项目所在地的省级环境保护部门，并应当向社会公告。受委托的省级环境保护部门，应当在委托范围内，以环境保护部的名义审批环境影响评价文件，并不得再委托其他组织或者个人。

环境保护部应当对省级环境保护部门根据委托审批环境影响评价文件的行为负责监督，并对该审批行为的后果承担法律责任。

环境保护部直接审批环境影响评价文件的建设项目的目录、环境保护部委托省级环境保护部门审批环境影响评价文件的建设项目的目录，由环境保护部制定、调整并发布。目前使用和查阅的是《环境保护部直接审批环境影响评价文件的建设项目目录（2009 年本）》及《环境保护部委托省级环境保护部门审批环境影响评价文件的建设项目目录（2009 年本）》。

2）地方环境保护部门负责审批环境影响评价文件的建设项目

依据《建设项目环境影响评价文件分级审批规定》，除由环保部负责审批环境影响评价文件以外的建设项目，其环评文件的审批权限按省、自治区、直辖市人民政府规定。

省级环境保护部门参照"审批权限原则上按照建设项目的审批、核准和备案权限及建设项目对环境的影响性质和程度确定"以及下述原则提出分级审批建议，报省级人民政府批准后实施，并抄报环境保护部。

（1）有色金属冶炼及矿山开发、钢铁加工、电石、铁合金、焦炭、垃圾焚烧及发电、制浆等对环境可能造成重大影响的建设项目环境影响评价文件由省级环境保护部门负责审批。

（2）化工、造纸、电镀、印染、酿造、味精、柠檬酸、酶制剂、酵母等污染较重的建设项目环境影响评价文件由省级或地级市环境保护部门负责审批。

（3）法律和法规关于建设项目环境影响评价文件分级审批管理另有规定的，按照有关规定执行。

3. 环境影响评价公众

《环境影响评价法》明确规定，除国家规定需要保密的情形外，对环境可能造成重大影响、应当编制环境影响报告书的建设项目，建设单位应当在报批建设项目环境影响报告书前，举行论证会、听证会，或者采取其他形式，征求有关单位、专家和公众的意见。国家鼓励公众以合适的方式参与环境影响评价，2006 年，国家环保总局制定并实施了《环境影响评价公众参与暂行办法》，对公开环境信息、征求公众意见、公众参与的组织形式等内容作了具体规定。

（二）"三同时"制度

1."三同时"制度的含义

"三同时"制度是指对环境有影响的一切新建、改建、扩建的基本建设项目，技术改造项目，区域开发项目或自然资源开发项目，其防止污染和生态破坏的设施，必须与主体工程同时设计、同时施工、同时投产使用的制度。所谓"同时设计"，是指项目的初步设计阶段就要有环境保护篇章，施工图设计阶段要有污染防治设施的施工图，而且要经过环保部门的设计审查;"同时施工"是指项目开工后,环境保护工程或者污染防治工程要与主题工程同时安排项目预算、施工计划。保证能与主体工程同时投产或者使用;"同时投产"是指施工完成,污染防治设施要与主体工程同时投入试运行、试生产。经环境保护部门验收后,同时投入生产或者使用。

"三同时"制度的关键环节是"同时投产使用"。"同时设计"是基础,"同时施工"是保障,"同时投产使用"是归宿。

2. 试运行申请和竣工环保验收申请

需要进行试生产(试运转)的项目,在试生产开始前要向环境保护部门提出申请,环保部门认为基本符合开始试生产的条件时,给予批准,建设单位方可开始试生产。试生产期间,环境监察及环境监测同时进行。建设项目竣工环境保护验收是指建设项目竣工后,环境保护行政主管部门依据环境保护验收监测或调查结果,通过现场检查等手段,考核建设项目是否达到环境保护要求。建设项目竣工环境保护验收是建设项目总体竣工验收的组成之一,一般在项目总体竣工验收之前进行。针对不同类型的建设项目,环境保护部门发布了相应的建设项目竣工环境保护验收技术规范(环境保护行业标准),严格验收标准才能达到"不欠新账,多还旧账"的目的。

在试生产(试运转)3个月内,由建设单位向批准其环境影响评价文件的环境保护部门提出试生产验收申请,经环保部门监测,监察合格,才能批准建设单位的试生产验收报告,同意正式投产。对试生产(运行)3个月确实不具备环保验收条件的建设项目,建设单位应当在试生产(运行)的3个月内,向省环保局提出该建设项目环境保护延期验收申请,说明延期验收的理由及拟进行验收的时间。经批准后建设单位方可继续进行试生产(运行)。试生产(运行)的期限最长不超过1年。否则就是该项目尚未达到试生产的条件,应立即停止试生产,继续建设。如果建设单位在1年以后仍然继续以试生产的名义进行生产经营活动,则可以认定为正式投产,应按擅自投产单位予以处罚。对分期建设、分期投入生产或者使用的建设项目,应分期进行环保验收。若建设项目执行由有关管理部门组织总体工程验收程序的,环保验收应在项目总体工程验收之前完成报审。

如图3.2所示为建设竣工验收环境保护验收程序。

(三) 相关产业政策

查《产业结构调整指导目录(××年本)》(最近年份本),建设项目如果不属于其中限制类和淘汰类的项目,则符合产业政策要求,属于国家允许建设的项目。

(四) 制度在执行中存在的问题

(1) 建设项目环境管理漏管、漏批。

(2) 环保行政主管部门的环境管理存在不依法行政和执法不严的现象("先上车,后买票",违规审批、越权审批)。

(3) 重审批、轻"三同时"管理。不及时验收和验收时马马虎虎。

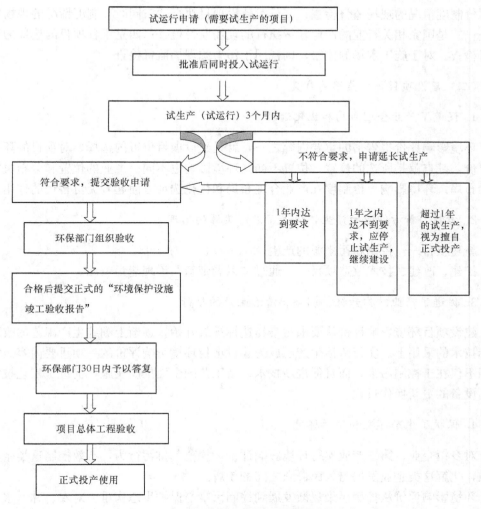

图 3.2　建设项目竣工验收环境保护验收程序

（4）环境管理队伍、环评技术队伍、环境监察队伍能力亟待提高。环境监察人员对建设项目环境管理的意义认识不足，对建设项目不能积极查处，不能认真检查监督，"三同时"制度执行率不高。

（5）违法成本低、守法成本高的问题尚未解决。

三、建设项目环境监察

（一）建设项目环境监察的概念

对建设项目执行环境影响评价制度和"三同时"制度的执行情况进行现场监察，是环境监察部门的一项重要工作职责。环境监察机构在建设项目建设过程中要不断对该项目进行检查，具体落实环境管理各项措施，及时发现建设单位或者施工单位的环境违法行为并予以处理处置。具体工作内容主要包括以下四方面：一是对建设项目执行环境影响评价制度情况的现场监督检查；二是对建设项目执行"三同时"制度情况的现场监督检查；三是国家相关行业的产业政策执行的现场监督检查；四是工程项目的选址的现场监督检查。对于施工现场的监察，则视同于污染源现场监督检查。

（二）建设项目环境监察的意义

1. 促进了产业合理布局和优化选址

环境影响评价报告书的重要内容之一，就是建设项目位置的选择。对项目的环境影响评价，基点就是所选的位置。位置不同，环境影响也不同。产业的位置和分布决定产业的布局。环境影响评价制度在产业合理布局和优化选址方面起着无可替代的作用。

2. 控制了新污染源的产生，促进了老污染源的治理

新建项目——控制新污染源的产生。
扩建、改建、技术改造项目——通过"以老带新"治理老污染源。

3. 促进了产业结构升级、调整和清洁生产的推行

建设项目环境影响评价从要求污染物达标排放开始，逐渐上溯到生产工艺的改革和达标技术的采用上。实行清洁生产已成为建设项目环境影响评价的一项重要内容。它的作用不仅在于控制污染，而且促进新技术、新工艺的全面推广实施，促进了工艺技术和产品设备的更新换代过程。

4. 保护了生态环境和生活环境

对乡镇企业、第三产业实行环境影响评价，规范其排污行为，有效控制这类企业的污染，化解这类企业发展与人民群众之间的矛盾。
环境影响评价从控制污染逐渐发展到控制污染与保护生态病重。对农、林、水、公路、铁路及矿山开发、生态环境等非生产性、非污染性项目，加强了生态环境影响评价的内容，对保护生态环境发挥了重要作用。

5. 促进了产业界人士环境意识的提高

建设项目环境影响评价制度的实施，有很大一部分功绩在于它提高了全民的环境意识和法制意识。尤其是产业界，许多人是通过接触环评才认识到环境问题和树立环境保护观念的，甚至一些领导干部也是因履行建设项目环境影响评价程序规定才实质性地思考和认真对待环境保护工作的。这项制度促进了环保意识的提高，对我国国民经济走上可持续发展道路有着深远的影响和重大的意义。

（三）建设项目环境监察的程序

1. 收集相关资料和信息

资料与信息来源有环保系统内部沟通（与建设项目管理科室）、日常现场监察

信息、群众举报。主要包括相关法律法规、规范性文件及各类环保标准；辖区内其他同类型建设项目的基本信息，包括数量、地理位置、基本工艺、生产规模、群众投诉等；拟检查建设项目环境影响评价文件和环评审批文件、"三同时"验收，报告、排污申报登记表、排污费核定及缴纳通知书，以及现场检查历史记录、环境违法问题处理历史记录等基本环境管理信息。统筹安排现场执法需要的调查取证装备、交通设备等。

2. 制订方案和准备现场检查工作文件

根据收集的基础资料和数据，因地制宜，制订监察方案（表 3.3），确定监察重点、步骤、路线。必要时，可联系专家或其他部门配合检查。准备好现场检查清单（表 3.4），以便于检查时能抓住重点，按步骤进行，不遗漏，不重复。

3. 现场检查

听取建设单位的介绍：手续齐全的项目，已投入生产或者使用，监察污染防治设施与主体工程是否同时建成并投入运行；手续齐全的项目，未投入生产或者使用，查污染防治设施与主体工程是否同时施工；无"环评"及"三同时"审批意见的，报告有关主管部门并按规定进行处罚。

施工现场监察执法人员不得少于两人，出示中国环境监察执法证或其他行政执法证件，按制定的监察方案进行现场检查，包括现场查看企业的物耗和能耗相关报表以及生产销售台账、污染治理设施运行台账、企业自行监测记录等相关资料；检查环境影响评价、"三同时"及环保验收的执行情况；检查污染防治设施运行处理及污染物排放情况，自动监控设施建设、运行、联网、验收、比对监测及定期校验情况，应急设施建设及运行情况，做好现场检查记录。

4. 视情处理

情况正常，例行监察；情况异常，视不同情况分别作出处理：属于现场处罚范围的按《现场处罚工作程序》；环境监察机构处罚范围按《环境监察行政处罚基本程序》；超出上述范围则填写《环境监察行政处罚建议书》，上报环境行政主管部门。

发现有环境违法行为的，应进行现场取证，并提出处理处罚建议。违法事实确凿、情节轻微并有法定依据，对企业处于 1000 元以下罚款或警告的，可当场作出处罚决定。发现严重环境污染或其他严重情况，应立即采取措施制止事态发展，减少损失，并向环境保护主管部门报告。并按要求定期复查。

5. 总结归档

编写监察报告，对现场检查过程中的文字材料及视听资料，及时分类归档。

如图 3.3 所示为建设项目环境监察的步骤。

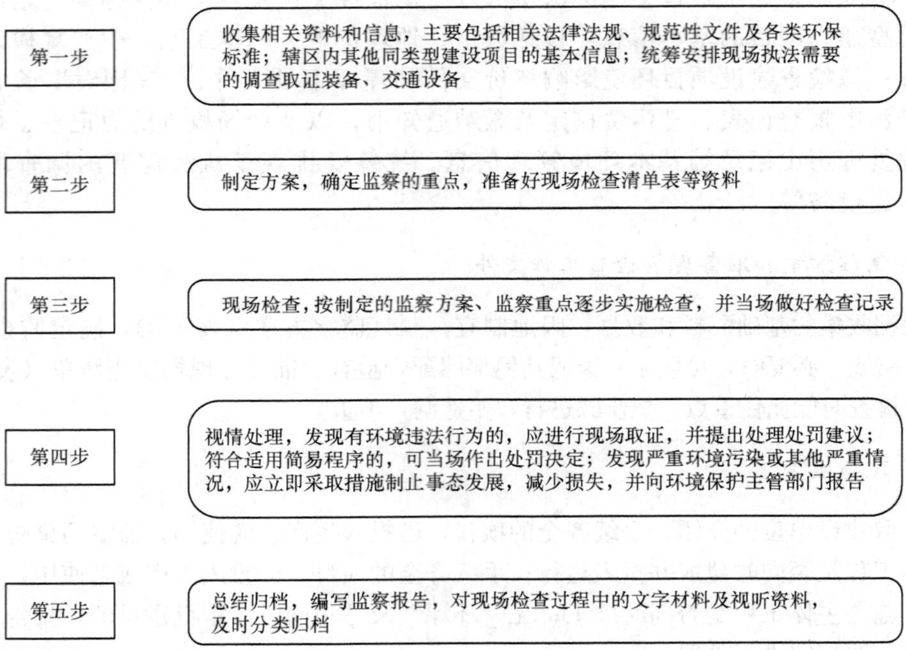

第一步	收集相关资料和信息，主要包括相关法律法规、规范性文件及各类环保标准；辖区内其他同类型建设项目的基本信息；统筹安排现场执法需要的调查取证装备、交通设备
第二步	制定方案，确定监察的重点，准备好现场检查清单表等资料
第三步	现场检查，按制定的监察方案、监察重点逐步实施检查，并当场做好检查记录
第四步	视情处理，发现有环境违法行为的，应进行现场取证，并提出处理处罚建议；符合适用简易程序的，可当场作出处罚决定；发现严重环境污染或其他严重情况，应立即采取措施制止事态发展，减少损失，并向环境保护主管部门报告
第五步	总结归档，编写监察报告，对现场检查过程中的文字材料及视听资料，及时分类归档

图 3.3　建设项目环境监察的步骤

（四）环境监察要点

（1）查辖区内建设项目环境管理漏项、漏批、漏管情况。建立健全制度体系．将管辖区域分片划片，责任到人，明确职责，按照《环境保护违纪违法行为处分暂行规定》追究责任人有关责任。加大违法项目曝光力度，通过多种渠道对未进行环境影响评价和未经环境影响评价审批即开工或者投产、环境保护设施未经验收或者验收不合格即投产使用的项目予以曝光。在新闻媒体上开辟"环境违法企业曝光台"，实施企业环境保护信用等级制度等等。还可以建立有奖举报制度。

（2）查建设项目施工过程中环境管理制度的落实情况。

（3）查试生产和竣工验收时环境管理制度落实情况。

（4）查产业政策的符合性，选址要求的符合性。

（5）查对生态环境有较大影响的建设项目环境管理制度落实情况

（五）建设项目违法行为的查处

依据《环境影响评价法》和《建设项目环境保护管理条例》的有关规定，建设项目环境违法行为的查处由负责审批该建设项目环境影响评价报告书（表）的环境保护主管部门实施（海洋工程的除外）。环境监察部门要把建设项目的违法情况及时报告给环境保护行政主管部门，并在环境保护行政主管部门做出处罚决定后去现场执行。

1. 违反环境影响评价制度的行为及法律后果

（1）未报批、未重新报批、重新审核而擅自开工建设的，责令停止建设，限期补办手续；逾期不补办手续，可处5万元以上20万元以下罚款，对建设单位直接负责的主管人员和其他直接责任人员，依法给予行政处分。

（2）未经批准或者未经重新审核同意，擅自开工建设的，责令停止建设，可处5万元以上20万元以下罚款，对建设单位直接负责的主管人员和其他直接责任人员，依法给予行政处分。

（3）未经环境影响评价，项目审批部门擅自批准的，对直接负责的主管人员和其他直接负责人员，有上级机关或者监察机关依法给予行政处分；构成犯罪的，依法追究刑事责任。

2. 违反"三同时"制度的行为和法律后果

（1）环保设施未与主体工程同时投入试运行的，责令限期改正；逾期不改正的，责令停止试生产。

（2）试生产超过3个月未申请验收的，责令限期办理验收手续；逾期未办理的，责令停止试生产，可处以5万元以下的罚款。

（3）需配套建设的环保设施未建成、未经验收或者经验收不合格，主体工程正式投入生产或者使用的，责令停止生产或者使用，可处10万元以下的罚款。

3. 相关法律规定的适用

（1）当事人的一个违法行为同时违反两个以上环境法律、法规或者规章条款。
根据《中华人民共和国立法法》（以下简称《立法法》）第79条规定：法律的效力高于行政法规、地方性法规、规章。行政法规的效力高于地方性法规、规章。第83条规定：同一机关制定的法律、行政法规、地方性法规、自治条例和单行条例、规章，特别规定与一般规定不一致的，适用特别规定；新的规定与旧的规定不一致的，适用新的规定。也就是通常所说的法律适用按照"从高、从新、从特别法"的原则，选择适用。例如，对于违反环评制度的行为，在《环境影响评价法》和《建设项目环境保护管理条例》中都有相关规定，根据法律适用"从高、从新、从特别法"的原则，应该适用《环境影响评价法》的有关规定进行处罚处理。

（2）当事人的一个违法行为同时违反两个以上环境法律、法规或者规章条款，效力等级相同的，可以适用处罚较重的条款。
综合《环境影响评价法》、《中华人民共和国海洋环境保护法》（以下简称《海洋环境保护法》）和《建设项目环境保护管理条例》的具体责任条款，见表3.3。
如表3.4所示为造纸建设项目现场环境监察单示例。

表 3.3　违反建设项目环境保护法律的行为及法律责任条款

序号	违法行为	触犯的相关条款	责任条款	责任内容
1	建设项目未报批环境影响评价文件	《条例》第6、7、9条 《环评法》第22条	《条例》第24条 《环评法》第31条	责令限期补办手续，已开工的停止建设
2	建设项目未报批环评文件，且不补办手续擅自开工建设的	《条例》第9条 《环评法》第25条	《条例》第6、7、9条 《环评法》第22条	责令停止建设，限期恢复原状，可处5万～20万元罚款，对建设单位直接负责的主管人员和其他责任人员给予行政处罚
3	建设项目的性质、规模、地点或者生产工艺发生重大变化，或环评文件批准已满5年方开工，未重新报批的	《条例》第12条 《环评法》第24条	《条例》第24、25条 《环评法》第31条	责令停止建设，限期补办手续，逾期不补办的可处5万～20万元罚款，对建设单位直接负责的主管人员和其他责任人员给予行政处罚
4	环保设施未与主体工程同时投入试生产的	《条例》第18条	《条例》第26条	责令限期改正，逾期不改正的责令停止试生产，可处5万元以下的罚款
5	试生产超过3个月未申请环保设施验收的	《条例》第21、22条	《条例》第27条	责令限期办理环保设施竣工验收手续，逾期未办理的责令停止试生产，可处5万元以下的罚款
6	环保设施未建成，未验收或者验收不合格，主体工程正式投产使用	《条例》第16、23条	《条例》第28条	由审批该项目环评文件的环保行政主管部门责令停产停用，可处10万元以下的罚款
7	建设项目未作环评或者环评文件未批准，审批部门擅自批准建设的	《环评法》第25条	《环评法》第32条	给直接负责的主管人员和其他直接责任人员给予行政处分，构成犯罪的依法追究刑事责任
8	海洋建设项目未进行环评，未建成环保设施或者环保设施不合格的	《海洋环境保护法》第47条 《环评法》第22条	《海洋环境保护法》第83条 《环评法》第31条	由海洋行政主管部门责令停工、停产或者停用，并处2万～20万元罚款

注：凡是违反环境影响评价制度的行为的查处和责任的追究，适用《环境影响评价法》（表中简称《环评法》），不适用《建设项目环境保护管理条例》（表中简称《条例》）。

表 3.4　造纸建设项目现场环境监察单示例

类　别	内　容	判断依据	是否合规	备注
产业政策		禁止新上项目采用元素氯漂白工艺	是□　否□	
		禁止新、改、扩建低档纸及纸板生产项目	是□　否□	
		新建、扩建制浆项目单条生产线起始规模要求达到：化学木浆年产30万t、化学机械木浆年产10万t、化学竹浆年产10万t、非木浆年产5万t	是□　否□	
		新建、扩建造纸项目单条生产线起始规模要求达到：新闻纸年产30万t、文化用纸年产10万t、箱纸板和白纸板年产30万t、其他纸板项目年产10万t	是□　否□	

续表

类　别	内　容		判断依据	是否合规	备注
选址	环境敏感区判断		禁止在集中式生活饮用水水源地一、二级保护区新建、改建、扩建制浆造纸项目	是□　否□	
			禁止在饮用水水源准保护区内新建、扩建制浆造纸项目，改建项目不得增加排污量	是□　否□	
			禁止在风景名胜区、重要渔业水体和其他具有特殊经济文化价值的水体的保护区内新建排污口	是□　否□	
	卫生防护距离要求：符合已审批的环境影响报告书的要求			是□　否□	
环评制度执行	新建、改建和扩建制浆造纸企业，应依法进行环境影响评价，环评审批手续齐全			是□　否□	
	项目的性质、规模、地点、采用的生产工艺或者防治污染的措施等应与环境影响评价文件及环评审批文件一致。如有重大变更或原环境影响评价文件超过 5 年方开工建设的，应当重新报批环境影响评价文件			是□　否□	
	环境影响评价文件类别：2003 年 1 月 1 日起，制浆造纸项目应编制环境影响报告书			是□　否□	
	环境影响评价文件等级		2003 年 1 月 1 日起，化学制浆项目环境影响评价文件应由地市级以上环境保护主管部门审批	是□　否□	
			2004 年 12 月 2 日起，制浆造纸项目环境影响评价文件应由地市级以上环境保护主管部门审批	是□　否□	
			2009 年 3 月 1 日起，制浆项目环境影响评价文件由省级以上环境保护主管部门审批，造纸项目由地市级以上环境保护主管部门审批	是□　否□	
"三同时"制度执行	污染防治设施和生态保护措施严格按照环评审批文件要求，与主体工程同时设计、同时施工、同时投产使用			是□　否□	
	项目竣工环境保护验收手续齐全，验收意见落实到位			是□　否□	
试生产管理	需要进行试生产的建设项目应当按规定向环境保护主管部门提交试生产申请，并得到环境保护主管部门同意。试生产时间不得超过 3 个月。经有审批权的环境保护主管部门批准，试生产的期限最长不超过一年			是□　否□	

第二节　限期治理项目的环境监察

一、限期治理项目概念

（一）限期治理制度

1. 概念

限期治理制度是指对污染严重的项目、行业和区域，由有关国家机关依法限定其在一定期限内，完成治理任务，达到治理目标的规定的总称。狭义的限期治理包括污染严重的排放源（设施、单位）的限期治理、行业性污染的限期治理和污染严重的某一区域及流域的限期治理。广义的限期治理还包括由开发活动所造成的限期完成更新造林任务、责令限期改正等。治理作为一项环境管理措施，一般针对污染严重的、并有治理资金来源和治理技术保障的污染源。可以实施限期治理的排污者，其排污行为一般表现为污染源的排污设施与污染防治设施不配套而导致环境污染。如应该配套的污染防治设施没有配套，或者该设施的设计、安装或者使用有问题，达不到环境保护要求，造成环境污染。

2. 特点

（1）法律强制性。依照《环境保护法》第 39 条的规定，对经限期治理逾期未完成治理任务的企业事业单位，除依照国家规定加收超标准排污费外，还可根据所造成的危害后果处以罚款，或者责令停业、关闭。

（2）明确的时间要求。它具体规定了完成治理任务的时间，有明确的时间界线，以期限的界线作为承担法律责任的依据之一。

（3）具体的治理任务。体现治理任务的主要衡量尺度是否符合排放标准和是否达到消除或者减轻污染的效果。

（二）限期治理项目

环保限期治理项目是指对污染严重的项目、行业和区域，由有关国家机关依法限定其在一定期限内，完成治理任务，达到治理目标的环保工程。环境保护部门应该按照规定责令相应责任者限期治理。限期治理完成后可以削减污染物的排放量，是"结构减排、工程减排、管理减排"三大污染物减排措施之一。现阶段的限期治理措施一般是利用限期治理工程项目达到污染减排的目的。

二、限期治理项目的环境管理

（一）实施限期治理的法律、法规、政策依据

限期治理始见于 1973 年 8 月召开的第一次全国环境保护会议上审议通过施行的我国第一个环境保护文件——《关于保护和改善环境的若干规定》，成型于 1979 年的《环境保护法（试行）》，确立于 1989 年修改后通过的《环境保护法》，并为水污染防治法以及其他单项环境立法所继承和不断完善。

（1）《环境保护法》分别对限期治理的对象、决定权限和罚则作了原则性的规定：对造成环境严重污染的企业事业单位，限期治理。中央或者省、自治区、直辖市人民政府直接管辖的企业事业单位的限期治理，由省、自治区、直辖市人民政府决定。市、县或者市、县以下人民限期治理政府管辖的企业事业单位的限期治理，由市、县人民政府决定。被限期治理的企业事业单位必须如期完成治理任务。

（2）《大气污染防治法》规定：违反本法规定，向大气排放污染物超过国家和地方

规定排放标准的，应当限期治理，并由所在地县级以上地方人民政府环境保护行政主管部门处 1 万元以上 10 万元以下罚款。限期治理的决定权限和违反限期治理要求的行政处罚由国务院规定。

（3）《海洋环境保护法》规定：对超过污染物排放标准的，或者在规定的期限内未完成污染物排放削减任务的，或者造成海洋环境严重污染损害的，应当限期治理。限期治理按照国务院规定的权限决定。

（4）《环境噪声污染防治法》规定：对于在噪声敏感建筑物集中区域内造成严重环境噪声污染的企业事业单位，限期治理。被限期治理的单位必须按期完成治理任务。限期治理由县级以上人民政府按照国务院规定的权限决定。对小型企业事业单位的限期治理，可以由县级以上人民政府在国务院规定的权限内授权其环境保护行政主管部门决定。

（5）《固体废物污染环境防治法》规定：造成固体废物严重污染环境的，由县级以上人民政府环境保护行政主管部门按照国务院规定的权限决定限期治理；逾期未完成治理任务的，由本级人民政府决定停业或者关闭。

（6）《水污染防治法》规定：违反本法规定，排放水污染物超过国家或者地方规定的水污染物排放标准，或者超过重点水污染物排放总量控制指标的，由县级以上人民政府环境保护主管部门按照权限责令限期治理，处应缴纳排污费数额二倍以上五倍以下的罚款。限期治理期间，由环境保护主管部门责令限制生产、限制排放或者停产整治。限期治理的期限最长不超过一年；逾期未完成治理任务的，报经有批准权的人民政府批准，责令关闭。

（7）《国务院关于环境保护若干问题的决定》规定：现有排污单位超标排放污染物的，由县级以上人民政府或其委托的环境保护行政主管部门依法责令限期治理。限期治理的期限可视不同情况定为 1～3 年；对逾期未完成治理任务的，由县级以上人民政府依法责令其关闭、停业或转产。国家环保部、国家计委、国家经贸委要对重点限期治理项目进行指导、监督、检查。

（8）《国务院关于落实科学发展观加强环境保护的决定》规定：强化限期治理制度，对不能稳定达标或超总量的排污单位实行限期治理，治理期间应予限产、限排，并不得建设增加污染物排放总量的项目；逾期未完成治理任务的，责令其停产整治。

（9）根据修订的《水污染防治法》，《限期治理管理办法（试行）》2009 年 9 月 1 日起实施，该办法对限期治理适用情形、决定权限、治理期限、部门职责以及法律后果，做出了具体、明确的规定，对于进一步规范限期治理工作、提高环境执法能力具有重要意义。通过该办法的贯彻实施，对督促排污单位在限期内治理现有污染源，纠正水污染物处理设施与处理需求不匹配的状况，推动水污染物"工程减排"，将提供强有力的法律保障。

（二）限期治理的对象

1. 限期治理的一般适用对象

综合现有有关环境法律、法规的规定，限期治理的基本适用对象主要为 5 类单位：

（1）污染物排放超标的单位。根据国家和许多地方环境法规的规定，超过污染物排放标准的企业事业单位，属于该制度的基本适用范围。如《环境保护法》规定：在特别保护区域内如风景名胜区、自然保护区等区域内不得建设污染环境的工业生产设施；上述这些区域已建的其他设施，其污染物排放超过规定的排放标准的，限期治理。《大气污染防治法》规定：向大气排放污染物超过国家和地方规定排放标准的，应当限期治理。《水污染防治法》、《海洋环境保护法》也有相关规定。

（2）排放重点污染物超过总量的单位。如《水法实施细则》和《淮河流域水污染防治暂行条例》规定：重点污染物排放量超过总量控制指标的，限期治理。《水污染防治法》规定：排放水污染物超过国家或者地方规定的水污染物排放标准，或者超过重点水污染物排放总量控制指标的，由县级以上人民政府环境保护主管部门按照权限责令限期治理。一些地方性环境法规也有类似规定。

（3）未完成排污削减任务的单位。如《海洋环境保护法》规定：对超过污染物排放标准的，或者在规定的期限内未完成污染物排放削减任务的（总量指标），或者造成海洋环境严重污染损害的，应当限期治理。

（4）不能稳定达标或超总量的排污单位。《国务院关于落实科学发展观加强环境保护的决定》规定：强化限期治理制度，对不能稳定达标或超总量的排污单位实行限期治理。这样将限期治理的对象进一步具体化，更具有针对性。

（5）造成严重污染的单位。这是该制度诞生以来最基本的适用范围。《环境保护法》规定，对环境造成严重的企业事业单位，限期治理。《固废防治法》也作了类似的规定。有关法律还进一步设定了限制条件。如《环境噪声污染防治法》规定：只有对"在噪声敏感建筑物集中区域内造成严重环境噪声污染的企业事业单位"，才能适用限期治理。

关于"严重污染"的判断依据，国家环保局1996年8月23日曾以《关于对经限期治理逾期未完成治理任务的单位进行处罚问题的复函》做过专门解释。该函明确提出了"关于企业事业单位严重污染环境的判断依据"的四项基本指标为：环保部门在判断过程中，应以排污单位排放污染物的超标情况作为主要依据，同时还应综合考虑排污单位所在区域的环境功能及其容量、排污单位排放污染物的特性及其对人体健康和环境造成的危害、排污周围居民对污染的反映及其他有关情况。

2. 限期治理的特殊适用对象

除了作为一般对象的排污"单位"之外，有关法律法规还规定了限期治理的5类特殊对象。这主要是指单位内的排污设施、单位内的单个污染源、排污口、小型单位和个体工商户。

（1）特殊保护区内的排污设施。根据国家有关环境法律和行政法规的规定，在国务院、国务院有关主管部门和省级政府划定的饮用水源保护区、风景名胜区、自然保护区和其他需要特别保护的区域内，已经建成并且排污超标的设施，应当适用限期治理。如《环境保护法》第18条规定。

（2）单个污染源。如《武汉市环境保护条例》第21条规定："对企业事业单位内超过标准排放污染物的单个污染源的限期治理，不致影响该单位全面生产的，可以由环保部门决定。"甘肃、沈阳等地也有类似规定。显然，这些地方法规将"单位"和单位内部不致影响全面生产的"单个污染源"区别开来，更加合理也更具可操作性。

（3）排污口。《水法实施细则》第20条规定：在生活饮用水地表水源一级保护区内已设置的排污口，限期治理。

（4）个体工商户。由于个体工商户不同于一般企业单位，因此河北、新疆等许多地方性环境法规都对污染环境的个体工商户的限期治理做了明确规定。

（5）小型企业事业单位。《环境噪声污染防治法》对小型企业事业单位的限期治理做了规定，南京、广州等许多地方的环境法规也对小型单位做了同样规定。

"小型单位"的判断标准，经国务院同意，国家经贸委、国家计委、财政部、国家统计局2003年2月19日联合发布了《中小企业标准暂行规定》，对工业（包括采矿、制造、电力、燃气）、建筑业、交通运输、批发零售、住宿和餐饮业提出了统一而详细的划分标准。按照该规定，直接影响环境的工业和服务业的相当部分企业，属于"小型企业"，可以由环保部门决定限期治理。

另外，环保部门在建议政府或者自行决定限期治理对象时，还要要注意从以下几方面考虑：第一，该项目的确有限期治理的必要；第二，该项目的限期治理有资金来源；第三，该项目的治理有技术保证。

（三）下达限期治理项目决定的权限

根据上述的法律、法规和政策的规定可知，限期治理的权限目前由以下三种情形并存：

1. 由有管辖权的人民政府决定

依据《环境保护法》规定：对造成环境严重污染的企业事业单位，限期治理。中央或者省、自治区、直辖市人民政府直接管辖的企业事业单位的限期治理，由省、自治区、直辖市人民政府决定。市、县或者市、县以下人民限期治理政府管辖的企业事业单位的限期治理，由市、县人民政府决定。可见，《环境保护法》将限期治理的决定权集中在政府。

《固体废物污染环境防治法》、《大气污染防治法》、《海洋环境保护法》都规定：限期治理的决定权限和违反限期治理要求的行政处罚，由国务院规定。

2. 由人民政府委托的环保部门决定

《国务院关于环境保护若干问题的决定》规定：现有排污单位超标排放污染物的，由县级以上人民政府或其委托的环境保护行政主管部门依法责令限期治理。《环境噪声污染防治法》规定：限期治理由县级以上人民政府按照国务院规定的权限决定。对小型企业事业单位的限期治理，可以由县级以上人民政府在国务院规定的权限内授权其环境保护行政主管部门决定。

3. 由有权的环保部门决定

2005 年 4 月修订的《固体废物污染环境防治法》规定：造成固体废物严重污染环境的，由县级以上人民政府环境保护行政主管部门按照国务院规定的权限决定限期治理。首次将限期治理决定权由人民政府赋予环保行政主管部门。

2008 年 6 月修订的《水污染防治法》规定：排放水污染物超过国家或者地方规定的水污染物排放标准，或者超过重点水污染物排放总量控制指标的，由县级以上人民政府环境保护主管部门按照权限责令限期治理，处应缴纳排污费数额 2 倍以上 5 倍以下的罚款。限期治理期间，由环境保护主管部门责令限制生产、限制排放或者停产整治。

（四）污染源限期治理期间的环境管理要求

限期治理决定下达后，被限期治理的企事业单位必须如期完成治理任务。而且，治理期间应限产、限排，并不得建设增加污染物排放总量的项目；逾期未完成治理任务的，责令其停产整顿。情况严重，丧失治理条件的，有本级人民政府决定停业或者关闭。

三、《限期治理办法（试行）》的主要内容

《限期治理管理办法（试行）》于 2009 年 6 月 11 日环境保护部审议通过，自 2009 年 9 月 1 日起施行。

（一）适用对象

为避免限期治理制度与相关环境法律制度产生冲突、交叉，并在认真分析法律相关条款立法原意的基础上，"办法"将限期治理的适用对象，严格定位于因水污染物处理设施与处理需求"不匹配"导致超标或者超总量的污染源，而不是针对"一般超标超总量"。

对"一般超标超总量"，即因违反其他环境法律制度导致超标或者超总量的，则应依据有关法律、法规处理，不适用限期治理。主要包括四种情形：

（1）因违反"三同时"导致超标超总量的，应根据《水污染防治法》第 71 条责令停止生产或者使用。

（2）因违反试运行阶段"三同时"规定导致超标超总量的，应当根据《建设项目环境保护管理条例》第 26 条责令停止试生产。

（3）因不正常使用水污染物处理设施导致超标超总量的，应当根据《水污染防治法》第 73 条责令限期改正。

（4）因采用国家强制淘汰的设备或者工艺导致超标超总量的，应当根据《水污染防治法》第 77 条移送经济综合宏观调控部门报请政府责令停业、关闭。

（二）限期治理的程序

做出限期治理决定，程序大体上要经过 5 个步骤：

（1）立案调查。环保部门对经现场检查和分析，判断超标或者超总量可能是由水污

染物处理设施与处理需求不匹配原因造成的，应当立案调查。

（2）监测评估。负责立案调查的机构应当通过组织现场监测和专家技术评估，对排污单位水污染物处理设施与处理需求是否匹配做出判断。

（3）事先告知。环保部门拟做出限期治理决定的，应当向排污单位发出《限期治理事先告知书》，告知排污单位有陈述、申辩和申请听证的权利；必要时，可以约谈排污单位的法定代表人。

（4）做出决定。环保部门在综合考虑监测评估结果和排污单位意见基础上，对事实清楚、证据确凿的，做出限期治理决定。

（5）结果处理。环保部门对完成限期治理任务的，解除限期治理；对逾期未完成限期治理任务的，报请有批准权的人民政府责令关闭。

（三）限期治理决定权限

根据《水污染防治法》的明确授权，限期治理决定权限由环保部门行使。国控重点排污单位的限期治理，由省级环保部门决定，报环境保护部备案。省控重点排污单位的限期治理，由市级环保部门决定，报省级环保部门备案。其他排污单位的限期治理，由市级或者县级环保部门决定。

下级环保部门实施限期治理有困难的，可以报请上一级环保部门决定。下级环保部门对依法应予限期治理而不做出限期治理决定的，上级环保部门应当责成下级环保部门依法决定限期治理，或者直接决定限期治理。造成社会影响特别重大，或者有其他特别严重情形的，环境保护部可以直接决定限期治理。

四、限期治理项目的环境监察要点

限期治理决定作出后并不意味着环保部门的监督任务完成了。环保监察机构应该在作出限期治理决定后，立即对其进行监察。履行跟踪检查的责任和义务。

1. 制定跟踪检查方案

环保部门作出限期治理决定后，应当明确监察机构负责跟踪检查的工作，明确负责跟踪联系的工作人员。对排污单位的限期治理方案进行实时监察，督促其按时完成任务。

2. 加强治理期间的督查

在限期治理期间要求排污单位不得超标或者超总量排放污染物。发现排污超标或者超总量的，环保部门应当根据具体情况，责令其限产、限排，直至停产整治。

3. 限期治理验收

限期治理期限届满，环保部门应当及时组织现场核查，并作出核查决定。

4. 解除限期治理后的后督察

经验收合格，被解除限期治理的排污单位，环保部门应当将被解除限期治理的排污单位确定为重点监管对象，并加强监督检查。对被解除限期治理后 12 个月内再次排放水污染物超标或者超总量的排污单位，应当从重处罚。

对逾期未完成限期治理任务的，环保部门可报请有批准权的人民政府责令关闭。

五、对环境限期治理项目违法行为的查处

（一）违法行为的认定要素

1. 逾期

对于限期治理的期限，1996 年 8 月国务院发布了《关于环境保护若干问题的决定》，对超标排污单位的治理期限要求：限期治理的期限可视不同情况定为 1～3 年。新修订的《水污染防治法》规定：水污染限期治理项目的期限不得超过 1 年。

实践中，限期治理的时间普遍为几个月到 1 年不等。总之，限期治理的时间不宜过长，避免污染进一步恶化后导致严重的污染后果。环保部门在决定限期治理的期限时，要是情况而定，既给排污单位整治的机会，又要防止污染危害的进一步扩大。

限期治理项目的期限一般不得延长。特殊情况需要延长时，应报院机关批准。

2. 治理工程未完成

限期治理决定下达后，被限期治理的排污单位自行选择决定具体采用某种工艺、技术或者设备。环境监察部门按照排污单位的治理方案的要求按期验收。治理工程为按预计的方案完成，则被认定为违法行为。

3. 治理工程已完成但环境目标未达到

治理任务可以是达到某一排放标准，也可以是完成一定量的削减指标，还可能是恢复某一环境功能。规定的治理效果考核不达标，则被则被认定为违法行为。

（二）违法行为的处理

根据现有环境法律、法规的规定，逾期未完成限期治理任务的单位，必须承担以下法律责任：责令限量排污、罚款以及被责令停业关闭。

值得注意的是，根据《环境保护法》第 39 条的规定，对逾期未完成治理任务的单位，可以罚款，或者责令停业关闭。可见这两种处罚是选择性的，即原则上应当是二选其一。《固体废物污染环境防治法》第 81 条则规定，逾期未完成治理任务的，由政府决定停业或者关闭。显然，该条规定排除了罚款的适用。

第三节 排污口规范化整治环境监察

排污口的规范化整治主要是指污染物要集中排放，要对排污口的几何形状进行必要的、合理的整治，以方便人工或者自动采样、测流，条件成熟时可方便地安装流量计量

装置，要设置排污口标志。排污口是指污染源的污水排放口、废气排放口、固定噪声污染源和固体废物贮存（处置）场所。

排污口规范化整治是一项强化污染源现场管理、规范排污单位行为和搞好环境监测、环境管理的一项基础工作，它对于落实总量控制目标起着关键的作用。对排污口进行规范化整治，可显著地提高污染物浓度和介质流量监测结果的科学性、可靠性。是实行污染物总量控制等定量化管理措施的基础和保障。

一、排污口规范化整治的依据

根据国家环境保护法律、法规和国家《环境保护图形标志》标准、国家环境保护局《关于开展排污口规范化整治试点工作的通知》精神，国家环保总局于1996年5月发布《排污口规范化整治技术要求（试行）》，1999年1月颁发了《关于开展排放口规范化整治工作的通知》，2000年3月，国务院发布实施的《中华人民共和国水污染防治法实施细则》。该《细则》第11条规定："总量控制实施方案确定的削减污染物排放量的单位，必须按国务院环境保护部门的规定设置排污口，并安装总量控制的监测设备"。第45条还规定："违反本细则第11条规定，未按照规定设置排污口、安装总量控制监测设备的，由环境保护部门责令限期改正，可以处1万元以下罚款。"排污口规范化整治工作才全面开展起来。

二、排污口规范化整治的目的与特点

（一）目的

排污口规范化整治的目的十分明确，主要是为了实现污染物排放的科学化、定量化管理，加大环境执法力度，强化对污染源的日常监督管理，促进排污单位加强经营管理，节约和综合利用资源，减少或控制污染物排放，不断提高城乡环境质量。

（二）特点

（1）具有执法的强制性。

（2）排污口规范化整治具有强制性与统一性相结合的特征。包括立标管理，要严格按照国家颁布的《环境保护图形标志（GB 15562.1—1995）》强制性标准来进行，以实现立标的一致性，并通过各级环保部门的严格执法和强有力的行政干预来达到上述要求。

（3）排污口规范化整治还具有政策性强，技术要求复杂，任务重等特征。由于各排污单位污染源排放口排放污染物种类、数量、浓度、排放方式、排污口地理位置千差万别，形态各异，因而其技术要求复杂是显而易见的。

三、排污口规范化整治的原则

一切向环境排放污染物的排污单位的排放口，均需进行规范化整治。排污口整治要按照"三便于"总体要求来进行，即便于采样品、便于监测计量、便于日常监督检查。

具体应遵循以下基本原则：

（一）以废水排放口整治为主

在辖区内要将排污单位废水排污口规范化作为工作重点。因为废水排污口整治技术比较成熟，较容易开展，同时要兼顾废气、固体废物和噪声排污口（点源）的整治。

（二）以重点污染源为主

将列入国家或地方重点污染源或日排水百吨以上的排污单位作为排污口规范化整治的重点。

（三）以列入总量控制指标的 12 种污染物的排污口为主

总量控制的 12 种主要污染物分别是：烟尘、工业粉尘、二氧化硫、化学耗氧量、石油类、氰化物、砷、汞、铅、镉、六价铬和工业固体废物。对排放上述 12 种总量控制污染物的排放口进行规范整治，充分体现了为实施污染物总量控制服务的目的。

四、排污口规范化整治的工作步骤和内容

排污口规范化整治工作大体上分为调查摸底、排污口规范化、立标建档和日常监督管理 4 个步骤，各步骤具体内容如下：

（一）调查摸底

排污口的调查应结合开展排污申报登记工作，对辖区内每一个排放废水、废气、废渣、噪声等污染源排放口（点）现状进行污染源调查，了解各类排污口的地理位置、排放主要污染物的种类、浓度、数量、排放去向、对周围的环境影响等，做到全面的摸底调查。

（二）规范化设置

按照《污染源监测技术规范》对废水、废气、噪声和固体废物的采样要求，排污口的规范化建设应设置便于计量监测的采样点，应满足今后安装污染源在线监测装置和日常现场监督检查要求，对排污口进行规范化设置。要合理确定排污口规范化整治范围，对日排水百吨以上或重点污染源的排污单位必须进行排污口规范化整治，要上计量装置，以此来真实记录排污单位动态排污状况，同时，要按照《环境保护图形标志》标准，在排污口竖立或悬挂国家统一制作的标志牌，排污单位排污口规范化整治工作完成后，要进行验收，并颁发《规范化排污口标志登记证》，实行排污口立标和登记证配套管理。

（三）立标建档

按照国家标准《环境保护图形标志（GB 15562.1—1995、GB 15562.2—1995）》的要求，由各级环境监察部门在各排污口规定的位置竖立环境保护标志牌，组织填写并颁

发《中华人们共和国规范化排污口标志登记证》，登记证与标志牌配套使用，由各级环保部门签发给排污口所属的单位，完成排污口的立标工作（表 3.5、图 3.4～图 3.9）。登记证的一览表中的标志牌编号、登记卡上的标志牌编号与标志牌辅助标志上的编号相一致。

　　　　　污水 WS—×××××　　　　废气 FQ—×××××

　　　　　噪声 ZS—×××××　　　　固体废物 GF—×××××

　　编号的前两个字母为类别代号，后五位为排放口顺序编号，排放口顺序数字由各地环保部门自行规定。

表 3.5　环境保护图形标志

类　　型	形　　状	背景颜色	图形颜色
警告标志	三角形边框	黄色	黑色
提示标志	正方形边框	绿色	白色

图 3.4　污水排放口标志　　　图 3.5　废气排放口标志　　　图 3.6　噪声排放源标志

图 3.7　一般固体废物　　　图 3.8　一般固体废物堆放场图　　　图 3.9　危险废物堆放场

　　要建立排污单位排污口规范化整治档案。建档内容包括：排污单位名称、排污口性质及编号、排污口的地理位置、排污口排放污染物的类别、数量、浓度、排放去向以及管理部门的监督检查记录。通过建档来掌握排污单位历年排污变更状况及排污口规范化整治情况。

（四）日常监督管理

　　对排污口规范化整治工作完成的单位，监理部门要加强其排污口规范化工作日常监督检查。检查内容包括：排污口污染物排放情况、标示牌、计量设施的完好情况、计量数据是否真实等，并将其计量装置记录结果同该排污单位排污收费紧密地结合起来，实现环境管理的科学化、定量化。

五、排污口规范化设置的方法和技术要求

（一）污水排放口的整治

（1）合理确定污水排放口位置。

（2）按照《污染源监测技术规范》设置采样点。如工厂总排放口、排放一类污染物的车间排放口，污水处理设施的进水和出水口等。

（3）应设置规范的、便于测量流量、流速的测流段。

（4）列入重点整治的污水排放口应安装流量计。

（5）一般污水排污口可安装三角堰、矩形堰、测流槽等测流装置或其他计量装置。

（二）废气排放口的整治

（1）有组织排放的废气。对其排气筒数量、高度和泄漏情况进行整治。

（2）排气筒应设置便于采样、监测的采样口。采样口的设置应符合《污染源监测技术规范》要求。

（3）采样口位置无法满足规范要求的，其监测也位置由当地环境监测部门确认。

（4）无组织排放有毒有害气体的，应加装引风装置，进行收集、处理，并设置采样点。

（三）固体废物贮存、堆放场的整治

（1）一般固体废物应设置专用贮存、堆放场地。易造成二次扬尘的贮存、堆放场地，应采取不定时喷洒等防治措施。

（2）有毒有害固体废物等危险废物，应设置专用堆放场地，并必须有防扬散，防流失，防渗漏等防治措施。

（3）临时性固体废物贮存、堆放场也应根据情况，进行相识整治。

（四）固定噪声源的整治

（1）凡厂界噪声超出功能区环境噪声标准要求的，其噪声源均应进行整治。

（2）根据不同噪声源情况，可采取减振降噪、吸声处理降噪、隔声处理降噪等措施，使其达到功能区标准要求。

（3）在固定噪声源厂界噪声敏感且对外界影响最大处设置该噪声源的监测点。

六、排污口规范化设施的监察要点

规范化整治排污口的有关设施（如标志牌、计量装置等）属于环境保护设施，各地环境保护部门应按有关环境保护设施监督管理规定，加强日常监督管理。各级环境监察机构要把对环境保护图形标志牌的检查作为日常现场监督管理工作的一项重要内容，每年至少要组织一次全面检查。

（1）一切排污单位的污染物排放口（源）和固体废物贮存、处置场，必须实行规范化

整治，按照国家标准《环境保护图形标志（GB 15562.1—1995、GB 15562.2—1995)》的规定，设置与之相适应的环境保护图形标志牌。

（2）开展排放口（源）和固体废物贮存、处置场规范化整治的单位，必须使用由国家环境保护局统一定点制作和监制的环境保护图形标志牌。

（3）环境保护图形标志牌设置位置应距污染物排放口（源）及固体废物贮存（处置）场或采样点较近且醒目处，并能长久保留，其中噪声排放源标志牌应设置在距选定监测点较近且醒目处。设置高度一般为环境保护图形标志牌上缘距离地面 2m。

（4）重点排污单位的污染物排放口（源）或固体废物贮存、处置场，以设置立式标志牌为主；一般排污单位的污染物排放口（源）或固体废物贮存、处置场，可根据情况分别选择设置立式或平面固定式标志牌。

（5）一般性污染物排放口（源）或固体废物贮存、处置场，设置提示性环境保护图形标志牌。排放剧毒、致癌物及对人体有严重危害物质的排放口（源）或危险废物贮存、处置场，设置警告性环境保护图形标志牌。

（6）环境保护图形标志牌的辅助标志上，需要填写的栏目应由环境保护部门统一组织填写，要求字迹工整，字的颜色与标志牌颜色要总体协调。

 思考与练习题

1. 建设项目环境管理程序包括哪几个阶段？
2. 我国建设项目环境管理的内容包括哪些制度？分别是怎样实施的？
3. 简述建设项目环境监察的程序。
4. 简述建设项目环境监察要点。
5. 建设项目环境违法行为有哪些？分别应给予什么样的处罚？
6. 我国现行的环境保护法律法规，限期治理项目的对象包括哪些？
7. 限期治理项目的违法行为如何处罚？
8. 什么是排污口规范化整治？目前排污口规范化整治遵循什么原则？
9. 简述排污口规范化整治的步骤和相关内容。

第四章　生态环境监察

学习目标

通过本章的学习，了解生态环境监察的相关法律法规，熟悉生态环境监察的重要作用和地位。进一步掌握生态环境监察的工作内容和工作要点，掌握相关法律法规的选择和具体条款的适用。通过典型项目类型的监察掌握生态环境监察的要点。

技能要求

1. 能熟悉和掌握生态环境监察的相关法律、法规、规章依据和相关产业政策。
2. 能对生态环境监察的典型项目类型进行现场监察工作。

任务分析

生态环境监察进一步丰富、拓展了环境监察的内涵，是环境监察工作的发展。本章的任务是熟悉和掌握生态环境监察相关法律、法规、规章依据和相关产业政策；并选择和运用这些依据和条款，结合典型项目类型，掌握监察工作的要点，并能按程序进行监察。生态环境监察的项目类型较多，规模不等，对环境的影响也大不相同。本章以水资源利用项目的"河长制"为例，要求掌握生态环境监察的作用和要点，能拟定一份该项目的生态环境监察清单。并能举一反三，熟练运用于其他生态环境监察项目。

案例导入

在治理河流与湖泊的过程中，江苏、云南、河南、河北、湖北、辽宁等地出现了叫做"河长制"、"湖长制"的环境保护制度。它是从河流（湖泊）水质改善领导督办制、环保问责制所衍生出来的水污染治理制度。它有效地落实了地方政府对环境质量负责这一基本法律制度，为区域和流域水环境治理开辟了一条新路。

所谓"河长制"，即由各级党政主要负责人担任"河长"，负责辖区内河流的污染治理。它是江苏省无锡市处理蓝藻事件时的首创。2007 年 8 月 23 日，无锡市委办公室和无锡市人民政府办公室印发了《无锡市河（湖、库、荡、氿）断面水质控制目标及考核办法（试行）》。该文件中明确指出：将河流断面水质的监测结果"纳入各市（县）、区党政主要负责人政绩考核内容"，"各市（县）、区不按期报告或拒报、谎报水质监测结果的，按照有关规定追究责任。"这份文件的出台被认为是无锡推行"河长制"的起源。自此，无锡市党政主要负责人分别担任了 64 条河流的"河长"，真正把治污责任落实到位。2008 年，江苏省政府决定在太湖流域借鉴和推广无锡首创的"河长制"。之后，江苏全省 15 条主要入湖河流已全面实行"双河长制"。每条河由省、市两级领导共同担任"河长"，"双河长"分工合作，协调解决太湖和河道治理的重任，一些地方还设立了市、县、镇、村的四级"河长"管理体系，这些自上而下的"河长"实现了对区域内河流的"无缝覆盖"。"河长"作为"河长制"管理的第一责任人，对所负责河道的水生态、水环境持续改善和断面水质达标负领导责任，牵头组织所管河道综合整治方案的制定、论证和实施，强化横向协调、落实长效管理，对断面水质达标负首要责任。近几年来，淮河流域、滇池流域的一些省市也纷纷效仿。这些地方的各级党政主要负责人分别承担一条河，担任"河长"，负责督办截污治污。云南、河南、河北、辽宁、四川、湖北等地在治理污染过程中也纷纷效仿。

　　"河长制"的出现，把地方党政领导推到了第一责任人的位置，其目的在于通过各级行政力量的协调、调度，有力有效地管理关乎水污染的各个层面。所以，凡实行了"河长制"的地方，河水、湖水、库水的水质立即见效。

　　任务：

　　1. 实行"河长制"的地方，如何发挥生态监察的作用，保证河流（湖泊）的优美水生态环境的持久？

　　2. 按照生态环境监察的工作内容和要点，制作一份河流（湖泊）区域项目的生态环境监察清单。

第一节　生态环境监察概述

一、生态环境监察的概念和特点

（一）概念

　　生态环境监察是指环境保护行政主管部门的环境监察机构，依法对本辖区内一切单位与个人履行生态环境保护法律法规、政策的情况进行的现场监督、检查，并对各种环境违法行为和生态破坏行为进行的现场执法和处理。生态环境监察是环境监察的有机组成部分，是环境监察的重要内容，同时生态环境监察工作也丰富了环境监察的内涵。生态环境监察对象是一切导致生态功能退化的开发活动及其他人为破坏活动。

　　生态环境监察是生态环境管理的具体落实和检查。生态环境的管理有哪些内容，生态环境监察就应当跟上。但是，生态环境管理是宏观的，而生态环境监察是微观、具体的。有些宏观管理的措施在微观上无法精确反映，也无法准确判断是否违规。所以生态环境监察的内容与形式只能着重在生态环境管理能够有具体表征的内容上，重点在督促和检查管理措施的落实。

（二）特点

生态环境监察作为环境监察的组成部分，必然要突出"现场"和"处理"两项内容。它是在生态环境现场进行的具体、直接、"微观"的生态环境保护执法活动，是环境保护行政部门落实"污染防治与生态保护并重"方针，实施统一监督、强化执法的主要途径之一。然而生态环境监察涉及面比其他监察要更广泛，因素也更为复杂，既要监察开发、活动过程，处理破坏事故，更要预防为主，注重源头控制，因此，生态环境监察除具有污染源监察所具有的委托性、直接性、强制性、及时性、公正性等特点外，还具有自己的特性。

（1）前瞻性：生态环境监察的着眼点要通过查处环境违法行为预防与控制生态破坏。

（2）系统性：生态环境的要素不是孤立存在的，是相互依存的系统，任何一种破坏行为都会带来一系列的生态问题，考虑问题要从整个生态系统方面出发。

（3）综合性：造成生态破坏的环境违法行为常常不是某一方面或某一个人的行为，而是涉及多种因素、多种行为，在一段时间后形成的，因此，在生态环境监察过程中，往往要与国土、农业、林业、草原、旅游等多部门相联系。

二、生态环境监察的工作原则

1. 突出重点

围绕《全国生态环境保护纲要》和我国生态环境面临的突出问题，力争在重点区域、重点生态环境管理类型上抓出成效。

2. 以点带面

根据各地的工作特点和生态环境的实际情况，开展生态环境监察的试点，创造性地探索生态环境监察的工作机制与途径，总结经验，全面推行。

3. 分步推进

根据现有法律、法规和政策，以及环境监察的工作基础，结合实际，选择突破口，打好基础，逐步拓展工作空间。

4. 讲求实效

开展生态环境监察工作一定要针对生态环境热点问题、难点问题和生态环境管理中薄弱环节，切实查处环境违法和生态破坏案件，促进重点地区生态环境的好转。

三、生态环境监察的工作任务和目标

（一）工作任务

生态环境监察进一步丰富、拓展了环境监察的内涵，是环境监察工作的发展。因此，生态环境监察的主要任务包含以下几个方面：

（1）对环境法律法规与环境保护政策、制度中生态保护的执行情况进行监督检查。

（2）参与生态破坏事件及其生态破坏引起的纠纷和调查与处理。

（3）执行排污收费政策中部分企业的排污费的征收与管理。

总体来说，生态环境监察的任务是发现并制止一切导致生态功能退化的开发活动及其他人为破坏活动，依据环境保护行政主管部门的决定给予处理。

（二）工作目标

通过开展生态环境监察工作，各级环境监察机构应建立起专业的生态环境监察队伍和基本工作制度，针对各地方的要求不同出台各地的生态环境监察的法规，强化环境保护部门统一监察管理的职能，建立统一监管的工作机制，通过查处生态环境违法事件，促进辖区生态环境质量的好转。

要达到上述目标，在生态环境监察工作中要掌握好4个环节。

（1）找准定位。在生态环境保护工作中，环境保护部门仍然是"统一监督管理"部门。具体到每一个生态要素的环境监管，有相关的行政主管部门，他们具有执法检查和处罚权。环境监察机构在实施环境监察时，要从环境执法的角度进行现场监督检查，发现违法违规行为要及时指出，督促纠正，不能越俎代庖。监察人员发现问题后，应当分析问题的原因和责任，找出责任单位（人）和监管的行政主管部门，在报告环境保护行政主管部门后，将案件移交，由主管行政机构依法处理。

（2）服务于环境管理。指的是环境监察机构的监察行为要围绕环境保护行政主管部门的环境管理意志办事，不能自行其是。在进行现场生态监察时，无论生态环境规划、生态环境建设设计方案、新建项目审批文件，凡有环境保护主管部门批复意见的，都是检查判断的依据，没有按批复执行的即属违法或违规；应当有环境保护行政主管部门批复但没有批复文件的，应当督促其按规定报批，并将情况立即报告环保部门。

（3）把好"四关"。建设项目是随时随地都会出现的，对建设项目的生态环境监察就很重要。对生态环境有影响的建设项目的监督检查要把好"四关"：立项关，主要关注项目性质是否适合所在地的环境功能要求；环评关，主要关注是否做了环评，是否执行了环评；施工过程关，监督施工过程对生态环境的影响和破坏；竣工验收关，主要检查"三同时"是否全部完成，对生态环境的破坏是否已经恢复。

（4）密切注视。生态环境保护的环境监察与一般的污染源监察相比，工作的地域环境要更大更广。不管如何努力，也不能保证每一个环境问题的现场都能有足够的时间和机会去监察。这就要求监察人员要利用一切时间和机会，比如行车的路上、休息或闲谈的时间、阅读文件或报纸的时候都要密切关注与生态环境监察有关的信息和情况，及时了解实际发生的事情，及时采取行动。

第二节　生态环境监察的主要内容

一、重要生态功能区的生态环境监察

（一）我国生态功能区概况

2008 年，环境保护部和中国科学院公布了全国生态功能区划，按照我国的气候和地貌等自然条件，将全国陆地生态系统划分为 3 个生态大区：东部季风生态大区、西部干旱生态大区和青藏高寒生态大区，并将全国生态功能区划分为 3 个等级（表 4.1）。

（1）根据生态系统的自然属性和所具有的主导服务功能类型，将全国划分为生态调节、产品提供与人居保障 3 类生态功能一级区。

（2）在生态功能一级区的基础上，依据生态功能重要性划分生态功能二级区。生态调节功能包括水源涵养、土壤保持、防风固沙、生物多样性保护、洪水调蓄等功能；产品提供功能包括农产品、畜产品、水产品和林产品；人居保障功能包括人口和经济密集的大都市群和重点城镇群等。

（3）生态功能三级区是在二级区的基础上，按照生态系统与生态功能的空间分布特征、地形差异、土地利用的组合来划分生态功能三级区。

表 4.1　全国生态功能区划体系

生态功能一级区（3类）	生态功能二级区（9类）	生态功能三级区举例（216 个）
生态调节	水源涵养	大兴安岭北部落叶松林水源涵养
生态调节	防风固沙	呼伦贝尔典型草原防风固沙
生态调节	土壤保持	黄土高原西部土壤保持
生态调节	生物多样性保护	三江平原湿地生物多样性保护
生态调节	洪水调蓄	洞庭湖湿地洪水调蓄
产品提供	农产品提供	三江平原农业生产
产品提供	林产品提供	大兴安岭林区林产品
人居保障	大都市群	长三角大都市群
人居保障	重点城镇群	武汉城镇群

（二）国家重点生态功能保护区生态监察要点

根据《国家重点生态功能保护区规划纲要》，生态功能保护区是指在涵养水源、保持水土、调蓄洪水、防风、固沙、维系生物多样性等方面具有重要作用的重要生态功能区内，有选择地划定一定面积予以重点保护和限制开发建设的区域。国家重点生态功能保护区是指对保障国家生态安全具有重要意义，需要国家和地方共同保护和管理的生态功能保护区。

重点生态功能区是自然形成的，在保持区域、流域生态平衡，减轻自然灾害，确保国家和地区生态安全，实现社会的长治久安、经济的可持续发展方面有着重要功能的区

域。在空间范围上，生态功能保护区不包含自然保护区、世界文化自然遗产、风景名胜区、森林公园、地质公园等特别保护区域；在建设内容上，避免重复，互相补充；在管理机制上，各类特别保护区域的隶属关系和管理方式不变。

凡经批准正式建立的各级生态功能保护区，无论属哪一级政府管理，均由该级政府环境保护行政主管部门的环境监察机构随时进行监察。其内容是：该生态功能保护区边界是否已经划定；其管理机构是否能正常承担生态环境保护管理职能；检查和制止功能区内一切导致生态功能退化的开发活动和其他人为破坏活动（垦荒、捕猎、滥砍乱伐、取水、挖矿等）；杜绝与该功能区主要生态功能相悖的建设项目；停止一切产生严重污染环境的工程项目建设；督促该生态功能保护区恢复或重建生态保护功能的工程建设。

重点生态功能区的保护绝非是环境保护部门一家能办到的事，而必须由相应的一级政府来主办。在政府的领导下，农、林、水、土、矿等多部门合作，依据有关法规，根据生态功能区的类型，履行各自的环境保护职责。环境保护部门根据"三统一"的原则，做好综合协调和监督工作。环境监察人员要发挥经常深入现场的特长，及时了解情况，发现问题及时报告主管部门予以处理。由于重要生态功能区的地域一般很大，只限制由某一级环境监察队伍去管是不现实的，可以由该功能区相应级别的环境监察部门（或环境保护行政主管部门）委托当地环境监察部门实施现场监察。

二、重点资源开发区的生态环境监察

（一）国家主体功能区规划

根据《国务院关于编制全国主体功能区规划的意见》，我国按照不同区域的资源环境承载能力、现有开发密度和发展潜力，统筹谋划未来人口分布、经济布局、国土利用和城镇化格局，将国土空间划分为优化开发、重点开发、限制开发和禁止开发四类，确定主体功能定位，明确开发方向，控制开发强度，规范开发秩序，完善开发政策，逐步形成人口、经济、资源环境相协调的空间开发格局。

优化开发区域是指国土开发密度已经较高、资源环境承载能力开始减弱的区域。要改变依靠大量占用土地、大量消耗资源和大量排放污染实现经济较快增长的模式，把提高增长质量和效益放在首位，提升参与全球分工与竞争的层次，继续成为带动全国经济社会发展的龙头和我国参与经济全球化的主体区域。

重点开发区域是指资源环境承载能力较强、经济和人口集聚条件较好的区域。要充实基础设施，改善投资创业环境，促进产业集群发展，壮大经济规模，加快工业化和城镇化，承接优化开发区域的产业转移，承接限制开发区域和禁止开发区域的人口转移，逐步成为支撑全国经济发展和人口集聚的重要载体。

限制开发区域是指资源环境承载能力较弱、大规模集聚经济和人口条件不够好并关系到全国或较大区域范围生态安全的区域。要坚持保护优先、适度开发、点状发展，因地制宜发展资源环境可承载的特色产业，加强生态修复和环境保护，引导超载人口逐步有序转移，逐步成为全国或区域性的重要生态功能区。严格控制建设项目占用生态用地，实行"占一补一"制度；严格控制氮、磷严重超标地区的化肥施用量；严格限制捕杀、采集和销售益虫、益鸟、益兽；严格控制索道等旅游设施的建设规模和数量。同时，还要求对重大基础设施建设线路和施工场址要科学比选，尽量减少占用耕地、林地和草地，防止土地退化。矿产资源开发应选取有利于生态环境保护的工期、区域和方式，在沿江、沿河、沿湖、沿库、沿海地区开采矿物，必须落实生态保护措施，尽量避免和减少对生态环境的破坏。

禁止开发区域是指依法设立的各类自然保护区域。要依据法律法规规定和相关规划实行强制性保护，控制人为因素对自然生态的干扰，严禁不符合主体功能定位的开发活动。在发生江河断流、湖泊萎缩、地下水位超采的流域和区域，禁止新上蓄水、引水和灌溉工程；在干旱、半干旱地区和具有重要生态功能的林区、草原，禁止农业开发；在生态功能保护区、自然保护区、风景名胜区、森林公园内，以及易导致自然景观破坏的区域，严禁采石、采砂、取土；对具有重要生态功能的林区、草原，应划为禁垦区、禁伐区或禁牧区；逐步划定野生生物资源准采区，规范采挖方式；草原放牧要以草定畜，严格实行草场禁牧期、禁牧区和轮牧制度，逐步推行舍饲圈养；在地下水严重超采的地区，划定地下水禁采区，清理不合理的抽水设施，防止地下漏斗和地表塌陷。

要根据不同主体功能区的环境承载能力，提出分类管理的环境保护政策。优化开发区域要实行更严格的污染物排放和环保标准，大幅度减少污染排放；重点开发区域要保持环境承载能力，做到增产减污；限制开发区域要坚持保护优先，确保生态功能的恢复和保育；禁止开发区域要依法严格保护。

（二）水资源开发利用项目生态环境监察

我国是一个缺水国家，但每年水资源的开发利用项目却不少，造成大量生态破坏。以地下水开发利用为例，北方部分地区因不合理开采地下水，出现地下水位持续下降，形成区域地下水位降落漏斗。所谓"地下水降落漏斗"全称应为"地下水埋深等水位线漏斗"，是由于地下水的开采量长期大于补给量所致。据初步统计，全国已形成区域地下水降落漏斗 100 多个，面积达 15 万 km^2。华北平原深层地下水已形成了跨冀、京、津、鲁的区域地下水降落漏斗，有近 7 万 km^2 面积的地下水位低于海平面。区域地下水位下降还使平原或盆地湿地萎缩或消失、地表植被破坏，导致生态环境退化。据统计，全国有 40 多座城市由于不合理开采地下水而发生了地面沉降，其中沉降中心累计最大沉降量超过 2m 的有上海、天津、太原，天津塘沽个别点最大沉降量已达 3.1m。在华北平原、西安、大同、苏州、无锡、常熟等地区，过量开采地下水还导致了地裂缝，对城市基础设施构成严重威胁。沿海地区的大连、秦皇岛、沧州、青岛、北海、海南新英湾等城市和地区地下水水位的下降，引起海水入侵，导致地下水水质恶化，其中山东、辽东半岛海水入侵较严重。

对于水资源开发利用项目的生态环境监察要点是：流域水资源开发规划要全面评估工程对流域水文条件和水生生物多样性的影响；干旱、半干旱地区要严格控制新建平原水库，将最低生态需水量纳入水资源分配方案；对造成减水河段的水利工程，必须采取措施保护下游生物多样性；兴建河系大闸，要设立鱼蟹洄游通道或采取其他措施；在发生江河断流、湖泊萎缩、地下水超采的流域和区域，坚决禁止新的蓄水、引水和灌溉工程建设。环境监察中，发现利用地下水的，要检查是否在划定的地下水禁采区开采，是否属于高耗水产业；利用地表水的，检查是否符合水域、流域用水规划，对生态用水有无损害。对排污水的企事业单位的环境监察，要按规定规范其排污口和排污量，严格按排污许可证制度办事。及时发现违法违规向水体排放污染物和倾倒垃圾、工业废料的现象。及时处理水体污染事故，保持水生态环境的良好状态。要合理规划利用地表水和滩涂的养殖业，严格管理，降低密度，不使其污染水体。要控制水生物种的引进，保护好原生物种。穿越湿地等生态环境敏感区的公路、铁路等基础设施建设，应建设便于动物迁移的通道设施。禁止围湖、围海造地和占填河道等改变水生态功能的开发建设活动，禁止利用自然湿地净化处理污水。禁止不按科学规划和环境影响评价任意破坏湿地、红树林、珊瑚礁，任意改变河流的走向和河床，不要把水生生物单一化，保护水体的自然净化能力。

（三）森林、草原的开发利用项目生态环境监察

全球气候变暖已经是不争的事实，气候变暖的主要原因之一就是大气中的 CO_2 浓度增高，所以要提倡低碳经济。其实，在发展低碳经济中，森林的碳汇作用不容忽视。在陆地生态系统中，森林是最大的有机碳库。森林面积虽然只占陆地总面积的 1/3，但森林植被区的碳储量几乎占陆地碳库总量的 56%。树木通过光合作用吸收了大气中大量的 CO_2，减缓了温室效应。森林可以吸收 CO_2 并通过光合作用使它转化成氧气，这种从大气中清除 CO_2 的过程就称为碳汇作用。但是森林的破坏，死亡的动植物腐败又会释放原来固定的碳，森林生态系统就可能成为碳源，这将加剧全球的温室效应。草原除了可以为人类提供食物外，还有极重要的调节气候、涵养水源、保持水土、防风固沙的生态环境作用。草原的破坏将会引起生态链或者食物链基础的破坏，影响整个生态系统的垮塌。

森林、草原资源开发项目生态环境监察要点是：禁止荒坡地全垦整地、严格控制炼山整地；在年降水量不足 400mm 的地区，严格限制乔木种植和速生丰产林建设；水资源紧缺地区，不得靠灌溉大面积推进和维持人工造林；草原放牧要严格实行以草定畜和禁牧期、禁牧区及轮牧制度；禁止采集国家重点保护的生物物种资源；在野生生物物种资源丰富的地区，应划定野生生物资源限采区、准采区和禁采区，并严格规范采挖方式。要严格监管已划定的禁垦区、禁伐区和禁牧区，对在以上三区垦殖、伐木和放牧的，要及时依法制止和处理。对毁林毁草开垦的耕地和废弃地，要按照"谁批准谁负责、谁破坏谁恢复"的原则，在环保部门的指导下，按限期治理制度限期退耕还林还草，保证不再对森林和草原生态环境造成新的破坏。森林和竹林的采伐须持林木所有权证或林木使用权证向有权的林业行政主管部门申领林木采伐许可证，在批准的采伐限额内采伐。用材林的主伐方式分为择伐、皆伐和渐伐。中幼龄树木多的复层异龄林，应当实行择伐。

（四）生物物种资源开发利用的生态环境监察

生物物种资源指具有实际或潜在价值的植物、动物和微生物物种以及种以下的分

类单位及其遗传材料。生物物种资源除了指物种层次的多样性，还包含种内的遗传资源和农业育种意义上的种质资源。而遗传资源是指任何含有遗传功能单位（基因和 DNA 水平）的材料；种质资源是指农作物、畜、禽、鱼、草、花卉等栽培植物和驯化动物的人工培育品种资源及其野生近缘种。2008 年，农业部重点调查了 27 个农业野生植物资源状况，调查范围涉及 22 个省（直辖市、自治区）的 363 个县（市），抢救收集各类农业野生植物资源 1081 份（次），发现了一批重要或珍贵的农业野生植物资源，新建农业野生植物原生境保护点 22 个，获得了 7 份优质野生稻资源和 8 份野生大豆资源，定位、克隆了一批高产、抗逆和养分高效吸收的基因。根据调查，我国现有生物物种资源丧失和流失严重。一些发达国家的大型公司或科研单位大量收集我国生物物种资源，并通过生物技术，加强对生物遗传资源的控制和专利垄断。在过去几百年间，我国大量树种资源流失国外。总体上看，我国物种及其基因资源丢失呈上升趋势，尤其是我国西部地区的黄河中上游地段的灌木基因资源和南方热带雨林的基因资源丢失最为严重。

生物物种资源开发利用的生态环境监察要点是：环境监察机构要积极参与林业、农业、渔业部门禁止捕捉、猎杀、采集濒危野生动植物的工作，检查和打击非法经营、销售活动。采集国家一级保护野生植物的，必须申请采集证，由省级野生植物行政主管部门（林业及农业部门）审察后报国家野生植物行政主管部门审批发给；采集国家二级保护野生植物的，由县级以上野生植物行政主管部门审查后报省级野生植物行政主管部门审批发给采集证。禁止猎捕、杀害国家重点保护野生动物，因科学研究、驯养繁殖、展览或者其他特殊情况，需要捕捉、捕捞国家一级保护野生动物的，必须向国务院野生动物行政主管部门（林业和渔业部门）申请特许猎捕证；猎捕国家二级保护野生动物的，必须向省、自治区、直辖市政府野生动物行政主管部门申请特许猎捕证。猎捕非国家重点保护野生动物的，必须取得狩猎证，并且服从猎捕量限额管理。引进外来物种和转基因生物环境释放前，必须进行环境影响评估；禁止在生态环境敏感区进行外来物种试验和种植放养活动；严格限制在野生生物原产地进行同类转基因生物的环境释放。要联合有关部门确定本地区的重点外来入侵物种和重点防治区域，并予以公布。自然保护区、生态功能保护区、风景名胜区和生态环境特殊和脆弱的区域以及内陆水域等应作为外来入侵物种防治工作的重点区域。遭受外来物种入侵和危害的上述区域，应集中力量和资金，尽快予以控制和清除。要加强对自然保护区、风景名胜区、森林公园旅游活动的环境管理工作，防止外来入侵物种的有意或无意传入。

（五）矿产资源开发利用项目的生态环境监察

矿产资源开发利用项目的生态环境监察要点是：在生态环境敏感区进行矿产资源开发必须进行生态环境影响专题分析，资源枯竭后必须复垦或恢复植被，不得在生态功能重要的区域开采矿产资源。环境监察中，矿产资源的开采必须有矿业行政主管部门按规定发给的采矿许可证，在划定的矿区范围内开采。无证或超证开采都是违法的。还要随时检查生态功能保护区、自然保护区、风景名胜区、森林公园等国家明令保护的区域内有无非法采矿行为并加以制止。对在严禁采矿、采石、采砂、取土的地区内发现有采取行为并已对生态环境造成损害影响的，要立即制止并向上级环保部门报告。对由于矿产资源开发而造成地质灾害、水土流失、物种破坏和生态环境破坏的，应责令开发者限期恢复其生态环境功能。对已停止采矿或已关闭的矿山、坑口，应监督其责任者及时做好土地复垦和生态恢复工作。由于历史原因，不少矿山未预留生态恢复治理资金，地方政府也未认真履行生态环境保护和治理方面的职责，造成许多矿山生态环境破坏存在无人保护治理现象。应当进一步明确矿区生态环境治理责任，建立多渠道投资机制。明确地方政府是当地矿区生态环境治理第一责任人，按照"谁污染、谁治理"的原则，尽快落实费用承担主体和实施治理的主体，力争治理资金和各项工作落实到位。协调有关部门制定矿山生态保护与生态恢复的经济政策，建立矿山生态恢复保证金制度和生态补偿机制。通过市场机制，秉着"谁投资、谁受益"的原则，充分利用国家财政、地方财政和社会资金，多渠道融资开展矿山生态环境恢复和治理工作。

（六）旅游资源开发利用的生态环境监察

无论是红色旅游、生态旅游、观光旅游还是农家乐，生态环境资源都是旅游业发展的重要基础和条件，环境保护是旅游业的生存之本、发展之基、动力之源。资源和环境被破坏了，旅游业就成了无源之水、无本之木。所以，严格保护旅游资源，不断改善环境质量，促进永续利用，是发展旅游业的根本之所在。从某种意义上说，保护资源和环境就是保护旅游生产力，改善环境就是发展旅游生产力。在旅游业发展的过程中，我们要始终把资源和环境保护作为旅游开发和旅游业发展的首要原则，防止资源的破坏性开发和开发性破坏，把旅游业发展对环境的影响降低到最低限度，在全面加强旅游资源和生态环境保护的前提下，促进旅游资源的合理开发和利用。

旅游资源开发项目的生态环境监察要点是：旅游项目的开发建设要严格做到四个"一律"，即新建项目没有通过环评的一律不予审批；生态保护得不到落实的一律不准开工；建设当中环保设施不配套的一律暂停施工；建成后又出现环保问题的一律先整改再营业。必须有生态环境保护规划和宣传教育专项方案；旅游区内禁止建设破坏景观资源的楼、堂、馆、所；严格限制索道、滑道、旅游列车、娱乐城等建设；科学核定景区旅游容量，做到"区内游，区外住"；禁止在自然保护区核心区、缓冲区内从事旅游开发，不得以开发为目的擅自把自然保护区核心区、缓冲区调整为实验区。环境监察中要检查旅游开发是否严格按环境影响评价的审批意见执行，对不按环评制度和不按环境影响评价审批意见办事的，要报告环境保护行政主管部门予以处理、处罚。旅游已经影响到环境和生态的，要限定旅游时间和旅游人数。对旅游区内的污水、烟尘、生活垃圾，要与工业企业一样地严格要求，必须达标排放和妥善处置。

旅游资源开发项目的生态环境监察还要注意行政管理要求，风景名胜区的执法主体部门是各级建设行政主管部门；自然保护区的执法主体是相关行政主管部门；旅游组织的管理部门是各级旅游局；环境保护部门的职责是对环境实施统一监督管理。

（七）农业资源开发项目的生态环境监察

农业是国民经济的命脉和基础，保护好农业资源，管理好农业资源开发项目是我国农业健康可持续发展的前提。《中国 21 世纪议程》把我国农业可持续发展确定为：保持农业生产率稳定增长，提高食物生产和保障食物安全，发展农村经济，增加农业投入，改变农村贫困落后状况，保持和改善农业生态环境，合理、永续利用自然资源，特别是生物资源和可再生资源，以满足逐年增长的国民经济发展和人民生活的需要。

农业资源开发项目的生态环境监察要点是：禁止毁林毁草（场）开垦和陡坡开垦；在生态环境敏感区域，禁止建设规模化畜禽养殖场，已经建成的要限期搬迁或关闭；畜禽养殖区与生态敏感区域的防护距离最少不得低于 500m；渔业资源开发要执行捕捞限额和禁渔、休渔制度；水产养殖要合理投饵、施肥、使用药物。禁止向农村公路两侧和河道倾倒建筑垃圾、工业废料、生活垃圾、尾矿渣、废土石渣、农作物秸秆等固体废物；禁止在农村集中饮用水源地周围建设有污染物排放的项目或从事有污染的活动；禁止使用污水浇灌生食蔬菜和瓜果；科学合理使用农药、化肥和农膜，防止农业面源污染。

总之，重点资源开发区的生态保护属强制性保护。对资源开发项目，要站在"统一监管"的高度，在环境保护行政主管部门领导下，严防资源开发引发的生态环境破坏，从大处着眼，从小处着手，维护生态环境的良性发展。

三、生态良好地区的生态环境监察

生态环境良好地区是在目前生态环境屡遭破坏的情况下的宝藏地区，维持原有的生态环境和生态系统是我们的主要任务。在生态环境没有大的改变的前提下，生态系统是可以自我调节和恢复的。所以监察的重点要放在不使自然生态环境遭受大的破坏与改变上，要在力所能及的情况下，使本区的人口和经济发展符合当地的环境状况，不使其失控。

（一）建设自然保护区

成功地建设一批自然保护区（含风景名胜区、森林公园）是保护生态环境良好地区的途径。截至 2008 年年底，全国已建立各种类型、不同级别的自然保护区 2538 个，保护区总面积约 14894.3 万 hm^2。其中，国家级自然保护区 303 个，面积 9120.3 万 hm^2，分别占全国自然保护区总数和总面积的 11.9% 和 61.2%。有 28 处自然保护区加入联合国教科文组织"人与生物圈保护区网络"，有 20 多处保护区成为世界自然遗产地组成部分。已建立湿地自然保护区 550 多处，国家湿地公园达到 38 处，共有 36 块湿地列入《湿地公约》的国际重要湿地名录，全国共有 1790 多万 hm^2 自然湿地得到有效保护，约占总面积的 49%。

（二）自然保护区生态环境监察要点

根据国家环境保护总局颁布的《国家级自然保护区监督检查办法》，对国家级自然保护区的监察要点如下：

（1）国家级自然保护区的设立、范围和功能区的调整以及名称的更改是否符合有关规定。

（2）国家级自然保护区内是否存在违法砍伐、放牧、狩猎、捕捞、采药、开垦、烧荒、开矿、采石、挖沙、影视拍摄以及其他法律法规禁止的活动。

（3）国家级自然保护区内是否存在违法的建设项目，排污单位的污染物排放是否符合环境保护法律、法规及自然保护区管理的有关规定，超标排污单位限期治理的情况。

（4）涉及国家级自然保护区且其环境影响评价文件依法由地方环境保护行政主管部门审批的建设项目，其环境影响评价文件在审批前是否征得国务院环境保护行政主管部门的同意。

（5）国家级自然保护区内是否存在破坏、侵占、非法转让自然保护区的土地或者其他自然资源的行为。

（6）国家级自然保护区的旅游活动方案是否经过国务院有关自然保护区行政主管部门批准，旅游活动是否符合法律法规规定和自然保护区建设规划（总体规划）的要求。

（7）国家级自然保护区建设是否符合建设规划（总体规划）要求，相关基础设施、设备是否符合国家有关标准和技术规范。

（8）国家级自然保护区管理机构是否依法履行职责。

（9）国家级自然保护区的建设和管理经费的使用是否符合国家有关规定。

（10）法律法规规定的应当实施监督检查的其他内容。

此外，可以依据的法规和规定还有《自然保护区土地管理办法》、《国家级自然保护区总体规划大纲》、《自然保护区管护基础设施建设技术规范》、《自然保护区类型与级别划分原则》等。

四、生态脆弱地区的生态环境监察

（一）生态脆弱区概况

生态脆弱区也称生态交错区，是指两种不同类型生态系统交界过渡区域。这些交界过渡区域生态环境条件与两个不同生态系统核心区域有明显的区别，是生态环境变化明显的区域，已成为生态保护的重要领域。根据《全国生态脆弱区保护规划纲要》，生态脆弱区的基本特征是生态系统结构稳定性较差，对环境变化反映相对敏感，容易受到外界的干扰发生退化演替，而且系统自我修复能力较弱，自然恢复时间较长。对全球气候变化反应灵敏。具体表现为气候持续干旱，植被旱生化现象明显，生物生产力下降，自然灾害频发，植被景观破碎化，群落结构复杂化，生态系统退化明显，水土流失加重等。

我国生态脆弱区主要分布在北方干旱半干旱区、南方丘陵区、西南山地区、青藏高原区及东部沿海水陆交接地区。主要类型有：东北林草交错生态脆弱区；北方农牧交错生态脆弱区；西北荒漠绿洲交接生态脆弱区；南方红壤丘陵山地生态脆弱区；西南岩溶山地石漠化生态脆弱区；西南山地农牧交错生态脆弱区；青藏高原复合侵蚀生态脆弱区；沿海水陆交接带生态脆弱区。

造成我国生态脆弱区生态退化、自然环境脆弱的原因除生态本底脆弱外，人类活动的过度干扰是直接成因（表4.2）。

表 4.2　生态脆弱区成因

主 要 成 因	举例（保护要点）
光热不足	三江源头区（防止干扰植被）
特殊地质	岩溶区（保护土壤，注意地质） 黄土高原（保护植被，防止土壤流失）
特殊地貌	高山陡坡峡谷（防止泥石流，保护植被）
恶劣气候	多风少雨干旱（防风，保护植被）
多重作用	农牧交错带，绿洲外围，城郊
生态严重恶化	水土流失严重，沙漠化严重
干扰过度	森林砍伐，草地过牧，垦殖

（二）生态脆弱区生态环境监察要点

1. 维护生态脆弱区的科学发展，在发展的同时促进生态脆弱区修复进程

环境保护部门在当地政府的领导下，根据生态脆弱区资源禀赋、自然环境特点及容量，参与调整产业结构，优化产业布局的工作，重点发展与脆弱区资源环境相适宜的特色产业和环境友好产业。同时，按流域或区域编制生态脆弱区环境友好产业发展规划，严格限制有损于脆弱区生态环境的产业扩张，研究并探索有利于生态脆弱区经济发展与生态保育耦合模式，全面推行生态脆弱区产业发展规划战略环境影响评价制度。在全面分析和研究不同类型生态脆弱区生态环境脆弱性成因、机制、机理及演变规律的基础上，确立适宜的生态保育对策。同时，高度重视环境极度脆弱、生态退化严重、具有重要保护价值的地区（如重要江河源头区、重大工程水土保持区、国家生态屏障区和重度水土流失区）的生态应急工程建设与技术创新；密切关注具有明显退化趋势的潜在生态脆弱区环境演变动态的监测与评估，因地制宜，科学规划，采取不同保育措施，快速恢复脆弱区植被，增强脆弱区自身防护效果，全面遏制生态退化。

2. 强化资源开发建设项目监管执法力度，防止无序开发和过度开发

人类对自然资源的开发利用是对生态脆弱区最大的干扰，严格按照国家关于建设项目环境保护管理的规定监督项目建设，就能把干扰降到最低。首先是不要用"生态建设项目"去破坏生态环境。其次是严格执行环境影响评价制度和"三同时"制度，必须进行的建设项目严格按环境影响评价法和建设项目环境管理条例办事。

3. 加强对生态保育措施的环境监察，促进生态脆弱区修复进程

分析各个不同生态脆弱区的基本成因，有针对性地开展生态修复措施。对刚开始退化的生态脆弱区，要把监察的重点放在消除干扰上，减缓生态退化的程度、速度；对已经形成的生态脆弱区，监察的重点是落实生态恢复措施，保证生态恢复措施的实现。例如监督封山育林（封育草场）、适当迁移人口减少人口压力、科学合理调度水源保证生态用水等。

4. 重点区域的分类指导

针对我国生态脆弱区的类型：北方干旱半干旱区、南方丘陵区、西南山地区、青藏高原区及东部沿海水陆交接地区重点区域，采取相对应的生态保护措施。加强各区域的生态监测，强化区域污染监管力度，严格控制污染陆源，防止生态破坏。

五、农村生态环境监察

农村生态环境是一个大的生态环境问题。农业用地（耕地）占全国土地面积的13.9%，农业人口占全国人口的2/3。农业的可持续发展关系到国家的兴亡。联合国粮农组织把农业可持续发展定义为：是指采取某种使用和维护自然资源的方式，实行技术和体制改革，以确保当代人类及其后代对农产品的需求得到满足的农业；是一种能够永续利用土地、水和动植物的遗传资源的农业；是一种环境永不退化、技术使用恰当、经济能够维持、社会能够接受的农业。

1. 调整农业产业结构和布局，发展生态农业、有机农业

这是发展农村经济和保护农村环境的根本方向，要配合管理部门、乡镇政府，大力发展无公害农业、生态农业、有机农业。主要监察方向有无建设被国家明文规定淘汰的、禁止的工业项目或设备，杜绝工业污染由城市转向农村；土壤有无被污染，能否达到有关国家标准；农业灌溉用水能否达标；控制施肥，不造成浪费和污染；科学使用农药，不使用剧毒或高残留农药；施用农家肥，有机物尽量还田；农田产品符合食用标准，最好符合有机食品标准。

2. 编制农村污染防治总体规划，防治农村面源污染

检查方向：是否每一村、每一乡（镇）、都有了污染防治总体规划，并且符合全县（市）域的规划；秸秆和有机垃圾的综合利用，禁烧情况；积极推广沼气和其他利用有机物的措施情况（沤肥还田、过腹还田、工业原料等）；加强农副产品生产基地环境安全的监测与监管，如面粉加工、肉类加工、豆类加工；严格农业污灌监督与管理，必须符合农业灌溉用水标准，监督长期污灌对土壤的影响；在农村面源污染严重区与江河湖海之间建设生态缓冲带，其宽度不小于500m；推广可降解农膜，提高农膜回收率，检查土壤中的农膜残留量。

3. 禽畜养殖业监察

禽畜养殖业在我国现在已发展到相当高的水平，其污染物的排放也达到严重污染的程度。禽畜养殖业的污染物主要有污水、粪便和恶臭。污水和粪便中含有大量的有机物、氮、磷、悬浮物及致病菌，并产生恶臭。禽畜养殖业是我国农村生态环境中最重要的有机物来源。这些有机物如果合理施用到农田，将会大大改善土壤质量。如果不加控制的随意排放，就会污染环境，造成江河湖海的富营养化。对禽畜养殖业的环境监察就是把禽畜养殖场（厂）作为一个污染源，与工业污染源同样实施环境监察。

重点监察大中型规模畜禽养殖厂的粪便和污水排放处理设施，加大对废水达标排放现场监察力度。

对大中型畜禽养殖场环境监察的内容：检查是否办理了建设项目环境影响报告书（表）的审批手续；检查畜禽粪便综合利用、污染防治设施是否执行了"三同时"制度，凡没有综合利用设施和污水治理设施的，一律不得开工或投产；对新建污水处理设施和畜禽粪便贮存利用场地进行检查验收和监测；定期检查畜禽养殖场的污染防治设施是否正常运行，对排放的废水进行监测；对地处环境敏感区（水源保护区、自然保护区、风景名胜区、人口稠密区）和布局不合理的畜禽养殖厂点坚决予以关闭；对排放污染物超过标准或总量指标，污染严重的畜禽养殖场，由地方人民政府或政府委托的环境保护行政主管部门责令限期治理。逾期未完成治理任务的，责令停业关闭；违反其他环境保护规定的，由环境保护行政主管部门视其情节责令改正或处理。

4. 确保农村饮用水源地环境安全

集中饮用水水源地应建立水源保护区，在一级和二级保护区内禁止新建污水排放口，已经建成使用的排放口要限期治理；加强分散供水水源周边环境保护和监测，及时掌握农村饮用水水源环境状况，防止水源污染事故发生；制订饮用水水源保护区应急预案，强化水污染事故的预防和应急处理；加强农村地下水资源保护工作，合理开发利用地下水资源；加强农村饮用水水质卫生监测、评估，掌握水质状况，采取有效措施，保障农村生活饮用水达到卫生标准。

5. 开展农村环境综合整治

因地制宜开展农村污水治理。有条件的小城镇和规模较大村庄应建设污水处理设施，城市周边村镇的污水可纳入城市污水收集管网，对居住比较分散、经济条件较差村庄的生活污水，可采取分散式、低成本、易管理的方式进行处理。

防治农村生活垃圾污染。逐步推广户分类、村收集、乡运输、县处理的方式，提高垃圾无害化处理水平。加强粪便的无害化处理，按照国家农村户厕卫生标准，推广无害化卫生厕所。

把农村污染治理和废弃物资源化利用同发展清洁能源结合起来。大力发展农村户用沼气，综合利用作物秸秆，推广"猪—沼—果"、"四位（沼气池、畜禽舍、厕所、日光温室）一体"等能源生态模式，推行秸秆机械化还田、秸秆气化、秸秆发电等措施，逐步改善农村能源结构。

大力推进健康养殖，强化养殖业污染防治。科学划定畜禽饲养区域，改变人畜混居现象，改善农民生活环境。鼓励建设生态养殖场和养殖小区，通过发展沼气、生产有机肥和无害化畜禽粪便还田等综合利用方式，实现养殖废弃物的减量化、资源化、无害化。对不能达标排放的规模化畜禽养殖场实行限期治理等措施。

加强水产养殖污染的监管。禁止在一级饮用水水源保护区内从事网箱、围栏养殖；禁止向库区及其支流水体投放化肥和动物性饲料。

加强农村自然生态保护。坚持生态保护与治理并重，加强对矿产、水力、旅游等资源开发活动的监管，努力遏制新的人为生态破坏。重视自然恢复，保护天然植被，尤其是古树名木、珍稀物种。加快水土保持生态建设，严格控制土地退化和沙化。加强海洋和内陆水域生态系统的保护，逐步恢复农村地区水体的生态功能。保护天然湿地，禁止随意填塘填湖造地。采取有效措施，加强对外来有害入侵物种、转基因生物和病原微生物的环境安全管理，严格控制外来物种在农村的引进与推广，保护农村地区生物多样性。

6. 实行"以奖促治"加快解决突出的农村环境问题

根据 2009 年环境保护部、财政部、发展改革委提出的《关于实行"以奖促治"加快解决突出的农村环境问题的实施方案》，"以奖促治"政策的实施，原则上以建制村为基本治理单元，优先治理淮河、海河、辽河、太湖、巢湖、滇池、松花江、三峡库区及其上游、南水北调水源地及沿线等水污染防治重点流域、区域，以及国家扶贫开发工作重点县范围内，群众反映强烈、环境问题突出的村庄。在重点整治的基础上，可逐步扩大治理范围。"以奖促治"政策重点支持农村饮用水水源地保护、生活污水和垃圾处理、畜禽养殖污染和历史遗留的农村工矿污染治理、农业面源污染和土壤污染防治等与村庄环境质量改善密切相关的整治措施。

六、城市生态环境监察

城市生态系统是人类生态系统经过漫长的发展而逐渐演变进化而形成的一种高度人工化的复合型生态系统，它是人类生态系统的主要组成部分之一。城市生态环境监察的要点是：

（1）城市形态是开放式的，总体规划不把边缘封闭。建设若干个生态型社区组成若干生态型组团，若干个组团组成城市，"城在林中、绿在城中、家在园中"，而且具有相当规模的城市农业。开放的意义在于人员流动自由，交通方便，与外界的物资交流通畅，信息通达，在经济范畴内是整个经济体的一部分。

（2）使用清洁能源，可再生能源，城市范围内的生物质能得到充分利用。

（3）妥善解决城市交通，提倡步行和公共交通。安排就近居住和就业，减少交通量和出行时间。

（4）废物的减量和再利用，通过制定和实施法律法规要求减少污染物排放，奖励利用再生资源，再生能源，维持循环经济。

（5）城市给水系统力求节约用水，单位 GDP 耗水量小。城市排水系统科学设计，尽量充分利用大气降水，减少地表径流，利于补充地下水，发展循环用水。

（6）发展社区经济，促进产品和服务本地化。扩大本地就业，就近就业，减少物资运输量。

（7）避免城市环境人工化，地面、河道、植被、物种、景观尽量接近自然。

（8）城市地方文化特色得以保留，文化产业得以发展。

七、我国生态环境监察试点及其成效

(一) 机构建设

搞好生态环境保护的环境监察,首先要解决生态环境监察的机构问题。按国家环境保护部的要求,各省(自治区、直辖市)环境保护行政主管部门都设了专门的生态环境保护机构,各地(市)环境保护行政主管部门也设了生态环境保护(自然保护)科。相应的环境监察机构也应设置生态环境监察机构或者人员,专门研究处理有关生态环境保护的问题。

环境保护部门的职责是对环境实施统一监督管理,其中当然包括对生态环境的统一监督管理。所以只有环境保护部门内部的生态环境保护机构是不够的,必须有一套对生态环境进行系统的、全面的保护与管理的机构和机制才行。现在国家已经实行了环境保护部际联席会议制度,定时、定部门、定任务,各部委在一起协商处理有关环境保护的重大问题,统一目标,协调动作,对生态环境保护起到了很大的作用。联席会议的办事机构设在环境保护部,该机构将来有可能成为协调环境保护工作的常设机构。

(二) 开展生态环境监察试点

为了取得生态环境监察的经验,国家环保总局 2003 年下发了《关于开展生态环境监察试点工作的通知》,在全国范围内开展生态环境监察试点工作。在各地上报的生态环境监察试点工作方案的基础上,确定了 113 个试点地区,并下发《关于批准全国生态环境监察试点地区的通知》。2005 年,各试点单位开展自我评估,由省级环境保护部门考核。2006 年,对河北、辽宁、黑龙江、江苏、山东等 26 个试点地区验收。并组织了4 个专家组对 68 个试点地区审核。这次试点工作取得了很多收获。

2007 年,国家环保总局又发出了《关于深入开展生态环境监察试点工作的通知》,决定由 2007 年 7 月至 2009 年 12 月进行第二批生态环境监察试点。并且扩大试点范围(开展区域性试点工作,选择有积极性并有一定工作基础的河北省环保部门开展全省性生态环境监察试点工作,达到一定区域内全面展开生态环境保护执法工作的目的),增加试点数量(在原有 113 个试点单位的基础上,再新增市县级试点单位 73 个,起到以点带面、典型引路的目的),充实试点内容将资源开发(包括草原、湿地、矿产、土地、水资源等)、自然保护区、生态功能保护区、饮用水源保护区、近岸海域、农村(畜禽养殖、秸秆禁烧、网箱养鱼、有机食品生产基地)和非污染性建设项目(包括水利水电、交通建设、旅游开发、高尔夫球场等)的环境监察均纳入试点范围。

(三) 生态环境监察体制的探索

根据各地生态环境监察试点的经验,在当地人民政府主要负责人的主持下,成立一个有权威的生态环境保护领导组(例如创建生态市领导组、生态环境监察试点工作领导

小组），组织有关部门的负责人为成员，定期召开会议，可以解决生态环境保护中各部门间的协调问题。领导组的办公室设在环保局，可以解决环保部门对环境保护实施统一监督问题。领导组还要制订一系列工作制度，解决日常工作的开展问题。在统一行动的基础上，在现行法律法规的框架下，各地研究出台了《关于加强生态环境（监察区域）保护的决定》、《生态环境保护监督管理实施办法》、《加强资源开发生态环保监管工作意见》、《生态环境监察办法》等规范性文件和《生态环境违法案件移交制度》、《生态环境监察定期报告制度》、《生态环境监察工作制度及程序》等生态破坏案件移交、移办制度，明确各成员单位的职责。环保部门或其他部门发现生态环境破坏案件，应及时填写《案件移交书》移交责任部门处理。责任部门应在处理后向环保部门报告结果，由环保部门统一归档。各地可以依照国家环保部提出的"立足监督，各负其责，依法借权，联合执法"的方针，摸索生态环境监察的经验。

要将生态环境保护纳入环境保护目标责任制，利用这一制度组织和调动政府和各方面的积极性，大家一起保护生态环境。将生态环境保护的任务具体量化分配以后，环境监察部门据此进行监察。还可以将生态环境保护指标纳入城市环境综合整治定量考核指标体系，使城市环境综合整治也为保护生态环境作贡献。在各地创建环保模范城、生态省、生态市、生态县的过程中，环境监察机构一定可以发挥更大的作用。

还可利用部际联席会议、局际联席会议的形式，在政府领导下，由环保部门或计划经济综合部门牵头，与农、林、水、气、土、矿等部门互通信息、协调动作。要积极试行案件移送制度，把应由有关部门处理的案件移送相关部门办理，牵头单位定期检查办理情况。依法借权，发挥水政监察机构、森林警察、海洋监察、城建监察和国土资源执法监察等执法机构的作用。要运用生态环境保护规划、生态环境建设计划、生态环境影响评价等技术手段来提高生态环境保护的水平。

在充分试点的基础上，可以研究综合重轻化工各系统、农林水海、土矿气象各部门，省地市县各地区，水气声渣各要素，执法监察各机构，合力保护大环境，尤其是生态环境。

生态环境规划要提到重要工作内容上来，针对各地不同的生态环境问题，制定科学的生态环境规划，由政府组织实施。从根本上解决气候、气象、土地、水系、人口、物种和经济发展的合理匹配，按系统工程的规律协调各职能机构的动作，由环境监察机构具体实施监察，保证措施的落实。

（四）生态环境监察试点的成就

国家环保总局自 2003 年 4 月起在全国开展了生态环境监察试点工作，各试点地区政府高度重视生态环境监察工作，成立了由政府主要领导为组长，环保、农业、林业等有关部门负责人为成员的生态环境监察试点工作领导小组，制定了《生态环境保护监督管理实施办法》、《资源开发环保条例》、《加强资源开发生态环保监管工作意见》等规范性文件，不仅填补了法律法规对生态环境管理工作的某些空白，使生态环境监察工作有章可循，而且有效地建立了部门协调机制，充分发挥了环保部门统一监管的效能。以山东省为例，8 个试点地区均成立了试点工作领导小组，建立了相关职能部门主要负责人参加的联席会议制度，将生态环境监察试点工作的各项任务细化、量化，并列入当地政府的环保目标责任书，签订了责任书，作为考核各级领导干部政绩的重要内容。

生态环境监察工作涉及农、林、水、矿、渔、牧等众多部门，为充分发挥环保部门统一监管的作用，形成"以环保部门为主体、各部门齐抓共管"的协调机制，全国各试点地区积极探索，在实践中不断创新。针对生态环境监察工作中存在的多部门职能交叉现象，山东垦利县政府于 2003 年在全国率先出台了《生态环境违法案件移交处理办法》，建立了生态环境违法案件移交制度，实行依法"借"权。莱州市建立了《生态环境监察统一监管三项制度》，即生态环境监察定期报告制度、生态环境违法案件移交处理制度和联合执法制度，市农业局、林业局、水利局等 9 个相关职能部门依据相关法律的规定，各负其责，积极开展生态环境监察工作。浙江省丽水市成立了生态环境执法行动组，分别由环保、林业、公安、国土、水利 5 个职能部门牵头，针对不同生态监察对象开展执法行动。贵州试点地区规定各成员单位在日常工作中发现生态违法案件应及时向生态环境监察试点工作领导小组办公室报告，如不属于本部门管辖的应及时通过办公室向有管辖权的部门移交，并将处理结果通报成员单位，对较大或涉及较多部门的案件召开联席会议研究处理。各试点地区还通过 12369 环保举报热线、聘请生态环境保护义务监督员、有奖举报等形式，建立和完善了公众参与、监督机制，在全社会形成生态环境监察的社会监督网络，调动了广大群众参与生态环境保护的积极性。

自开展生态环境监察试点工作以来，全国各试点地区共开展生态环境现场监察 15654 次，查处生态破坏案件 5682 个，取缔、关闭违法企业 5148 个。山东省充分发挥环保部门统一监管职能，加强与各部门之间的协调配合，综合采用例行检查、专项行动、部门联合执法、人大执法检查等多种执法方式，组织开展了秸秆禁烧、规模化畜禽养殖、矿产资源开发、自然保护区等专项执法检查 1800 多次，查处各类生态违法案件 900 多起，取缔、关闭或迁移严重破坏生态环境的违法企业、单位 500 多家。新疆环境监察总队对西气东输、塔河治理工程现场监察 42 人（次），累计行程 8 万多 km，沿途各地州现场监察累计 200 人（次），累计行程 20 万 km。

我国生态环境监察试点工作的开展，有力地提高了各级政府对生态环境监察工作重要性的认识，增强了生态保护的责任感，形成了政府高度重视、有关部门共同努力、社会各界关心支持、广大群众积极参与的良好氛围，构建起了"以环保部门为主体、各部门齐抓共管"的外部协调机制和"分工明确、管理高效"的环保内部运行机制，有效地改善了当地生态环境，切实维护了生态环境安全。

思考与练习题

1. 什么是生态环境监察？生态环境监察有哪些特点？

2. 对生态功能保护区的环境监察要点有哪些？

3. 什么是"主体功能区"？优化开发、重点开发、限制开发和禁止开发区的政策各是什么？

4. 我国作为一个缺水国家，水资源开发利用项目生态环境监察要点有哪些？

5. 矿产资源、旅游资源等开发利用项目的生态环境监察要点有哪些？

6. 什么是"生态脆弱区"？生态脆弱区的生态环境监察要点有哪些？

7. 对农村的环境监察重点有哪些？

8. 简述我国生态环境监察体制的试点及其成效。

9. 你所在的地区生态环境监察是怎样进行的？

第五章 排污申报登记与排污核算

学习目标

通过本章的学习，要求学生掌握污染物的一般核算方法，并能根据项目情况，选择合适的方法进行排污核算。进一步掌握建设项目污染申报登记的工作程序和工作内容。通过练习填报《排放污染物申报登记统计表》，进一步熟悉建设项目污染物申报登记的环境法律规定和进行申报登记的步骤。

技能要求

1. 熟悉和掌握建设项目污染物的计算原理和方法。
2. 掌握项目污染申报登记的具体法律制度、程序和具体内容。
3. 能填报一般工业项目的《排放污染物申报登记统计表》。

任务分析

排污申报登记制度主要是为使环境保护部门掌握本地区的环境污染状况和变化情况以及排污单位的污染物排放情况，为环境监督管理提供基本依据。本章的主要任务是掌握工业企业排放污染物的一般核算方法，并能熟悉和掌握一般工业项目的污染申报登记程序和内容；结合具体个案，进行申报登记工作；同时，本章选择了具体项目要求学生按法定程序及内容进行填报相应统计表，掌握污染物申报要求。

案例导入

位于 A 市某工业区内的红日毛绒家纺有限公司现有 4 条亚格力毛毯生产线，年生产亚格力毛毯 480 万条。公司现有员工 75 人，年生产 300d，每天两班制，每班 8h。厂区占地面积 43135.9m²，建筑物包括一个剪花车间、一个后整理车间、一个自动印花车间，一个检验仓库、一个成品仓库和一个配电房，其主要生产工艺流程如下图所示。

任务：

1. 请分析该项目可选择哪种方法对项目污染物的产生量进行核算？若进行实际核算，还缺少哪些数据？

2. 该项目如何进行污染申报登记工作？

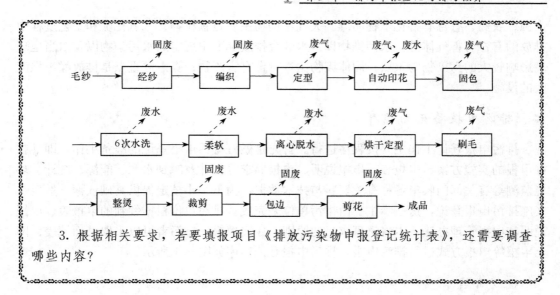

3. 根据相关要求，若要填报项目《排放污染物申报登记统计表》，还需要调查哪些内容？

第一节　排污申报登记制度

一、排污申报登记制度的概念

1982 年国务院发布《征收排污费暂行办法》，首次提出排污申报登记的概念，当时的排污申报登记仅仅为征收排污费服务，申报登记的内容只限于排放污水和废气污染物的种类、数量和浓度。1989 年《环境保护法》实施后，其中规定，排放污染物的企业、事业单位，必须依照国务院环境保护行政主管部门的规定申报登记。排污情况没有变化的，可以定期申报登记；排污情况如有重大变化，应当按规定提前进行申报或事后及时申报。排污单位在进行排污申报登记时，所报内容必须真实，不得瞒报或谎报，更不得拒报。《大气污染防治法》、《水污染防治法》、《固体废物污染环境防治法》、《环境噪声污染防治法》等法律法规都对排污申报登记制度作出了规定。

排污申报登记制度，是指向环境排放污染物的所有单位及个体工商户，按照环境保护法的规定，向所在地环境保护行政主管部门申报登记在正常作业条件下排放污染物的种类、数量和浓度，污染物排放设施、处理设施运行和其他防治污染的有关情况，以及排放污染物发生重大变化时及时申报的制度。申报的对象为辖区内所有排放废水、废气、固体废物、噪声的企业、事业、个体工商户、部队、社会团体、党政机关等一切排污者，但不包括居民排污者。排污申报登记制度主要是为使环境保护部门掌握本地区的环境污染状况和变化情况以及排污单位的污染物排放情况，为环境监督管理提供基本依据。排污申报登记制度是环境行政管理的基础工作，直接关系到环境保护的决策、管理和其他各项法律制度的实施。

根据规定，直辖市、设区的市级环境监察部门和县级环境监察部门负责辖区内排污者的排污申报登记管理工作。申报登记污染物的种类，是按照国家有关规定以及地方环境保护部门根据本地区的情况确定的，主要包括大气污染物、水污染物、固体废物、噪声源、农药、有毒有害化学物品等。大气污染物主要是颗粒物、二氧化硫和工艺过程中排放的有毒有害气体等；水污染物以污水综合排放标准中规定的水污染物以及对当地环境影响较大的污染物为重点；固体废物主查有毒有害废物；噪声源重点是排放噪声强度大的设施。

二、排污申报登记的程序

排污申报登记工作主要按程序进行。首先是做好排污申报登记的准备工作，即准备好申报的实施方案、申报表、申报说明、申报要求等，并及时到水源、能源、统计、环境监测等有关部门收集各种有关资料与技术数据，为下一步核定提供基础依据。然后是实施排污申报登记，这一步主要由排污单位来完成。排污单位根据领到的申报表、申报说明和申报管理办法，本着实事求是的原则，如实填报。排污者可以采取书面填表、网上申报等申报方式进行排污申报，排污申报登记程序如图 5.1 所示。

（一）申请

排污者向污染源所在地人民政府的环境管理机关提出申报登记申请，管理机关进行审查并作出是否同意申报的决定，发出通知。

（二）申报

申请者接到同意进行申报登记的通知后，按规定的范围和内容进行申报登记。

排污申报登记要求及时申报。排污者必须在每年 1 月 15 日前向环境监察机构申报本年度正常作条件下的排污情况，按要求填报《排放污染物申报登记统计表》，并提供必要的资料，申报表一般每年填报一次。排污者申报下年度排放污染物的种类、数量、浓度（强度）时，应以本年度实际排污情况和下年度生产计划所需产生的排污情况为依据。具备监测条件的，按照国家规定的强制检定的污染物排放自动监控仪器数据或污染源统一检测标准分析方法数据进行实际监测申报；对不具备监测条件的，按国家环境保护行政主管部门认定的物料衡算方法进行理论计算申报。新建、扩建、改建项目，应当在项目试生产前 3 个月内办理排污申报手续；项目通过竣工验收后 1 个月内办理正式申报登记手续。在建制镇及以上范围内产生建筑施工噪声的单位必须在开工前 15 日内办理排污申报登记手续，填报《建设施工排放污染物申报登记统计表》。当排污单位排放污染物需作改变或者发生污染事故等造成污染物排放紧急变化的，必须分别在改变 3 日前或变化后 3 日内填报相应的《排放污染物月变更申报表》，说明变更原因，履行变更申报手续。

依照国家环保总局《关于加强排污申报和核定工作的通知》规定，排污者按下列分类进行排污申报登记：

（1）纳入环境统计范围的工业企业，填报《排放污染物申报登记统计表》。

（2）小型企业、第三产业、畜禽养殖企业、个体工商户、医疗机构、机关、事业单位等其他排污者填报《排放污染物申报登记统计简表》。

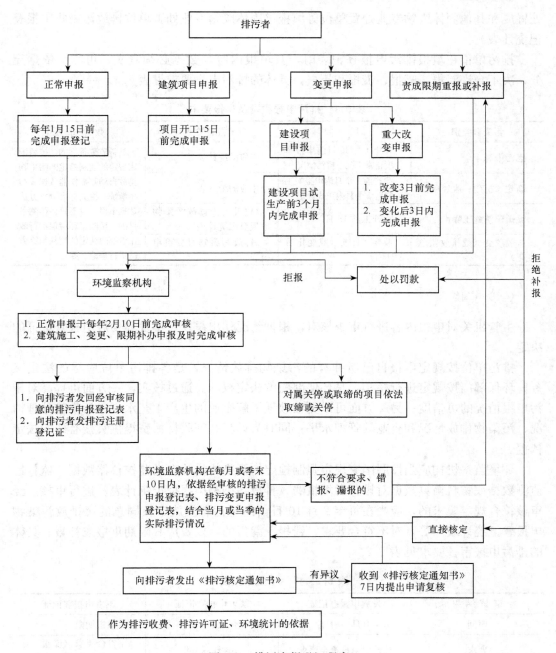

图 5.1 排污申报登记程序

（3）建设施工单位填报《建设施工排放污染物申报登记统计表》。

（4）污水处理单位包括城镇污水处理厂、工业园区、开发区废（污）水集中处理厂、其他经营性专门从事污水处理的排污者填报《污水处理厂（场）排放污染物申报登记统计表》。

（5）固体废物专业处置单位包括垃圾处理场、危险废物集中处置厂、医疗废物集中处置厂和其他固体废物专业处置单位等填报《固体废物专业处置单位排放污染物申报登记统计表》。

排污单位在填报排污申报登记表时，其填报内容与数据必须真实、可靠、依据充分，决不允许漏报、瞒报、谎报和拒报，具体的排污申报要求见表5.1。

表5.1 排污申报类型及申报要求

污染源类别	时　间	填报表类型	数　据　来　源
老污染源	每年1月15日前申报本年度正常工况下排污情况	相应的统计表	具备监测条件的，按照国家规定的强制检定的污染物排放自动监控仪器数据或污染源统一检测标准分析方法数据申报；对不具备监测条件的，按国家环境保护行政主管部门认定的物料衡算方法进行理论计算
新建、扩建、改建项目	生产前3个月内申报竣工验收后1个月内正式登记	相应的统计表	
城镇建筑施工噪声	在开工前15日	《建设施工排放污染物申报登记统计表》	
排放改变（或排放紧急变化）	改变3日前（或变化后3日内）	《排放污染物月变更申报表》	

（三）审核

主管机关对申报内容进行审查核对，根据情况作出缓发、不发和发放申报登记证的决定。

排污单位按规定申报自己所拥有的污染物排放情况，是各排污单位应尽的法定义务，环保部门按规定进行核实，是环保部门的法定权利。通过核实，一方面可提高对排污申报情况的可信度；另一方面可以更细致地了解企业的生产工艺水平、污染物处理情况、污染物排放情况和企业的管理水平；同时为计算和征收排污费提供直接有效的法定依据。

环境监察机构应当按照国家规定强制检定的污染物排放自动监控仪器数据、监督性监测数据或物料衡算数据对排污者填的《排放污染物申报登记统计表》进行审核。经审核符合规定要求的，应当在每年2月10日前向排污者发放审核同意的《排放污染物申报登记统计表》等，对不符合要求、错报、漏报的，要责成其限期重报或补报。具体的排污申报审核要求见表5.2。

表5.2 排污申报审核要求

审核结果	发放申报登记证	缓发申报登记证	不发申报登记证
时间	每年2月10日前	依限定期限	依限定期限
要求	统计表填报符合要求	错报、漏报	不符合要求（谎报）或申报内容发生重大改变的
审批文件	发回审核同意的《排放污染物申报登记统计表》	限期补报	限期重报

（四）核定

环境监察机构应在每月或每季度末10日内，对排污者的排污情况，依据《排放污染物申报登记统计表》和本月或本季度的实际排污情况进行核定。经核定后，符合规定要求的，环境监察机构应该在每月或每季度终了后 7 日内向排污者发出、送达上月或上季度月污染量核定通知书。

排污者对核定结果有异议的，自接到《排污核定通知书》之日起 7 日内，向发出通知的环境监察机构申请复核；环境监察机构应当自接到复核申请之日前 10 日内做出复核决定，并将《排污复核通知书》送达排污者。

对谎报或漏报的，由县级以上环境保护行政主管部门环境监察机构责令其限期补报，逾期未补报的视为拒报。对拒报《排放污染物申报登记统计表》事项的排污者，由环境监察机构直接核定排污情况，拒缴其所欠排污费，并按照有关环境保护的法律、法规的规定予以处罚。

三、排污申报登记的内容

（一）申报登记的内容

排污申报登记是发放排污许可证的基础工作，一般要求申报内容包括企业基本情况、上年污染物排放情况、本年污染物排放申报等内容。

（1）排污者的基本情况。包括企业详细地址、单位类别、上年生产情况、主要产品和原辅材料年产（用）量、锅炉及窑炉情况、废气处理情况、上年排污费缴纳情况等。

（2）用、排水情况。包括新鲜用水情况、循环用水情况、排水情况、污染物排放浓度与排放量、污染治理设施运行与处理情况等。

（3）废气排污情况。包括工艺废气排放位置、污染物排放量、污染治理设施运行情况等。

（4）噪声排放情况。包括噪声源名称、位置、昼夜间噪声排放强度情况等。

（5）固体废物产生、处置与排放情况。包括固废名称、产生量、处置量、排放量等。

（6）排污许可证情况。

（7）本年度污染物排放申报。包括污水、废气、噪声、固体废物等排放申报。

（8）生产工艺示意图。

主要的申报登记内容详见附录十《排放污染物申报登记统计表》。

（二）审核及核定的内容

1. 对申报表本身内容的审核和核定

主要审核其数据及计算依据和有关技术资料是否齐全，逻辑是否合理，各种关系是否成立等。

（1）内容是否齐全及时。首先应审核排污单位申报内容是否齐全，不能丢项、漏数，规定要填的内容必须齐全，填报时间必须及时。

（2）企业给水、排水及循环水关系。由自来水或自备用水量确定企业用水量，并与其排水量进行比较，视其关系是否合理，看水量平衡误差是否在所掌握的范围以内，同时要审核循环水量是否合理。

（3）单位产品、能源、水源、原材料耗用量与产品产量、废水、废气、废渣及污染物排放量关系能否对应。

（4）污染物实际排放情况与设计情况和管理水平的关系是否相符。

（5）年产量与日产量及开工天数关系是否相符。

2. 利用多年积累的数据进行审核和核定

工业污染调查、排污收费、环境统计年报、以往排污申报登记情况、污染设施验收情况、三同时审批情况等，均取得了一些有益的资料，当发现申报登记数据与上述资料有较大的出入时，企业应解释清楚，并拿出依据。

3. 利用有关部门的资料进行审核

利用水源、能源、统计等部门的有关资料核实其耗水量、耗能量、原料用量、产品产量等，然后根据生产工艺和管理水平采用理论方法推算排污量，从而核定其填报数据的准确性。

4. 监测复核

对申报数据和有关内容有疑问时，可以进行监测复核，对申报登记单位进行抽查；必要时，可对重点排污企业进行连续监测，通过一定时段的连续监测，确定企业排污量，并与企业申报量核对。

监察部门拟订排污收费污染源监督性监测计划，报主管部门审核后交由监测站组织实施。

5. 现场监察复核

除审核报表的真实性外，还要对重点污染源和有异议的排污单位进行现场监察复核，现场监察复核主要内容如下：

（1）对整个生产工艺从原料到产品进行全方位调查核实，从原料的性质与用量，工艺方法与水平，产品产量与产品性质，副产品产量与废物产生量及物质流失量与流失去向等，核准其污染物排污去向与排污量。

（2）审核企业排污口以及各排污口位置是否与报表一致。

（3）生产情况是否正常，污染处理设施是否正常运转，产生污染物的主要车间或工段及主要投加的原料是否相一致，排污去向是否正确，各排污口的排污量申报数与现场调查测试数是否一致。

第二节　主要污染物排放量的核定

一、污染物核算主要方法

污染物排放量是进行排污申报最重要的基础数据，通常可以采用三种方法，即实测法、物料衡算法和排放系数法。这三种方法各有所长，互为补充，应用时可以根据具体情况选择一种方法进行计算。

（一）实测法

实测法就是按照监测规范，连续或间断采集样品，分析测定工程或车间外排的废水和废气的量和浓度。废水、废气污染排放量计算公式如下：

$$G=KCQ \tag{5.1}$$

式中：G——废水、废气中污染物排放量，t/a 或 t/d；

　　　C——污染物的实测浓度，mg/L（废水）或 mg/m³（废气）；

　　　Q——单位时间废水、废气排放量，m³/a 或 m³/d；

　　　K——单位换算系数，废水为 10^{-6}，废气为 10^{-9}。

如果污染源有几个排放口，每个排放口所排放废水或废气中的污染物不止一种，则污染源中每种污染物的排放总量为各个排放口分量之和。

由于 C 是实测污染物浓度，因此比较接近实际，但其前提是所测定的数据要求具有代表性、准确性。因此，测定时常常不能只测定一次，而是需进行多次测定，获得多个浓度值。此时，污染物最终浓度值 C 取值可有两种情况：如果废水或废气流量只有一个测定值，而污染物的浓度测定反复多次，C 可取算术平均值；如果废水或废气流量反复测定多次，此时废水或废气的流量可取算术平均值，而污染物的浓度则取加权算术平均值。计算公式如下：

$$\overline{Q}=\frac{1}{m}\sum_{k=1}^{m}Q_k \tag{5.2}$$

$$\overline{C}=\frac{\sum_{k=1}^{m}Q_kC_k}{\sum_{k=1}^{m}Q_k} \tag{5.3}$$

式中：$\overline{Q}$——废水或废气的平均流量，m³/h；

　　　C_k——第 k 次实测的污染物浓度，mg/L（废水）或 mg/m³（废气）；

　　　m——测定的总次数；

　　　k——测定次数的下标变量；

　　　$\overline{C}$——污染物加权算术平均浓度，mg/L（废水）或 mg/m³（废气）。

（二）物料衡算法

1. 物料衡算法的原理

物料衡算法是对生产过程中所使用的物料情况进行定量分析的一种科学方法，它是根据质量守恒定律对某系统进行物料的数量平衡计算。在生产过程中，投入某系统的物料质量必须等于该系统产生物质的质量，即等于所得产品的质量和物料流失量之和，根据质量守恒定律，可以得到通用数学公式：

$$\sum G_{投入}=\sum G_{产品}+\sum G_{流失} \tag{5.4}$$

式中：$\sum G_{投入}$——投入系统的某种物料总量；

$\sum G_{产品}$——产出产品中含有的某种物料总量；

$\sum G_{流失}$——某种物料在生产过程中的流失总量。

根据污染物的排放情况，某物料总的衡算公式如下：

$$\sum G_{排放} = \sum G_{投入} - \sum G_{回收} - \sum G_{处理} - \sum G_{转化} - \sum G_{产品} \qquad (5.5)$$

式中：$\sum G_{排放}$——污染物的排放量；

$\sum G_{回收}$——进入回收产品中的量；

$\sum G_{处理}$——污染物经净化装置处理掉的量；

$\sum G_{转化}$——生产过程中被分解、转化的量。

2. 物料衡算法的步骤

（1）确定物料衡算的对象范围或边界（系统、一个或多个设备），画出物料衡算方框图。物料衡算一般分为两类：一类是整个工艺（或生产）过程，包括各步骤的物料衡算；另一类是仅针对个别设备设计的物料衡算。有时是仅进行其中一类计算，有时是两类计算先后均需进行。因此，在进行物料衡算以前，要根据所研究问题的性质、目的和要求，以及有利于分析和计算，正确地确定所在研究的系统或体系，确定好边界线。

（2）收集物料衡算的基础资料。根据物料衡算的要求，画出生产工艺流程示意图和写出相应的生产过程中的化学反应方程式（包括主副反应），以此作为计算依据。并收集物料衡算的各种资料和数据，包括物料流量、污染物年（日）排放量、废物去除率、排放要求、年工作天数等。

（3）选定计算基准。基准选择分为三种情况：一是根据工艺过程的状态分为稳态过程与批处理过程来选定，前者以单位时间消耗的原料量或产出的产量为基准（如 t/d、kg/h 等），后者以每批处理量为基准，如加入设备的每批原料（kg/批）、产出产品（kg/批）、排出废物（kg/批、m^3/批）等；二是根据进出物料的组成为质量百分数与摩尔百分数来选定，前者常以 1t、100kg 进料（或出料）为计算基准，后者常用 1kmol 或 1mol 进料（或出料）为计算基准；三是在计算过程中将所有的污染物转换到某一基准物进行衡算，以便进行比较和评价。如将所有的铬酸盐、重铬酸盐、铬的氧化物都折算成基准物铬来进行计算和比较，将所有的硝基物都折算成硝基苯来进行计算和比较。

（4）应用以上衡算模式，进行物料衡算。衡算以简便、精确为原则选择计算方法。

（5）物料衡算结果的分析及应用。根据前面衡算结果，确定最终污染物的排放量。

3. 物料衡算基本模型

1）无化学反应的物料衡算

物料进出系统过程中，如果不发生化学反应，即其分子结构没有变化，而只有形状温度等物理性能的变化，对于这种情况的物料衡算，其计算过程比较简单，现举例说明其计算方法。

例 5.1　设进入某除尘系统的烟气量 Q_0 为 12000m³/h（标态），含尘浓度 c_0 为 2000mg/m³，收下的粉尘量 G_2 为 22kg/h，若不考虑除尘系统漏风的影响，试求净化后废气的含尘浓度 c_1 及除尘效率。

解　进入除尘系统的烟尘量为

$$G_0 = Q_0 \times c_0 = 12000 \times 22000 \times 10^{-6} = 26.4 \ (kg/h)$$

该烟尘分为收集下来的粉尘 G_1 和外排的粉尘 G_2 两部分，对该除尘系统作物料衡算得

$$G_0 = G_1 + G_2$$
$$G_1 = G_0 - G_2 = 26.4 - 22 = 4.4 \ (kg/h)$$

如果系统不漏风，则

$$Q_1 = Q_0 = 12000 m^3/h$$

外排粉尘浓度为

$$c_1 = G_1/Q_1 = 4.4 \times 10^6 / 12000 = 366.67 \ (mg/m^3)$$

该系统的除尘效率为

$$\eta = G_2/G_0 = 22/26.4 = 83.33\%$$

2）具体化学反应的物料衡算

由于过程中有化学反应发生，转变为新物质，反应前后物质及分子量均发生变化，物料衡算应根据化学反应式进行，这时的衡算可以按以下步骤进行：

（1）将反应前后化学计量关系及相对分子质量变化关系带进衡算式中，进行衡算。

（2）选用某一基准物质，对该基准物在反应前后及物料流中的迁移情况进行衡算。

（3）利用反应前后各元素的原子相等的原理，对选定的衡算范围作原子衡算。

下面举例说明。

例 5.2　某化工厂年产重铬酸钠（$Na_2Cr_2O_7 \cdot 2H_2O$）2010t，纯度为 98%，每吨重铬酸钠耗用铬铁矿粉（$FeO \cdot Cr_2O_3$）1440kg，铬铁矿粉含 Cr_2O_3 量为 50%，重铬酸钠转炉焙烧转化率为 80%，含铬废水处理品量为 75000m³，处理前废水六价铬浓度 c_0 为 0.175kg/t，处理后废水六价铬浓度 c_1 为 0.005kg/t，铬渣、铁渣、芒硝未处理，试求该厂全年六价铬的流失量。已知生产过程中化学反应方程式为

$$FeO \cdot Cr_2O_3 + 2Na_2CO_3 + H_2SO_4 + \frac{7}{4}O_2 \longrightarrow Na_2Cr_2O_7 + Na_2SO_4 + \frac{1}{2}Fe_2O_3 + H_2O + 2CO_2 \uparrow$$

解　计算中选择铬作为基准物，以铬的迁移转化作为物料衡算的基础。

铬铁矿粉中铬与产品重铬酸钠分子量比值为 104/298，它与铬铁矿粉中 Cr_2O_3 分子量比值为 104/152，原料中总耗量中有效使用的铬量为

$$G_{原} = 2010 \times 1440 \times 0.5 \times (104/152) \times 0.8 = 792152 \ (kg)$$

重铬酸钠产品中的铬含量为

$$G_{产} = 2010 \times 0.98 \times (104/298) \times 1000 = 68744 \ (kg)$$

废水处理中处理掉的铬量为

$$G_{处} = 75000 \times (c_0 - c_1) = 75000 \times (0.175 - 0.005) = 12750 \ (kg)$$

则铬的总流失量为

$$G_{总}=G_{原}-G_{产}-G_{处}=792152-687447-12750=91955 \quad (kg)$$

其中废水中铬的流失量为

$$G_{水流失}=75000 \times c_1=75000 \times 0.005=375 \quad (kg)$$

在铬渣、铁渣、芒硝中流失的铬量为

$$G_{渣流失}=G_{总}-G_{水流失}=91955-375=91580 \quad (kg)$$

（三）排放系数法

根据生产过程中单位的经验排放系数进行计算求得污染物排放量的计算方法叫排放系数法。排放系数是根据实际调查数据，不断积累并加以统计分析而得出的，因此，排放系数法具有一定的经验性。

1. 产污系数和排污系数

污染物产生系数（简称产污系数）是指在正常技术经济和管理条件下，生产单位产品或单位强度的产生污染活动所产生的原始污染物量。污染物排放系数（简称排污系数）是指上述条件下经污染控制措施削减后或未经削减直接排放到环境中的污染物量。显然，产污系数和排污系数与产品生产工艺、原材料、规模、设备技术水平以及污染控制措施有关。

产污系数又分为个体产污系数和综合产污系数。个体产污系数是指特定产品在特定工艺、特定规模、特定设备技术水平以及正常管理水平条件下求得的产品生产污染物产生系数。综合产污系数是指按规定计算方法对个体产污系数进行汇总求取的一种产污系数平均值。因此，综合产污系数代表指定产品在该行业生产活动中生产单位产品排放污染物的平均水平。

2. 污染物排放量的计算

污染物的产生量可以用下式计算：

$$G=KM \tag{5.6}$$

式中：G——某污染物的产生量；

K——单位产品的经验产污系数；

M——某产品的年产量。

污染物的排放量可以用下式计算：

$$G'=K'M \tag{5.7}$$

式中：G'——某污染物的排放量；

K'——单位产品的经验排污系数。

3. 主要工业产品综合产污系数和排污系数

根据《工业污染物产生和排放系数手册》，共有几十种产品的 4000 多个系数供参考。这些系数是指产品在不同生产工艺、不同技术水平、不同原材料的情况下，按照各种类型企业的权重综合计算出的系数，反映了本产品目前排污的全国平均水平，对污染物排放的计算具有重要的参考价值。读者可参阅相关手册进行查阅。

二、燃料燃烧废气污染物排放量的计算

1. 燃煤烟尘量的计算

燃煤烟尘主要包括黑烟和飞灰两部分。黑烟是指烟气中未完全燃烧的炭粒，燃烧越不完全，烟气中黑烟的浓度越大。飞灰是指烟气中不可燃烧的矿物质的细小固体颗粒。黑烟和飞灰的产生量都与炉型和燃烧状态有关。

1）实测法

在一定的测试条件下，测出烟气中烟尘的排放浓度，然后用下式计算：

$$G_d = 10^{-6} Q_y \overline{C} T \tag{5.8}$$

式中：G_d——烟尘排放量，kg/a；

$\quad\quad Q_y$——烟气平均流量，$\mathrm{m^3/h}$；

$\quad\quad \overline{C}$——烟尘排放平均浓度，$\mathrm{mg/m^3}$；

$\quad\quad T$——排放时间，h/a。

2）估算法

对于无测试条件和数据的或无法进行测试的，可采用下式计算：

$$G_d = \frac{BAd_{fh}(1-\eta)}{1-C_{fh}} \tag{5.9}$$

式中：B——耗煤量，t/a；

$\quad\quad A$——煤的灰分，%；

$\quad\quad d_{fh}$——烟气中烟法占灰分量的百分数，%，其值与燃烧方式有关，具体可查阅相关手册；

$\quad\quad \eta$——烟尘系统的除尘效率，未装除尘器时，$\eta=0$；

$\quad\quad C_{fh}$——烟尘中的可燃物的质量百分数，%，一般取15%～45%，电厂煤粉炉可取4%～8%，沸腾炉可取15%～25%。

2. 二氧化硫的计算

1）燃煤

煤炭中的全硫分包括有机硫、硫铁矿和硫酸盐，前两种为可燃性硫，燃烧后生成二氧化硫，第三种为不可燃硫，燃烧后进入灰分。通常情况下，可燃性硫占全硫分的80%～90%，计算时可取85%。在燃烧过程中，可燃性硫和氧气反应生成二氧化硫。每1kg硫燃烧将产生2kg二氧化硫。因此，燃煤产生的二氧化硫可以用下式进行计算：

$$G(\mathrm{SO_2}) = 2 \times 85\% \times B \times S = 1.7BS \tag{5.10}$$

式中：$G(\mathrm{SO_2})$——二氧化硫产生量，kg；

$\quad\quad B$——耗煤量，kg；

$\quad\quad S$——煤中的全硫分含量，%。我国各地的煤含硫量不一样，具体数值可由煤炭生产厂提供煤质报告或自行测定所使用煤的含硫量。

2）燃油

燃油产生的二氧化硫计算公式与燃煤基本相似，具体如下：

$$G(SO_2) = 2 \times B \times S \qquad (5.11)$$

式中：B——耗油量，kg；

S——燃油中的硫含量，%。

3）天然气

天然气燃烧产生的二氧化硫主要由其中所含的硫化氢燃烧产生的，因此二氧化硫计算公式如下：

$$G(SO_2) = 2.857 B \varphi_{H_2S} \qquad (5.12)$$

式中：B——气体燃料量，m³；

φ_{H_2S}——气体燃料中硫化氢的体积百分数，%；

2.857——1 标准立方米二氧化硫的质量，kg。

以上燃烧系统如果没有配置脱硫设施，燃烧产生的二氧化硫将全部排放；如果燃烧系统有脱硫装置，则二氧化硫的排放量为

$$G_p = (1 - \eta)G(SO_2) \qquad (5.13)$$

式中：G_p——二氧化硫排放量，kg；

η——脱硫效率，%。

3. 氮氧化物的计算

燃料燃烧生成的氮氧化物主要有两个来源：一是燃料中含氮的有机物，在燃烧时与氧反应生成的大量一氧化氮，通常称为燃料型 NO；二是空气中的氮在高温下氧化为氮氧化物，通常称为温度型氮氧化物。燃料含氮量的大小对烟气中氮氧化物浓度的高低影响很大，而温度是影响温度型氮氧化物量的主要因素。对于燃料燃烧产生的氮氧化物量可用下式计算：

$$G_{NO_x} = 1.63B \, (N\beta + 0.000938) \qquad (5.14)$$

式中：$G(NO_x)$——燃料燃烧生成的氮氧化物的量，kg；

B——煤或重油耗量，kg；

N——燃料中氮的含量，可查表或自行测定；

β——燃料氮向燃料型 NO 的转变率，%，与燃料含氮量 n 有关，一般燃烧条件下，燃煤层燃炉可取 25%～50%；$n \geqslant 0.4\%$ 时，燃油锅炉为 32%～40%，煤粉炉可取 20%～25%。

4. 生产过程产生污染物量的计算

工业生产过程也会产生大量的各种大气污染物，并且工业生产过程涉及的工艺众多，排放污染物各不相同。相同生产工艺，由于水平不同，各个不同污染源所排放的污染物量也不同。因此，对于工业生产过程中大气污染物排放量的获得，最基本的途径是采取实际测量的办法，在不能实际测量或需要进行预估时，可采用排放系数法和经验法计算，具体的计算在实际操作时灵活采用，本书不一一介绍。

三、污水量和污水中污染物排放量的计算

（一）用水量计算

1. 工业用水总量的确定

工业用水量是工业企业完成全部生产生活过程所需要的各种水量的总和，它包括取水量与重复利用水量之和，即：

$$工业用水量＝工业取水量＋重复利用水量$$

其中，工业取水量为企业实际从各种水源引取的、为生产生活所用的新鲜水量；重复利用水量是指工业企业内部生产和生活用水中，循环利用的水量和直接或经处理后回收再利用的水量（所串联用水量）。

由于厂区生活用水和其他用水较生产用水量小很多，通常未单独设表计算，为了计算方便，可以将其他用水归入生活用水量，因此，企业用水总量可以用下式表示：

$$W＝W_1＋W_2＋W_3 \tag{5.15}$$

式中：W——工业用水总量，t 或 m^3；

W_1——工业重复用水量，t 或 m^3；

W_2——工业新鲜用水量，t 或 m^3；

W_3——厂区生活用水量（包括职工生活、绿化及医疗等用水），t 或 m^3。

2. 新鲜用水量的计算

新鲜用水量是指企业从自备水源（地下水源和地面水源）或城市自来水系统取用的新鲜水总量。新鲜水量可采用水表或流量计进行测算。

$$W_2＝W_P＋W_L－W_V \tag{5.16}$$

式中：W_2——厂区新鲜用水量，t 或 m^3；

W_P——企业自备水源供水量，t 或 m^3；

W_L——来自城市自来水的供水量，可从进厂自来水水表读取，t 或 m^3；

W_V——厂家属区生活用水量，t 或 m^3；可按人均用水量与用水天数和人数计算，若厂区供水系统与厂家属区供水系统各自独立，则 $W_V＝0$。

3. 重复用水量的计算

在工业生产中，按给水的线路和利用程度，给水系统可分为直流给水系统、循环给水系统、循序给水系统三种。直流给水系统指工业生产用水由就近水源取水，水经过一次使用后便以废水形式全部或大部分排入水体。其生产用水量等于企业从地下或地面水源取用的新鲜水量。循环给水系统指使用过后的水经适当处理后重新回用，不再排入水体。在循环过程中所损耗的水量，须从水源取水加以补充。循序给水系统是将由水源送来的水先供一车间使用，该车间使用后的水或直接送下一车间使用，或经适当处理后（冷却、沉淀等）后加压送下一车间或其他车间使用，然后排放，这种系统有时也叫串级给水系统。

重复用水量包括企业内循环使用、循序使用的水量。在循环给水系统中，循环水是使用后经过处理后或直接回用的水。循环过程中可能有水损耗，可用新鲜水补充。重复用水量计算公式如下：

$$W_1 = W_s - W_c \tag{5.17}$$

式中：W_s——未采用重复用水措施时所需的新鲜水量，t 或 m^3；

W_c——采用重复用水措施后所需的新鲜水量，t 或 m^3。

重复用水率为

$$K = (W_1/W_s) \times 100\% \tag{5.18}$$

例 5.3 某造纸厂日产某型号纸张 3000t，每吨纸约耗水量 450t，经工艺革新后，生产工艺中采用了逆流漂洗和白水回收重复利用，吨纸耗水量降至 220t，试求该厂每日的重复用水量和重复用水率。

解 工艺革新前的造纸日用新鲜水量为

$$W_s = 3000 \times 450 = 1350000 \ (t/d)$$

工艺革新后的造纸日用新鲜水量为

$$W_c = 3000 \times 220 = 660000 \ (t/d)$$

该厂的重复用水量为

$$W_1 = W_s - W_c = 1350000 - 660000 = 690000 \ (t/d)$$

该厂的重复用水率为

$$K = (W_1/W_s) \times 100\% = 51.11\%$$

（二）污水排放量计算

工业污水的排放量可采取水平衡法、实测法和排放系数法等计算。

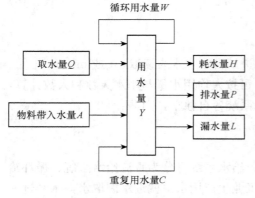

图 5.2 水平衡关系图

1. 水平衡法

在工业企业内部或任意一个用水单元，都存在水平衡的关系，具体工业用水量和排水量的关系见图 5.2。

根据水平衡关系式：

$$Q + A = H + P + L$$

可计算排水量：

$$P = Q + A - H - L$$

2. 实测法

废水排放量采用实测法是最直接、最准确的方法，实测时应首先测定废水的流量或流速（如果测的是流速则应乘以水流截面积），从而计算得出废水排放量。

（三）污水中污染物排放量的计算

污水中污染物排放量一般可选取实测数据直接计算，若不具备测量条件，也可选择物料衡算法、排放系数法对污染物排放量进行计算，具体计算方法可参见本章第一节内容，在此不再重复。

思考与练习题

1. 什么是排污申报登记制度？请简述其具体程序。

2. 目前主要污染物排放量的核算方法有哪些？

3. 某企业采用高低硫煤混合使用，全年统计，含硫 1% 的煤耗用量为 1000t，含硫 1.5% 的煤耗用量为 800t，该企业的平均脱硫率为 60%。问混煤的平均含硫量为多少？该单位年燃煤二氧化硫排放量是多少？

4. 请结合具体项目，说明如何进行污染申报登记工作，并简要填报《排放污染物申报登记统计表》。

(1) 某企业年投入物料中的某污染物总量 9000t，进入回收产品中的某污染物总量为 2000t，经净化处理掉的某污染物总量 500t，生产过程中被分解、转化的某污染物总量 100t，某污染物排放量为 5000t，则进入产品中的某污染物总量是多少？

(2) 某城市有以煤为燃料的火力发电站，年燃煤量为 200 万 t，煤的含硫量为 1.08%，试计算该火力发电站产生的 SO_2 量。若安装脱硫装置，其效率为 60%，试计算该火力发电站排放的 SO_2 量。

第六章 排污收费

学习目标

通过本章的学习，知道排污收费制度实施的理论依据、实践基础和现实意义；熟悉有关排污收费制度的法律、法规和相关配套规定的主要内容；掌握排污收费的程序并能运用程序处理相关事务；掌握排污收费制度实施过程中的相关问题的处理依据和方式；掌握污水排污费、废气排污费、噪声超标排污费和危险废物排污费的计征原则、计征标准和计算方法。通过案例分析和计算练习，具备按照排污收费程序处理排污收费事务的能力和计算排污费的能力。

技能要求

1. 知道和熟悉《排污费征收使用管理条例》及其相关配套规定，会检索和查询相关的信息。

2. 能按照排污收费的程序处理排污收费相关事务，运用排污收费法律法规知识正确处理相关违法行为。

3. 能正确计算排污单位的排污费。

任务分析

排污收费是环境监察机构的一项核心工作，是"强化环境执法手段，促进污染治理减排"的重要手段。本章的任务是能从概念、内容、程序等方面全面的认识排污收费制度；掌握排污收费的计征原则、计征标准和计征方法，并能运用排污收费的程序处理排污收费相关事务；能根据排污单位排污情况，独立的计算排污单位应缴纳的排污费。

案例导入

案例一：某市南海酒店是中外合资企业，该酒店在经营活动中，每月排放污水 9945t，所排污水 COD 平均为 538.5mg/L，均超过排放标准。2003 年 9 月以来，在区环境监察大队多次派人去函催缴的情况下，仍拒不按规定缴纳超标排污费。南海酒店老板陈某述其拒缴的理由是：第一，该酒店的污水是先通过市政管道排入污水处理厂，然后才排放入海的，因此该酒店的污水并非直接排入环境，不应收费；第二，该酒店的污水排入污水处理厂经其集中处理，并已向其交纳了一定的费用，在此基础上又收取超标排污费已造成了重复收费，加重了企业负担；第三，环境监察大队在酒店排污管口采样测定污水污染值作为超标收费的依据，但实际上污水又排入污水处理厂经过了集中处理，无论怎样，污水所含污染物含量都会因集中处理后而有所下降，因此，在排污口测定的污染物含量忽略了所经过的污水处理过程，这是不合理的；第四，南海酒店属中外合资企业，对是否应缴费有不同意见，协商达成一致意见需要一段时间，这段时间不应算在拒缴时间内。

任务：

1. 作为环境监察人员，对于南海酒店所陈述的理由，请逐条予以答复。

2. 作为环境监察人员，对于南海酒店所陈述的理由，你应该怎样处理这一超标排污拒交排污费的行为？

3. 如果这一行为发生在 2008 年《水污染防治法》修订之后，又应该如何处理呢？

案例二： 根据材料所描述的我国某燃煤电厂污染物产生和治理情况，讨论该燃煤电厂的排污费的核算所需数据。并完成相关排污费的核算。

材料： 燃煤电厂的污染物主要是燃料燃烧产生的大气污染，冲灰水污染和软化水处理车间化学废水污染，煤燃烧后的粉煤灰等污染物。

废气： 燃煤电厂产生和排放的废气量特别大，每吨煤产生的废气量在 8500Nm³ 左右，燃煤电厂产生的废气中的污染物有烟尘、SO_2、CO、NO_x 等。燃煤电厂燃料煤中的氮在燃烧时 20%～30% 转化为 NO_x。烟尘产生量与机组水平和煤炭灰分有直接关系。当除尘设施的除尘率为 99% 时，排放率为 1%，随烟气排放的烟尘量约为 2kg/t 煤，烟尘浓度约为 235mg/m³，当排放率为 n% 时，随烟气排放的烟尘量约为 2n kg/t 煤，烟尘浓度约为 235n mg/m³。SO_2 主要与煤炭中的硫分和脱硫率有关，其计算通常采用物料衡算法公式计算排放量：$G_{SO_2} = 2 \times 80\% SB (1-\eta)$。产生 NO_x，一般粉煤炉为 6～7kg/t 煤，沸腾炉为 3kg/t 煤；旋风炉为 12kg/t 煤。

废水： 燃煤电厂产生的废水量很大，单位发电耗水量 34 万 m³/(亿 kW·h)（约合 6.5m³/t 煤），工业用水重复利用率达到 69%。每吨灰渣要用 18m³ 冲灰水，冲灰水中含主要污染物 SS 40mg/L，pH 为 8～11。软化水处理车间化学废水量为处理水量的 10%（处理水量约为锅炉循环水量的 3%～5%）

废渣： 燃煤电厂粉煤灰产生的数量，大约为耗煤量与平均灰分乘积的 105%。

电力工业污染物产生量核算表

项目	废气量	SO_2/kg	NO_x/kg	粉煤灰/m³	软化车间处理水量/m³	冲灰水/m³	除尘 99% 烟尘排放量/kg
耗煤 1t	8500	1600S (1-η)	6～7	1.05A	6.5×69%×4%	1.05A×18	2

注：S 为含硫量（%），η 为脱硫率（%），A 为灰分（%）。

根据以上表格中的数据，假如某燃煤电厂粉煤炉每月共消耗燃煤 15 万 t，燃煤含硫 0.8%，灰分含量为 30%，氮氧化物排放强度为 6kg/t 煤，没有采取脱硫设施。软化水处理车间处理水量约为锅炉循环水量的 4%，冲灰水的循环利用率为 90%，烟尘除尘率为 99%。

任务：

1. 该电厂所排放的污染物种类有哪些？

2. 如果要计算该电厂每月应缴纳的排污费，应该缴纳哪几种排污费？

3. 在核算排污费的过程中，计算污水排污费还需要获取哪些数据？你能计算出冲灰水和软化车间的废水量各是多少吗？

4. 试核算该电厂每月应缴废气排污费多少元？

第一节　排污收费制度的主要内容

一、排污收费制度概念

（一）定义

排污收费是指国家环境保护行政管理部门根据环境保护法律、法规，对直接向环境排放污染物的单位和个体工商户（即以下简称排污者）征收一定数额的费用。

排污收费制度是指有关征收排污费的对象、范围、标准以及排污费的征收、使用、管理和罚则等规定的总称。

（二）作用

1. 排污收费已成为环境执法的重要手段

"十一五"时期以来，按照解决环境问题的方式从主要用行政办法逐步转变为综合运用法律、经济、技术和必要的行政办法的要求，在近年来的环保专项行动中，各地大都采取追缴排污费和加大惩罚力度的做法；修订后的《水污染防治法》已将排污收费规定为计算违法处罚金额的基数；在企业上市环保核查、环保补助专项资金安排等工作中都将是否足额缴纳排污费作为必备条件。这些实践表明，排污收费在发挥促进污染治理减排和筹集环保资金的经济手段作用的同时，越来越多地发挥了环境执法手段作用。

2. 排污收费促进污染治理和减排工作

现在，全国各省级、地市级、县区级单位，都全面开展了排污收费。从超标收费开始、再到总量多因子收费以及部分地方先行提高收费标准，每一次征收方式进步和征收标准的提高都调动了排污单位污染治理积极性。排污费资金收入开辟了一条环保专项资金渠道，又直接拉动了污染治理和减排。从 1979 年到 2003 年 7 月 1 日《排污费征收使用管理条例》实施前，全国共征收排污费 671.75 亿元，《排污费征收使用管理条例》实施后到 2009 年 6 月底，全国征收排污费 807.75 亿元，30 年全国累计征收排污费 1479.5 亿元，缴费企事业单位和个体工商户近 50 万个。从 1979 年到 2003 年，排污费用于污染治理的资金 392.5 亿元，占使用总额的 62%，项目总数达 36.7 万个。2003 年后，排污费征收使用管理体制发生重大改变，仅就中央本级 6 年共安排污染源治理、区域流域污染防治、新技术工艺推广项目 793 个，中央补助地方和企业的资金达 40.6 亿元。实行排污收费制度，促进防治污染，改善环境质量产生的效益是多层次、全方位的综合效益。

3. 排污收费保障环保事业发展

改革开放初期，为保障环保事业发展，国家规定排污费资金的 20%加"四小块"可以补助环保部门事业发展，截至 2003 年 7 月，全国用于环保事业发展的补助资金达 246.91 亿元，占使用排污费资金总额的 38%。2003 年以后，通过中央环保专项资金项目申报指南的方式，细化了排污费资金的使用渠道，带动了地方出台相关政策，支持了环保系统能力建设。国家和地方这些政策规定是不同历史时期符合中国国情的正确选择，没有排污收费就没有环境保护事业今天的发展，从这个角度说，"排污收费是环境保护的生命线"是恰如其分的。

4. 排污收费培养环境监察队伍

众所周知，环境监察是在排污收费基础上发展起来的。排污收费工作量大面广，政策性强，是一项专业性很强的监督管理工作。针对基础环保执法和排污收费力量薄弱问题，20 世纪 90 年代，原国家环保局决定以排污收费队伍为主，建立统一的环境监督执法队伍。环境执法队伍从最初的排污收费扩展到污染源形成执法、生态环境执法、排污申报、环境应急管理、环境纠纷查处等现场执法的各个领域。2008 年年底，全国各级机构已发展到 3041 个，在编 6 万人，占全环保系统总人数的 1/3。环境监察队伍已经成为"完备的环境执法监督体系"的核心力量。30 多年来，排污收费工作锻炼培养出一大批业务水平高、奉献精神强的骨干。同时，通过排污收费理论研究和制度设计，一批中青年学者已经成长为环境经济和管理研究领域的领军人物。

5. 带动排污申报，提供基础性服务

通过排污收费这个载体，排污申报登记制度得到全面、深入、规范执行，形成了"事前事后申报相结合、动态变更、据实核定、年终汇总"的模式。排污申报、核定的方式由原来繁重的手工填写和人工计算汇总正在转变为高效的电脑输入、系统查询、审核、汇总，并朝着实时、动态、网络化方向发展。2008 年，全国排污申报登记的排污单位总数已达 48 万个，建立了国家重点监控企业基础信息数据库。全面系统的排污申报登记数据已越来越多地被应用于污染减排、工业污染普查、环境统计、环境专项执法、日常监管、环境行政管理和应急处理之中。

二、排污收费制度的改革和发展

排污收费制度起源于工业发达国家。作为一项完整的制度，大约始于 20 世纪 70 年代初期。当时，世界上许多发达国家为了制止环境污染和生态破坏，根据"污染者负担原则"，在环境政策领域中逐步引入和实行了向排污者征收排污费的制度（简称"排污收费制度"）。我国借鉴国外发达国家的经验，在 1978 年年底首次提出实行"排放污染物收费制度"，经过试点后，于 1982 年 7 月颁布《征收排污费暂行办法》，标志着我国排污收费制度正式建立。我国排污收费的发展经历了以下五个阶段：

（一）排污收费制度的提出和试行阶段

1978 年年底，伴随着改革开放，借鉴发达国家的环境管理经验，按照"谁污染，谁治理"原则，原国务院环境保护领导小组的《环境保护工作汇报要点》中第一次在国家重要文件里提出"向排污单位实行排放污染物的收费制度"的设想，1979 年 9 月颁布的《中华人民共和国环境保护法（试行）》从法律上确立了我国的排污收费制度。到 1981 年年底，全国已有 27 个省、自治区、直辖市开展了排污收费试点。

（二）排污收费制度的全面实施阶段

1982 年 7 月，国务院正式发布并施行了《征收排污费暂行办法》，排污收费制度在全国普遍实行。

（三）排污收费制度的发展完善阶段

1985 年召开的第一次全国排污收费工作会议提出了排污费资金有偿使用的改革设想，1988 年 7 月，国务院颁发了《污染源治理专项基金有偿使用暂行办法》，拉开了排污收费制度改革的帷幕，开始进行设立环保投资公司试点。20 世纪 90 年代，国家颁布了新的污水、噪声超标收费标准，统一了全国污水排污费征收标准；1991 年 7 月，召开了第二次全国排污收费工作会议，总结推广沈阳市环保投资公司试点和马鞍山环境监理试点经验，颁布了《环境监理工作暂行办法》，部署在 57 个城市和 100 个县级环境监理的扩大试点，逐步建立健全统一的环境监理执法队伍。1992 年，广东、贵州等 3 省和青岛等 9 市开展二氧化硫排污收费试点，1996 年将二氧化硫排污收费试点扩大到酸雨控制区和二氧化硫污染控制区。

（四）研究探索新排污收费制度阶段

1994 年召开了全国排污收费十五周年总结表彰大会，提出了排污收费制度深化改革的总体目标。排污收费政策改革要实现以下四个转变：

（1）征收方式的转变。由超标收费向排污收费转变；由单一浓度收费向浓度与总量相结合收费转变；由单因子收费向多因子收费转变；由静态收费向动态收费转变。

（2）排污收费标准要体现三个原则：按照补偿对环境损害的原则；略高于治理成本

的原则；排放同质等量污染物等价收费的原则。

（3）排污费资金实行有偿使用，改变单纯用行政办法管理排污费资金的做法。

（4）加强环境监理队伍的建设。

1995 年，国家环保局及国家计委、财政部、国务院法制局在世界银行的援助下开始排污收费制度改革研究，全国共有 10 个研究单位和 300 多个地方环保局参加，收集标准测算数据 50 万个。在分析评估我国排污收费制度实施效果并借鉴国外排污收费基本原则和经验基础上，于 1997 年完成了新排污收费制度设计和标准的制定。1998 年，在杭州、郑州、吉林 3 个城市进行了总量排污收费的试点。2000 年 4 月，修订实行的《大气污染防治法》从法律层面上确定了按"排放污染物的种类和数量征收排污费"的总量收费制度，为新排污收费制度的建立奠定了坚实基础。

（五）排污收费制度的建立并全面施行阶段

2003 年 3 月，《排污费征收使用管理条例》颁布，这是排污收费制度的一次理论创新，是排污收费政策体系、收费标准、使用和管理方式的一次重大改革和完善，核心内容体现在 4 个方面：

1. 体现污染物排放总量控制，实行排污即收费

该条例明确规定，将原来的污水、废气超标单因子收费改为按污染物的种类、数量以污染当量为单位实行总量多因子排污收费。

2. 加大执法力度，扩大征收范围

该条例增加了征收对象，扩大了征收范围，适当提高了征收标准，加重了处罚。考虑到企业承受能力，排污费征收标准实行减半征收。

3. 严格实行收支两条线

征收的排污费一律上缴财政，纳入财政预算，列入环境保护专项资金进行管理，全部用于污染治理；环保执法资金由财政予以保障，从制度上堵住挤占、挪用排污费等问题的发生。

4. 构建强有力的监督和保障体系

该条例突出了审计监督，赋予上级环保部门对下级征收排污费的稽查权；实行政务公开、公示制度，强调公正廉洁执法，推行"阳光收费"，接受社会监督。

三、排污收费制度的主要内容及相关配套规定

（一）《排污费征收使用管理条例》内容介绍

1. 排污费的征收对象

条例对排污费的征收对象做了明确界定，即"直接向环境排放污染物的单位和个体

工商户（以下简称排污者）"。同时规定：排污者向城市污水集中处理设施排放污水、缴纳污水处理费用的，不再缴纳排污费。排污者建成工业固体废物贮存或者处置设施、场所并符合环境保护标准，或者其原有工业固体废物贮存或者处置设施、场所经改造符合环境保护标准的，自建成或者改造完成之日起，不再缴纳排污费。

2. 排污费的征收

为了严格规范排污费的征收管理，条例在以下4个方面做了明确规定：第一，明确排污费征收标准的制定权限；第二，规定污染物排放种类、数量的申报、核定和复核程序；第三，明确排污费数额的确定原则和程序；第四，规定排污费减免缓缴的原则和程序。同时，为了加强对排污费减免缓工作的管理，防止权利滥用，条例第17条还规定：批准减缴、免缴、缓缴排污费的排污者名单由受理申请的环境保护行政主管部门会同同级财政部门、价格主管部门予以公告，公告应当注明批准减缴、免缴、缓缴排污费的主要理由。

3. 关于排污费的使用

首先，严格实行收支两条线，条例第18条明确规定：排污费必须纳入财政预算，列入环境保护专项资金进行管理，主要用于下列项目的拨款补助或者贷款贴息：重点污染源防治；区域性污染防治；污染防治新技术、新工艺的开发、示范和应用；国务院规定的其他污染防治项目。这样，既可以确保收费与使用分开，又能带动更多的资金投入污染防治中。其次，为防止环境保护专项资金被截留、挤占和挪用，条例进一步明确财政、环保、审计等有关主管部门应当对环境保护专项资金的使用情况加强监督和审计（第19条、第20条）。此外，条例还对不按规定征收、缴纳排污费、骗取批准减免缓缴排污费、不按规定使用环境保护专项资金的行为规定了相应的法律责任（第21条、第22条、第23条、第24条）。

（二）排污收费的基本原则

我国排污收费在吸收各国先进的收费经验之后，根据中国的现实特点，形成了具有中国特色的排污收费制度。国家所制定的排污收费基本政策，也都充分在法律、法规、规章中体现。

1. 排污即收费的原则

《排污费征收使用管理条例》第2条规定："直接向环境排放污染物的单位和个体工商户，应当依照本条例的规定缴纳排污费。"可见，凡是向环境排放水污染物、大气污染物、固体废物或超标排放工业、建筑施工、社会生活噪声的企业、事业、行政机关、学校、社会团体、部队、个体工商户等一切排污者，都必须依法履行缴纳排污费的义务，否则将视为环境违法行为，并承担相应的法律责任。但对自然人除外。

2. 强制征收的原则

《排污费征收使用管理条例》第14条第2款规定：排污者应当自接到排污费缴纳通

知单之日起 7 日内，到指定的商业银行缴纳排污费。第 21 条规定：排污者未按照规定缴纳排污费的，由县级以上地方人民政府环境保护行政主管部门依据职权责令限期缴纳；逾期拒不缴纳的，处应缴纳排污费数额 1 倍以上 3 倍以下的罚款，并报经有批准权的人民政府批准，责令停产停业整顿。《环境保护法》、《水污染防治法》、《环境噪声污染防治法》等都对不按规定缴纳排污费的违法行为作出强制征收的规定。

3. 属地分级征收的原则

关于排污费属地分级征收的划分，《排污费征收使用管理条例》第 14 条规定：县级以上地方人民政府环境保护行政主管部门，应当按照国务院环境保护行政主管部门规定的核定权限对排污者排放污染物的种类、数量进行核定。装机容量 30 万 kW 以上的电力企业排放二氧化硫的数量，由省、自治区、直辖市人民政府环境保护行政主管部门核定。

4. 征收程序法定化原则

根据《排污费征收使用管理条例》第 6 条规定：排污者应当按照国务院环境保护行政主管部门的规定，向县级以上地方人民政府环境保护行政主管部门申报排放污染物的种类、数量，并提供有关资料。然后县级以上的环境保护主管部门按照条例第 7 条、第 9 条和第 10 条的规定对排污者对排放污染物的种类、数量进行核定；根据核定结果，负责污染物排放核定工作的环境保护部门按照条例的第 13 条和第 14 条的规定向排污者征收排污费，排污者也必须按照第 14 条第 2 款的规定依法足额及时的缴纳排污费；排污者未按照规定缴纳排污费的，负责征收排污费的环境保护部门还应按照第 21 条的规定，责令排污者限期缴纳，逾期不缴纳的，按照违法行为依法给予行政处罚。

由此可见，排污费征收必须依据法定程序进行，即排污申报登记、排污申报登记核定、排污费征收、排污费缴纳、不按规定缴纳，经责令限期缴纳拒不履行的强制征收法定程序组成，否则视为征收排污费程序违法。

5. 征收时限固定原则

财政部、国家环保总局根据《排污费征收管理条例》制定的《排污费资金收缴使用管理办法》第 5 条规定："排污费按月或者按季属地化收缴。"负责征收排污费的环境保护部门必须按月或季向排污者强制征收其某月或某季的污水、废气和噪声超标排污费。否则将依照条例第 24 条的规定，由上级环保部门责令改正或直接向排污者稽查追征补缴排污费，并依照第 25 条的规定追究环保监管部门的法律责任。

6. 政务公开原则

排污收费标准和排污收费额必须公告。条例第 13 条规定，负责核定工作的环境保护部门，应当根据排污费征收标准，法律规定和经核定确认的污染物排放总类、数量确定排污者应当缴纳的排污费，并采用电视、报纸、广播、互联网等形式向社会予以公告，接受社会监督。

排污费减、免、缓同排污费征收工作一样，也必须实行公告制。

7. 上级强制补缴追征原则

条例第 24 条规定：县级以上地方人民政府环境保护行政主管部门应当征收而未征收或者少征收排污费的，上级环境保护行政主管部门有权责令其限期改正，或者直接责令排污者补缴排污费。本原则所规定的征收主体是上级环境保护主管部门，补缴对象是未缴或者少缴排污费的排污者追缴资金将上缴至上级财政。

8. 特殊情况下可实行减、免、缓的原则

根据条例第 15 条、第 16 条、第 17 条和国家计委、财政部、原国家环保总局《关于减免及缓缴排污费有关问题的通知》的规定，排污者遇有台风、火山爆发、洪水、干旱、地震等不可抗力的自然灾害或其他突发事件遭受重大经济损失的，可以申请减半或者免缴排污费；托儿所、幼儿园、敬老院、残疾人福利机构、殡葬机构、中小学校（不含校办工厂）及其他社会公益事业单位，可按年度申请免缴排污费；排污者因实际经济困难可向环保和财政部门申请不超过 3 个月的排污收费缓缴期。

9. "收支两条线"的原则

条例第 4 条规定："排污费的征收、使用必须严格实行'收支两条线'，征收的排污费一律上缴财政，环境保护执法所需经费列入本部门预算，由本级财政予以保障。"即环保部门必须将收缴的排污费全部及时缴入国库，禁止截留、挤占、挪用，否则将按条例第 25 条的规定，追究有关人员的法律责任。

10. 专款专用的原则

根据条例第 5 条、第 18 条、第 25 条的规定，排污费作为环境保护专项资金，全部纳入财政预算管理，主要用于重点污染源防治、区域性污染防治、污染防治新技术和新工艺的开发及示范应用、国务院规定的其他污染防治项目等，但任何单位和个人不得截留、挤占和挪作他用；另根据财政部和原国家环保总局发布的《排污费资金收缴使用管理办法》第 13 条进一步规定：环境保护专项资金不得用于环境卫生、绿化、新建企业的污染源治理项目以及与污染防治无关的其他项目，否则将依据条例第 25 条的规定，追究有关人员的法律责任。

11. 缴纳排污费不免除其他法律义务和责任的原则

《环境保护法》第 41 条规定："造成环境污染危害的，有责任排除危害，并对直接受到损害的单位或者个人赔偿损失。"体现了排污收费不免除民事责任的原则。根据民法通则和环境保护法律、法规的相关规定，应承担的民事责任包括排除所造成的环境危害、支付消除危害所需的费用、对造成的损失进行赔偿等。《环境保护法》第 6 条规定："一切单位和个人都有保护环境的义务。"第 28 条规定："依照国家规定缴纳超标准排污费，并负责治理。"第 24 条规定："产生环境污染和其他公害的单位，必须把环境保护

工作纳入计划，建立环境保护责任制度；采取有效措施，防治在生产建设或者其他活动中产生的废气、污水、废渣、粉尘、恶臭气体、放射性物质以及噪声、振动、电磁波辐射等对环境的污染和危害。"可见，排污单位在承担缴纳排污费义务的同时，还应该承担治理污染的义务。条例第 12 条第 2 款规定：排污者缴纳排污费，不免除其防治污染、赔偿污染损害的责任和法律、行政法规规定的其他责任。

缴纳排污费是排污者应尽的法定义务，即排污就必须按照国家规定缴纳排污费或超标排污费。违法排污或者排污行为造成污染损害，还应当承担相应的行政责任或者民事责任，若触犯《刑法》还得承担刑事责任。缴纳排污费是法定义务，不能替代其他相应的法律责任承当方式。

(三) 排污收费项目的相关规定

根据法律、法规、规章的规定，排污费种类可分为 4 大类、118 项因子的收费项目。

1. 按污染介质分类

根据现行相关法律、法规和规章的规定，排污费种类包括水、气、声、固废 4 大类，即污水排污费、废气排污费、噪声超标排污费和危险废物排污费。

2. 按污染因子分 118 个项目

1）水污染因子 69 项

根据国家计委、财政部、国家环保总局、国家经贸委 2003 年发布的《排污费征收标准管理办法》的规定，污水排污费的收费污染物有：总汞、总镉、总铬、六价铬、总砷、总铅、总镍、苯并（a）芘、总铍、总银、悬浮物（SS）、生化需氧量（BOD_5）、化学需氧量（COD）、总有机碳（TOC）、石油类、动植物油、挥发酚、总氰化物、硫化物、氨氮、氟化物、甲醛、苯胺类、硝基苯类、阴离子表面活性剂（LAS）、总铜、总锌、总锰、彩色显影剂（CD-2）、总磷、元素磷（以 P 计）、有机磷农药（以 P 计）、乐果、甲基对硫磷、马拉硫磷、对硫磷、五氯酚及五氯酚钠（以五氯酚计）、三氯甲烷、可吸附有机卤化物（AOX）（以 Cl 计）、四氯化碳、三氯乙烯、四氯乙烯、苯、甲苯、乙苯、邻-二甲苯、对-二甲苯、间-二甲苯、氯苯、邻二氯苯、对二氯苯、对硝基氯苯、2,4-二硝基氯苯、苯酚、间-甲酚、2,4-二氯酚、2,4,6-三氯酚、邻苯二甲酸二丁酯、邻苯二甲酸二辛酯、丙烯腈、总硒、pH、色度、大肠菌群数、余氯量共 65 项污染物和畜禽养殖、现行企业、饮食娱乐服务业和医院四个特征值收费项目。

2）大气污染因子 45 项

根据国家计委、财政部、国家环保总局、国家经贸委 2003 年发布的《排污费征收标准管理办法》的规定，废气排污费的收费项目有：二氧化硫、氢氧化物、一氧化碳、氯气、氯化氢、氟化物、氰化氢、硫酸雾、铬酸雾、汞及其化合物、一般性粉尘、石棉尘、玻璃棉尘、碳黑尘、铅及其化合物、镉及其化合物、铍及其化合物、镍及其化合物、锡及其化合物、烟尘、苯、甲苯、二甲苯、苯并（a）芘、甲醛、乙醛、丙烯醛、甲醇、酚类、沥青烟、苯胺类、氯苯类、硝基苯、丙烯腈、氯乙烯、光气、硫化氢、氨、三甲胺、甲硫醇、甲硫醚、二甲二硫、苯乙烯、二硫化碳和烟尘黑度，共 45 个项目。

3）噪声超标排污费收费项目有 3 项

根据国家计委、财政部、国家环保总局、国家经贸委 2003 年发布的《排污费征收标准管理办法》的规定，噪声收费的项目是：工业企业厂界与建筑施工厂（场）界昼夜等效噪声、工业企业厂界与建筑施工厂（场）界夜间频繁突发峰值噪声、工业企业厂界与建筑施工厂（场）界夜间偶然突发峰值噪声 3 项收费项目。

4）固废的收费项目只有危险废物 1 项

根据 2005 年 4 月 1 日起施行的《固废防治法》对固体废物管理的规定，对于不符合国家规定转移、扬散、丢弃、遗散一般固体废物的，不再收取排污费，而是严格处罚，相关规定中对一般固体废物的收费规定与《固废防治法》规定不符的条款，已经停止实行。对一般性固体废物不符合国家规定转移、扬散、丢弃、遗散等违法行为，规定进行相应处罚，同时并不免除防治责任。

只对以填埋方式处置危险废物不符合国务院环境保护行政主管部门规定的，要按规定要求缴纳危险废物排污费。

（四）排污费减、免、缓缴的相关规定

为全面贯彻落实国务院颁发的《排污费征收使用管理条例》，财政部、国家发展改革委、国家环境保护总局联合制定有关排污费减免方面的政策，下发了《关于减免及缓缴排污费有关问题的通知》。

1. 排污费的减、免缴

1）排污费的减、免条件

条例中规定：排污者因不可抗力遭受重大经济损失的，可以申请减半缴纳排污费或者免缴排污费。

排污费减免的一般性条件：因不能预见并不能克服的自然灾害，如地震、台风、火山爆发等，造成重大直接经济损失的；因可以预见，但不可避免并不能克服的自然灾害，如洪水、干旱等，造成重大直接经济损失的；因战争和重大突发社会事件，如恐怖事件等，造成重大直接经济损失的。在上述不可抗力因素造成重大经济损失的情况下，排污者因未及时采取有效措施，造成环境污染的，不得申请减半缴纳或者免缴排污费。

排污费减免的特殊性条件：养老院、残疾人福利机构、殡葬机构、特殊教育学校、幼儿园、中小学校（不含其所办企业），以及财政部、国家发改委、国家环境保护部规定的非盈利性社会公益事业单位按年度申请，经负责征收排污费的环保部门核实后可以免缴排污费。这是按照国务院的有关规定，对于有关社会公益事业单位免收行政性事业收费，为保持政策的延续性、一贯性和现实性，作为特殊条款制定的。对于这些单位需按年度申请、核实、批准的目的，是要求一切排污者必须履行环境保护的义务，承担环境保护的责任，遵守环境保护的法规。

2）排污费减免的程度

为提高可操作性与实用性，排污费减免的程度分类只有两种：减半缴纳和免缴。

3）排污费减免的限额

排污者申请减免排污费的最高限额不得超过 1 年的排污费应缴额。

4）排污费减免批准权限

排污者遇不可抗力自然灾害和其他突发社会事件申请减免排污费，按申请减免数额分为 50 万元以下、500 万元以下和 500 万元以上三个级差，按国家、省、市（地、州）三级分级审批。减免排污费数额在 50 万元以下（含 50 万元）的，由市（地、州）级财政、价格主管部门会同环保部门负责审批。减免排污费数额在 50 万元以上 500 万元以下（含 500 万元）的，由省、自治区、直辖市财政、价格主管部门会同环保部门负责审批。减免排污费数额在 500 万元以上的，由省、自治区、直辖市财政、价格主管部门会同环保部门提出审核意见，报国务院财政、价格主管部门会同环保部门审批。

针对条例中规定的征收体制，装机容量 30 万 kW 以上的电力企业申请减免二氧化硫排污费，减免排污费数额在 500 万元以下（含 500 万元）的，由省、自治区、直辖市财政、价格主管部门会同环保部门审批。减免排污费数额在 500 万元以上的，由省、自治区、直辖市财政、价格主管部门会同环保部门提出审核意见，报国务院财政、价格主管部门会同环保部门审批。

如表 6.1 所示为排污费减免的相关规定。

表 6.1　排污费的减免的相关规定

减免程度		减半缴纳和免缴
减免条件	一般性条件	因不可抗力的因素并及时采取措施造成重大直接经济损失的
	特殊性条件	依法规定的非盈利性社会公益事业单位按年度申请核实批准的
减免限额	不超过 1 年的排污费应缴额	
减免批准权限	不可抗力因素而申请	≤50 万元	由市（地、州）级财政、价格主管部门会同环保部门负责审批
		50 万～500 万	由省、自治区、直辖市财政、价格主管部门会同环保部门负责审批
		>500 万元	由省、自治区、直辖市财政、价格主管部门提出审核意见，报国务院财政、价格主管部门会同环保部门审批
	装机容量 30 万 kW 以上的电力企业申请	≤500 万元	由省、自治区、直辖市财政、价格主管部门会同环保部门审批
		>500 万元	由省、自治区、直辖市财政、价格主管部门提出审核意见，报国务院财政、价格主管部门会同环保部门审批

5）排污费减免办理程序

（1）申请程序：申请期限为排污者自遇不可抗力自然灾害和其他突发事件之日起 30 日内。申请内容为排污者名称、减免理由、减免数额、减免期限等。按不同审批权限有不同的申请程序：本级征收、本级审批的，直接申请；本级征收、上级审批的，同级备案，向上级申请；本级征收、国家审批的，同级备案，向省级申请，省级审查，由省级财政、价格、环保部门向国家申报。排污者应按审批权限同时向财政、价格与环保部门提出申请，接受申请与备案的部门为财政、价格与环保部门。

（2）核实程序：市（地、州）级以上财政、价格、环保部门收到排污者减免排污费的书面申请后，应当在 30 日内由环保部门先进行调查核实，并提出审核意见报同级财政、价格主管部门。

（3）批准程序：审核批准期限为 30 日内。批准形式统一为书面批复。

（4）公告程序：批准减免排污费的排污者名单，由环保部门会同同级财政、价格主管部门每半年公告一次。公告应当包括批准机关、批准文号、批准减免排污费的主要理由等内容。

如表 6.2 所示为排污费减免程序的相关规定。

表 6.2 排污费减免程序的相关规定

程序	时限	内 容	
申请程序	30 日	排污者同时向财政、价格与环保部门提出申请	本级征收、本级审批的，直接申请
			本级征收、上级审批的，同级备案，向上级申请
			本级征收、国家审批的，同级备案，向省级申请，省级审查，由省级财政、价格、环保部门向国家申报
核实程序	30 日	由环保部门先进行调查核实，并提出审核意见报同级财政、价格主管部门	
批准程序	30 日	批准形式统一为书面批复	
公告程序	半年一次	批准减免排污费的排污者名单，由环保部门会同同级财政、价格主管部门每半年公告一次	

2. 排污费的缓缴

1）排污费缓缴条件

缓缴条件主要是考虑到排污收费过程中的实际情况，从排污者受政策性和市场因素影响造成经济困难，生产、经营活动受到严重影响的，作为缓缴的条件。同时，与减免政策配套，对于正在办理减免手续的排污者给予缓缴处理。

由于经营困难处于破产、倒闭、停产、半停产状态。

遇不可抗力自然灾害和其他突发事件，正在申请减免排污费以及市（地、州）级以上财政、价格、环保部门正在批复减免排污费期间，排污者也可以申请缓缴排污费。

2）缓缴排污费的时限

符合规定的排污者申请缓缴排污费的最长期限不超过 3 个月。在批准缓缴后 1 年内不得再重新申请。

如表 6.3 所示为排污费缓缴的相关规定。

表 6.3 排污费的缓缴的相关规定

缓缴期限		最长期限不超过 3 个月。在批准缓缴后 1 年内不得再重新申请
缓缴条件	一般性条件	经济困难，生产、经营活动受到严重影响的
	特殊性条件	正在办理减免手续的

3）缓缴排污费办理程序

申请程序：申请受理机关为负责征收排污费的环保部门。申请时限为排污者自接到排污费缴纳通知单之日起 7 日内。申请内容为排污者名称、缓缴理由、缓缴期限等。

审批程序：审批机关为负责征收排污费的环保部门。批准时限为自接到申请之日起 7 日内。同时规定了制约条件：审批期满未作出决定的，视为同意缓缴排污费。审批内容为缓缴理由、缓缴期限是否符合要求等。

公告程序：公告机关为环保部门。公告期限为半年一次。公告内容为批准机关、批准文号、批准缓缴排污费的主要理由等。也可与排污费减免情况一并公告。

如表 6.4 所示为排污费缓缴程序的相关规定。

表 6.4　排污费缓缴程序的相关规定

程　序	审　批　机　关	时　　限	内　　容
申请程序	负责征收排污费的环保部门	接到排污费缴纳通知单之日起 7 日内	排污者名称、缓缴理由、缓缴期限
审批程序	负责征收排污费的环保部门	申请之日起 7 日内，期满未作出决定的，视为同意	缓缴理由、缓缴期限等
公告程序	环保部门	公告期限为半年一次，可与排污费减免情况一并公告	批准机关、批准文号、批准缓缴排污的主要理由

3. 排污费减、免、缓缴的管理

1）排污费减、免、缓缴对象的环境法规责任

对批准减免或缓缴排污费的排污者，不免除其防治污染的责任和法律、行政法规规定的其他责任。

2）对执行排污费减免缓缴政策的有关规定

各地区和有关部门应当严格按照政策规定执行，不得以任何名义擅自扩大排污费减免及缓缴的范围，也不得超越审批权限或违反审批程序批准减免及缓缴排污费。

3）法律责任

对排污者以欺骗手段骗取减免或者缓缴排污费，以及县级以上财政、价格、环保部门违反规定批准减免或缓缴排污费的，按照《排污费征收使用管理条例》的规定进行处罚。条例第 22 条规定：排污者以欺骗手段骗取批准减缴、免缴或者缓缴排污费的，由县级以上地方人民政府环境保护行政主管部门依据职权责令限期补缴应当缴纳的排污费，并处所骗取批准减缴、免缴或者缓缴排污费数额 1 倍以上 3 倍以下的罚款。条例第 25 条规定：县级以上人民政府环境保护行政主管部门、财政部门、价格主管部门的工作人员违反条例规定，将依照刑法关于滥用职权罪、玩忽职守罪或者挪用公款罪的规定，依法追究刑事责任；尚不够刑事处理的，依法给予行政处分。

（五）排污收费的程序

排污费征收包括排污申报登记、排污申报登记审核、排污申报登记核定、排污收费计算和排污费征收与缴纳 5 个主要环节。其中，"排污申报登记"是指排污者按照国家规定，向所在地环保部门申报当地所拥有的污染物排放设施、处理设施和正常作业条件

下排放污染物的种类、数量、浓度、强度等于排污有关的正常排污及排污变化情况，包括正常申报和变更申报；"排污申报登记审核"是指环保部门在收到排污者的排污申报后，依据排污者的实际排污情况，按照自动监控数据、监督性监测数据、物料衡算数据等对排污者填报情况进行审核；"排污申报登记核定"指环保部门根据审核合格的排污申报登记表，对排污者每月或每季的实际排污情况进行调查与核定；"排污收费计算"是指环保部门依据排污收费的法律、标准和核定后的实际排污情况，计算排污者应缴纳的废水、废气、噪声、固废等收费因子的排污费、"排污费征收与缴纳"是指排污者依据环保机构出具的排污费缴纳通知单到指定的商业银行进行缴费。

四、排污费征收与核定异议与违反排污收费制度违法行为的处理

（一）异议种类及处理方式

排污者对环境监察机构核定的污染物排放种类、数量有异议的，应在接到《排污核定通知书》之日起 7 日内申请复核，环境监察机构应在收到复核申请之日起 10 日内作出复核决定。对复核决定有异议的，排污者应先缴纳排污费，而后可对排污收费行为提起复议或诉讼。对接到《排污核定通知书》7 日内未提出复核申请的，视为同意。

对拒报、谎报排污申报登记事项的，环境监察机构可直接核定确认排污结果。

如表 6.5 所示为排污费征收及核定异议种类及处理方式。

表 6.5　排污费征收及核定异议种类及处理方式

异议种类	救济方式		救济期限	处理期限
排污核定异议	申请复核		接到通知之日起 7 日内申请	收到申请之日起 10 日内作出决定
排污复核异议 排污费异议	复议		60 日内提出，法律规定超过 60 日的除外（不适用环保法 15 日）	2 个月内做出复议决定
	诉讼	直接诉讼	3 个月内提出，法律另有规定的除外（环保法规定 15 日有效）	受理期限：7 日内 一审期限：3 个月 二审期限：2 个月
		复议后诉讼	接到复议决定之日起 15 日内	

（二）违法行为种类及处理方式

1. 不按规定申报排污情况的违法行为及处理

1）拒报行为

根据国家有关环境保护法律、法规、规章的规定，拒报排污申报登记事项的违法行为有：

（1）排污者每年 1 月 15 日前未申报本年度正常作业条件下排放污染物种类、数量、浓度的视为拒报。

（2）新建、扩建、改建项目未在试生产前 3 个月内办理排污申报手续的视为拒报。

（3）建筑施工单位在开工 15 日前未办理排污申报手续的视为拒报。

（4）排放污染物的种类、数量、浓度、排放去向、排放方式、排放强度需做重大改

变，未在变更前 15 日内履行变更申报手续的视为拒报。

（5）排污发生了紧急重大改变，未在改变后 3 日内履行变更申报手续的视为拒报。

（6）未按环保部门规定的其他申报登记时限申报的，也视为拒报。

2）谎报违法行为

根据环境保护有关法律、法规、规章的规定，谎报排污申报登记事项的违法行为主要表现为少报、漏报、瞒报等形式。

3）拒报、谎报行为的处理

对拒报、谎报水污染物排放申报登记事项的违法行为，根据《水污染防治法》第72 条第 1 款第（一）项，给予警告或处规定处以 1 万元以上 10 万元以下的罚款。对拒报、谎报大气污染物排放申报登记事项的违法行为，根据《大气污染防治法》第 46 条第 1 款第（一）项的规定责令停止违法行为，限期改正、警告、处 5 万元以下罚款。对拒报、谎报噪声排放申报事项的违法行为，根据《噪声污染防治法》第 49 条的规定给予警告或处以罚款。对拒报、谎报固体废物排放申报登记事项的违法行为，根据《环境保护法》第 35 条第（二）项的规定，给予警告或处以罚款。

2. 不按规定缴纳排污费的违法行为及处理

1）违法行为种类

根据环境保护有关法律、法规、规章的规定，不按规定缴纳排污费的违法行为有：

（1）不按规定的时间或数额缴纳污水排污费。

（2）不按规定的时间或数额缴纳废气排污费。

（3）不按规定的时间或数额缴纳危险废物排污费。

（4）不按规定的时间或数额缴纳噪声超标排污费。

（5）排污者以欺骗手段骗取批准减、免、缓缴排污费。

2）违法行为处理

对不按规定缴纳排污费的行为，应根据《排污费征收使用管理条例》第 14 条和第 21 条的规定，由县级以上地方人民政府环保部门责令限期缴纳，排污者逾期不缴纳的，处排污者应缴纳排污费数额 1～3 倍的罚款，并报有批准权的地方人民政府批准，责令停业整顿。同时根据《排污费资金收缴使用管理办法》的规定，按日加收 2‰ 的滞纳金（从收到征收《排污费通知单》之日起第 8 日算起）。

对排污者以欺骗手段骗取批准减缴、免缴、缓缴排污费的违法行为，根据《排污费征收使用管理条例》第 22 条的规定，责令限期补缴应当缴纳的排污费，并处以骗取批准减缴、免缴、缓缴排污费数额 1～3 倍的罚款。

3. 环保或其他监管部门不按规定征收或减免缓排污费的违法行为处理

1）违法行为的种类

根据环境保护有关法律、法规、规章的规定，征收机关不按规定征收排污费的行为有：

（1）环保部门应当征收而未征收。

（2）环保部门少征排污费。

（3）环保或其他部门任意改变收费标准或范围。

（4）环保部门滥收排污费。

（5）环保或其他部门随意拖欠或截留排污费。

（6）环保部门不按规定将排污费及时上交国库。

（7）环保部门、财政部门、价格部门工作人员违反规定，批准减缴、免缴、缓缴排污费。

2）违法行为处理

对环保部门应征未征或少征排污费的，根据《排污费征收使用管理条例》第 24 条的规定，由上级环保部门责令限期改正，或直接责令排污者补缴排污费。

对执收部门任意改变收费标准或范围或滥收费的违法行为，根据财政部 1995 年 1 月 13 日《行政性收费、罚款收入实行预算管理实施办法》的规定，追究有关行政领导的法律责任。

对执收部门随意拖欠或截留排污费，或不按规定将排污费及时上交财政的违法行为，根据《行政性收费、罚没收入实行预算管理实施办法》的规定，追究有关行政领导的法律责任。

对环保部门、财政部门、价格部门工作人员违法规定批准减缴、免缴、缓缴排污费的违法行为，根据《排污费征收使用管理条例》第 25 条的规定，依照刑法追究滥用职权罪、玩忽职守罪或挪用公款罪，不构成刑事罪的，给予行政处分。

4. 不按规定管理与使用环境保护专项资金的违法行为的处理

1）违法行为的种类

根据法律、法规、规章的规定，不按规定使用排污费的违法行为有：

（1）环境保护专项资金使用者不按照批准的用途使用环境保护专项资金。

（2）环保、财政、价格部门截留、挤占环境保护专项资金。

（3）环保、财政、价格部门挪用排污费或环境保护专项资金。

（4）环保、财政、价格部门不按规定履行排污费征收、使用监督职责失职。

2）违法行为处理

对环境保护专项资金使用者不按照批准的用途使用环境保护专项资金的违法行为，根据《排污费征收使用管理条例》第 23 条的规定，由环保或财政部门责令限期改正，逾期不改正的，10 年内不准申请使用环境保护专项资金，并处挪用资金数额 1～3 倍的罚款。对环保、财政、价格部门截留、挤占环境保护专项资金的违法行为，根据《排污费征收使用管理条例》第 25 条第（二）项的规定，追究滥用职权罪、玩忽职守罪或者挪用公款罪，对不构成刑事处罚的给予行政处分。

对环保、财政、价格部门挪用环境保护专项资金或排污费的违法行为，根据《排污费征收使用管理条例》第 25 条第（二）项的规定和《大气污染防治法》第 64 条的规定，由审计机关或监察机关责令退回或追回；对直接负责人或其他直接人员追究其滥用职权罪、挪用公款罪；对构成刑事犯罪的给予行政处分。

对环保、财政、价格部门不按规定履行监督管理职责的违法行为，根据《排污费征收使用管理条例》第25条第（三）项的规定，追究玩忽职守罪；对不构成刑事犯罪的，给予行政处分。

如表6.6所示为排污收费程序事项表。

表6.6 排污收费程序事项表

程序阶段	责任者	要 求		内 容	
排污申报	排污者	老污染源	每年1月15日前	填报《排污申报登记报表（试行）》	
		新、扩、改建项目	试生产前3个月内；施工机械设备产生环境噪声污染的，在工程开工15日前	填报《排污申报登记报表（试行）》	
		排污需作重大改变或者发生紧急重大改变的	变更前15日内或改变后3日内	填报《排污变更申报登记表（试行）》	
排污审核	监察机构	每年2月10日前审核《排污申报登记报表（试行）》、《排污变更申报登记表（试行）》	符合申报要求	发回经审核同意的《排污申报登记报表（试行）》	
			符合减免规定	予以减免并公告	
			不符合要求的	责令限期补报；逾期未报的，视为拒报	
排污核定	监察机构	在每月或者每季终了后10日内，依据经审核的《排污申报登记报表（试行）》、《排污变更申报登记表（试行）》，并结合当月或者当季的实际排污情况，核定排污者排放污染物的种类、数量，并向排污者送达《排污核定通知书（试行）》。	有自动监控仪器的	监测数据为核定依据
			具备监测条件的	监督监测数据为核定依据
			不具备监测条件的	物料衡算法计算数据为核定依据
			餐饮、娱乐、服务等第三产业的小型排污者	抽样测算的办法核算数据为核定依据
		经核定发现拒报、谎报的排污者		监察机构直接核定排污数据	
排污费计算	监察机构	确定排污费数额并予以公告		各级环境监察机构应当按月或按季根据排污费征收标准和经核定的排污者排放污染物种类、数量，确定排污者应当缴纳的排污费数额，并予以公告	
排污费征收	监察机构	送达缴纳通知单		送达《排污费缴纳通知单（试行）》	
	排污者	按期缴纳		接到通知之日起7日内，到指定的商业银行缴纳排污费	
	监察机构	逾期未缴纳之日起7日内下达限期缴纳通知书		逾期未缴纳的，环境监察机构从向排污者下达《排污费限期缴纳通知书（试行）》	
	上级监察机构	排污费征收稽查		县级以上环境监察机构应当征收而未征收或者少征收排污费的，上级环境监察机构可以责令其限期改正，或直接责令排污者到指定的商业银行补缴排污费	
	监察机构申请法院	法院强制执行		排污者不复议、不诉讼、不执行时，复议或者诉讼期届满之日起180日内	

如图 6.1 所示为排污收费工作程序图。

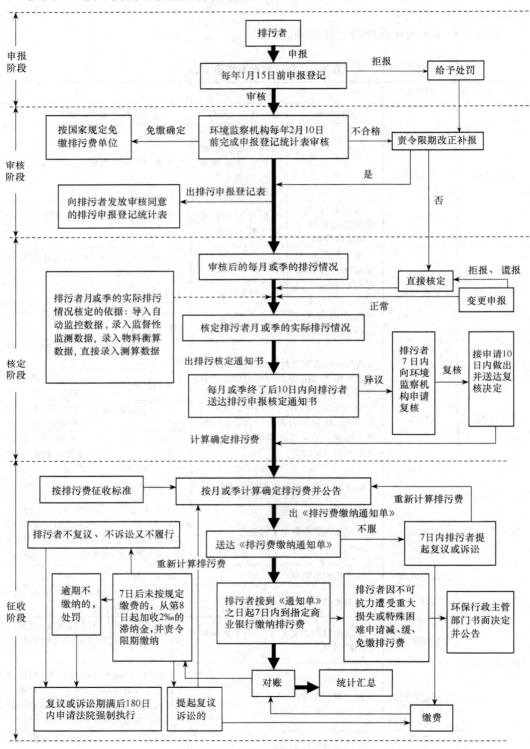

图 6.1 排污收费工作程序图

第二节 排污费计算

根据环境保护法法律、法规和环境标准的相关规定，以及环境监察机构核定的《排污核定通知书》或者《排污核定复核通知书》，核定排污者实际排污的事实，以国家规定的各项排污费的计算方法，计算出排污者应缴纳的污水、废气、环境噪声污染和危险废物等各项排污费。

一、排污费计算的相关指标

实施多因子总量收费，在计算污水和废气排污费时，应以排污者每月（或每季）排污申报核定的排污量（污水和废气中的各种污染物的排放总量、各种固体废物排放量、噪声的昼夜超标分贝值）为基本排污收费计算的法定依据，并以此计算排污者的污水、废气、固体废物、超标噪声排污费。污水和废气排污费由于实行三因子总量收费，还需要将各种污染物的排污量转换成污染当量数，综合成排污总量，再进行计算。排污费计算过程中涉及排污量、收费单价。新的收费标准设计中，对计算污水和废气的排污费，还提出了污染当量的概念，以便多因子污染物可以进行排污总量计算。

（一）污染物排放量

污水、废气、固体废物和超标准噪声排污量的确定，是计算各项排污费的基本指标。污水和废气中的排污量一般可以用实测法，通过介质流量和污染物浓度可以计算出污染物排放量；也可以根据相关的能源、产品等数据，使用物料衡算法或测算系数确定污染物排放量，其单位为 kg。确定排污者厂（场）界昼夜最大超标准噪声值是计算超标准噪声排污费的主要排污数据，单位为 dB（A）。

（二）污染当量

污染当量是污水和废气进行多因子收费的重要指标，它的数量是根据各种污染物或污染排放活动对环境的有害程度、对生物体的毒性以及处理的技术经济性，规定的有关污染物或污染排放活动的一种等质等价的污染数量。污染当量是体现有害当量、毒性当量和费用当量的一种加权等价综合当量概念。

（三）污染当量值

污染当量值体现了不同种类的污染物排放量在综合考虑其污染危害和治理费用方面的一种等标关系。以污水为例，将废水中 1kg 的 COD 作为基准，把其他水污染物的一定数量对环境的有害程度、对生物体的毒性以及污染治理费用进行加权综合测算，测算出 4kg 的 SS、0.1kg 的石油类、0.05kg 的氰化物与 1kg 的 COD 在排放时的污染危害和污染治理费用的综合效果是相当的，设定 COD 的污染当量值为 1kg，则 SS 的当量值为 4kg，石油类的当量值为 0.1kg，氰化物的当量值为 0.05kg，如此核算确定了 61 种一般污染物（包括 COD），4 种特殊污染物（pH、色度、大肠菌群、余氯量）的污染当量值。国家计委、财政部、国家环保总局、国家经贸委四部委联合发布的《排污费征收标准管理办法》明确规定了污水和废气中各种污染物的当量值，明确了排污量和污染当量之间的换算关系。

废气中的各种污染物的当量值也是采取类似的方式确定的。由于只有污水排污费和废气排污费实行多因子总量收费，因此污染当量的概念只在计算污水和废气排污费时使用。

（四）污染当量数（无量纲）

污染当量数是污水（或废气）中各类污染物折合成污染当量的数量，可以是某一污染物排放量折算成当量的数量，也可以是多因子排污当量的总数量。

对于某种污染物，其排放量与当量数的换算关系为

污染当量数＝污染物的排放量÷污染物的当量值

对污水（或废气）中任一污染物，1 个当量数的污染物在污水（或大气）治理成本和对环境危害是等价的。

（五）收费单价

收费单价就是国家规定单位当量数的具体收费标准，即单位污染当量的收费额。由于水污染物和大气污染物对环境的污染危害机制和治理方法有很大区别，因此污水中排污总量与废气中的排污总量应分别计算。《排污费征收标准管理办法》附件规定污水排污费的收费单价为 0.7 元/污染当量、废气排污费的收费单价为 0.6 元/污染当量。

二、污水排污费计算

（一）污水排污费计算原则

1. 排污就收费，超标违法就处罚的原则

《水污染防治法》第 24 条规定：直接向水体排放污染物的企业事业单位和个体工商户，应当按照排放水污染物的种类、数量和排污费征收标准缴纳排污费。第 74 条规定：违反本法规定，排放水污染物超过国家或者地方规定的水污染物排放标准，或者超过重点水污染物排放总量控制指标的，由县级以上人民政府环境保护主管部门按照权限责令限期治理，处应缴纳排污费数额 2 倍以上 5 倍以下的罚款。

《排污费征收使用管理条例》第 12 条第（二）项规定：依照《水污染防治法》的规定，向水体排放污染物的，按照排放水污染物的种类、数量交纳排污费；向水体排放污染物超过国家或者地方规定的排放标准的，按照排放污染物的种类、数量加倍交纳排污费。

根据《立法法》第 79 条的规定：法律的效力高于行政法规、地方性法规、规章。修订后的《水污染防治法》规定对超标或超总量排污的，应当给予行政处罚，取消

了征收超标准排污费的条款。据此，2008 年 6 月 1 日修订的《水污染防治法》实施后，对直接向水体排放污染物超过国家或者地方规定的排放标准的企业事业单位和个体工商户，应当依照《水污染防治法》第 74 条予以处罚，不应再加一倍征收超标排污费。

2. 三因子叠加收费的原则。

对同一排污口排放多种污染物的，应按各种污染物的污染当量进行从大到小排序，然后选取排污量最大的前三项污染因子为收费因子，分别计算叠加计征污水排污费。

3. 污水进入城市污水集中处理设施并缴纳了污水处理费的不重复收费的原则。

对污水进入城市污水处理厂进行集中处理，并按规定缴纳了污水处理费的，不再征收污水排污费。对未按规定缴纳污水处理费的，还必须按规定征收污水排污费；对超标排污的，还应按《水污染防治法》规定处以罚款。

4. 城市集中污水处理设施实行不超标不收费，超标处罚的原则

对城市污水集中处理设施接纳的污水，处理后排放的有机污染物（COD、BOD、TOC）、SS 和总大肠菌群数达到国家或地方排放标准排放的污水，依据《水污染防治法》第 45 条规定：向城镇污水集中处理设施排放水污染物，应当符合国家或者地方规定的水污染物排放标准。城镇污水集中处理设施的出水水质达到国家或者地方规定的水污染物排放标准的，可以按照国家有关规定免缴排污费。《排污费征收标准管理办法》附件规定不征收污水排污费。如以上污染物超过国家或地方排放标准排放的污水。则按照《水污染防治法》第 74 条规定：由县级以上人民政府环境保护主管部门按照权限责令限期治理，处应缴纳排污费数额 2 倍以上 5 倍以下的罚款。而不再适用《排污费征收标准管理办法》"应按排放污染物的种类和数量向城市污水集中处理设施运营单位征收污水排污费，还应进行罚款"规定。

5. 特殊因子的超标才收费的原则

在《排污费征收标准管理条例》附件《排污费征收标准计算方法》中规定污水的 pH、色度、总大肠菌群数、余氯量四种污染物实行不超标不征收排污费，超标准排放才征收排污费，而且还应按《水污染防治法》规定罚款。

6. 对同一排放口中的同类污染物或相关污染物的不同指标不重复收费的原则

对同一排放口中的 COD、BOD 和 TOC 由于都是关于有机物含量的不同监测指标，虽属不同的污染因子，但不应重复收费，只按其中一项污染当量数最高的因子征收排污费。同一排放口中的总大肠菌群和余氯量是两项相关联的污染因子，《排污费征收标准管理条例》附件中也规定了只按其中污染当量数最高的一项因子征收排污费。

对同一排污口的大肠菌群数和总余氯，只征收其中一项污染因子的污水排污费。

7. 对征收冷却排水和矿井排水污水排污费应扣除进水本底值的原则

对排放冷却水和矿井水，在计征污水排污费时，应首先扣除进水水质中各种污染物的本底值，然后再计算该种污染物的排放量及排污费。由于一般的排污者的污水是在净水的基础上，经使用转变成污水的，而冷却排水和矿井排水主要是由地表或地下有一定污染物的水，经生产使用后排放的，不应将原有污染物的责任归咎于排污者。《排污费征收标准管理条例》附件规定：冷却排水和矿井排水在计算排污量时应扣除原有进水污染物本底值，只按生产过程中增加的污染物排放数量计征排污费。

8. 对规模化畜禽养殖场征收污水排污费的原则

《排污费征收标准管理条例》附件规定，规模小于 50 头牛、500 头猪、5000 羽鸡（鸭）的畜禽养殖业，不征收污水排污费。但是在现实监察工作中，全国各地许多环境监察机构纷纷反映畜禽养殖业规模化的规定取数额太高，实际情况中还有很多畜禽养殖场虽然规模小于以上标准，但是也造成了严重的污染，希望能降低畜禽养殖业规模化的规定上限，以利于现场监督管理。

9. 对小型排污者可以采用抽样测算的办法核算排污量计征排污费的原则

无法进行实际监测或物料衡算的畜禽养殖业、小型企业、第三产业和医院等小型排污者排放的污水，可实行抽样测算的办法核算排污量，依据特征值按月计算排污费。

10. 一个排污者有多个排污口应分别计算合并征收的原则

对于一个排污者有多个排污口的（包括一类污染物的车间排放口），应该分别核算，合并计征。

另外，畜禽养殖业规模小于 50 头牛、500 头猪、5000 羽鸡（鸭）和医院床位小于20 张床，不收污水排污费。

（二）排污费计算方法和步骤

1. 计算方法

1）核实污水单位污染当量数收费单价

污水的单位污染当量的收费单价是国家根据 12000 多套污水防治设置边际治理费用（包括治理设施的固定资产折旧、能耗、物耗、管理维修费用和人工费用等）进行测算后，按照排污费略高于治理成本的原则，确定单位污染当量数收费目标值是 1.4 元/污染当量。考虑到排污收费制度改革执行中排污者的承受能力，国家确定实践中的收费标准为 0.7 元/污染当量。水污染当量值见表 6.7。

表 6.7 水污染物污染当量值

污染物分类	污染物名称	污染当量值/kg	污染物名称	污染当量值/kg
第一类污染物	1. 总汞	0.0005	6. 总铅	0.025
	2. 总镉	0.005	7. 总镍	0.025
	3. 总铬	0.04	8. 苯并（a）芘	0.0000003
	4. 六价铬	0.02	9. 总铍	0.01
	5. 总砷	0.02	10. 总银	0.02
第二类污染物	11. 悬浮物（SS）	4	37. 五氯酚及五氯酚钠（以五氯酚计）	0.25
	12. 生化需氧（BOD_5）	0.5	38. 三氯甲烷	0.04
	13. 化学需氧（COD）	1	39. 可吸附有机卤化物（AOX）（以 Cl 计）	0.25
	14. 总有机碳（TOC）	0.49	40. 四氯化碳	0.04
	15. 石油类	0.1	41. 三氯乙烯	0.04
	16. 动植物油	0.16	42. 四氯乙烯	0.04
	17. 挥发酚	0.08	43. 苯	0.02
	18. 总氰化物	0.05	44. 甲苯	0.02
	19. 硫化物	0.125	45. 乙苯	0.02
	20. 氨氮	0.8	46. 邻-二甲苯	0.02
	21. 氟化物	0.5	47. 对-二甲苯	0.02
	22. 甲醛	0.125	48. 间-二甲苯	0.02
	23. 苯胺类	0.2	49. 氯苯	0.02
	24. 硝基苯类	0.2	50. 邻二氯苯	0.02
	25. 阴离子表面活性（LAS）	0.2	51. 对二氯苯	0.02
	26. 总铜	0.1	52. 对硝基氯苯	0.02
	27. 总锌	0.2	53. 2.4-二硝基氯苯	0.02
	28. 总锰	0.2	54. 苯酚	0.02
	29. 彩色显影剂（CD-2）	0.2	55. 间-甲酚	0.02
	30. 总磷	0.25	56. 2.4-二氯酚	0.02
	31. 元素磷（以 P 计）	0.05	57. 2.4.6-三氯酚	0.02
	32. 有机磷农药（以 P 计）	0.05	58. 邻苯二甲酸二丁酯	0.02
	33. 乐果	0.05	59. 邻苯二甲酸二辛酯	0.02
	34. 甲基对硫磷	0.05	60. 丙烯腈	0.125
	35. 马拉硫磷	0.05	61. 总硒	0.02
	36. 对硫磷	0.05	—	—

注：①第一、二类污染物的分类依据为《污水综合排放标准（GB 8978—1996）》；
②同一排放口中的化学需氧量（COD）、生化需氧量（BOD_5）和总有机碳（TOC），只征收一项。

2）确定每一个排污口各类污染物的污染当量数

根据排污者排污申报，核定每一污水排放口的各种污染物种类数的排放量后（可用实测法和物料衡算法），利用相关公式计算污染当量数，然后按照各类污染物的当量数从多到少的顺序，确定前 3 项（可以少于到 3 种，最多不超过 3 项），相加得到每个污水排放口的水污染物排放当量总数。

《排污费征收标准管理条例》中规定了 65 项水污染因子的污染当量换算值，也规定了四类特征因子污染当量数的计算方式。

（1）一般污染物的污染当量数计算。

某污染物的污染当量 E_n＝该污染物的排放量（kg）÷该污染物的污染当量值（kg）

（2）pH、大肠菌群数、余氯量的污染当量数计算。

pH（大肠杆菌群数、余氯量）的污染当量数 E_n＝污水排放量（t）÷该污染物的污染当量值（t）

色度、pH、大肠杆菌群数、余氯量的污染当量值见表 6.8。

表 6.8 pH、色度、大肠菌群数、余氯量污染当量值

污 染 物		污染当量值
1. pH	0～1，13～14	0.06t 污水
	1～2，12～13	0.125t 污水
	2～3，11～12	0.25t 污水
	3～4，10～11	0.5t 污水
	4～5，9～10	1t 污水
	5～6，	5t 污水
2. 色度		5t 水·倍
3. 大肠菌群数（超标）		3.3t 污水
4. 余氯量（用氯消毒的医院废水）		3.3t 污水

注：① 大肠菌群数和总余氯只征收一项；
　　② pH 5～6 指 pH 大于等于 5，小于 6；pH 9～10 指大于 9，小于等于 10，其余类推。

（3）色度的污染当量数计算。

色度的污染当量数 E_n＝污水排放量（t）×色度超标倍数÷该污染物的污染当量值（t 水·倍）；

色度超标倍数＝（色度实测值－色度排放标准）/色度排放标准

（4）禽畜养殖业、小型企业和第三产业的污染当量数计算。

污染当量数 E_n＝污染排放特征值÷污染当量值

畜禽养殖业、小型企业和第三产业的污染当量值见表 6.9。

表 6.9 禽畜养殖业、小型企业和第三产业污染当量值

类 型		污染当量值
禽畜养殖场	1. 牛	0.1 头
	2. 猪	1 头
	3. 鸡、鸭等家禽	30 羽
4. 小型企业		1.8t 污水

续表

类　　型		污染当量值
5. 饮食娱乐服务业		0.5t 污水
6. 医院	消毒	0.14 床
		2.8t 污水
	不消毒	0.07 床
		1.4t 污水

　　注：①本表仅适用于计算无法进行实际监测或物料衡算的禽畜养殖业、小型企业和第三产业等小型排污者的污
　　　　 染当量数；
　　　　②仅对存栏规模大于 50 头牛、500 头猪、5000 羽鸡鸭等的禽畜养殖场收费；
　　　　③医院病床数大于 20 张的按本表计算污染当量。

　　3）确定收费因子，计算污染因子当量总数

将每个排污口的当量数在前三位的污染物的当量数相加得到该排污口的总污染当量数，即为每个排污口的排污总量（即当量总量 $\sum E_n$）。

　　4）某排污者污水排污费的计算

若同一排污者有多个排放口，应分别计算，叠加征收排污费。对同一排污者有多个排污口的情况，先计算每个污水排污口的当量总量 $\sum E_n$ 和污水排污费额 R_n，第 n 个污水排污口污水排污费收费额 $R_n = 0.7 \times \sum E_n$（前 3 项污染物的污染当量数之和），排污者应缴纳的总排污费 $R = \sum R_n$（元）。

2. 计算步骤

根据污水排污收费原则，污水排污费计算方法按以下步骤进行：
（1）计算各污染物的排放量。
（2）计算各污染物污染当量数。
（3）确定收费因子。
（4）计算污染当量总数。
（5）计算污水排污费。

（三）例题讲解

　　例 6.1　有一石化工厂 1990 年建成投产，2003 年 8 月确定污水总排放口月污水排放量 12 万 m^3，经监测污水中污染物排放浓度 COD 200mg/L、BOD 80mg/L、SS 150mg/L、pH 为 5、石油类 20mg/L、硫化物 10mg/L，该厂排污口通向Ⅳ类水域。求该化工厂 2003 年 8 月份应缴纳污水排污费多少元？

　　解　因该厂排污口通过向Ⅳ类水域，总排放口执行《污水综合排放标准》表二中的二级标准，依照排放标准，查表得知 pH 超标。

（1）核定各污染物排放量：
$$G_{COD} = KQC_{COD} = 10^{-3} \times 120000 \times 200 = 24000 \ (\text{kg/月})$$

$$G_{BOD}=KQC_{BOD}=10^{-3}\times120000\times80=9600\text{（kg/月）}$$

$$G_{SS}=KQC_{SS}=10^{-3}\times120000\times150=18000\text{（kg/月）}$$

$$G_{石油类}=KQC_{石油类}=10^{-3}\times120000\times20=2400\text{（kg/月）}$$

$$G_{硫化物}=KQC_{硫化物}=10^{-3}\times120000\times10=120\text{（kg/月）}$$

（2）计算各污染物污染当量数：

$$E_{COD}=24000\div1=24000$$

$$E_{BOD}=9600\div0.5=19200$$

$$E_{SS}=18000\div4=4500$$

$$E_{pH}=120000\div5=24000$$

$$E_{石油类}=2400\div0.1=24000$$

$$E_{硫化物}=120\div0.125=960$$

（3）确定收费因子：

该排污口 COD 和 BOD 两因子同时存在，只选其中当量数大的一项参加三因子排序。当量数前三位排序：

$$E_{COD}=E_{pH}=E_{石油类}=24000$$

（4）计算污染当量总数：

$$\sum E_n=24000\times3=72000$$

（5）计算污水排污费：

$$R=0.7\times\sum E_n=0.7\times72000=50400\text{（元）}$$

例 6.2 某印染厂 1998 年建成投产，2005 年 8 月消耗新鲜水量 30000m³，经监测总污水排放口排放的污水中污染物浓度状况为：色度 300 倍，COD120mg/L，BOD30mg/L，pH 为 4。该厂废水排向Ⅳ类水域。求该印染厂 2005 年 8 月应缴纳污水排污费多少元？

解 因该厂排污口通过向Ⅳ类水域，总排放口执行《污水综合排放标准》表二中的二级标准，依照排放标准，查 pH、色度超标。

（1）核定各污染物排放量：

据该厂 8 月所消耗新鲜水量，得：

$$污水总排放口 8 月污水排放量=0.8\times30000=24000\text{（m}^3\text{）}$$

$$G_{COD}=KQC_{COD}=10^{-3}\times24000\times120=2880\text{（kg/月）}$$

$$G_{BOD}=KQC_{BOD}=10^{-3}\times24000\times30=720\text{（kg/月）}$$

（2）计算各污染物污染当量数：

$$E_{COD}=2880\div1=2880$$

$$E_{BOD}=720\div0.5=1440$$

$$E_{pH}=24000\div1=24000$$

$$E_{色度}=24000\times（300-80）/80\div5=13200$$

（3）确定收费因子：

该排污口 COD 和 BOD 两因子同时存在，只选其中当量数大的一项参加三因子排序。污染当量数前三位排序：

$$E_{pH} > E_{色度} > E_{COD}$$

（4）计算污染当量总数：

$$\sum E_n = 24000 + 13200 + 2880 = 40080$$

（5）计算污水排污费：

$$R = 0.7 \times \sum E_n = 0.7 \times 40080 = 28056（元）$$

例6.3　某餐馆2007年10月份消耗新鲜水量1000m³，污水排入地表水体，无法进行监测，排水去向Ⅳ类水域。求该餐馆2007年10月应缴纳污水排污费多少元？

解　无法获得监测数据的饮食服务业，查《畜禽养殖业、小型企业和第三产业污染当量值》表换算污染当量数。

据该餐馆10月所消耗新鲜水量，即：

$$折算8月污水排放量 = 0.8 \times 1000 = 800（m³）$$

（1）计算污染当量数：

$$E_{饮食服务} = 800 \div 5 = 1600$$

（2）计算污水排污费：

$$R = 0.7 \times 1600 = 1120（元）$$

例6.4　某医院共有30张床，月排污水500t，排污口处于Ⅳ类水域区，有消毒设施，该医院每月应缴纳排污费多少元？

解　查《畜禽养殖业、小型企业和第三产业污染当量值》得知，医院有消毒设施的情况下，按床位核准的污染当量值是0.14床，按污水排放量的污染当量值为2.8t污水。

（1）按床位数计算污染当量数：

$$E_{床} = 30 \div 0.14 = 214.3$$

（2）按污水计算污染当量数：

$$E_{污水} = 500 \div 2.8 = 178.6$$

根据医院污水排放量的污染当量数和床位数的污染当量数其中较大的一种计征排污费的原则，该医院计征排污费依据的污染当量数应为床位的污染当量数214.3。

（3）计算污水排污费：

$$R = 0.7 \times 214.3 = 150.01（元）$$

三、废气排污费的计算

（一）废气排污费计征原则

1. 排污即收费的原则

向大气排放污染物的排污者，必须按照排放污染物的种类、数量缴纳废气排污费。

2. 三因子叠加收费的原则

对同一排污口排放多种污染物的，应按多种污染物的污染当量大小，选择最大的前三项分别计算，叠加计征废气排污费。

3. 同种污染物不同污染因子不重复收费的原则

烟尘和林格曼黑度都是反映燃料燃烧产生的烟尘污染的监测指标，因为反映的是同种污染物，烟尘和林格曼黑度只能选择收费最高的一项来参加收费因子的排序。其中林格曼黑度按黑度登记大小确定收费标准，烟尘按污染当量数计算收费额。

4. 一个排污者有多个排污口，应分别计算合并计征的原则

由于排污者废气污染源的排污口都是孤立的，即一个污染源就有一个排污口，同一排污者的废气排污口一般都有多个，必须对每个排污口的废气排污费分别计算，然后再合并征收。

（二）排污费计算方法和步骤

1. 计算方法

1）核实废气单位污染当量数收费单价

废气排污费按排污者排放污染物的种类、数量以污染当量计算征收，每一污染当量征收标准为 0.6 元。

其中，二氧化硫排污费，第一年每一污染当量征收标准为 0.2 元，第二年（2004年 7 月 1 日起）每一污染当量征收标准为 0.4 元，第三年（2005 年 7 月 1 日起）达到与其他大气污染物相同的征收标准，即每一污染当量征收标准为 0.6 元。氮氧化物在 2004 年 7 月 1 日前不收费，2004 年 7 月 1 日起按每一污染当量 0.6 元收费。

对于锅炉排放的烟尘，按林格曼黑度等级计征排污费，收费单价见表 6.10，表 6.11 为林格曼烟尘浓度表。

表 6.10　林格曼黑度收费标准

林格曼黑度等级	收费标准（元/t 燃煤）
黑度 1 级	1
黑度 2 级	3
黑度 3 级	5
黑度 4 级	10
黑度 5 级	20

表 6.11　林格曼烟尘深度表

等级	烟尘特点	黑色小块占总面积/%	烟尘量/(g/m³)
0	全白	0	0
1	微灰	20	0.25
2	灰	40	0.70
3	浑灰	60	1.20
4	灰黑	80	2.30
5	全黑	100	4.0~5.0

2）确定每一排污口各类污染物的污染当量数

根据排污者排污申报核定，确定每一废气排污口的各种污染物排放量（实测法或者物料衡算法），利用计算公式换算成污染当量数。

某污染物的污染当量 E_n ＝该污染物的排放量（kg）÷该污染物的污染当量值（kg）

大气污染物当量值见表 6.12。

表 6.12 大气污染物污染当量值

序号	污染物名称	污染当量值	序号	污染物名称	污染当量值
1	二氧化硫	0.95	23	二甲苯	0.27
2	氮氧化物	0.95	24	苯并（a）芘	0.000002
3	一氧化碳	16.7	25	甲醛	0.09
4	氯气	0.34	26	乙醛	0.45
5	氯化氢	10.75	27	丙烯醛	0.06
6	氟化物	0.87	28	甲醇	0.67
7	氰化氢	0.005	29	酚类	0.35
8	硫酸雾	0.6	30	沥青烟	0.19
9	铬酸雾	0.0007	31	苯胺类	0.21
10	汞及其化合物	0.0001	32	氯苯类	0.72
11	一般性粉尘	4	33	硝基苯	0.17
12	石棉尘	0.53	34	丙烯腈	0.22
13	玻璃棉尘	2.13	35	氯乙烯	0.55
14	碳黑尘	0.59	36	光气	0.04
15	铅及其化合物	0.02	37	硫化氢	0.29
16	镉及其化合物	0.03	38	氨	9.09
17	铍及其化合物	0.0004	39	三甲胺	0.32
18	镍及其化合物	0.13	40	甲硫醇	0.04
19	锡及其化合物	0.27	41	甲硫醚	0.28
20	烟尘	2.18	42	二甲二硫	0.28
21	苯	0.05	43	苯乙烯	25
22	甲苯	0.18	44	二硫化碳	20

3）确定排污口收费因子，计算污染当量数总数（即 $\sum E_n$）或者排污费总数

对每一排放口征收废气排污费的污染物种类数，以污染当量数从大到小的顺序排列，选取前三项为收费因子。对燃料燃烧排污费收费因子的确定，应首先计算出每项污染物的收费额后，选取其中收费额较高的前三项污染物作为该排污口的收费因子。

（1）一般污染物的排污费计算方法：

$$R_n ＝ 0.6 \times E_n$$

（2）林格曼黑度排污费计算方法：

R ＝林格曼黑度（级）的收费标准×某林格曼黑度（级）条件下的燃料耗用量

当燃料为非煤时（如木材、柴草、原油、柴油、汽油、天然气、有机可燃废气），应将非燃煤折算成标准煤后再计算排污费。各种燃料的折算表见表 6.13。

表 6.13　各种燃料折算表

燃料 名 称	折算成标准煤/t
1t 原煤	0.714
1t 原油或者重油	1.429
1t 渣油	1.286
1t 柴油	1.457
1t 汽油	1.471
1000m³ 天然气	1.33
1t 焦炭	0.971

4）某排污者废气排污费的计算

若同一排污者有多个排放口，应分别计算，叠加征收排污费。对同一排污者有多个排污口的情况，先计算每个废气排污口的当量总量 $\sum E_n$ 和废气排污费额 R_n。第 n 个污水排污口污水排污费收费额 $R_n = 0.6 \times \sum E_n$（前 3 项污染物的污染当量数之和）。排污者应缴纳的总排污费 $R = \sum R_n$（元）。

2. 计算步骤

（1）计算废气的排放量。

（2）计算各种污染物的排放量。

（3）计算某种污染物污染当量数（或者某种污染物的排污费）。

（4）确定收费因子。

（5）计算某排污口排污费。

（三）例题讲解

例 6.5　某炼铁厂月生产铁 8000t，月生产时间为 720h，高炉煤气回收率为 95%，经查物料衡算排放系数每吨铁生产高炉煤气 4500m³，其中含 30% 的 CO，CO 的气体密度为 1.25kg/m³，含尘量为 0.1kg/m³，计算每月应缴纳多少元排污费？

解　高炉煤气量：
$$Q = KM = 4500 \times 8000 = 36 \times 10^6 \ (m^3)$$

计算各种污染物排放量：
$$G_{CO} = QN\rho(1-\eta) = 36 \times 10^6 \times 30\% \times 1.25 \times (1-95\%) = 675000 \ (kg)$$
$$G_{\text{尘}} = QC_{\text{尘}}(1-\eta) = 36 \times 10^6 \times 0.1 \times (1-95\%) = 180000 \ (kg)$$

计算各种污染物污染当量数：
$$E_{CO} = 675000 \div 16.7 = 40419.16$$
$$E_{\text{尘}} = 180000 \div 4 = 45000$$

确定收费因子，计算当量总数。该排放口只有两种污染物，因此均为收费因子：
$$\sum E_n = 40419.16 + 45000 = 85419.16$$

总排污费为

$$R=0.6\times\sum E_n=0.6\times85419.16=51251\text{（元）}$$

例 6.6 某铁矿烧结厂烧结带废气产生量 4000m^3/吨烧结矿石，其产生废气中污染物的浓度为尘：5g/m^3，SO_2：0.8g/m^3，CO：6g/m^3，NO_x：0.4mg/L，氟化物：0.01mg/L，经除尘处理设施处理后，除尘率为 95%，CO 的回收率为 90%，该烧结厂 2006 年 8 月生产烧结矿 9000t。问该烧结厂 8 月份应缴纳多少排污费？

解 废气量

$$Q=KM=4000\times9000=36\times10^6\text{（m}^3\text{）}$$

单位换算：

$$\text{g/m}^3=\text{mg/L}=1000\text{mg/m}^3$$

计算各种污染物排放量：

$$G_{排尘}=G_{产尘}（1-\eta）=KQC_{尘}（1-\eta）=10^{-6}\times36\times10^6\times5000\times（1-95\%）=9000\text{（kg）}$$
$$G_{排SO_2}=G_{产SO_2}=KQC_{SO_2}=10^{-6}\times36\times10^6\times800=28800\text{（kg）}$$
$$G_{排CO}=G_{产CO}（1-\eta）=KQC_{CO}（1-\eta）=10^{-6}\times36\times10^6\times6000\times（1-90\%）=21600\text{（kg）}$$
$$G_{排NO_x}=G_{产NO_x}=KQC_{NO_x}=10^{-6}\times36\times10^6\times400=14400\text{（kg）}$$
$$G_{排氟化物}=G_{产氟化物}=KQC_{氟化物}=10^{-6}\times36\times10^6\times10=360\text{（kg）}$$

计算各种污染物污染当量数：

$$E_{尘}=9000\div4=2250$$
$$E_{SO_2}=28800\div0.95=30315.8$$
$$E_{CO}=21600\div16.7=1293.4$$
$$E_{NO_x}=14400\div0.95=15157.9$$
$$E_{氟化物}=360\div0.87=413.8$$

确定收费因子，计算污染当量总数。污染当量数排前三位的是 SO_2、NO_x 和尘。

$$\sum E_n=30315.8+15157.9+2250=47723.7$$

总排污费为

$$R=0.6\times\sum E_n=0.6\times47723.7=28634.2\text{（元）}$$

例 6.7 某厂链条锅炉月耗河南焦作煤 700t/月，锅炉除尘效率为 92%，烟尘黑度为 3 级，求该锅炉每月应缴纳多少元排污费？

解 计算锅炉烟尘黑度排污费，烟尘黑度 3 级的收费标准为 5 元/t 燃煤，则得：

$$R_{烟尘黑度}=5\times700=3500\text{（元）}$$

计算各污染物的排放量：

查《全国各地煤矿灰分含量》表和《全国各地燃煤硫分含量》表，查得河南焦作煤灰分含量 21.7%，硫分含量 2.27%。

查《不同炉型灰分中烟尘百分比》表，查得链条炉中灰分的烟尘百分比为 20%。

查《烟尘中可燃物含量》表，查得链条炉（按一般炉型）的可燃物含量为 30%。

查《燃煤中氮的 NO_x 转化率》表，查得链条炉（按层燃炉型）氮的 NO_x 转化率为 37.5%。

查《燃煤含碳量和化学不完全燃烧值》表，烟煤的含碳量为 75%，不完全燃烧值为 3%。

$$G_{排SO_2} = 1.6BS = 1.6 \times 700 \times 10^3 \times 2.27\% = 25424(kg)$$

$$G_{排烟尘} = G_{产烟尘}(1-\eta) = BAd_{fh}(1-\eta) \div (1-c_{fh})$$
$$= 700 \times 10^3 \times 21.7\% \times 20\% \times (1-92\%) \div (1-30\%)$$
$$= 3472(kg)$$

$$G_{排NO_x} = 1.63B(N \cdot b + 0.000938)$$
$$= 1.63 \times 700 \times 10^3 \times (1.5\% \times 37.5\% + 0.000938)$$
$$= 7488.38(kg)$$

$$G_{排CO} = 2.33BCQ$$
$$= 2.33 \times 700 \times 10^3 \times 75\% \times 3\%$$
$$= 36697.5(kg)$$

计算各污染物污染当量数：

$$E_{SO2} = 25424 \div 0.95 = 26762.11$$
$$E_{烟尘} = 3472 \div 2.18 = 1592.66$$
$$E_{NO_x} = 7488.38 \div 0.95 = 7882.51$$
$$E_{CO} = 36697.5 \div 16.7 = 2197.46$$

计算烟尘的收费额，确定收费因子：

$$R_{SO_2} = 0.6 \times E_{SO_2} = 0.6 \times 26762.11 = 16057.27 （元）$$
$$R_{NO_x} = 0.6 \times E_{NO_x} = 0.6 \times 1592.66 = 4729.50 （元）$$
$$R_{CO} = 0.6 \times E_{CO} = 0.6 \times 2197.46 = 1318.48 （元）$$
$$R_{烟尘} = 0.6 \times E_{烟尘} = 0.6 \times 1592.66 = （955.60 元）< R_{烟尘黑度} = 3500 （元）$$

烟尘和林格曼黑度同时存在时，选取收费额高的一项参加排序。所以收费因子为 SO_2、NO_x 和烟尘三项。

总的排污费为

$$R = \sum R_n = 16057.27 + 4729.50 + 3500 = 24286.77(元)$$

四、环境噪声超标排污费的计算

对排污者产生环境噪声，超过国家规定的环境噪声排放标准，且干扰他人正常生活、工作和学习的，按照超标的分贝数征收噪声超标排污费，征收标准见表 6.14。

表 6.14 噪声超标排污费征收标准

超标分贝数	1	2	3	4	5	6	7	8
收费标准/(元/月)	350	440	550	700	880	1100	1400	1760
超标分贝数	9	10	11	12	13	14	15	16 及 16 以上
收费标准/(元/月)	2200	2800	3520	4400	5600	7040	8800	11200

注：本标准以 dB 为计征单位，不足 1dB 的按四舍五入原则计算。

（一）计征原则

（1）环境噪声超标才能收费。因为环境噪声只有超过国家或者地方规定的标准限值，才构成环境噪声污染行为。

（2）一个单位边界上有多处噪声超标，征收额应根据最高一处超标声级计算，当沿边界长度超过100m有两处及两处以上噪声超标，则加1倍征收。

（3）一个单位若有不同地点的作业场所，收费应分别计算、合并征收。

（4）昼、夜均超标的环境噪声，征收金额按昼、夜分别计算，累计征收。

（5）声源一个月内超标不足15天的，噪声超标排污费减半征收。

（6）夜间频繁突发和夜间偶然突发厂界超标噪声排污费，按等效声级和峰值噪声两种指标中超标分贝值高的一项计算排污费。

（7）一个工地同一施工单位多个建筑施工阶段同时进行时，按噪声限值最高的施工阶段计收超标噪声排污费。

（8）对农民自建住宅不得征收噪声超标排污费。

（9）对机动车、飞机、船舶等流动污染源，暂不征收噪声超标排污费。

（二）计算方法和步骤

（1）确定功能区，查找标准。即确定一个排污单位同一作业场所边界所处区域环境功能区和相应的环境噪声排放标准。工业企业、企事业单位、餐饮娱乐服务业场所噪声适用《工业企业厂界环境噪声排放标准（GB 12348—2008）》，建筑施工场所作业噪声适用《建筑施工厂界噪声限值（GB 12523—1990）》

（2）确定各监测点噪声超标值。不同环境噪声标准的场（厂）界地段上的昼和夜的最高超标等效噪声值，再与各地段的环境噪声标准比较，计算出各地段的最高等效噪声超标值，然后确定同一作业场所全边界各排放标准地段中最高超标值，即同一作业场所昼和夜的最高等效噪声超标值。如果夜间有频繁突发噪声（排放标准比相应标准高10dB）或偶然突发噪声（排放标准比相应标准要高15dB），也应分别计算其频繁或偶然突发噪声峰值最高超标分贝值，然后与夜间最高等效噪声超标值比较，三个值中取最高超标值为夜间噪声最高超标值。

（3）确定排污单位的计征点，根据收费标准确定昼和夜的噪声超标排污费。根据昼和夜的超标噪声最高超标分贝数查出噪声超标排污费的征收标准，分别确定昼和夜的噪声超标排污费。

（4）确定是否减半征收。一个月的昼（夜）超标作业时间不足15昼（夜）的，噪声超标排污费按半月计算；一个月的昼（夜）超标作业时间为15昼（夜）或者超过15昼（夜）的，噪声超标排污费按一个月计算。

（5）确定是否加倍征收。如果沿厂（场）界有多点超标，相距最远的两点沿边界的距离超过100m（注意沿闭合边界两点间距离有两个，以最小距离计算），应加一倍征收超标排污费。

（6）确定该排污单位是否有多个作业场所。如果一个排污单位有几处作业场所（孤立、不相连），应按以上步骤分别计算各作业场所的昼夜超标噪声排污费总额，再合并计算该排污者的总超标噪声排污费。

（三）例题讲解

例 6.8 某机械加工厂，厂界南侧为交通干线，其余厂界均处于工商、居住混杂区。某月经监测该厂南、西、北、东侧厂界的噪声最敏感处的昼/夜噪声等效值分别为 72/57dB（A）、65/52dB（A）、66/51dB（A）、64/53dB（A），该厂各噪声源每月白天工作四周，夜间工作两周。该厂厂界超过 400m，求该月该厂超标噪声排污费为多少元？

解 （1）确定各侧厂界所处功能区，查环境噪声的排放标准。该厂南侧为四类功能区，西、北、东为二类功能区，查表得昼/夜排放标准分别为 70/55dB（A）、60/50dB（A）、60/50dB（A）、60/50dB（A）。

（2）计算各侧厂界环境噪声的超标值：

南侧昼/夜超标值分别为　72－70＝2dB（A）　　57－55＝2dB（A）

西侧昼/夜超标值分别为　65－60＝5dB（A）　　52－50＝2dB（A）

北侧昼/夜超标值分别为　66－60＝6dB（A）　　51－50＝1dB（A）

东侧昼/夜超标值分别为　64－60＝4dB（A）　　53－50＝3dB（A）

（3）确定厂界噪声超标排污费计征点。北侧为昼间计征点，东侧为夜间计征点，最高超标值为 6dB（A）/3dB（A），查收费标准得昼间超标 6dB（A）收费标准为 1100 元；夜间超标 3dB（A）收费标准为 550 元。

（4）每月昼间工作 4 周，排污费按一个月征收；由于四侧均超标，且厂界超过 400m，应加倍收费，所以昼间排污费：

$$R_昼＝1100×2＝2200（元）。$$

（5）每月夜间工作 2 周，不足 15 天，减半征收排污费；又由于四侧均超标，且厂界超过 400m，应加倍收费，所以夜间排污费：

$$R_夜＝550÷2×2＝550 元。$$

（6）该排污单位应缴噪声超标排污费

$$R＝R_昼＋R_夜＝2200＋550＝2750（元）$$

例 6.9 某歌厅处在工商混杂区，其厂界小于 150m，某月经监测该歌厅厂界等效噪声昼/夜值分别为 60/59dB（A），该歌厅整月营业。求：歌厅该月应缴纳超标排污费为多少元？

解 （1）确定厂界所处功能区，查环境噪声的排放标准。该歌厅所处为二类功能区，查表得昼/夜排放标准 60/50dB（A）。

（2）计算环境噪声超标值：

昼间 60dB（A），达标；夜间超标值为 59－50＝9dB（A），收费标准为 2200 元。

（3）确定厂界噪声超标排污费计征点。昼间达标排放不收排污费；夜间超标 9dB（A），查得收费标准为 2200 元。

（4）歌厅整月营业，排污费按一个月征收；由于厂界小于 150m，不应加倍收费，所以夜间排污费：$R_夜 = 2200$（元）。即该歌厅该月应缴的排污费。

例 6.10 某工厂地处工业区，该厂的储气罐每月在夜间要排气 2～3 次，每次大约 30s，其峰值为 83dB（A）。该厂只有南侧厂界噪声超标，且超标范围小于 100m。某月经监测南侧厂界昼/夜最高噪声等效值分别为 67/58dB（A），该厂整月生产。求：该化工厂该月超标噪声排污费为多少元？

解 （1）确定厂界所处功能区，查环境噪声的排放标准。该厂地处三类功能区，查表得昼/夜排放标准分别为 65/55dB（A）。排气噪声属于偶然突发峰值噪声，标准限值为（55+15）=70dB（A）

（2）计算厂界环境噪声的超标值：

南侧昼/夜超标值分别为   67－65=2dB（A）   58－55=3dB（A）

夜间偶然突发峰值噪声为   83－70=13dB（A）

（3）确定厂界噪声超标排污费计征点。因夜间有偶然突发峰值噪声，经比较选取排气偶然突发噪声为计征点。该化工厂昼/夜噪声最大超标值为 2dB（A）/13dB（A），查得收费标准昼间为 440 元，夜间为 5600 元。

（4）不具备加倍或减半收费的情节：

$$R = R_昼 + R_夜 = 440 + 5600 = 6040 \text{（元）}$$

例 6.11 某住宅小区建设工地有八栋楼房在同时施工，该工地周边都为住宅区或者工商区，其工地厂界超过 300m。某月经监测该工地东、西、南、北侧厂界昼/夜等效噪声值分别为 74/58dB（A）、72/59dB（A）、80/63dB（A）、75/62dB（A）。该月工地有结构和装修阶段在同时施工，该月昼间整月都在施工，夜间因突击施工 7 天。求：该施工工地该月应缴纳超标噪声排污费多少元？

解 （1）确定各侧厂界所处功能区，查环境噪声的排放标准。由于施工阶段和装修阶段同时施工，噪声排放标准应以结构阶段的排放标准为准，查《建筑施工厂界噪声限值》表得结构阶段昼/夜排放标准分别为 70/55dB（A）。

（2）计算各侧厂界环境噪声的超标值：

东侧昼/夜超标值分别为   74－70=4dB（A）   58－55=3dB（A）

西侧昼/夜超标值分别为   72－70=2dB（A）   59－55=4dB（A）

南侧昼/夜超标值分别为   80－70=10dB（A）   63－55=8dB（A）

北侧昼/夜超标值分别为   75－70=5dB（A）   62－55=7dB（A）

（3）确定厂界噪声超标排污费计征点。经比较，昼/夜间噪声超标排污费计征点均为南侧，最高超标值为 10dB（A）/8dB（A），查收费标准得昼间超标 10dB（A）收费标准为 2800 元；夜间超标 8dB（A）收费标准为 1760 元。

（4）每月昼间排污费按一个月征收；又由于四侧均超标，且厂界超过 300m，应加倍收费，所以昼间排污费为

$$R_昼 = 2800 \times 2 = 5600 \text{（元）}$$

（5）该月夜间工作 7 天，不足 15 天，减半征收排污费；又由于四侧均超标，且厂界超过 300m，应加倍收费，所以夜间排污费为

$$R_夜 = 1760 \div 2 \times 2 = 1760 \text{ 元}$$

（6）该排污单位应缴噪声超标排污费为

$$R＝R_昼＋R_夜＝5600＋1760＝7360（元）$$

五、固体废物排污费的计算

（一）固体废物排污费的相关规定

《固废防治法》第 16 条对固体废物管理做如下明确规定："产生固体废物的单位和个人，应当采取措施，防止或者减少固体废物对环境的污染。"

第 68 条规定：违反本法规定，有下列行为之一的，由县级以上人民政府环境保护行政主管部门责令停止违法行为，限期改正，处以罚款：

（1）不按照国家规定申报登记工业固体废物，或者在申报登记时弄虚作假的。

（2）对暂时不利用或者不能利用的工业固体废物未建设贮存的设施、场所安全分类存放，或者未采取无害化处置措施的。

（3）将列入限期淘汰名录被淘汰的设备转让给他人使用的。

（4）擅自关闭、闲置或者拆除工业固体废物污染环境防治设施、场所的。

（5）在自然保护区、风景名胜区、饮用水水源保护区、基本农田保护区和其他需要特别保护的区域内，建设工业固体废物集中贮存、处置的设施、场所和生活垃圾填埋场的。

（6）擅自转移固体废物出省、自治区、直辖市行政区域贮存、处置的。

（7）未采取相应防范措施，造成工业固体废物扬散、流失、渗漏或者造成其他环境污染的。

（8）在运输过程中沿途丢弃、遗散工业固体废物的。

有前款第 1 项、第 8 项行为之一的，处 5000 元以上 5 万元以下的罚款；有前款第 2 项、第 3 项、第 4 项、第 5 项、第 6 项、第 7 项行为之一的，处 1 万元以上 10 万元以下的罚款。

第 56 条规定：以填埋方式处置危险废物不符合国务院环境保护行政主管部门规定的，应当缴纳危险废物排污费。危险废物排污费征收的具体办法由国务院规定。

《排污费征收标准管理条例》中对一般固体废物的收费规定与修订后的《固废防治法》规定不符的条款，已经停止实行。对一般性固体废物不符合国家规定转移、扬散、丢弃、遗散等违法行为，规定进行相应处罚，同时并不免除防治责任。

可见，对于不符合国家规定转移、扬散、丢弃、遗散一般固体废物的，不再收取排污费，而是严格处罚，这符合禁止排放固体废物的原则。对以填埋方式处置危险废物不符合国务院环境保护行政主管部门规定的，应当缴纳危险废物排污费。

（二）危险废物排污费计算方法和步骤

（1）在污染源产生的一般固体废物中确认危险废物产生量 G_n。

（2）计算排污者某次处置不符合国家有关规定的危险废物排污费。

对以填埋方式处置危险废物不符合国家有关规定的，危险废物排污费征收标准为每次每吨 1000 元，即 $R = 1000 \times \sum G_n$（元）计算。

（三）例题讲解

例 6.12 某医院每月产生临床医疗废物 3t，处置方式不符合国家规定，该医院每月应缴多少危险废物排污费？

解 （1）临床医疗废物属于危险废物。

（2）处置方式不符合国家有关规定。

（3）收费标准每次每吨 1000 元。

（4）确定排放量 $G = 3t/$月。

（5）排污费 $R = 1000 \times G = 3000$（元）。

 思考与练习题

一、思考题

1. 排污收费是环境管理的经济手段，其环境经济理论基础包括哪些观点？

2. 排污收费有什么作用？

3. 排污收费的基本原则的内容是什么？

4. 排污费减缴、免缴、缓缴的条件分别是什么？有哪些具体要求？

二、计算题

1. 有一石化工厂 1999 年建成投产，2007 年 4 月确定污水总排放口月污水排放量为 15 万 m^3，经监测污水中污染物排放浓度 COD 为 180mg/L、BOD 为 80mg/L、SS 为 200mg/L、pH 为 4.5、石油类为 20mg/L、硫化物为 0.8mg/L。该厂排污口通向 Ⅳ 类水域。求该化工厂 4 月应缴纳污水排污费多少元？

2. 某单位锅炉房 4 台链条炉某月共消耗燃煤 3000t，锅炉烟气黑度为 2 级，煤含硫 0.8%，氮氧化物的排放强度为 6kg/t 煤，没有脱硫装置。问该锅炉房每月应缴纳废气排污费多少元？

3. 某工厂厂界北侧为交通干线，其余厂界均处于工商、居住混杂区。某月经监测该厂南、西、北、东侧厂界的噪声最敏感处的昼/夜噪声等效值分别为 62/57dB（A）、65/52dB（A）、66/53dB（A）、70/58dB（A），该厂各噪声源每月白天工作四周，夜间工作两周。该厂厂界超过 400m，求该月该厂超标噪声排污费为多少元？

4. 某住宅小区建设工地有多栋楼房在同时施工，该工地周边都为住宅区或者工商区，其工地厂界超过 300m。某月经监测该工地东、西、南、北侧厂界昼/夜等效噪声值分别为 76/56dB（A）、72/59dB（A）、79/63dB（A）、75/62dB（A）。该月工地有打桩和装修阶段在同时施工，该月昼间整月都在施工，夜间因突击施工 7 天。求：该施工工地该月应缴纳超标噪声排污费多少元？

第七章　环境行政处罚

学习目标

通过本章的学习，你将了解环境行政处罚的概念、特征、基本原则、实施主体等基本法律规定，熟悉环境行政处罚的实施程序和救济程序等相关法律规定，明确环境行政处罚在环境监察工作中的重要地位。通过熟悉《行政处罚法》、《环境行政处罚办法》、《行政复议法》、《行政诉讼法》中相关法律条文的具体规定，掌握环境行政处罚工作的流程，正确使用自由裁量权，能够在环境执法过程中适当地运用具体的条款。通过练习学会制作环境行政处罚决定书。

技能要求

1. 能掌握与环境行政处罚相关法律、法规、规章依据的检索方式和查询途径。
2. 掌握与环境行政处罚相关的具体法律制度，能分析具体案情并正确选择和适用相关法律、法规、规章条款和政策规定。
3. 能制作环境行政处罚决定书。

任务分析

环境行政处罚是环境监察中进行环境执法的重要手段，一旦在环境监察过程发现环境违法行为就必须对其实施相应的环境行政处罚。本章的任务是能熟悉和掌握环境行政处罚的基本理论、处罚程序和救济程序；能够在具体案例中选择和运用相应的法律法规规定对环境违法行为进行处理，制作环境行政处罚决定书。另外还要特别注意掌握环境行政处罚自由裁量权的正确适用。

案例导入

1998 年 6 月 8 日，福建省长泰县环保局三位执法人员无着制式服装，无悬挂工作牌，无出示工作证，到刘秀华家豆腐加工场征收排污费，未找到人，便到其经营的豆腐摊前，要求交纳 220 元排污费。刘以身上没带钱要求改天再交。执法人员就指责刘秀华态度不好，要"修理"一下。一会儿，其中一执法人员拿出一张盖有长泰县环保局公章的填空式行政处罚决定书给刘秀华，上面写着"市场12—2 摊位：你单位因拒缴排污费，违反了《中华人民共和国环境保护法》现根据

《福建省征收排污费实施办法》第 18 条第一款规定,处以 5000 元罚款"。刘秀华不服,于 1998 年 6 月 13 日向长泰县人民法院提起诉讼。

原告诉称:被告长泰县环保局作出罚款 5000 元的行政处罚存在实体认定错误和程序严重违法等问题,其处罚决定不具有法律效力,要求撤销泰环行决字(1998)第 01 号行政处罚决定书。被告口头答辩,承认作出处罚决定错误,在诉讼过程中撤销泰环行决字(1998)第 01 号行政处罚决定。为此,原告向法院提出撤回起诉申请。

长泰县人民法院经审理认为:原告的撤诉申请不损害国家、集体、公民的合法权益,符合法律规定,应予准许,依照《中华人民共和国行政诉讼法》第 51 的规定,该院于 1998 年 7 月 27 日作出裁定如下:准许原告刘秀华撤回起诉。本案受理费人民币 25 元由原告刘秀华负担。

任务:

1. 指出本案中长泰县环保局作出的行政处罚行为的违法之处,并提出相应的纠正方法。

2. 如果原告没有提出撤回起诉申请,人民法院对此案的处理方法是什么?本案中人民法院是否可以准许原告撤诉?为什么?

第一节 环境行政处罚概述

一、环境行政处罚的概念

(一)环境行政处罚的概念

环境行政处罚是指环境保护主管部门或者其他环境保护监督管理部门对违反环境保护法而破坏或者污染环境又不够刑事惩罚的单位或个人实施的一种行政制裁。环境行政处罚是承担环境行政责任的一种方式,是行政处罚在环境保护领域的具体体现。

环境行政处罚中的处罚人,即执法主体是《环境保护法》第 7 条规定的县级以上人民政府环境保护行政主管部门和其他依照法律规定行使环境监督管理权的部门,包括海洋、海事、公安、交通、铁道、民航;对自然资源监督管理的部门,包括土地、矿产、林业、农业、渔业、水利以及县级以上的人民政府等。环境处罚中的被处罚人,必须是违反了环境法律法规但尚未构成犯罪的单位或者个人。行政处罚的实施必须按照法定的程序进行,制裁的方式必须由法律、法规明确规定。

目前环境行政处罚的法律依据主要包括:全国人民代表大会 1996 年 3 月 17 日通过、2009 年 8 月 27 日修改的《中华人民共和国行政处罚法》(以下简称《行政处罚法》);国家环境保护部 2008 年 11 月 21 日通过的《环境行政复议办法》;国家环境保护部 2009 年 12 月 30 日修订通过的《环境行政处罚办法》;国家环境保护部 2010 年 12 月 27 日颁布的《环境行政处罚听证程序规定》等。

（二）环境行政处罚的特征

（1）环境行政处罚的主体是依照法律、法规授权，享有环境行政处罚权的行政机关。另外，根据《行政处罚法》的规定，环境行政机关可以依据法律、法规或者规章的规定，授权给具有管理公共事务职能的组织或者委托给符合法定条件的组织实施行政处罚权，法定授权机关、被环境保护行政机关授权或委托的组织都必须在授权范围内行使行政处罚权，否则，构成行政越权，其行政行为无效。

（2）环境行政处罚的对象是环境行政相对人中的违法者，即因破坏或者污染环境而违反环境保护法律法规应受行政处罚的单位或个人。

（3）环境行政处罚在性质上属于一种法律制裁，是对违法者的惩戒，目的在于使其今后不得重犯。环境行政处罚是因个人组织不履行法定义务，或不正当行使权利，环境行政机关依法命其承担新的义务或使其权利受到相应损害，因此，行政处罚以惩戒而不以实现义务为目的。

（4）环境行政处罚具有时效性。《行政处罚法》规定，违法行为在两年内未被发现的，不再给予行政处罚，法律另有规定的除外。两年的期限，从违法行为发生之日起计算；违法行为有连续或者继续状态的，从行为终了之日起计算。可见，包括环境行政处罚在内的所有行政处罚，时效为两年，两年之后即使再发现违法行为，也不得给予行政处罚。

二、环境行政处罚的原则

（一）依法处罚原则

依法处罚原则是指环境行政处罚必须有法定依据并严格依法进行，法无明文规定者不能认定为违法，不得处罚。依法处罚原则是环境行政处罚中最重要的基本原则，它包括 4 个方面的内容：环境行政处罚的主体合法；环境行政处罚的权限合法，包括行政处罚的设定权和实施权；环境行政处罚的程序合法；违法的环境行政处罚无效。

（二）公正、公开原则

《行政处罚法》规定，行政处罚要遵循公正、公开的原则。所谓公正，就是要求行政处罚不仅在内容上要合法，而且还要做到合理，符合立法目的，设定和实施行政处罚必须以事实为依据，与违法的事实、性质、情节以及社会危害程序相当。所谓公开，就是对违法行为给予行政处罚的规定必须公布，行政机关实施处罚的时候，要告知相对人违法事实、证据和处罚依据，允许相对人陈述、申辩，对重大处罚还要应相对人的要求举行听证会，公开听取其意见。

（三）罚教结合原则

《环境行政处罚办法》规定，实施环境行政处罚，坚持教育与处罚相结合，服务与管理相结合，引导和教育公民、法人或者其他组织自觉守法。一方面，在实施环境行政处罚时，要寓教育于惩罚之中，通过惩罚违法来预防可能的再次违法，同时通过对违法行为人的惩罚来教育他人自觉遵守环境管理秩序；另一方面，在实施环境行政处罚时，要寓服务于管理之中，环境行政机关通过实施环境行政处罚，为公众提供优良的环境产品，在环境行政处罚的同时，还可以为管理对象提供相关法律咨询服务，有针对性地对其进行违法行为的预防。

（四）维护当事人合法权益原则

环境行政处罚针对的是相对人的违法行为，但即使是违法行为人也有其合法权益，环境行政机关在实施环境行政处罚要注意维护违法行为人的合法权益，不得随意限制或者剥夺。相对人的合法权益主要有两类：一是相对人的实体权利，如在查处环境违法案件中所涉及的相对人的技术秘密和商业秘密；二是相对人的程序权利，如陈述申辩权、申请救济权和要求行政赔偿权等。

（五）查处分离原则

《环境行政处罚办法》规定，实施环境行政处罚，实施调查取证与决定处罚分开、决定罚款与收缴罚款分离的原则。对行政执法权力进行适当的分解和分配，有利于在权利部门内形成相互制约和监督，有助于环境行政机关公平公正地实施行政处罚。同时，由不同的执法人员来实施调查取证和处罚决定，客观上细化了执法人员之间的分工，提高了其工作流程的专业化程度，有利于工作效率的提高。

三、环境行政处罚的实施机关

环境行政处罚直接限制或者剥夺违法行为人的权利或者资格，具有惩罚性和强制性。如果环境行政处罚违法或者不当实施，将侵犯相对人的合法权益。因此，必须对实施的主体予以严格的限制和规范，根据《环境行政处罚办法》的规定，实施环境行政处罚的主体包括以下三类。

（一）县级以上环境保护行政主管部门

《行政处罚法》15条规定，行政处罚由具有行政处罚权的行政机关在法定职权范围内实施。这一规定包含三层含义：①作为一项特殊行政权力，行政处罚权在一般情况下只能由行政机关行使；②有权行使行政处罚的行政机关是特定的，什么样的行政机关行使什么样的行政处罚权，有明确具体的规定；③行政机关有各自的职权范围，行政机关只能在其职权范围内实施行政处罚。因此环境行政处罚的主要实施主体是县级以上环境保护行政主管部门。

（二）经法律、行政法规和地方性法规授权的环境监察机构

《行政处罚法》16条规定，法律、法规授权的具有管理公共事务职能的组织可以在法定授权范围内实施行政处罚。这一规定包含了三层含义：①授权该组织实施行政处罚的文件类型只能是法律、行政法规和地方性法规，其他文件（如规章）不得进行授权；

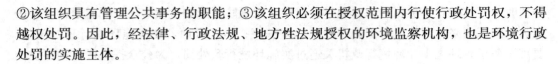

②该组织具有管理公共事务的职能；③该组织必须在授权范围内行使行政处罚权，不得越权处罚。因此，经法律、行政法规、地方性法规授权的环境监察机构，也是环境行政处罚的实施主体。

（三）受委托的环境监察机构

行政处罚不但可以由具有行政处罚权的行政机关、法律法规授权的组织实施，也可以依法委托给符合法律条件的组织行使。《行政处罚法》18条、19条对受委托组织实施行政处罚作了严格规定。根据《环境行政处罚办法》的规定，环境保护主管机关可以将法定职权范围内的行政处罚权委托环境监察机构。这一规定有以下几点需要注意：①委托处罚必须有法律、法规或者规章的明文规定，不得自行委托；②环境保护主管部门只能在其法定权限内进行委托，否则构成越权委托，行政处罚无效；③受委托的组织是环境监察机构，不能是个人；④环境监察机构只能以委托的环境保护主管部门的名义实施处罚，而不得以自己或者其他机关的名义；⑤环境监察机构只能在委托范围内作出行政处罚，超越委托范围的，由环境监察机构自行承担责任；⑥接受委托的环境监察机构不得再委托其他任何组织或者个人；⑦受委托的环境监察机构在委托范围内实施的行政处罚行为，由委托处罚的环境保护主管机关监督实施并承担法律责任。

四、环境行政处罚的管辖

环境行政处罚的管辖是确定对某个环境违法行为应由哪一级或者哪一个环境保护行政机关受理和处罚的制度。环境行政处罚的管辖，涉及环境行政处罚实施主体在职能上的分工，同时也涉及环境行政处罚是否能及时有效地实施。《环境行政处罚办法》对环境行政处罚的管辖作了如下具体规定。

（一）地域管辖

地域管辖，也称区域管辖或者属地管辖，是确定同级行政机关之间实施行政处罚的权限分工。《行政处罚法》确立了属地管辖原则，即由违法行为发生地的行政机关管辖，违法行为发生地一般包括违法行为着手地、经过地、实施地、危害结果发生地。《环境行政处罚办法》对地域管辖作了明确的规定：县级以上环境保护主管部门管辖本行政区域的环境行政处罚案件。对污染行为发生地和污染结果造成地不一致的环境行政处罚案件，以污染行为发生地确定管辖机关，以便于对违法者的处理。

（二）级别管辖

级别管辖是根据行政机关的级别确定其管辖范围，这是划定上下级行政机关或者组织之间实施行政处罚权限的方式。《环境行政处罚办法》规定，环境行政处罚由县级以上环境保护主管部门管辖，即在一般情况下，违法行为由县级环境保护主管部门管辖，但有的违法行为涉及的范围较大、情节比较复杂，县级环境保护主管部门难于处理的，可以由更高级别的环境保护主管部门管辖。

（三）优先管辖

优先管辖是两个都有管辖权的环境保护主管部门对同一环境行政处罚案件的权限划分。《环境行政处罚办法》规定，两个以上环境保护主管部门都有管辖权的环境行政处罚案件，由最先发现或者最先接到举报的环境保护主管部门管辖。优先管辖作为对一般管辖的补充，有利于环境保护主管部门及时发现并制裁违法行为，降低行政成本，提高行政效率。

（四）指定管辖

指定管辖是指上级环境保护主管部门以决定的方式指定下一级环境保护主管部门对某一行政处罚行使管辖权。环境行政处罚中的指定管辖包括两种情况：

（1）基于管辖权争议的指定管辖。管辖权争议是指两个以上的环境保护主管部门在某一行政处罚案件上，如果互相推诿或者互相争夺管辖权，经协商不能达成一致意见的情况。发生管辖权争议后，争议各方应当立足于有利于案件办理、有利于提高行政效率的立场上充分协商，尽可能达成一致意见；实在不能达成一致意见的，应当报请共同的上一级环境保护主管部门，由上一级环境保护主管部门指定其中一个进行管辖。

（2）基于事实原因的指定管辖。由于事实上的原因，如案件重大、疑难，下级环境保护行政主管部门实施处罚有困难或者不能独立行使处罚权等，有管辖权的环境保护主管部门无法行使管辖权，上级环境保护主管部门可以指定管辖。同时，上级环境保护主管机关也可以将其管辖的案件交由有管辖权的下级环境保护主管部门实施行政处罚。

（五）移送管辖

移送管辖是指没有管辖权的环境保护主管机关将已经受理的案件移送有管辖权的环境保护主管部门的制度。为了避免同级环境保护主管部门之间相互推诿，受移送的环境保护主管部门对管辖权即使有异议，也不得再自行移送，而应当报请共同的上一级环境保护主管部门予以指定管辖。

五、环境行政处罚的种类

为了规范和统一环境行政处罚的种类，《环境行政处罚办法》规定了 8 种行政处罚，即警告，罚款，责令停产整顿，责令停产、停业、关闭，暂扣、吊销许可证或者其他具有许可性质的文件，没收违法所得、没收非法财物；行政拘留以及法律、行政法规设定的其他行政处罚种类。

（一）警告

警告是指环境行政机关通过对有违法行为的公民、法人或者其他组织进行批评、告诫和谴责，对其名誉造成一定损害实现惩戒目的，是环境行政处罚种类中惩罚最轻的一种，一般针对情节轻微、对社会危害程度不大的违法行为。实施警告处罚必须作出书面

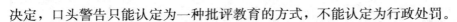

决定，口头警告只能认定为一种批评教育的方式，不能认定为行政处罚。

（二）罚款

罚款是环境行政机关依法强制违法行为人在一定期限内缴纳一定数量货币的行政处罚形式。罚款通过剥夺违法行为人经济上的既得利益，使其财产受到货币上的损失来实现惩戒目的。罚款属于财产性处罚，是适用最普遍的环境行政处罚的种类。对于罚款的数额一般法律会作出限制，环境行政机关只能在法定范围内依自由裁量权作出罚款处罚。

（三）责令停产整顿

责令停产整顿是指行政机关责令违法行为人停止正常生产进行整顿的一种行政处罚形式。通过整顿更正违法行为，通过停产影响企业的经济效益，以实现惩戒目的。如在饮用水水源保护区内设置排污口且逾期不拆除的。

（四）责令停产、停业、关闭

责令停产、停业、关闭是指行政机关对违法行为在一定期限内或永久剥夺其从事生产或者经营活动的行政处罚形式，属于能力罚的一种。其中责令停业或关闭是由作出限期治理决定的人民政府，对逾期未完成治理任务的单位，强令其停业或关闭。由于责令停产、停业、关闭会直接影响到企业的生产经营活动，所以只适用于比较严重的环境违法行为，如未经许可擅自从事贮存和处置放射性固体废物活动的。

（五）暂扣、吊销许可证或其他具有许可性质的文件

暂扣许可证是指环境行政机关暂时限制违法行为人从事某种活动的资格，吊销许可证是指环境行政机关撤销违法行为人从事某种活动的许可证或具有许可性质的证书，使其永久地失去从事该类活动的资格，例如吊销排污许可证、危险废物经营许可证等。因为这种处罚对违法行为人的行为能力和财产权都会产生直接或间接的影响，因此只针对那些严重的环境违法行为，如环评机构弄虚作假致使环境影响评价文件失实的。

（六）没收非法所得、没收非法财物

没收非法所得、没收非法财物是指环境行政机关将违法行为人从事违法经营或活动所获得的违法利益、用于从事违法活动所用的物品、工具、违禁品等强制无偿收归国有的一种行政处罚措施。没收是一种较为严厉的财产处罚，主要适用于为谋取非法收入和不正当利益比较严重的环境违法行为，如制造、销售含铅汽油。

（七）行政拘留

行政拘留是指在短期内限期违法公民人身自由的一种行政处罚措施，行政拘留只能由公安机关实施。行政拘留属于人身自由罚，是环境行政处罚中最严厉的一种，只适用

于严重的违法行为，如违法向水体排放或倾倒危险物质。

除了上述常用的环境行政处罚种类之外，《环境行政处罚办法》规定其他法律、行政法规可以在这几种行政处罚种类之外设定新的处罚种类，以适应未来法律、行政法规的修订和现实中新情况的出现。

第二节　环境行政处罚实施

环境行政处罚必须遵循法定程序进行。环境行政处罚程序是指在环境行政处罚实施过程中行政机关和当事人必须遵循的法定方式和步骤的总称。根据《行政处罚法》和《环境保护行政处罚办法》及相关的环境法律法规的规定，环境行政处罚的程序分为决定程序和执行程序，其中决定程序又分为简易程序和一般程序和一般程序中还包含了听证程序。具体程序如图 7.1 所示。

一、环境行政处罚决定程序

（一）简易程序

简易程序又称当场处罚程序，是指在决定对较轻微的违法行为处以较轻的行政处罚时所遵循的简化处理程序。

1. 适用简易程序的条件

设置简易程序可以提高行政效率，但如果适用简易程序的条件过宽，则会造成对简易程序的滥用，从而违背程序正当原则。根据《行政处罚法》和《环境行政处罚办法》规定，适用简易程序必须同时符合以下条件：

（1）违法事实确凿。它具有两层含义：有证据证明环境行政违法事实的存在；证明环境行政违法事实的证据清楚、充分。

（2）情节轻微。即违法行为对社会危害性较小，对环境的负面影响较小。

（3）处罚必须有法定的依据。即有明确的法律、行政法规、地方性法规和规章作为处罚依据。

（4）处罚的种类和幅度符合法律的规定。处罚的种类仅限于罚款和警告，罚款的幅度对公民限于 50 元以下、对法人和其他组织限于 1000 元以下。

2. 简易程序的主要内容

简易程序不同于一般程序，执法人员既负责调查取证又作出处罚决定，是查处分离原则的例外。因此必须对简易程序作出具体规定，以加强对行政执法过程的监督。根据《行政处罚法》和《环境行政处罚办法》规定，环境执法人员当场作出行政处罚决定，应当遵循以下程序：

（1）表明执法身份。当场作出行政处罚决定时，环境执法人员不得少于两人，并应当向当事人出示其执法证件。表明执法身份一则证明执法人员身份的合法性，防止不法

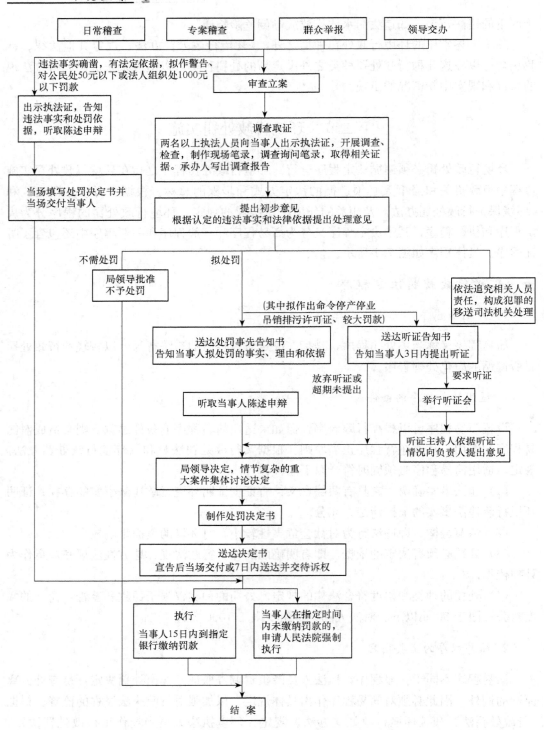

图 7.1 行政处罚的程序

分子冒充执法人员招摇撞骗；二则表明了执法人员主动接受群众监督。

（2）现场查清事实并取证。环境行政处罚必须建立在事实确凿、证据充分的基础上。如果发现违法事实在现场无法查清，则应终止简易程序，转为一般程序办理。

（3）事先告知。在作出行政处罚前，执法人员应向当事人告知查清的违法事实、行政处罚的理由和依据、拟给予的行政处罚，并告知当事人享有陈述和申辩的权利。

（4）听取陈述和申辩。当事人就执法人员的告知进行陈述、申辩，提出自己的主张和理由。当事人提出的陈述申辩意见，执法人员应当认真听取，对于当事人提出的事实、理由或证据成立的，执法人员应当采纳。

（5）制作和交付行政处罚决定书。执法人员应当填写预定格式、编有号码、盖有环境保护主管部门印章的行政处罚决定书，由执法人员签名或者盖章，将行政处罚决定书当场交付当事人。环境保护当场处罚决定书的式样见第九章第一节。

（6）告知诉权。执法人员应当告知当事人如对当场作出的行政处罚决定不服，可以依法申请行政复议或者提起行政诉讼。此外，为加强对适用简易程序的行政处罚的监督，执法人员当场作出行政处罚决定，应当对办案过程制作笔录，在处罚结束后，应当在作出处罚决定之日起 3 个工作日内将行政处罚决定报所属环境保护主管部门备案。

（二）一般程序

一般程序又称普通程序，是指除法律特别规定应当适用简易程序或其他程序以外，环境行政执法机关实施行政处罚通常所适用的程序。

1. 一般程序的特点

（1）一般程序是环境行政处罚的基础程序。一般程序适用的范围最广，任何环境行政处罚均可以适用一般程序。

（2）一般程序具有完整性。环境行政执法机关在适用一般程序实施行政处罚时，必须要经过立案、调查取证、案件审查、告知和听证、决定和送达等一系列程序。与简易程序相比，具有完整性，程序比较严格、复杂。

（3）一般程序具有公正性。一般程序实行查处分离原则，通过权力的分段行使形成相互制约和监督，有助于环境行政执法机关公平公正地实施行政处罚。通过听证程序可使当事人充分发表自己的意见，从而有利于防止行政处罚的不公正，有效地保护当事人的合法权益。

2. 一般程序的主要内容

（1）立案。环境行政机关通过稽查发现或通过群众举报、领导交办等途径发现违法线索，对违法行为进行初步审查，并在 7 个工作日内决定是否立案。经审查，符合下列四项条件的，予以立案：①有涉嫌违反环境保护法律、法规和规章的行为；②依法应当或者可以给予行政处罚；③属于本机关管辖；④违法行为发生之日起到被发现之日止未超过 2 年，法律另有规定的除外。违法行为处于连续或继续状态的，从行为终了之日起计算。对符合条件的，填写《立案审批表》。对已经立案的案件，根据新情况发现不符合立案条件的，应当撤销立案。对需要立即查处的环境违法行为，可以先行调查取证，并在 7 个工作日内决定是否立案和补办立案手续。经过立案审查，属于环境保护主管部门管辖，但不属于本机关管辖范围的，应当移送有管辖权的环境保护主管部门；属于其他有关部门管辖范围的，应当移送其他有关部门。

（2）调查取证。环境行政机关对登记立案的环境违法行为，应当指定专人及时组织调查取证。调查取证时执法人员不得少于两人，并向当事人出示执法证件。环境行政机关调查取证时，当事人应当到场。当事人及有关人员应当配合调查、检查或者现场勘验，如实回答询问，不得拒绝、阻碍、隐瞒或者提供虚假情况。调查取得的证据主要包括书证、物证、证人证言、视听资料和计算机数据、当事人陈述、监测报告和其他鉴定结论、现场检查（勘察）笔录等形式。在证据可能灭失或者以后难以取得的情况下，经本机关负责人批准，调查人员可以采取先行登记保存措施。调查终结，案件调查机构应当提出已查明违法行为的事实和证据、初步处理意见，按照查处分离的原则送本机关处罚案件审查部门审查。

（3）案件审查。案件审查部门进行案件审查的主要内容包括：①本机关是否有管辖权；②违法事实是否清楚；③证据是否确凿；④调查取证是否符合法定程序；⑤是否超过行政处罚追诉时效；⑥适用依据和初步处理意见是否合法、适当。对于违法事实不清、证据不充分或者调查程序违法的，应当退回补充调查取证或者重新调查取证。

（4）告知和听证。环境行政机关在作出行政处罚决定前，应当告知当事人违法事实、作出行政处罚决定的理由、依据及当事人依法享有的陈述、申辩权利。对于暂扣或吊销许可证、较大数额的罚款和没收等重大行政处罚决定，当事人还有要求举行听证的权利。环境行政机关应当对当事人陈述、申辩的内容进行复核，当事人提出的事实、理由或者证据成立的，应当予以采纳。不得因当事人的申辩而加重处罚。

（5）作出处理决定。在案件调查人员查明事实、案件审理人员提出处理意见后，由环境行政机关的负责人进行审查，根据不同情况分别处理：①违法事实成立，依法应当给予行政处罚的，根据其情节轻重及具体情况，作出行政处罚决定；②违法行为轻微，依法可以不予行政处罚的，不予行政处罚；③发现不属于环境行政机关管辖的案件，应当按照有关要求和时限移送到有管辖权的机关处理。

环境行政机关决定给予行政处罚的，应当制作行政处罚决定书。同一当事人有两个或者两个以上环境违法行为，可以分别制作行政处罚决定书，也可以列入同一行政处罚决定书。行政处罚决定书应当载明以下内容：①当事人的基本情况，包括当事人姓名或者名称、组织机构代码、营业执照号码、地址等；②违反法律、法规或者规章的事实和证据；③行政处罚的种类、依据和理由；④行政处罚的履行方式和期限；⑤不服行政处罚决定，申请行政复议或者提起行政诉讼的途径和期限；⑥作出行政处罚决定的环境保护主管部门名称和作出决定的日期，并且加盖作出行政处罚决定环境保护主管部门的印章。环境保护行政处罚决定书的式样见第九章第一节。

（6）处罚决定的送达。行政处罚决定书应当送达当事人，并根据需要抄送与案件有关的单位和个人，如举报人、受害人等。行政处罚决定书应当在宣告后当场交付当事人，当事人不在场的，行政机关应当在 7 日内将行政处罚决定书送达当事人。送达行政处罚文书可以采取直接送达、留置送达、委托送达、邮寄送达、转交送达、公告送达、公证送达或者其他方式。送达行政处罚文书应当使用送达回证并存档。

3. 一般程序的时限

环境保护行政处罚案件应当自立案之日起的 3 个月内作出处理决定。案件办理过程中听证、公告、监测、鉴定、送达等时间不计入期限。

（三）听证程序

听证程序，是指环境行政机关在作出重大行政处罚决定之前，以听证会的形式听取当事人的陈述和申辩，由听证参加人就有在问题进行陈述、相互发问、辩论和反驳，从而查明案件事实的过程。听证程序赋予了当事人为自己辩解的权利，为当事人充分维护自身的合法权益提供了程序上的保障。为规范环境行政行政处罚的听证程序，切实保护当事人的合法权益，环境保护部 2010 年 12 月 27 日专门颁布了《环境行政处罚听证程序规定》。

1. 听证程序的适用条件

根据《环境行政处罚听证程序规定》，适用听证程序应具备以下条件：

（1）拟作出重大的行政处罚。包括对法人、其他组织处以人民币 5 万元以上或者对公民处以人民币 5 万元以上罚款的；对法人、其他组织处以人民币（或者等值物品价值）5 万元以上或者对公民处以人民币（或者等值物品价值）5000 元以上的没收违法所得或者没收非法财物的；暂扣、吊销许可证或者其他具有许可性质的证件的；责令停产、停业、关闭的。

（2）当事人要求听证的。听证是当事人的一项申辩权利，环境行政机关在作出上述行政处罚决定前，应当告知当事人有申请听证的权利，当事人申请听证的，环境行政机关应当组织听证；当事人不要求听证的，环境行政机关不组织听证。但是环境行政机关认为案件重大疑难有必要组织听证的，在征得当事人同意之后，也可以组织听证。

2. 听证程序的主要内容

（1）告知当事人申请听证的权利。对适用听证程序的行政处罚案件，环境行政机关应当在作出行政处罚决定前，制作并送达《行政处罚听证告知书》，告知当事人有要求听证的权利。

（2）当事人申请听证。当事人要求听证的，应当在收到《行政处罚听证告知书》之日起 3 日内，向拟作出行政处罚决定的环境行政机关提出书面申请。当事人未如期提出书面申请的，环境行政机关不再组织听证。

（3）听证申请审查。环境行政机关应当在收到当事人听证申请之日起 7 日内进行审查。对不符合听证条件的，决定不组织听证，并告知理由。对符合听证条件的，决定组织听证，制作并送达《行政处罚听证通知书》。《行政处罚听证通知书》应载明举行听证会的时间、地点，听证主持人、听证员、记录员的姓名、单位、职务等相关信息，并在举行听证会的 7 日前送达当事人和第三人。

（4）听证会的举行。听证主持人、听证员和记录员应当是非本案调查人员，涉及专业知识的听证案件，可以邀请有关专家担任听证员。上述人员与本案有利害关系的应当自行回避，当事人认为上述人员与本案有利害关系的，可以申请其回避。听证会除涉及国家秘密、商业秘密或者个人隐私外，应当公开举行。当事人可以亲自参加听证，也可以委托 1 或 2 人代理参加听证。在听证过程中，听证主持人可以向案件调查人员、当事人、第三人和证人发问，有关人员应当如实回答。与案件相关的证据应当在听证中出示，并经质证后确认。环境行政机关应当对听证会全过程制作笔录，听证结束后，听证笔录应交由参加听证会人员审核无误后当场签字或者盖章。

二、环境行政处罚执行

环境行政处罚的执行，是指有关国家机关保证当事人当事人履行行政处罚决定中确定的义务的活动。环境行政处罚决定一经依法作出，就具有了法律效力，当事人应当自动履行。否则，环境行政机关有权运用国家强制力量，采用强制性手段和措施迫使当事人履行。《行政处罚法》和《环境行政处罚办法》对环境行政处罚决定的执行规定了相应的程序和制度。

（一）罚款决定与收缴分离制度

为了规范罚款的环境行政处罚，《环境行政处罚办法》明确规定作出罚款决定的环境行政机关应当与收缴罚款的机构分离，除依法规定可以当场收缴罚款的情形之外，作出环境行政处罚决定的环境行政机关及其执法人员不得自行收缴罚款。当事人应当自收到行政处罚决定书之日起，到指定的银行缴纳罚款，由银行将罚款直接上缴国库。

（二）当场收缴罚款的程序

为了方便行政处罚的执行，《行政处罚法》规定了在特殊情况下可以对罚款进行当场收缴，包括适用简易程序作出的 20 元以下的罚款或不当场收缴事后难以执行的罚款；在边远、水上、交通不便地区，适用简易程序或一般程序作出的罚款处罚，当事人向指定银行缴纳罚款确有困难，当事人提出当场收缴罚款的。

环境行政机关及其执法人员当场收缴罚款的，必须向当事人出具省、自治区、直辖市财政部门统一制发的罚款收据，否则当事人有权拒绝缴纳罚款。执法人员当场收缴的罚款，应当自收缴之日起 2 日内，交至环境行政机关；在水上当场收缴的罚款，应当自抵岸之日起 2 日内交到环境行政机关；环境行政机关应当在 2 日内将罚款缴付指定的银行。

（三）环境行政强制执行程序

强制执行是相对于自觉履行而言的，是指依照国家法律有关规定，运用国家强制力量，迫使当事人履行义务或者达到与履行义务相同的状态，实现生效法律文书所确定的内容。强制执行对当事人的权益将产生重大影响，因此，对强制执行的主体、依据、程序和措施必须进行严格规定，避免滥用强制执行权对当事人合法权益造成损害。

（1）强制执行的条件。有以下两种情形的可以由作出处罚决定的环境行政机关申请人民法院强制执行：①当事人在知道环境行政机关作出行政处罚之日起3个月内未提出行政诉讼，又未自动履行的；②当事人自知道环境行政机关作出行政处罚之日起60日内未提出行政复议申请，又未自动履行的。

（2）强制执行的期限。环境行政机关申请强制执行其行政处罚，应当自被执行人的法定起诉期限届满之日起180日内提出。逾期申请的，除有正当理由外，人民法院不予受理。

（3）强制执行的措施。当事人拒不履行环境行政处罚决定的，作出处罚决定的环境行政机关可以根据《行政处罚法》的规定，采取以下执行措施：①当事人到期不缴纳罚款的，环境行政机关可以对当事人每日按罚款数额的3％加处罚款。②环境行政机关可以依法申请人民法院强制执行。根据我国现行法律的规定，环境行政机关不具有直接的强制执行权，无权将查封、扣押的财物拍卖或者冻结存款划拨抵缴罚款，因此向人民法院申请强制执行是环境行政处罚决定得到执行的主要渠道。

（4）强制执行的例外。根据《环境行政处罚办法》规定，对于确有经济困难的当事人，可以向作出行政处罚决定的环境行政机关提出延期或分期缴纳罚款的申请，环境行政机关审查批准后，应当制作延期（或分期）缴纳罚款通知书，且延期或者分期缴纳的最后一期缴纳时间不得晚于申请人民法院强制执行的最后期限。

三、行政处罚救济

依据我国环境保护法律法规的规定，当事人对环境行政机关实施的具体行政行为不服，有权通过申诉和控告来保护自己的合法权益，具体的途径包括申请环境行政复议和提起环境行政诉讼。

（一）环境行政复议

1. 环境行政复议概念

环境行政复议是指行政相对人认为环境行政机关的具体行政行为侵犯其合法权益，按照法定的程序和条件向行政复议机关提出申请，由复议机关对该具体行政行为进行复查并作出复议决定的活动。

2. 环境行政复议的受案范围

根据《环境行政复议办法》的规定，对于相对人可以申请环境行政复议的范围和不可以申请环境行政复议的范围予以明确（表 7.1）。

表 7.1　环境行政复议受案范围

环境行政复议受案范围	具体行政行为	可以直接审查的具体行政行为	对环境保护行政主管部门作出的查封、扣押财产等行政强制措施不服的
			对环境保护行政主管部门作出的警告、罚款、责令停止生产或者使用、暂扣、吊销许可证、没收违法所得等行政处罚决定不服的
			认为符合法定条件，申请环境保护行政主管部门颁发许可证、资质证、资格证等证书，或者申请审批、登记等有关事项，环境保护行政主管部门没有依法办理的
			对环境保护行政主管部门有关许可证、资质证、资格证等证书的变更、中止、撤销、注销决定不服的
			认为环境保护行政主管部门违法征收排污费或者违法要求履行其他义务的
			认为环境保护行政主管部门的其他具体行政行为侵犯其合法权益的
		不可以申请审查的具体行政行为	申请行政复议的时间超过了法定申请期限又无法定正当理由的
			不服环境保护行政主管部门对环境污染损害赔偿责任和赔偿金额等民事纠纷作出的调解或者其他处理的
			申请人在申请行政复议前已经向其他行政复议机关申请行政复议或者已向人民法院提起行政诉讼，其他行政复议机关或者人民法院已经依法受理的
			法律、法规规定的其他不予受理的情形
	抽象行政行为	不能审查的规章以上（含规章）抽象行为	
		可以附带审查的规章以下抽象行为	

3. 环境行政复议机关的确定

行政复议管辖是指不同的行政复议机关在受理行政复议案件上的分工与权限，它解决的是每一个具体的行政争议应该由哪一个行政机关进行复议的问题。根据《行政复议法》和《环境行政复议办法》规定，相对人认为地方环境保护行政主管部门的具体行政行为侵犯其合法权益的，可以向该部门的本级人民政府申请行政复议，也可以向上一级环境保护行政主管部门申请行政复议。认为国务院环境保护行政主管部门的具体行政行为侵犯其合法权益的，向国务院环境保护行政主管部门提起行政复议（表 7.2）。

表 7.2　环境行政复议机关

被申请人	复议机关
县级以上政府部门环保主管部门	同级人民政府
	上一级主管部门
国务院环境保护行政主管部门	国务院环境保护行政主管部门

4. 环境行政复议参加人

环境行政复议参加人包括申请人、被申请人、第三人、代理人（表7.3）。

表7.3 环境行政复议参加人

申请人	与具体行政行为有直接利害关系的行政相对人	
	申请资格转移	有权申请行政复议的公民死亡的，其近亲属可以申请行政复议
		有权申请行政复议的法人或者其他组织终止的，承受其权利的法人或者其他组织可以申请行政复议
		同一环境行政复议案件中，申请人超过5人的，应当推选1至5名代表参加行政复议
被申请人	环境行政机关	环境保护行政主管部门与法律、法规授权的组织以共同名义作出具体行政行为的，环境保护行政主管部门和法律、法规授权的组织为共同被申请人
		环境行政主管部门与其他组织以共同名义作出具体行政行为的，环境保护行政主管部门为被申请人
		环境保护行政主管部门设立的派出机构、内设机构或者其他组织，未经法律、法规授权，对外以自己名义作出具体行政行为的，该环境保护行政主管部门为被申请人
第三人	其与被审查的具体行政行为有利害关系，申请参加或者由复议机关通知参加行政复议的公民、法人或者其他组织	
代理人	在行政复议中代理他人参加复议的人	

5. 环境行政复议程序

环境行政复议程序是指进行复议活动审查环境行政争议案件时，必须遵循的法定方式和步骤。根据《行政复议法》和《环境行政复议办法》的规定，可将环境行政复议程序分为申请、受理、审查、决定和执行五个阶段（表7.4）。如表7.5所示为行政会议的决定类型及其适用。

表7.4 环境行政复议程序

申请	作为案件（知道或应当知道该行为）	60日（或更长）申请复议
	不作为案件（履行期满或60日满或当时）	5日内决定
受理	受理	
	告知补正后受理	
	不受理	
审理	有权处理的60日（或更短）由2名以上复议人员审理完毕	
	无权处理的7日内转送	
	案情复杂的经负责人批准再延长30日	
决定	维持决定	
	驳回决定	
	撤销、变更或者确认决定	
	履行决定	
	赔偿决定	
执行	被申请人不履行责令其限期履行，申请人不履行则可申请强制执行	

表 7.5 行政复议的决定类型及其适用

决定类型		主要内容	适用条件
被申请人获胜	维持决定	维持原具体行政行为	原具体行政行为完全合法
	驳回决定	驳回申请或驳回复议请求	不应受理的案件
			对不作为的申请不成立
申请人获胜	撤销决定	解除原行为法律效力	各种情况下，作为的具体行政行为违法
	变更决定	做出新的权利义务安排	除程序违法之外，其他情况下作为的具体行政行为违法
	履行决定	决定被申请人限期履行	不作为的具体行政行为违法
	确认决定	确认原行为违法或无效	行为不宜撤销；不宜责令履行；行为本身不成立或无效
	责令重做	撤销和确认的后续决定	重做期限为原履行期或 60 日
不分胜负	调解结案	注意其适用条件与和解结案的不同	合理性争议案件
			赔偿和补偿问题
附带决定	赔偿决定	如果调解不成就做出决定	依申请做出：如申请人提出，必须决定赔偿与否
			依职权做出：撤销或变更直接针对财物做出的行为附带
	附带审查的决定	审查作为具体行政行为依据的文件并加以处理	依申请审查：仅针对规章以下的文件，限 30 日内处理，无权处理的应在 7 日内转送有权行政机关，后者应在 60 日内处理
			依职权审查：参照依申请审理，但审查范围不限于规章以下的文件，接受转送的有权机关不限于行政机关且无审查期限

（二）环境行政诉讼

1. 环境行政诉讼概念

环境行政诉讼是指公民、法人或其他组织认为环境行政机关及其工作人员的具体行政行为侵犯其合法权益，依法向人民法院提起诉讼，由人民法院对具体行政行为进行审查并作出裁判的活动。相对于环境行政复议这一救济方式来说，它是最后的也是最有效、最权威的救济方式。环境行政诉讼是行政诉讼中的一种，其诉讼活动与一般的行政诉讼没有原则上的区别，主要的法律依据是《中华人民共和国行政诉讼法》（以下简称《行政诉讼法》）。

2. 环境行政诉讼的受案范围

行政诉讼受案范围是指人民法院受理行政案件的范围，它明确了哪些行政行为是可诉的。《行政诉讼法》第 2 条概括地规定了行政诉讼的受案条件，即"公民、法人或者其他组织认为行政机关和行政机关工作人员的具体行政行为侵犯其合法权益，有权依照本法向人民法院提起诉讼。"《行政诉讼法》第 11 条明确列举了多种可以提起行政诉讼的具体行政行为，如行政强制、行政处罚、行政许可、行政机关违法要求履行义务等，又概括地规定行政机关侵犯公民人身权和财产权的其他具体行政行为也可以被提起行政诉讼。《行政诉讼法》第12条规定了四类排除在行政诉讼范围之外的行政行为，即国家行为、抽象行政行为、行政机关内部的人事管理行为和法律规定的行政机关终局裁决行为。

根据《行政诉讼法》的上述规定和环境保护的实践，环境行政诉讼的受案范围主要参见表7.6。

表7.6 环境行政诉讼受案范围

环境行政复议受案范围	请求审查行政行为违法性或显失公正之诉	环境行政机关作出的环境行政处罚行为
		环境行政机关违法要求相对人履行环境保护义务的行为
		环境行政机关违法限制人身自由，对财产进行查封、扣押、冻结等行政强制措施，以及侵权人身权、财产权、经营自主权的行为
	环境行政侵权赔偿之诉	环境行政监督检查
		环境行政许可行为
		环境行政强制措施
		环境行政救济中的某些环境行政行为
		环境行政机关及其工作人员违法行使职权，侵犯相对人合法权益造成损害所应承担赔偿责任

3. 环境行政诉讼案件的管辖

行政诉讼管辖是各级和各地人民法院之间受理第一审行政案件的分工与权限。环境行政诉讼案件的管辖与一般行政案件的管辖一致，包括级别管辖、地域管辖和裁定管辖（表7.7）。

表7.7 环境行政诉讼案件管辖

级别管辖	基层法院	第一审环境行政案件
	中级法院	被告为县级以上政府且基层法院不宜管辖；本辖区内重大复杂案件；重大共同诉讼、集团诉讼；重大涉外或涉港澳台案件
	高级法院	本辖区内重大复杂的案件
	最高法院	全国范围内重大复杂案件
	专门法院	一律不受理行政诉讼案件
地域管辖	被告所在地管辖	一般案件；复议维持案件
	复议机关与原机关所在地管辖	复议改变案件（改变事实证据；改变规范依据；撤销或变更原行为结果）
裁定管辖	移送管辖	无管辖权的人民法院将已经受理的案件移送给有管辖权的同级人民法院进行审理
	指定管辖	上级人民法院用裁定的方式，指令下一级法院审理某一行政案件
	转移管辖	经上级人民法院同意或者决定，把行政案件的管辖权由下级人民法院移交给上级人民法院，或者由上级人民法院移交给下级人民法院

4. 环境行政诉讼案件的参加人

环境行政诉讼案件的参加人是指依法参加环境行政诉讼活动，享有诉讼权利并承担诉讼义务，与诉讼争议或诉讼结果有利害关系的人。按我国《行政诉讼法》的规定，行政诉讼参加人可以分为原告、被告、第三人和诉讼代理人。

5. 环境行政诉讼的证据

环境行政诉讼证据是指用以证明环境行政案件事实情况的一切材料。在我国《行政诉讼法》和相关规定中，对作为被告的环境行政机关和原告的举证责任和举证时限，证据有效性等均做出相关规定，这些规定同样适用于环境行政诉讼，见表 7.8～7.10。

表 7.8 环境行政诉讼举证责任

被告举证责任		依法提供作出该具体行政行为的证据和所依据的规范性文件
原告举证责任	初步证明责任	证明自己符合起诉条件
	申请证明责任	在依申请行为中应证明自己提出过申请，但有例外
	损害证明责任	证明自己遭受损害的事实
	新事实证明责任	如提出被告并未作为行为依据，但与行为结果有密切联系的事实，原告也应证明

表 7.9 环境行政诉讼举证时限

	原告或第三人	被 告
一般期限	开庭前或交换证据之日前举证，否则视为放弃举证权利，未必导致败诉	收到起诉书副本后 10 日内举证，否则视为行政行为没有相应证据，直接导致败诉
一审补充	因正当事由申请延期提供证据的，经法院准许可在法庭调查中提供；提出在行政程序中未提出的证据或理由经法院准许可以补充，但提出在行政程序中应被告合法要求应提出而不提出的证据，一般不予采纳	因正当事由需延期举证的应在收到起诉状副本 10 日内向法院书面提出，经准许在该事由消除后 10 日内举证；被告及其代理人作出具体行政行为之后收集的证据不能用于认定行为合法，但一审中原告或第三人提出行政程序中未提出的理由或证据，被告经法院准许可补充
二审补充	提出一审无正当事由未提供的证据，不予接纳；提出在举证期限届满后发现的，或在一审中应获延期但被准许的，或一审中申请调取而未获准许或未取得的证据，经质证可以作为定案根据	提交在一审中未提交的证据，不能作为撤销或变更一审裁判的根据；提出一审中应获延期但未被准许的证据，经过质证可以作为定案根据

表 7.10 环境行政诉讼中的无效证据

完全无效证据	严重违反法定程序收集的证据; 以利诱欺诈胁迫暴力等不正当手段获取的证据; 以偷拍、偷录、窃听等手段获取侵害他人合法权益的证据; 以违反法律禁止性规定或者侵犯他人合法权益的方法取得的证据
部分无效(不利被告)证据	被告在行政程序中非法剥夺公民、法人或其他组织依法享有的陈述、申辩或听证权利所获得的证据; 复议机关在复议程序中收集和补充的证据,或者原机关在复议程序中未向复议机关提交的证据; 被告及其代理人在作出具体行政行为后或在诉讼程序中自行收集的证据; 原告或者第三人在诉讼程序中提供的、被告在行政程序中未作为具体行政行为依据的证据

6. 审理环境行政案件的法律适用

环境行政诉讼的法律适用,是指人民法院依照法定程序,具体运用法律规则对环境行政机关行政决定的合法性进行审查,从而对环境行政案件作出裁判的专门活动,它主要解决人民法院对被诉具体行政行为的合法性进行审查的标准问题。

依据《行政诉讼法》第 52 条、53 条规定,人民法院审理行政案件,只能以法律、行政法规、地方性法规和自治条例、单行条例为依据,可以"参照"规章。可见,其他任何机关制定、发布的规范性文件,都不能作为人民法院审理行政案件的依据。"参照"规定实质上是赋予人民法院对规章的选择适用权,即由人民法院决定是否在审理行政案件时适用该规范。

7. 环境行政诉讼程序

环境行政诉讼程序是指人民法院审理环境行政案件所要经过的法定阶段和步骤。依据《行政诉讼法》及其相关规定,行政诉讼程序包括起诉、受理、审理、判决(或裁定)和执行 5 个阶段,环境行政诉讼的程序及其相关要求从其相关规定(表 7.11)。

表 7.11 环境行政诉讼的程序

起诉	起诉期限	行政作为:在知道作出具体行政行为之日起 3 个月内提出,法律另有规定的除外
		行政不作为:如果法律、法规、规章或其他行政规范性文件规定了行政机关履行职责的期限,则从该期限届满之日起,当事人可以起诉;如果上述文件没有规定行政机关履行职责的期限,则行政机关在接到申请之日起 60 日内仍不履行职责的,当事人可以起诉
		经复议后再起诉:收到复议决定书之日起 15 日内向人民法院提起诉讼
	起诉条件	原告是认为具体行政行为侵犯其合法权益的公民、法人或者其他组织
		有明确的被告
		有具体的诉讼请求和事实根据
		属于人民法院受案范围和受诉人民法院管辖

续表

		一审	二审		再审
受理	审查期限	接到诉状后 7 日内，存在先予受理的情况			
	予以受理	符合条件的予以受理			
	不予受理	不符合条件的裁定不予受理，对该裁定 10 日内可上诉			
	只受不理	无管辖权法院应移送至有管辖权的法院，后者不得再次移送；上级法院可以决定将案件管辖权在上下级法院之间移转			
	应理不理	向上一级法院申诉或起诉，后者可指令其立案受理或继续审理			
审理	提起人	具备原告资格的人	一审当事人及其代理人		法院、检察院、当事人
	对象	具体行政行为	未生效的一审判决；驳回起诉、不予受理、管辖权异议的裁定		生效判决或裁定；特定情况下的行政赔偿调解书
	提出期限	参见上表起诉时限	判决 15 日内，裁定 10 日内		当事人申请应在裁判生效后 2 年内，其他方式无期限要求
	审理方式	开庭审理，原则上应公开进行	事实清楚的可以书面审理		按原审方式进行
	审理期限	3 个月；需延长报高院批准，高院报最高院批准	2 个月；需延长报高院批准，高院报最高院批准		一审再审是 3 个月；二审再审是 2 个月
判决或裁定执行	判决效力	不是生效判决，当事人可上诉	是生效判决，但可能通过再审推翻		一审重审仍可上诉，二审重审最后生效（由上级提审的一审再审视为二审重审）
	被告胜诉	主判决：维持判决	判决	维持原判	裁定执行原审生效判决
		变种判决：驳回判决	裁定	维持原裁定	—
	原告胜诉	针对不作为的主判决：履行判决	判决	撤销原判，发回重审	撤销原判，发回重审
				撤销原判，直接改判	撤销原判，发回重审直接改判
		针对作为的主判决：撤销判决		不予受理或驳回起诉：撤销原裁定，指令一审法院依法立案受理或者继续审理	同时撤销一审和二审法院的裁定，指令一审法院受理案件
		针对特殊情况的主判决：变更判决	裁定	驳回起诉：撤销原裁定，指令一审法院依法立案受理或者继续审理	认为二审法院维持一审驳回起诉裁定错误的，应当同时撤销一审和二审法院的裁定，指令一审法院继续审理案件
		变种判决：确认判决		管辖异议：撤销原裁定，定相关案件管辖法院	发现管辖裁定与生效判决均错误的，应当按照审判监督程序决定再审
		附带判决：赔偿判决			

续表

判决或裁定执行	执行机关	（一般为一审）法院；有强制执行权的行政机关
	执行依据	判决书、裁定书、赔偿判决书、赔偿调解书
	执行措施	对行政机关：直接划拨款项；对机关加处罚款；对主要负责人或责任人处以罚款；向被告上一级机关或监察、人事机关提出司法建议；构成犯罪的追究刑事责任 对公民法人其他组织：被告有强制执行权的可以自我执行，无权的申请法院执行
	申请执行期限	公民为1年，单位为180日

（三）环境行政复议和环境行政诉讼的衔接

环境行政复议和环境行政诉讼之间的关系主要表现为它们在程序上的衔接。依据《行政诉讼法》第30条的规定，行政复议与行政诉讼的衔接，第一款规定复议前置，第二款规定复议终局。《环境保护法》第40条规定："当事人对行政处罚决定不服的，可以在接到处罚通知之日起15日内，向作出处罚决定的机关的上一级机关申请复议；对复议决定不服的，可以在接到复议决定之日起15日内，向人民法院起诉。当事人也可以在接到处罚通知之日起15日内，直接向人民法院起诉。"可见，环境行政复议程序，以当事人自由选择为原则，即一般情况下，公民、法人或者其他组织可以自由选择行政复议或者行政诉讼。综合起来，环境行政复议和环境行政诉讼的衔接如表7.12所示。

表7.12　环境行政诉讼和环境行政复议的衔接

复议诉讼自由选择	① 已经诉讼，不得复议； ② 已经复议，暂缓诉讼； ③ 复后再诉，时间受限； ④ 一事一议，不得重复
复议前置	纳税争议案件（实施环境税后适用）
复议诉讼自由但复议终局	对于省部级单位就自身行为做出的复议决定

第三节　环境行政处罚自由裁量权的正确适用

环境行政处罚自由裁量权，是指环保部门在查处环境违法行为时，依据法律、法规和规章的规定，酌情决定对违法行为人是否处罚、处罚种类和处罚幅度的权限。

正确行使环境行政处罚自由裁量权，是严格执法、科学执法、推进依法行政的基本要求。近年来，各级环保部门在查处环境违法行为过程中，依法行使自由裁量权，对于准确适用环保法规，提高环境监管水平，打击恶意环境违法行为，防治环境污染和保障人体健康发挥了重要作用。但是，在行政处罚工作中，一些地方还不同程度地存在着不当行使自由裁量权的问题，个别地区出现了滥用自由裁量权的现象，甚至由此滋生执法腐败，在社会上造成不良影响，应当坚决予以纠正。

一、环境法律、法规的适用规则

（一）高位法优先适用规则

环保法律的效力高于行政法规、地方性法规、规章；环保行政法规的效力高于地方性法规、规章；环保地方性法规的效力高于本级和下级政府规章；省级政府制定的环保规章的效力高于本行政区域内的较大的市政府制定的规章。

（二）特别法优先适用规则

同一机关制定的环保法律、行政法规、地方性法规和规章，特别规定与一般规定不一致的，适用特别规定。

（三）新法优先适用规则

同一机关制定的环保法律、行政法规、地方性法规和规章，新的规定与旧的规定不一致的，适用新的规定。

（四）地方法规优先适用情形

环保地方性法规或者地方政府规章依据环保法律或者行政法规的授权，并根据本行政区域的实际情况作出的具体规定，与环保部门规章对同一事项规定不一致的，应当优先适用环保地方性法规或者地方政府规章。

（五）部门规章优先适用情形

环保部门规章依据法律、行政法规的授权作出的实施性规定，或者环保部门规章对于尚未制定法律、行政法规而国务院授权的环保事项作出的具体规定，与环保地方性法规或者地方政府规章对同一事项规定不一致的，应当优先适用环保部门规章。

（六）部门规章冲突情形下的适用规则

环保部门规章与国务院其他部门制定的规章之间，对同一事项的规定不一致的，应当优先适用根据专属职权制定的规章；两个以上部门联合制定的规章，优先于一个部门单独制定的规章；不能确定如何适用的，应当按程序报请国务院裁决。

二、环境行政处罚自由裁量的原则

环保部门在环境执法过程中，对具体环境违法行为决定是否给予行政处罚、确定处罚种类、裁定处罚幅度时，应当严格遵守以下原则：

（一）过罚相当

环保部门行使环境行政处罚自由裁量权，应当遵循公正原则，必须以事实为依据，与环境违法行为的性质、情节以及社会危害程度相当。

（二）严格程序

环保部门实施环境行政处罚，应当遵循调查、取证、告知等法定程序，充分保障当事人的陈述权、申辩权和救济权。对符合法定听证条件的环境违法案件，应当依法组织听证，充分听取当事人意见，并集体讨论决定。

（三）重在纠正

处罚不是目的，要特别注重及时制止和纠正环境违法行为。环保部门实施环境行政处罚，必须首先责令违法行为人立即改正或者限期改正。责令限期改正的，应当明确提出要求改正违法行为的具体内容和合理期限。对责令限期改正、限期治理、限产限排、停产整治、停产整顿、停业关闭的，要切实加强后督察，确保各项整改措施执行到位。

（四）综合考虑

环保部门在行使行政处罚自由裁量权时，既不得考虑不相关因素，也不得排除相关因素，要综合、全面地考虑以下情节：
（1）环境违法行为的具体方法或者手段。
（2）环境违法行为危害的具体对象。
（3）环境违法行为造成的环境污染、生态破坏程度以及社会影响。
（4）改正环境违法行为的态度和所采取的改正措施及其效果。
（5）环境违法行为人是初犯还是再犯。
（6）环境违法行为人的主观过错程度。

（五）量罚一致

环保部门应当针对常见环境违法行为，确定一批自由裁量权尺度把握适当的典型案例，作为行政处罚案件的参照标准，使同一地区、情节相当的同类案件，行政处罚的种类和幅度基本一致。

（六）罚教结合

环保部门实施环境行政处罚，纠正环境违法行为，应当坚持处罚与教育相结合，教育公民、法人或者其他组织自觉遵守环保法律法规。

三、环境行政处罚的裁量情节

（一）从重处罚的裁量情节

1. 主观恶意的

恶意环境违法行为常见的有："私设暗管"偷排；用稀释手段"达标"排放；非法排放有毒物质；建设项目"未批先建"、"批小建大"、"未批即建成投产"以及"以大化小"骗取审批；拒绝、阻挠现场检查；为规避监管私自改变自动监测设备的采样方式、采样点；涂改、伪造监测数据；拒报、谎报排污申报登记事项。

2. 后果严重的

环境违法行为造成饮用水中断、严重危害人体健康、群众反映强烈以及造成其他严重后果的，要从重处罚。

3. 区域敏感的

环境违法行为对生活饮用水水源保护区、自然保护区、风景名胜区、居住功能区、基本农田保护区等环境敏感区造成重大不利影响，从重处罚。

4. 屡罚屡犯的

环境违法行为人被处罚后 12 个月内再次实施环境违法行为，从重处罚。

（二）从轻处罚的情节

主动改正或者及时中止环境违法行为，主动消除或者减轻环境违法行为危害后果，积极配合环保部门查处环境违法行为，环境违法行为所致环境污染轻微、生态破坏程度较小或者尚未产生危害后果，一般性超标或者超总量排污，均从轻处罚。

（三）单位个人"双罚"制

企业事业单位实施环境违法行为的，除对该单位依法处罚外，环保部门还应当对直接责任人员，依法给予罚款等行政处罚；对其中由国家机关任命的人员，环保部门应当移送任免机关或者监察机关依法给予处分。

如《水污染防治法》第 83 条规定，企业事业单位造成水污染事故的，由环保部门对该单位处以罚款；对直接负责的主管人员和其他直接责任人员可以处上一年度从本单位取得的收入 50% 以下的罚款。

（四）按日计罚

环境违法行为处于继续状态的，环保部门可以根据法律法规的规定，严格按照违法行为持续的时间或者拒不改正违法行为的时间，按日累加计算罚款额度。

如《重庆市环境保护条例》第 111 条规定，违法排污拒不改正的，环保部门可以按照规定的罚款额度，按日累加处罚。

（五）从一重处罚

同一环境违法行为，同时违反具有包容关系的多个法条的，应当从一重处罚。

如在人口集中地区焚烧医疗废物的行为，既违反《大气污染防治法》第 41 条"禁止在人口集中区焚烧产生有毒有害烟尘和恶臭气体的物质"的规定，同时又违反《固体废物污染环境防治法》第 17 条"处置固体废物的单位，必须采取防治污染环境的措施"的规定。由于"焚烧"医疗垃圾属于"处置"危险废物的具体方式之一，因此，违反

《大气污染防治法》第 41 条禁止在人口集中区焚烧医疗废物的行为，必然同时违反《固体废物污染环境防治法》第 17 条必须依法处置危险废物的规定。这两个相关法条之间存在包容关系。对于此类违法行为触犯的多个相关法条，环保部门应当选择其中处罚较重的一个法条，定性并量罚。

（六）多个行为分别处罚

一个单位的多个环境违法行为，虽然彼此存在一定联系，但各自构成独立违法行为的，应当对每个违法行为同时、分别依法给予相应处罚。

如一个建设项目同时违反环评和"三同时"规定，属于两个虽有联系但完全独立的违法行为，应当对建设单位同时、分别、相应予以处罚。即应对其违反"三同时"的行为，依据相关单项环保法律"责令停止生产或者使用"并依法处以罚款，还应同时依据《环境影响评价法》第 31 条"责令限期补办手续"。需要说明的是，"限期补办手续"是指建设单位应当在限期内提交环评文件；环保部门则应严格依据产业政策、环境功能区划和总量控制指标等因素，作出是否批准的决定，不应受建设项目是否建成等因素的影响。

 思考与练习题

一、思考题

1. 什么是环境行政处罚？环境行政处罚的原则有哪些？

2. 环境行政处罚的具体形式包括哪些？

3. 应当如何正确适用环境处罚的自由裁量权？

二、案例分析题

1. A 市某公司将废农药瓶（属危险废物）违法转移至 B 市某塑料厂，造成人员中毒。A 市环保局和 B 市环保局分别对该公司非法转移危险废物的行为处以罚款。该公司认为 A 市环保局和 B 市环保局对其行为重复处罚，遂向省环保厅申请行政复议。复议过程中，两市环保局就该案的管辖权发生争议。B 市环保局向省环保厅申请指定管辖。

请问：省环保厅应如何裁定？

2. 某县环保局一名工作人员到刘某的加工厂，要其交纳 600 元排污费。刘某拒绝缴纳，该工作人员拿出一张盖有县环保局公章的填空式行政处罚决定书，填上："你厂因拒缴排污费，违反了《中华人民共和国环境保护法》和《排污费征收使用管理条例》第 21 条的规定，处以 1200 元罚款。"

请问：该环保局工作人员有哪些违法之处？

3. 某公司建设保温材料项目。市环保局环境监察人员现场检查时发现，该项目配套建设的污染防治设施款经验收合格，主体工程已投入生产。市环保局向公司送达了听证告知书，告知违法事实、处罚理由和依据、陈述申辩权利和听证申请权。该公司提交了书面报告一份，放弃听证权利，但提出：公司创业初期，以为污染不大，未立即建设污染防治设施，因资金困难，请求免予处罚。市环保局研究后未采纳公司意见，依据《建设项目环境保护管理条例》第28条规定，责令该公司停止生产，并罚款4万元。

请问：市环保局的处罚程序是否合法？

4. 陈某在佛山市顺德区成立的天兴模具材料行经营范围和方式是零售模具材料，陈某在没有报批建设项目环境影响报告表的情况下，擅自建设金属制品（模具）项目；配套建设的环境保护设施未建成，金属制品（模具）工程已经投入生产。陈某在建设生产期间，产生噪声向室外排出，2006年11月7日，顺德环保局接到群众投诉，反映天兴模具材料行产生噪声扰民。同日，顺德环保局的工作人员对天兴模具材料行进行现场检查，发现该店的模具材料加工项目正在生产，金属带锯床正在运行，噪声未采取隔音措施直接排放。经噪声监测证实该模具材料行噪声影响超标。同日顺德环保局又查明，该模具材料行没有向环保部门报批环评文件，该项目没有经环保部门验收合格。2007年2月5日，顺德环保局送达顺环听告字〔2007〕053号《行政处罚听证告知书》给陈某，依据《中华人民共和国行政处罚法》第31条、第42条的规定告知陈某拟作出行政处罚决定的事实、理由及依据，享有陈述和申辩权，有要求听证的权利。2007年2月7日，陈某向顺德环保局提出申辩。同年2月28日，顺德环保局以陈某擅自建设的金属制品（模具）项目的配套建设环境保护设施未建成，主体工程正式投产，该行为违反了《建设项目环境保护管理条例》第16条的规定，依据《建设项目环境保护管理条例》第28条的规定，作出顺环罚字〔2007〕053号《行政处罚决定书》，决定对陈某作出如下行政处罚：①罚款3万元人民币；②责令自本行政处罚决定书送达之日起立即停止金属制品项目（模具）的生产。同年3月1日，顺德环保局将上述《行政处罚决定书》送达给陈某。同月9日，陈某向佛山市顺德区人民政府申请复议，佛山市顺德区人民政府于2007年5月18日作出顺府行复字〔2007〕20号《行政复议决定书》，决定维持顺德环保局作出的顺环罚字〔2007〕053号处罚决定，并于同日送达给陈某。陈某不服，欲向人民法院起诉。

请问：

(1) 陈某应于何时向何地人民法院提起行政诉讼？陈某应当以谁为被告提起诉讼？

(2) 人民法院对此案应如何判决？

第八章　环境污染事故与纠纷的调查和处理

学习目标

通过本章的学习，了解突发性环境污染事件和纠纷调查与处理的有关环境法律法规、行政管理的具体要求，熟悉环境突发事件与污染纠纷的调查、处理与报告等环境管理工作，特别是污染控制与民事纠纷调处的重要性。基本掌握环境污染事件与纠纷调查处理的工作程序和监察要点，熟悉环境污染应急事件的报告制度和处理原则、污染纠纷的解决途径和具体法律法规的应用。通过练习制定环境污染应急工作方案和纠纷处理报告，进一步熟悉环境污染突发事件及纠纷处理的环境管理法律法规和环境监察的实施要求和步骤。

技能要求

1. 了解突发环境事件的分级、报告制度，具体的调查、处理内容和工作程序。
2. 了解环境污染纠纷的处理原则、调处的法律规定和工作程序。
3. 基本能承担突发环境事件的调查、处理和报告工作，编写突发环境事件的应急工作方案和监察报告。
4. 基本能承担环境污染纠纷的调查、处理工作，编写环境污染纠纷的工作方案和报告。

任务分析

建立健全突发环境事件应急机制，是提高政府和工矿企业应对涉及公共危机的突发环境事件的能力，维护社会稳定，保障公众生命健康和财产安全，保护生态环境。这些年来各地发生的各类突发性环境事件层出不穷，严重危害社会公共财产，有些甚至损害他人的人身和财物，导致污染纠纷的产生。其原因是企业环境事件风险防范意识薄弱，因安全生产事故引发的突发环境事件较多，且部分企业时有偷排、漏排污染物等违法行为发生，而政府部门监督监管机制不够健全。世界上发达国家应对突发环境事件的经验是：建立处理紧急事务的管理机构和制定应急预案。

本章的任务是能熟悉和了解环境突发事件的定级、报告制度，以及怎样按照程序进行调查和处理；根据环境污染事故调查和处理程序编制突发性环境污染事件的处理方案；探究环境污染纠纷产生的原因、处理的法律规定和解决途径，依照有关纠纷处理程序，结合具体个案，制定环境污染纠纷调处报告。本章选择真实的水污染突发事件和企业排污与居民产生环境纠纷的典型案例为情境设置，对环境污染突发事件和环境污染纠纷的调查与处理进行引导性示范。培养学生掌握环境污染事件和纠纷的监察处理方法和程序，训练编制污染事件及纠纷处理的工作方案和具体违法行为的分析与处理。

 案例导入

案例一：2006 年 3 月 1 日早上，佛山市环保部门接到群众举报，北江大塘段水面出现大范围黑臭污染带，且有不断蔓延的趋势。北江是沿河城市的饮用水源，一旦污染必将严重影响饮用水安全和社会经济的稳定。佛山市环保部门立即启动应急预案，组织环境监察机构、环境监测站的有关人员和专家赶赴现场，初步摸清污染情况，以口头方式向市府办作了汇报。经过进一步排查及专家分析，查实污染事故的原因是清远市大燕河（长 40 多 km）流域（方圆 500 多 km²）的工业企业未经处理或处理不合格的废水以及村庄生活污水，长期聚集于大燕河内，由于 2 月 27、28 日两天连续大雨，大燕河内的污水大量集中流入北江，导致 3 月 1 日早晨北江大塘段出现大范围的黑臭污染带（初步测算长约 30km、宽约 150m）。经现场监测河水的污染情况，污染带主要含 COD、BOD 等污染物，其中 COD 浓度较高，远远超过国家地表水 Ⅱ 类标准。佛山市环保部门迅速将情况以书面形式报告市政府，并将情况及时向广东省环保局汇报，协调邻近市迅速采取措施，防止污染的蔓延，并及时通知沿岸自来水厂停止取水，做好饮用水供应的应急措施。

北江大塘段污染事故经过迅速切断污染源，江水流量较大，污染带的移动和稀释降解较快，很快污染得到了控制，水质有所好转。

经查实，造成北江污染事件的污染原因：大燕河沿岸部分企业废水超标排污；个别排污大户未安装在线监控设备，时有偷排行为发生；大燕河附近高新区未建成污水处理厂，沿岸村庄生活废水直接排河；环保部门存在监管不到位的问题。

任务：

1. 按照环境污染突发事件的应急响应制度和方法，编制环境污染突发事件的应急响应报告方案。

2. 上述环境污染突发事件应该如何调查和处理，请编写一份相关水污染突发事件的调查与处理工作报告。

3. 分析上述案例，肇事者应如何追究行政法律责任。

案例二：1995 年 12 月 2 日，某市商业城居民李某向本地环保局提出申请，称华新娱乐城自 1995 年 10 月营业以来，锅炉烟尘、噪声对其居住环境造成严重污染，要求环保部门进行处理，排除危害。市环保监察机构受理后，进行了现场调查。经监测，该娱乐城在李某住房隔墙建一燃煤锅炉，烟尘林格曼达三级，厂界噪声71dB，超过了国家规定标准，且该锅炉未经过环境影响评价书（表）审批。经研究决定，责令进行整改，达标后补办手续，并通知对李某提出的污染危害问题进行回复。

该娱乐城接到通知后，对锅炉除尘进行整改，但未请专业人员设计，竟三改三败，对李某的污染危害未采取任何补救措施。1996年2月份，李某只好搬离原处，并提出要求该娱乐城赔偿损失7350元。1996年11月份，市环保局对该娱乐城处以5000元罚款，责令停止使用。12月27日该娱乐城在环保部门的督促下，将燃煤锅炉闲置，启用燃油锅炉。1997年4月份，李某再一次投书环保部门，要求环保局处理纠纷，令该娱乐城赔偿一年多来的损失26050元。理由为在1995年10月28日至1996年12月期间超标烟尘噪声对全家人身体健康造成危害的住院检查花费及1995年12月以后租用房子的花费等。

市环保局在1997年4月份通知该娱乐城召开了两次调解会，受害方李某认为，由于污染致使自己的住房无法居住，该娱乐城应按照自己在此期间所发生的两次租房租金，租房所开支的水、电安装费，全家开支的医疗、检查费及大孩子送回老家上学多开支的费用，老人在老家由别人照顾所开支的费用总计26050元进行赔偿。娱乐城则认为：李某所提出的大孩子的医疗费及回家上学多支的费用等不符合实际，因其大孩子已在锅炉运行前回老家上学。同时，该娱乐城提出他们出巨资改用燃油锅炉，污染已不复存在，锅炉污染之事已接受了环保局的5000元罚款，不可能再给居民赔偿。

市环保局鉴于这种情况，终止调解，并做出处理决定。1997年5月15日，李某以市环保局在污染纠纷处理中认定事实错误，处理不当，提起行政诉讼，要求法院裁决环保局撤销原处理决定，重新作出处理。市中级人民法院以环保部门处理污染纠纷所作决定不是具体行政行为，驳回起诉。李上诉到河南省高级人民法院，高级人民法院裁决环保部门作出的处理决定属具体行政行为，要求市中级人民法院重新审理。

市中级人民法院于1998年2月24日开庭审理，在审理过程中，原告变更了诉讼请求，法院通知李某在7日内增补预交诉讼费，而李逾期未交，市中级人民法院于1998年3月6日作出了原告自动撤诉的裁定。

任务：

1. 环境污染纠纷可以通过哪几种途径进行解决？

2. 根据环境污染纠纷的法律规定和工作程序，编写一份环境污染纠纷调处的工作方案。

3. 分析当事人李某、华新娱乐城、市环保局和市中级人民法院的行为是否合法？是否符合环境污染纠纷处理的程序？请分别加以分析并提出建议。

第一节　环境污染事故的调查与处理

一、突发环境事件与分级

（一）突发环境事件概念

突发环境事件是指突然发生，造成或可能造成重大人员伤亡、重大财产损失和对全国或某一地区的经济社会稳定、政治安定构成重点威胁和损害，有重大社会影响的涉及公共安全的环境事件（包括因环境问题引发的群体性事件）。包括环境污染事件、生物物种安全事件、辐射事件、海上石油勘探开发溢油事件和海上船舶、港口污染事件等。

（二）突发环境事件分级

2006 年 1 月，国务院发布了《国家突发环境事件应急预案》，按照突发事件严重性和紧急程度，突发环境事件分为特别重大环境事件（Ⅰ级）、重大环境事件（Ⅱ级）、较大环境事件（Ⅲ级）和一般环境事件（Ⅳ级）四级，标准见表 8.1。

表 8.1　突发环境事件分级标准

分级	人身伤亡	社 会 影 响	生态环境影响	涉及特殊污染物物质
特别重大环境事件（Ⅰ级）	发生 30 人以上死亡，或中毒（重伤）100 人以上	因环境事件需疏散、转移群众 5 万人以上，或直接经济损失 1000 万元以上；因环境污染使当地正常的经济、社会活动受到严重影响；因环境污染造成重要城市主要水源地取水中断的污染事故	区域生态功能严重丧失或濒危物种生存环境遭到严重污染	利用放射性物质进行人为破坏事件，或 1、2 类放射源失控造成大范围严重辐射污染后果；因危险化学品（含剧毒品）生产和贮运中发生泄漏，严重影响人民群众生产、生活的污染事故
重大环境事件（Ⅱ级）	发生 10 人以上、30 人以下死亡，或中毒（重伤）50 人以上、100 人以下	因环境污染使当地经济、社会活动受到较大影响，疏散转移群众 1 万人以上、5 万人以下的；因环境污染造成重要河流、湖泊、水库及沿海水域大面积污染，或县级以上城镇水源地取水中断的污染事件	区域生态功能部分丧失或濒危物种生存环境受到污染	1、2 类放射源丢失、被盗或失控
较大环境事件（Ⅲ级）	发生 3 人以上、10 人以下死亡，或中毒（重伤）50 人以下	因环境污染造成跨地级行政区域纠纷，使当地经济、社会活动受到影响		3 类放射源丢失、被盗或失控
一般环境事件（Ⅳ级）四级	发生 3 人以下死亡	因环境污染造成跨县级行政区域纠纷，引起一般群体性影响的		4、5 类放射源丢失、被盗或失控

二、突发环境事件应急响应

(一) 分级响应机制

突发环境事件应急响应坚持属地为主的原则，地方各级人民政府按照有关规定全面负责突发环境事件应急处置工作，原国家环保总局及国务院相关部门根据情况给予协调支援。

按突发环境事件的可控性、严重程度和影响范围，突发环境事件的应急响应分为特别重大（Ⅰ级响应）、重大（Ⅱ级响应）、较大（Ⅲ级响应）、一般（Ⅳ级响应）四级。超出本级应急处置能力时，应及时请求上一级应急救援指挥机构启动上一级应急预案。Ⅰ级应急响应由国家环保总局（现国家环保部）和国务院有关部门组织实施。

(二) 应急响应程序

1. Ⅰ级响应时，国家环保部响应程序和内容

(1) 开通与突发环境事件所在地省级环境应急指挥机构、现场应急指挥部、相关专业应急指挥机构的通信联系，随时掌握事件进展情况。

(2) 立即向环保部领导报告，必要时成立环境应急指挥部。

(3) 及时向国务院报告突发环境事件基本情况和应急救援的进展情况。

(4) 通知有关专家组成专家组，分析情况。根据专家的建议，通知相关应急救援力量随时待命，为地方或相关专业应急指挥机构提供技术支持。

(5) 派出相关应急救援力量和专家赶赴现场参加、指导现场应急救援，必要时调集事发地周边地区专业应急力量实施增援。

2. 有关类别环境事件专业指挥机构对特别重大环境事件应急响应

(1) 启动并实施本部门应急预案，及时向国务院报告并通报国家环保部。

(2) 启动本部门应急指挥机构。

(3) 协调组织应急救援力量开展应急救援工作。

(4) 需要其他应急救援力量支援时，向国务院提出请求。

3. 省级地方人民政府突发环境事件应急响应

可以参照Ⅰ级响应程序，结合本地区实际，自行确定应急响应行动。需要有关应急力量支援时，及时向环保部及国务院有关部门提出请求。

(三) 信息报送与处理

1. 突发环境事件报告时限和程序

突发环境事件责任单位和责任人以及负有监管责任的单位发现突发环境事件后，应

在 1 小时内向所在地县级以上人民政府报告，同时向上一级相关专业主管部门报告，并立即组织进行现场调查。紧急情况下，可以越级上报。

负责确认环境事件的单位，在确认重大（Ⅱ级）环境事件后，1 小时内报告省级相关专业主管部门，特别重大（Ⅰ级）环境事件立即报告国务院相关专业主管部门，并通报其他相关部门。

地方各级人民政府应当在接到报告后 1 小时内向上一级人民政府报告。省级人民政府在接到报告后 1 小时内，向国务院及国务院有关部门报告。

重大（Ⅱ级）、特别重大（Ⅰ级）突发环境事件，国务院有关部门应立即向国务院报告。

2. 突发环境事件报告方式与内容

突发环境事件的报告分为初报、续报和处理结果报告三类。初报从发现事件后起 1 小时内上报；续报在查清有关基本情况后随时上报；处理结果报告在事件处理完毕后立即上报。

初报可用电话直接报告，主要内容包括环境事件的类型、发生时间、地点、污染源、主要污染物质、人员受害情况、捕杀或砍伐国家重点保护的野生动植物的名称和数量、自然保护区受害面积及程度、事件潜在的危害程度、转化方式趋向等初步情况。

续报可通过网络或书面报告，在初报的基础上报告有关确切数据，事件发生的原因、过程、进展情况及采取的应急措施等基本情况。

处理结果报告采用书面报告，处理结果报告在初报和续报的基础上，报告处理事件的措施、过程和结果，事件潜在或间接的危害、社会影响、处理后的遗留问题，参加处理工作的有关部门和工作内容，出具有关危害与损失的证明文件等详细情况。

（四）查处环境污染与破坏事故的工作制度

1. 登记报告

对管辖范围内的事故、纠纷投诉及时登记，对重大、特大的事故或纠纷应及时按规定上报。

2. 快查快办

查处人员应尽快进行案件的查处工作，一般要求一周内立案，3 个月内结案。

3. 现场调查

所有受理案件都应进行现场调查、取证，掌握第一手资料。

4. 查处结案

所有受理案件均必须进行查处，有调查情况，有处理意见，任何人无权扣押不办。

三、查处环境污染事故（含事件）的法律规定

（一）处理原则

先控制后处理。避免使引起的环境和经济损害增大；随时间的推移，污染物扩散使污染破坏的地域、空间和损害范围、程度迅速扩大，防止污染蔓延。

（1）立即采取措施控制污染源，消除并减少污染隐患，并划定严重污染区域，通知有关消防、卫生、自来水、公安等部门，联合采取措施，及时救护、隔离、疏散群众，防止污染加重。视情况轻重采取立即关闭自来水供应，发布空气危险通告让群众不要外出。

（2）在处理环境污染事故时，对确认有违法行为的排污者，在实施行政处罚时，要依法确定责任，严肃公正处理。

（二）环境污染事故的调查处理责任部门及处罚机关

（1）大气污染事故报当地环保部门并接受调查。

（2）水污染事故报当地环保部门，会同有关部门（航政、水利等）进行调查处理。

（3）饮用水污染事故报当地供水、卫生防疫、环保、水利、地矿和污染单位主管部门，由环保部门组织调查处理。

（4）渔业水域污染事故报渔政港监督部门协同环保部门调查处理。

（5）船舶海洋污染重大事故报我国港务监督部门，接受调查处理。

（6）发生拆船污染损害事故，向监督拆船污染的主管部门报告。具体分工：在港区水域外的岸边拆船发生的污染事故，向县级以上环保部门报告并接受其调查处理；在水上拆船和综合渔港区水域拆船发生的污染事故，向港务监督报告，接受其调查处理；在渔港水域拆船发生的污染事故，向渔政渔港监督管理部门报告，由渔政渔港监督管理部门会同环保部门调查处理；在军港水域拆船发生的污染事故，向军队环保部门报告，接受其调查处理。

（7）发生放射性环境污染事故，向所在地环保部门及县以上卫生、公安部门报告。

（8）发生陆源污染损害海洋环境事故，向当地环保部门报告，并抄送有关部门。由县级以上环保部门会同有关部门调查处理。

（9）海洋石油勘探作业发生溢油、井喷、漏油的重大污染事故报国家海洋管理部门，接受其调查处理。

（10）入海口陆源污染损害海洋环境事故报当地环保部门，由入海口处省级环保和水利部门会同有关省级环保和水利部门处理。

（11）尾矿污染事故报当地环保部门接受处理。

（三）突发环境事件（含污染事故）的法律责任

1.《大气污染防治法》的立法规定

（1）第 61 条。造成大气污染事故的企业事业单位，由所在地县级以上地方人民政

府环境保护行政主管部门根据所造成的危害后果处直接经济损失 50% 以下罚款，但最高不超过 50 万元；情节较重的，对直接负责的主管人员和其他直接责任人员，由所在单位或者上级主管机关依法给予行政处分或者纪律处分；造成重大大气污染事故，导致公私财产重大损失或者人身伤亡的严重后果，构成犯罪的，依法追究刑事责任。

（2）第 62 条。造成大气污染危害的单位，有责任排除危害，并对直接遭受损失的单位或者个人赔偿损失。

（3）第 63 条。完全由于不可抗拒的自然灾害，并经及时采取合理措施，仍然不能避免造成大气污染损失的，免于承担责任。

2.《水污染防治法》的立法规定

（1）第 83 条。造成水污染事故的，由县级以上人民政府环境保护主管部门依照本条第二款的规定处以罚款，责令限期采取治理措施，消除污染；不按要求采取治理措施或者不具备治理能力的，由环境保护主管部门指定有治理能力的单位代为治理，所需费用由违法者承担；对造成重大或者特大水污染事故的，可以报经有批准权的人民政府批准，责令关闭；对直接负责的主管人员和其他直接责任人员可以处上一年度从本单位取得的收入 50% 以下的罚款。

对造成一般或者较大水污染事故的，按照水污染事故造成的直接损失的 20% 计算罚款；对造成重大或者特大水污染事故的，按照水污染事故造成的直接损失的 30% 计算罚款。

造成渔业污染事故或者渔业船舶造成水污染事故的，由渔业主管部门进行处罚；其他船舶造成水污染事故的，由海事管理机构进行处罚。

（2）第 85 条。因水污染受到损害的当事人，有权要求排污方排除危害和赔偿损失。

由于不可抗力造成水污染损害的，排污方不承担赔偿责任；法律另有规定的除外。

水污染损害是由受害人故意造成的，排污方不承担赔偿责任。水污染损害是由受害人重大过失造成的，可以减轻排污方的赔偿责任。

水污染损害是由第三人造成的，排污方承担赔偿责任后，有权向第三人追偿。

3.《固体废物污染防治法》的立法规定

（1）第 82 条。造成固体废物污染环境事故的，由县级以上人民政府环境保护行政主管部门处 2 万元以上 20 万元以下的罚款；造成重大损失的，按照直接损失的 30% 计算罚款，但是最高不超过 100 万元，对负有责任的主管人员和其他直接责任人员，依法给予行政处分；造成固体废物污染环境重大事故的，并由县级以上人民政府按照国务院规定的权限决定停业或者关闭。

（2）第 83 条。收集、贮存、利用、处置危险废物，造成重大环境污染事故，构成犯罪的，依法追究刑事责任。

（3）第 85 条。造成固体废物污染环境的，应当排除危害，依法赔偿损失，并采取措施恢复环境原状。

4.《海洋污染防治法》的立法规定

造成海洋环境污染事故的单位，由依照本法规定行使海洋环境监督管理权的部门根据所造成的危害和损失处以罚款；负有直接责任的主管人员和其他直接责任人员属于国家工作人员的，依法给予行政处分。

前款规定的罚款数额按照直接损失的30％计算，但最高不得超过30万元。

对造成重大海洋环境污染事故，致使公私财产遭受重大损失或者人身伤亡严重后果的，依法追究刑事责任。

相应的环境污染事故的行为及法律责任条款见表8.2。

表 8.2 环境污染事故的行为及法律责任条款

序号	责任事故及肇事者	法律法规依据	应承担的法律责任
1	造成大气污染事故的企业事业单位	《大气污染防治法》第61条	根据所造成的危害后果处直接经济损失50％以下罚款，但最高不超过50万元；情节较重的，对直接负责的主管人员和其他直接责任人员，由所在单位或者上级主管机关依法给予行政处分或者纪律处分；造成重大大气污染事故，导致公私财产重大损失或者人身伤亡的严重后果，构成犯罪的，依法追究刑事责任
2	造成大气污染危害的单位	《大气污染防治法》第62条	有责任排除危害，并对直接遭受损失的单位或者个人赔偿损失
3	造成大气污染危害的单位	《大气污染防治法》第63条	完全由于不可抗拒的自然灾害，并经及时采取合理措施，仍然不能避免造成大气污染损失的，免于承担责任
4	造成水污染事故的	《水污染防治法》第82条	处以罚款，责令限期采取治理措施，消除污染；不按要求采取治理措施或者不具备治理能力的，由环保部门指定有治理能力的单位代为治理，所需费用由违法者承担；对造成重大或者特大水污染事故的，责令关闭；对直接负责的主管人员和其他直接责任人员可以处上一年度从本单位取得的收入50％以下的罚款
5	对造成一般或者较大水污染事故的	《水污染防治法》第82条	按照水污染事故造成的直接损失的20％计算罚款；对造成重大或者特大水污染事故的，按照水污染事故造成的直接损失的30％计算罚款
6	造成水污染事故的	《水污染防治法》第85条	由于不可抗力造成水污染损害的，排污方不承担赔偿责任；法律另有规定的除外

续表

序号	责任事故及肇事者	法律法规依据	应承担的法律责任
7	造成水污染事故的	《水污染防治法》第85条	水污染损害是由受害人故意造成的，排污方不承担赔偿责任。水污染损害是由受害人重大过失造成的，可以减轻排污方的赔偿责任
8	造成固体废物污染环境事故的	《固废防治法》第82条	处2万元以上20万元以下的罚款；造成重大损失的，按照直接损失的30%计算罚款，但是最高不超过100万元，对负有责任的主管人员和其他直接责任人员，依法给予行政处分；造成固体废物污染环境重大事故的，依法给予停业或者关闭
9	收集、贮存、利用、处置危险废物，造成重大环境污染事故	《固废防治法》第83条	构成犯罪的，依法追究刑事责任
10	造成固体废物污染环境的	《固废防治法》第85条	应当排除危害，依法赔偿损失，并采取措施恢复环境原状
11	造成海洋环境污染事故的单位	《海洋污染防治法》第91条	根据所造成的危害和损失处以罚款；负有直接责任的主管人员和其他直接责任人员属于国家工作人员的，依法给予行政处分。前款规定的罚款数额按照直接损失的30%计算，但最高不得超过30万元
12	造成重大海洋环境污染事故，致使公私财产遭受重大损失或者人身伤亡严重后果	《海洋污染防治法》第91条	依法追究刑事责任

四、环境污染事故（事件）调查与处理程序

环境污染事故调查与处理程序分为现场污染控制、现场调查和报告、依法处理、结案归档。

（一）现场污染控制

根据国家环境保护法律和法规规定：发生环境污染事故或突然事件造成或可能造成污染事故的单位，必须立即采取处理措施，步骤如下：

1. 立即采取措施

已发生污染的，立即采取减轻和消除污染的措施，防止污染危害的进一步扩大；尚未发生污染但有污染可能的，立即采取防止措施，杜绝污染事故的发生。

2. 及时通报或疏散人群

及时通报或疏散可能受到污染危害的单位和居民，使得他们能及时撤出危险地带，

以保证即使发生了污染事故，也可以避免人身伤亡。

3. 向当地环境行政执法部门报告，接受调查处理

报告必须及时准确，不得拒报、谎报，事故查清后，应作事故发生的原因、过程、危害、采取的措施、处理结果以及遗留问题和防范措施等情况的详细书面报告，并附有关证明文件。

（二）现场调查与报告

1. 现场调查

1）污染事故现场勘察

实地踏勘并记录环境污染与破坏事故现场状况。包括事故对土地、水体、大气的危害；动、植物及人身伤害；设备、物体的损害等。详细记录污染破坏范围，周围环境状况，污染物排放情况，污染途径，危害程度等，提取有关物证。

2）技术调查

（1）采样监测。利用各种监测手段测定事故地点及扩散地带有毒有害物质的种类、浓度、数量；各污染物在环境各要素（如土壤、水体、大气）区域、地带和部位存在浓度等。

（2）声像取证。录制了解污染事故当事人员的陈述及被害人介绍事故发生情况的陈述等。

（3）技术鉴定。对重大或情况比较复杂的环境污染与事故，环境执法部门应聘请其他有关法定部门的专业技术人员对事故所造成的危害程度和损失作出有关技术鉴定。

（4）经济损失核算。根据污染事故的危害程度、损失范围，按照国家、地方或当地市场价格核算危害承受物的经济损失金额。对无可靠依据计算损失标准的或不能准确计算损失金额的，如农作物小苗死亡、鱼虾幼苗受害等，要根据具体情况作具体分析，可以提出若干计算方案，反复比较，多方倾听意见，推出比较接近实际双方基本能够接受的方案，避免明显偏差。

2. 报告

按前面讲述的有关规定进行报告。

（三）依法处理

环境污染事故的证据收集工作完成后，即进入审查、决定、处理阶段。审查是环境执法人员对所调查的证据、调查过程和调查意见、处罚建议进行认真地审理。审查结果后，对环境污染事故依法进行处理，做出决定。

1. 组成审查人员

一般情况下，受理、调查阶段与审查、决定阶段截然分开，由不同的环境执法人员

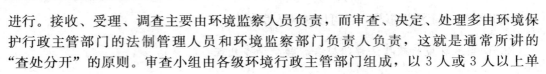

进行。接收、受理、调查主要由环境监察人员负责，而审查、决定、处理多由环境保护行政主管部门的法制管理人员和环境监察部门负责人负责，这就是通常所讲的"查处分开"的原则。审查小组由各级环境行政主管部门组成，以 3 人或 3 人以上单数为宜。

2. 审查内容

审查内容主要是对调查材料、调查处理、调查意见、处罚建议进行书面审理。

重点审查：违法事实是否清楚；证据是否充分确凿；查处程序是否合法；处理意见是否适当。必要时由调查人员进行补充调查，然后提出处理意见。

3. 确定赔偿金额，提出处理决定

环境保护行政执法部门根据《环境保护法》第 41 条第一款的规定："造成环境污染危害的，有责任排除危害，并对直接受到损害的单位或个人赔偿损失"。依据调查分析结果合理确定环境污染与破坏事故给受害单位和个人所造成的经济损失，并下达处理决定，提出具体赔偿金额。

4. 追究环境法律责任，进行行政处罚

根据环境污染与破坏事故发生的情节，危害后果（刑事责任除外），应依有关环境法律法规追究造成环境污染与破坏事故的单位或个人的法律责任，进行行政处罚，并提出杜绝和避免类似事故再次发生的措施和要求。

5. 送达与执行

环境保护行政执法部门依法对环境污染事故作出的环境决定或行政处罚决定应由环境执法人员及时将决定书的正本送达当事人或被处罚人。送达时间必须在 7 日内完成。环境执法人员在送达决定书时，应要求当事人和被处罚人在副本上签收。按规范要求，环境保护行政执行部门应制作送达回执，由送达人员填写送达回执，送达回执的主要内容包括：决定书制作的环境保护行政执法部门、回执字号、被送达人、案由、送达地点、送达人、受件人签名、受件人拒收事由、不能送达的理由以及有关时间。

送达决定书有直接面交、留置送达、邮寄送达或委托送达、公告送达等送达方式。送达人视具体情况采取其中一种，但不管采用哪一种，送达人员都应将有关回执和证明依据妥善归档。决定书送达当事人或被处罚人后，依法产生法律效力，进入执行阶段。环境污染事故处理决定书依法执行完毕后，整个处理程序到此便告结束。

（四）结案归档

将全部材料及时整理，装订成卷，按一事一卷要求，填写《查处环境污染事故终结报告书》，存档备查。

环境污染事故（事件）调查与处理步骤见图 8.1。

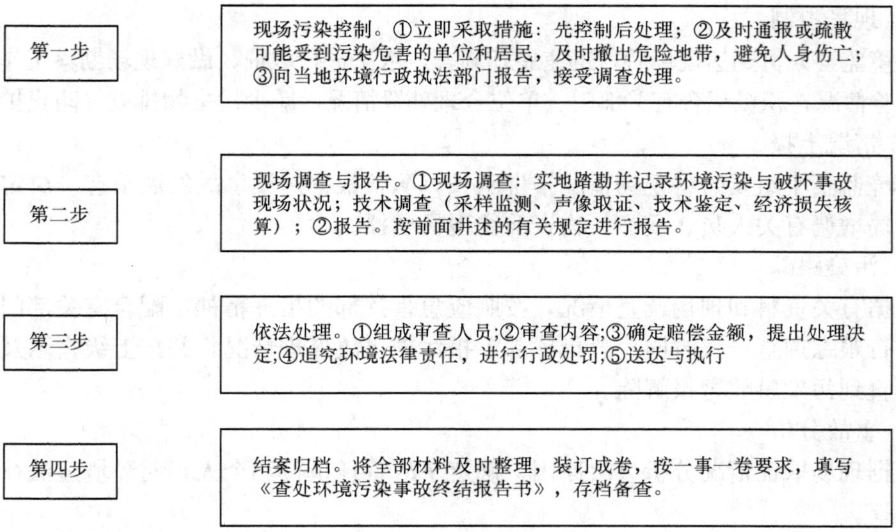

| 第一步 | 现场污染控制。①立即采取措施：先控制后处理；②及时通报或疏散可能受到污染危害的单位和居民，及时撤出危险地带，避免人身伤亡；③向当地环境行政执法部门报告，接受调查处理。 |

| 第二步 | 现场调查与报告。①现场调查：实地踏勘并记录环境污染与破坏事故现场状况；技术调查（采样监测、声像取证、技术鉴定、经济损失核算）；②报告。按前面讲述的有关规定进行报告。 |

| 第三步 | 依法处理。①组成审查人员；②审查内容；③确定赔偿金额，提出处理决定；④追究环境法律责任，进行行政处罚；⑤送达与执行 |

| 第四步 | 结案归档。将全部材料及时整理，装订成卷，按一事一卷要求，填写《查处环境污染事故终结报告书》，存档备查。 |

图 8.1　环境污染事故（事件）调查与处理步骤

五、各级环保部门应急响应工作的程序和主要工作内容

我国环保部门应急救援体系由环境监察与环境监测两大体系构成。

（一）环境监察体系

环境监察在环境污染事故中起到关键核心作用。

1. 环境监察应急工作内容

（1）调度环境应急人员、设备、物资等，召集人员、集合，指挥各应急小组迅速赶赴现场，展开工作。

（2）指挥应急处置小组进行现场处置、调查、取证。

（3）指挥应急监测小组开展应急监测，确定污染物种类、范围、程度。

（4）协调有关部门，指挥污染区域的警戒工作。

（5）根据现场调查、取证结果并参考专家意见，确定环境污染事故处置的技术措施。

（6）负责对外组织协调、分析事故原因，向应急领导组报告现场处置情况。

（7）根据污染事故发展的动态，决定是否请示环保局增调有关人员、设备、物资前往现场增援。

2. 环境监察应急工作程序

1）快速出击

接到环境监察应急任务后，环境监察队长召集人员、集合，环境监察小组按要求携带相关仪器设备，迅速集合赶赴现场。

2）现场控制

环境监察人员到达现场后，迅速展开调查，依法进行取证，做好现场勘察工作。根据现场勘验情况，积极配合有关部门、单位合理处置情况，减少污染物排放，防止扩散。

3）情况上报

环境监察小组及时将现场情况报告队长，队长根据污染事故发展动态，决定是否请示环保局增调有关人员、设备、物资前往现场增援。

4）污染跟踪

根据有关资料和现场调查情况，按照应急指挥部的指挥精神，配合有关部门对污染状况进行跟踪调查，按时向应急指挥部汇报污染事故处理情况，并按上级指示及时调整对策，直到污染事故警报解除。

5）事故分析

根据现场取证情况分析事故原因，确定事故责任单位和个人，对环境违法行为提出处理建议。

6）结案归档

污染事故处理完毕后，形成环境监察总结报告，按时上报并存档。

（二）环境监测体系

重点监测要素为大气环境、水环境、土壤。采取现场事故监测、跟踪监测等。

1. 应急监测网络

按行政区域划分四个层次应急监测网络：国家级—省级—地级—县级监测系统。

2. 应急监测工作任务

（1）负责应急监测仪器设备、耗材、试剂的日常维护、保养和准备工作，保证处于待命工作状态。

（2）负责积累特征污染物和常见污染物的快速监测方法，做到有备无患。

（3）应急启动后，以最快方式赶赴现场实施采样、监测。

（4）负责鉴定、识别、核实污染物的种类、性质、危害程度及受影响的范围。

（5）迅速分析样品，及时报出现场监测结果。

（6）对短期内不能消除、降解的污染物进行跟踪监测。

3. 应急监测工作程序

1）应急监测启动

接到应急监测任务，立即启动应急监测预案，下达应急监测命令，集合人员待命。通知相关环境监测机构协助做好应急监测工作。

2）应急监测准备

现场监测组完成应急监测仪器、防护器材准备工作。质量保证组完成现场质量保证等准备工作。仪器设备组完成现场供电设备、通信照明设备器材等准备。后勤保障组完成应急指挥车、监测车等准备工作。实验室留守人员做好应急试验准备工作。

3）现场采样与监测

应急监测组进入警戒区域时，必须根据现场情况进行必要保护，在最短时间内初步确定监测方案，根据应急监测技术规范要求确认监测对象、点位、项目、频次。必要时进行专家咨询。

4）数据汇总分析和监测报告

报告要对应急监测结果、事件发生地、发生时间、污染范围、污染程度进行必要的分析评价和说明。

5）跟踪监测

对突发环境事故发生后，滞留在水体、土壤、作物等环境中短期内不易消除、降解的污染物，必须进行必要的跟踪监测。

（三）应急预案编制要素

建立健全突发环境事件应急机制，提高政府应对涉及公共危机的突发环境事件的能力，维护社会稳定，保障公众生命健康和财产安全，保护环境，促进社会全面、协调、可持续发展。

应急预案编制应包括以下基本要素，即分为 6 个一级关键要素，包括方针与原则、应急策划、应急准备、应急响应、现场恢复、预案管理与评审改进，各项要素见表 8.3。

表 8.3 突发事故应急预案核心要素

	一级要素	二级要素
突发事件应急预案核心要素	方针与原则	—
	应急策划	危险分析；资源分析；法律法规要求
	应急准备	机构与职责；应急资源；教育、训练和演习；互助协议
	应急响应	接警与通知；指挥与控制；警报和紧急公告；通信；事态监测与评估；警戒与治安；人群疏散与安置；医疗与卫生；公共关系；应急人员安全；消防与抢险
	现场恢复	—
	预案管理与评审改进	—

第二节 环境污染纠纷的调查与处理

一、环境污染纠纷概述

1. 概念

环境污染纠纷是指因环境污染引起的单位与单位之间、单位与个人之间或个人与个人之间的矛盾和冲突。这种纠纷通常都是由于单位或个人在利用环境和资源的过程中违反环保法律规定，污染和破坏环境，侵犯他人的合法权益而产生的。

2. 性质

环境污染纠纷主要性质是一种民事侵权纠纷，在一般污染事件和污染事故中，只要污染存在民事侵权行为，都可能产生环境污染纠纷。环境污染纠纷一般可以通过协商的方式予以疏导，化解矛盾，妥善解决。

企事业单位内部引起的环境污染纠纷和因公伤害问题不能称为环境污染纠纷，那是属于工厂内部劳动保护关系，应由劳动法调整。要构成污染纠纷，还应有污染物、污染源、防治管理标准、影响、危害等一些定量的条件。

3. 产生原因

环境污染纠纷产生的原因错综复杂，大致有以下原因：

（1）经济建设布局不合理，规划失控，环境保护欠债太多。许多老的污染企业和经济欠发展的小城市产生污染纠纷多属于这种情况；部分新建排污单位没有留足卫生防护距离，也是形成环境污染纠纷的原因之一。

（2）违反建设项目环境影响评价制度和"三同时"规定，产生新的污染源。许多乡镇、街道、个体企业和"三产"企业，产生污染纠纷多属于这种情况。

（3）许多排污者因管理不善或设备陈旧，生产过程中跑、冒、滴、漏现象严重，经常对周围单位和群众产生污染危害。

（4）排污者法制观念淡薄，无视环境保护法律、法规的规定．不仅不积极治理污染，还经常偷排偷放各种污染物，常常产生环境污染纠纷。

（5）数量众多的饮食、娱乐、服务企业与居民和单位相邻很近或者就在同一座楼内、楼上和楼下，产生的油烟、噪声、异味扰民影响很大，也是大部分污染纠纷产生的原因。

（6）人民群众生活水平改善，环境法制观念和环境意识迅速提高，对不良环境状况的危害有了更深刻的认识，像有时也会因缺乏环境科学知识而造成纠纷。

二、处理环境纠纷的法律规定与解决途径

（一）处理环境纠纷的法律规定

1. 执行行政调解程序

环境监察机构在处理环境污染纠纷时执行的是行政调解程序。以法律法规为依据，以当事人双方自愿为原则，促使双方当事人友好协商，达成协议，化解矛盾。

行政调解的主要特征是：

（1）行政调解以双方当事人自愿为原则。包括自愿决定是否采取调解方式来解决争议，自愿决定是否达成协议，自愿决定是否接受协议。环境监察机构不能强制当事人接受调解，也不能强制当事人接受某种决定。

（2）行政调解是以当事人提出申请为前提。

（3）进行行政调解在性质上属于行政机关之间对当事人之间的民事侵权争议的调解处理。

（4）如果对环境监察机构做出的调解协议，某一方当事人不接受，则协议不发生效力。

（5）当事人对环境监察机构就污染纠纷所作的行政调解不服的，可以就加害方向人民法院提起民事诉讼，而不能对行政调解要求行政复议或以环保部门作为被告提起行政诉讼。

2. 造成环境污染危害的，应当排除危害，赔偿损失

《中华人民共和国民法通则》（以下简称《民法通则》）第 124 条规定："违反国家保护环境防治污染的规定，污染环境造成他人损害的，应当依法承担民事责任。"《环境保护法》、《大气污染防治法》、《水污染防治法》、《海洋环境保护法》、《固体废物污染环境防治法》、《环境噪声污染防治法》等法律，也作出了污染损害赔偿的规定。这些规定和其他有关规定明确了污染加害人的赔偿义务，同时也给予了受害人要求赔偿的法律依据。

3. 为了保证对污染受害人的赔偿，法律规定了对污染损害赔偿实行"无过错责任"原则

《民法通则》第 106 条规定了由于过错而造成他人损害应承担民事责任后，明确规定"没有过错，但法律规定应承担民事责任的，应当承担民事责任"。同样，《环境保护法》第 41 条和《海洋环境保护法》第 43 条的规定，均具体体现了"无过错责任"原则，在法院和环境执法机关实际处理污染损害赔偿案件中，也是遵循"无过错责任"原则的，其目的就是保证受害人可以切实得到救济。

4. 为了保证对污染受害人的赔偿，实行连带责任

根据《民法通则》第 120 条的规定，对两人以上共同污染环境造成他人损害的人，实行连带责任。

5. 为了保证对污染受害人的赔偿，实行全部赔偿原则

以使加害人占不到便宜，使受害人得到充分补偿，所谓全部赔偿，即应当赔偿因污染环境给他人造成的一切损失，包括直接损失和间接损失。主要包括：公私财产遭受污染或破坏的损失；受害者在正常情况下可以获得因环境污染破坏而未获得的利益；以往在被污染破坏的自然环境而花费的物质和劳动消耗；为消除污染后果，恢复污染破坏的自然环境而需要付出的费用。根据《民法通则》第 119 条的规定，因污染环境造成他人身体伤害的，应当赔偿医药费、因误工减少的收入、伤残者生活补助费等费用；造成死亡的，还应当支付丧葬费、生者死前抚养的人必要的生活费用。

6. 为保护受害人的合法权益，实行被告举证原则

《最高人民法院关于适用〈中华人民共和国民事诉讼法〉若干问题的意见》指出：

在因环境污染引起的损害赔偿诉讼中，对原告提出的侵权事实，被告否认的，由被告负责举证。环境保护行政主管部门和其他行使环境监督管理权的行政机关在调解处理民事纠纷时，也实行这种被告举证原则。

（二）环境污染纠纷的解决途径

根据我国现行法律规定，环境污染纠纷的解决主要有 4 个阶段。

1. 双方当事人自行协商解决

在实际生活中，常有当事人自行协商解决环境纠纷的事例。当事人协商解决纠纷也必须遵守法律，必须遵守诚实信用的原则，而且一旦一方当事人发现对方不遵守法律，没有诚意，便应当及时地依照法定程序去解决，或者申请环境执法机关调解处理，或者直接诉诸法院，以便及时合理地解决纠纷。

2. 环境执法行政机关调解处理

双方协商长期不能缓解矛盾，污染纠纷通过来信来访反映到环境行政主管部门和有关部门，由环保部门邀请有关单位和矛盾双方进行座谈予以调处。

（1）这里的"处理"是环境执法机关对民事权益争议进行调解，没有处罚的意思。如果当事人不服，即意味着调处不成。如果当事人再向法院起诉，即构成民事诉讼案件，而不是行政诉讼案件，诉讼当事人仍是环境纠纷的双方当事人，不能把进行调解处理的环境执法机关当作被告。

（2）对环境纠纷进行行政调处，以当事人的请求为前提；一方当事人请求的，应征得另一方当事人的同意，否则便无法进行调处。

（3）上述规定中虽然只明确了"赔偿责任和赔偿金额的纠纷"，但在实践中也包括排除危害的纠纷，因为这些都是环境民事纠纷。

3. 司法处理

当事人不服行政调处和仲裁处理，或矛盾已经发展到公私财产与人身权益受到危害，就按司法程序解决矛盾，由人民法院按民事诉讼程序处理污染纠纷案件。可以是当事人向人民法院起诉，也可以由环境保护部门提请人民法院进行处理。

4. 通过仲裁程序解决

仲裁程序只适用于涉外性的海洋环境污染损害赔偿案件不适用于一般污染损害赔偿案件。有时有些地方也尝试采用仲裁形式解决污染纠纷，目前还有待发展完善。

三、环境污染纠纷调查处理程序

（一）登记审查

环境监察机构调处环境污染纠纷是以当事人的请求为前提。当接到当事人书面或口头申请，应先接受登记。环境监察机构对人大、政协有关环境污染和生态破坏的提案、群众的污染举报、环保部门承接的来信来访也要先进行登记。环境监察人员在现场检查和行政执法过程中，对于当事人书面或口头申请，不管是否有权管辖、反映的情况是否属实、是否符合立案条件，都应认真登记备案，然后对是否立案进行审查。审查的内容包括：

1. 管辖权审查

首先审查是否属本部门管辖，其次查级别管辖和地域管理问题。

(1) 县级环境行政执法机关负责调处本行政区内的环境污染纠纷；市级环境行政执法机关管辖本行政区域内重大环境污染纠纷的调处。

(2) 上级环境行政执法机关对所属下级环境行政执法机关管辖的环境纠纷有权处理；也可以把自己管辖的环境污染纠纷交下级环境行政执法机关处理。

(3) 跨行政区域的环境污染纠纷，涉案各方面都有权管辖，但由被污染所在地（发生地）环境行政执法机关管辖，双方管辖发生争议的，由双方协商解决。不成的，由其共同的上级环境行政执法机关管辖。

2. 时效审查

《环境保护法》第42条规定：因环境污染损害赔偿提起诉讼的时效时间为3年，从当事人知道或者应当受到污染损害时起计算外。超过3年不追溯的，权利人将丧失胜诉权。调处环境污染纠纷也适用此时效期间的规定。

3. 审查有无具体的请求事项和事实依据

环境监察机构受理的污染纠纷调解申请，申请方必须申明引起纠纷的具体事项，还需提供相应的污染损害或污染影响的相应证据，以防止捕风捉影。

(二) 立案受理

是否立案受理最迟应在接到申请之日起7日内作出决定。对不符合受理条件的，告知当事人其解决问题的途径。对符合立案受理条件的，正式立案受理。环境监察机构发出受理通知书，同时将受理通知书副本送达被申请人，要求其提出答辩，不答辩的，不影响调处。在以下情况下，即使环保部门有管辖权，也不能受理：

(1) 人民法院已经受理的环境污染纠纷。

(2) 其他有权管辖的部门已经受理的重大环境污染纠纷。

(3) 下级环境行政执法机关已经受理辖区内的环境污染纠纷。

(4) 上级环境行政执法机关或人民政府已经受理的重大环境污染纠纷。

(5) 行为主体无法确定的环境污染纠纷。

(6) 因时过境迁，证据无法收集，也不可能收集到的环境污染纠纷。

(7) 超过法定期限的环境污染纠纷。

（三）调查取证和鉴定

环保部门在案件受理后，除了对当事人双方提供的证据进行审核外，还要依法客观、公正、全面地收集与案件有关的证据，调查核实污染事实，需要专业技术鉴定的，还要请相关部门（比如环境监测站）作出鉴定，这里特别要注意证据的合法性和有效性问题。

（四）审理

1. 确定责任

对调查取得的证据、信息及双方当事人提供的证据进行汇总分析，理顺案情，辨明是非，分清责任。

2. 调解

如果双方当事人都愿意接收调解，应召集双方当事人进行调解；当事人双方自愿达成协议的，应签订《环境污染纠纷调解协议书》，一式三份，在协议书上签字盖单位公章后送双方当事人。如果有一方当事人不愿意接受调解，对双方又无违法行为须查处的，告知当事人可以通过民事诉讼途径解决环境污染纠纷，调处结束。

（五）结案

结案按以下两种情况处理：

1. 调解达成协议

双方当事人通过调解达成协议的，并写出纠纷处理过程的结案报告，环境保护部门作为见证人，留一份协议存查。

2. 调解不成

对调解不成的，在告知双方当事人可采取民事诉讼途径解决之后，写出结案报告。

（六）立卷归档

将全部材料及时整理，装订成卷，按一案一卷要求存档备查。

环境污染纠纷调处步骤见图 8.2。

四、处理环境污染纠纷应注意的事项

（一）环境监察机构在处理环境污染纠纷中的职责

在污染事件的行政处罚和污染纠纷的调查处理中，环境监察机构应依法办事，按相关的环境保护制度和污染防治法规进行严格的处罚。但是，在许多污染事件和污染事故中都不同程度地存在环境污染损害和赔偿问题，即环境污染纠纷问题。

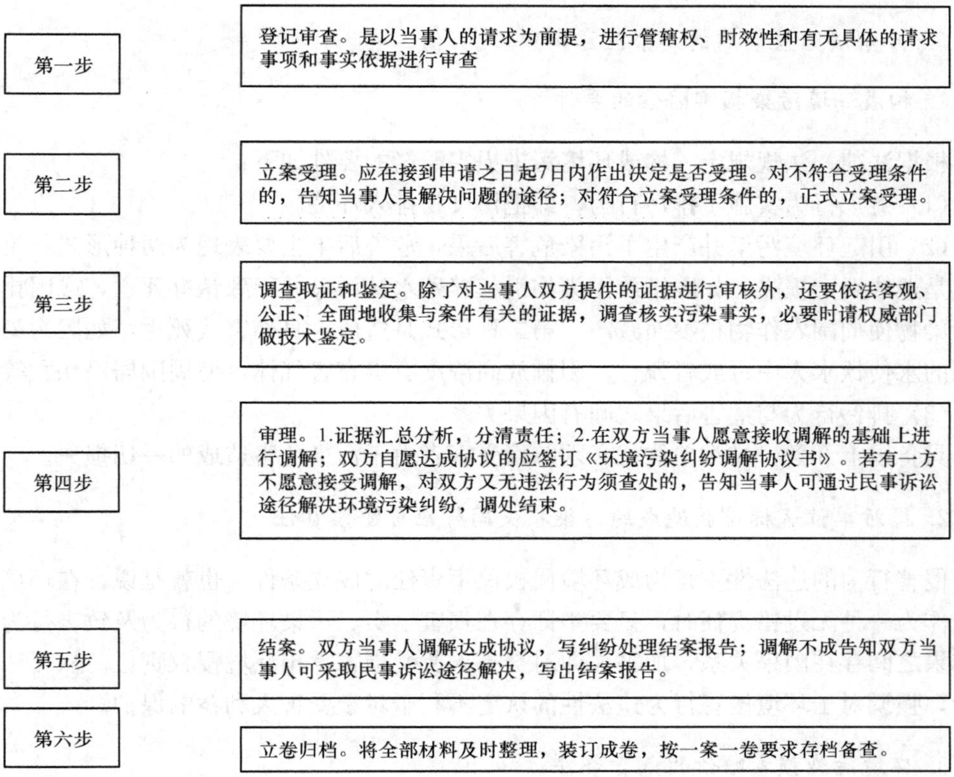

第一步	登记审查。是以当事人的请求为前提，进行管辖权、时效性和有无具体的请求事项和事实依据进行审查
第二步	立案受理。应在接到申请之日起7日内作出决定是否受理。对不符合受理条件的，告知当事人其解决问题的途径；对符合立案受理条件的，正式立案受理。
第三步	调查取证和鉴定。除了对当事人双方提供的证据进行审核外，还要依法客观、公正、全面地收集与案件有关的证据，调查核实污染事实，必要时请权威部门做技术鉴定。
第四步	审理。1.证据汇总分析，分清责任；2.在双方当事人愿意接收调解的基础上进行调解；双方自愿达成协议的应签订《环境污染纠纷调解协议书》。若有一方不愿意接受调解，对双方又无违法行为须查处的，告知当事人可通过民事诉讼途径解决环境污染纠纷，调处结束。
第五步	结案。双方当事人调解达成协议，写纠纷处理结案报告；调解不成告知双方当事人可采取民事诉讼途径解决，写出结案报告。
第六步	立卷归档。将全部材料及时整理，装订成卷，按一案一卷要求存档备查。

图 8.2　环境污染纠纷调处步骤

环境监察的工作职责明确规定为"三查、两调、一收费"，对于产生的污染纠纷事件和群众在来信来访中涉及的污染事件，环境监察有责任进行调查、处理和调解。

在环境污染纠纷中如存在违反环境法律法规的行为，环境监察机构必须对环境违法行为进行行政处罚，这不属于污染纠纷的问题，而属于环境处罚的问题。必须明确在环境污染纠纷事件中，对造成污染影响和损害的责任方，环境监察人员应观点鲜明地确定其责任，制止其污染行为，责令其消除影响，并对污染造成损害的赔偿进行行政调解。明确污染责任，制止违法行为，调解由此引起的侵权纠纷，是环境监察机构的基本责任。

解决环境污染纠纷的根本途径，是加强对环境污染的防治，认真落实各项环境管理制度，加强对排污者环境方针政策的宣传和教育，加强对各类污染源的环境监督管理，运用社会主义法制手段，妥善处理因环境污染而引起的各种纠纷。

（二）对环境污染纠纷的处理是调解

环保部门根据当事人的请求，依照环境法规进行调解，并促成当事人自愿达成协议，调解决定不具有强制性。

当事人对环保部门所作的调解处理不服而向人民法院起诉时，不能以作出处理决定的环境保护部门为被告提起行政诉讼。

（三）解决赔偿问题的几个注意事项

1. 构成环境污染损害赔偿的要件

根据法律、法规规定，构成环境污染损害赔偿的要件如下：

（1）意识行为实施了排污行为，即把污染物排入环境。

（2）引起环境污染并产生了污染危害后果，危害后果主要表现为两种形式：第一种形式是造成财产损失，如因排放污染物引起养殖水域污染并导致鱼虾死亡，或因排放大气污染物使周围农作物枯萎而减产；第二种形式是造成人身伤害或死亡，如因污染饮用水源的水使饮水人中毒或者死亡；因排放高浓度有毒有害气体，使周围居民伤亡等。

（3）排污行为与危害后果之间有因果关系。

具备以上 3 条，排污单位就必须赔偿受害者由于污染危害造成的一切损失。

2. 排污单位达标排放造成的污染损失同样应负赔偿责任

侵害行为的违法性不是构成环境侵权民事责任的成立条件。也就是说，在环境侵权责任作为一种无过错责任时，只要举证存在损害事实、污染环境的行为及致害行为与损害结果之间存在因果关系，加害人即对被害人所受损害承担环境侵权责任。从司法实践来看，强调对于环境侵害行为违法性的认定不利于对于受害人利益的保护。

3. 环境污染损害赔偿的免责条件

在排污行为与危害后果之间的因果关系有以下几种情况，排污单位不负赔偿责任：

（1）由于不可抗拒的灾害，如地震、海啸、台风、山洪、泥石流等，尽管已经及时采取了力所能及的合理措施，仍然无法避免发生环境污染，并造成损失。

（2）由于第三者的过错引起污染损失的，应由第三者承担责任。如某人破坏某工厂污水池，使污水进入他人鱼塘引起污染损害。

（3）由于受害者自身责任引起污染损害的，由受害者自己承担责任。如养鱼的农民不听企业提醒和劝告，引入企业所排的废水进行鱼塘养殖而造成损害。

4. 环境污染纠纷赔偿金额的确定方法

环境污染损害的赔偿责任是因环境污染而产生的。从这个意义上说，造成污染的单位应该全部赔偿受害单位或个人的经济损失，损害多少赔多少。只有这样，才能有效地制裁违法行为，使受害人的损害得到了全部补偿。

损害赔偿金额一般应包括受害者遭受的全部损失；受害者为消除污染和破坏实际支付或必须支付的费用；受害者因污染损害而丧失的正常效益。但在实行全部赔偿原则的同时还必须兼顾加害人无力全部赔偿和涉外应按国际条例规定的两种情况。环境污染赔偿金额的确定经常采用以下几种方法和原则：

（1）考虑当事人经济能力的原则。实行完全赔偿与考虑当事人经济能力相结合的原则，酌情确定赔偿金额。

（2）直接计算法。首先确定受污染损害的范围和项目，然后确定污染程度与受害时的效应关系，最后用货币进行经济评估。

（3）环境效益代替法。某一环境单位受污染后，完全丧失了功能，其损失费用可以借助能提供相同环境效益的工程来代替，这个方法也可以称为"影子工程法"。

（4）防治费用法。即为防治污染采取防护和消除污染设施而支付的费用。由于环境污染造成损害而进行赔偿经常遇到的厂矿企业排放污染物造成农、林、牧、副的损失及人体健康危害。此类情况在具体确定金额时，首先实地勘察污染受害面积、受害物的种类、数量，受害禽畜、鱼类的数量和病情，以及它们在正常年景的平均产量。然后按当年的合理价格计算应赔偿的基本金额。同时还应考虑受污染危害者根治污染，减轻污染危害等所需人工、材料等金额，即治理污染的补偿金额。厂矿企业因污染环境而使群众身体健康受到严重损害时，应尽赔偿责任，其赔偿金额应包括受害人的医院检查、确诊费用、恢复健康而耗费的医疗费用、因检查和治疗所误工费用、转院治疗的路费和住宿费、护理误工费，因环境污染而致残、残疾或丧失劳动力，则应承担生活费用；如受害人丧失生活能力，经医院证明长期需有人照料，则不仅需要承担受害人的生活费用，还要按国家有关规定承担陪护人的生活费用，同时还应考虑受害人提出的其他合理的赔偿要求。

 思考与练习题

1. 环境污染事故的分级规定是什么？
2. 突发环境事件应急方案应有哪些内容？
3. 突发环境事件的处理原则是什么？
4. 环境污染事件调查取证应满足哪些要求？什么是"证据先行登记保存"？
5. 简述发生环境污染事件的调查处理程序。
6. 什么是环境污染纠纷？
7. 处理环境污染纠纷的行政调解程序有什么特征？
8. 简述环境污染纠纷的处理程序。

第九章 环境监察文书及档案管理

学习目标

通过本章的学习，了解什么是环境监察文书，熟悉常用的环境监察文书的种类和格式。通过练习，能在环境执法的不同场合正确适用相应种类的文书。明确环境监察档案的范围和作用，初步掌握环境监察档案的管理和开发利用方法及要求，并学习环境监察档案的现代化管理理念。

技能要求

1. 能熟悉和掌握常用环境监察文书的种类和格式。
2. 能正确识别环境监察档案的范围，并掌握管理方法。
3. 能制作常用的环境监察文书。

任务分析

环境监察文书及档案管理是环境监察的一项重要内容，环境监察部门在执法的过程中一定要按规定使用法律文书，并且事后这些文书要按照法律规定整理归档，成为非常重要的第一手资料。本章的任务就是要熟悉常用的环境监察文书的种类，正确格式，并针对具体的执法场景正确的选择适用；另外还要掌握环境监察档案的作用、管理方法，具备管理环境监察档案的能力，并了解现代化档案管理的要求，对现有管理方式进行改进。

案例导入

某公司在未建污染防治设施的情况下，擅自投入试生产，所排污染物严重超标。向环保局经调查取证，做出处罚决定书，全文如下："×××公司：因你公司严重污染环境，现依法决定：一、自即日起，对你公司实行停业整顿，直至符合国家排放标准为止；二、罚款人民币80万元。本决定为最终裁决。×××县环保局（印章）。×年×月×日"

任务：

1. 环境行政处罚决定书在什么情况下做出？

2. 根据《行政处罚法》、《环境行政处罚办法》的有关规定，环境行政处罚决定书应该包括哪些内容？

3. 指出该行政处罚决定书的不足之处。

第一节 环境监察执法文书

一、环境监察执法文书的法律意义和特征

环境监察文书又称环境监察执法文书，是指环境监察部门在执行环保法律、法规的过程中，按照特定的格式，经过规定的程序使用的法律文书。

从环境监察文书的属性来看，它是环境保护执法行为的具体体现，是监察执法行为的真实记录。环境监察执法行为是环境监察机构的重要职责之一，任何一项执法活动，从发现违法行为到最后执行，全部要用执法文书来体现。没有统一规范的执法文书，执法工作就无法正常的开展。所以环境监察执法文书具有非常重要的法律意义。它是环境监察执法活动的载体和凭证，能保证环境监察执法工作的顺利开展，还能对环境监察执法行为进行规范。严格规范环境监察文书的制作和使用，可以促使环境监察执法人员按照文书要求的项目和内容逐步逐项完成对环境违法行为的查处工作，使执法过程更加规范和透明。而且，环境监察执法文书还能够体现环境监察机关的权威性，具有表达执法机关意志，传达执法意图和执法依据，促使执法行为得到有效实施的重要作用。另外执法文书还可以让管理相对人对环境监察执法人员的执法行为进行监督，可以更好的让管理相对人充分认识自己行为的违法性，并且能对管理相对人的权利救济起到重要作用。从环境监察文书的概念和属性而言，具有以下特征：

（1）制作环境保护执法文书是环境监察部门依法行使职权、表达意志的体现，不是随意的个人行为。执法文书必须经执法机关领导批准签发，加盖公章后才能生效，而且执法机关职能在其法定的职权内制作执法文书，任何超越职权范围制作的执法文书不仅无效，更是一种违法行为，如因该文书对当事人或他人造成损失的，还应承担相应的赔偿责任。

（2）环境监察执法文书必须符合有关法律、法规和规章的规定，使用特定的格式。不同种类的执法文书有其特定的书面形式和符合法律规定的格式，必备的内容以及专门的法律术语。

（3）制发环境监察执法文书必须按照特定的程序，严格审批。如果违反规定的制定程序，文书就会无效或者不能生效。

二、环境监察常用文书的种类与用途

《环境保护档案管理规范——环境监察》规定，环境监察文书主要分为 8 类，本节介绍几种常用的文书。

（一）通用文书类

1. 调查询问笔录

适用于调查人员实施现场检查或调查时取证，记录调查人员对违法嫌疑人、污染受害人、证人等有关人员的询问过程和问答内容。

每份《调查询问笔录》只对应一个被询问人。必要时，可以对被询问人进行多次询问，每一次询问分别制作调查询问笔录。询问必须有两名以上（含）持合法有效执法证件的行政执法人员同时在场，并出示执法证件，表明身份。符合《环境行政处罚办法》第 8 条规定回避条件的，调查人员应当自行回避；当事人申请其回避，应当审查同意。

2. 现场检查（勘察）笔录

适用于调查人员取证，记录调查人员对违法嫌疑人的生产经营场所、污染受害现场等有关现场进行检查（勘察）的过程和发现的情况。

一个案件有多处现场的，分别制作笔录；对现场需进行多次检查的，每次均制作笔录。现场检查（勘察）必须有两名以上（含）持合法有效执法证件的行政执法人员同时在场进行。

3. 接受调查处理通知书

实施现场检查、调查，如违法案件调查、民事纠纷行政调解调查等，承办人认为被调查人应当事后接受调查或处理的，要书面通知当事人有关事项。

4. 送达回执

处罚、收费、听证告知、听证通知等决定书、通知书需要有送达回执证明有关事项的，应当制作本回执，将文书送达给当事人，并由被送达人签字，当事人不在场的，可以根据《行政处罚法》第 40 条的规定送达。本文书一式一份，按要求填写后，由环保部门留存。送达处罚听证告知书，被处罚人要求听证的，可以在本回执上注明听证要求，也可以在 3 日内提出书面申请。送达处罚听证通知应当在举行听证 7 日前。

（二）行政处罚文书类

根据《环境行政处罚办法》的规定，环境行政处罚的种类有：警告，罚款，责令停产整顿，责令停产、停业、关闭，暂扣、吊销许可证或者其他具有许可性质的证件，没收违法所得，没收非法财物，行政拘留，法律、行政法规设定的其他行政处罚种类。

根据 2010 年 4 月环境保护部办公厅印发的《环境行政处罚主要文书制作指南》的规定，环境行政处罚主要文书除了上文中提到的两种以外，主要还有以下几种：

1. 环境违法行为立案审批表

本表用于对环境违法案件的立案审批，当以下几个条件同时满足的时候才能适用：有涉嫌违反环境保护法律、法规和规章的行为；依法应当或者可以给予行政处罚；属于本机关管辖；违法行为发生之日起到被发现之日止未超过 2 年（法律另有规定的除外）。

2. 环境违法案件销案审批表

已经立案的违法事件，非经法定程序不得撤销立案，本文书就是适用于撤销立案的审批。撤销立案的审批程序与立案审批程序相同。

3. 先行登记保存证据通知书

监察人员在检查过程中会有"证据有可能灭失"或"证据以后难以取得"的情况，当这种情形发生时，监察人员可以先将证据固定，并制作此文书。被称为采取先行登记保存证据措施。

4. 解除先行登记保存证据通知书

对违法事件采取先行登记保存证据措施的，应当根据《环境行政处罚办法》第39条的规定在7个工作日内及时处理。违法事实不成立，或者违法事实成立但依法不应当查封、暂扣或者没收的，决定解除先行登记保存措施。

5. 查封（暂扣）决定书

查封（暂扣）决定书实际包含两种文书：一是《查封决定书》，在决定对涉案场所、物品予以查封时使用；二是《暂扣决定书》，在决定对涉案物品予以暂扣时使用。

6. 解除查封（暂扣）决定书

本文书与查封（暂扣决定书相对应），也含两种文书：一是《解除查封决定书》，适用于对已经实施查封措施的涉案物品、场所予以解除查封措施；二是《解除暂扣决定书》，适用于对已经实施暂扣措施的涉案物品予以解除暂扣措施。

7. 责令改正违法行为决定书

责令改正违法行为决定书适用于经过调查取证确认当事人存在环境违法行为，命令当事人改正或者限期改正。一定要尽可能注明改正期限，期限应合法、适当。责令改正期限届满，当事人未按要求改正，违法行为仍处于继续或者连续状态的，可以认定为新的环境违法行为。

8. 行政处罚事先（听证）告知书

行政处罚事先（听证）告知书包含两种文书：一是行政处罚事先告知书，适用于在做出行政处罚决定之前，告知当事人陈述申辩权；二是行政处罚听证告知书，适用于对符合听证条件的行政处罚，在做出行政处罚决定之前，告知当事人听证申请权。

行政处罚事先告知是必须履行的一项法定程序。如果环保部门做出行政处罚决定之前没有告知给予行政处罚的事实、理由和依据，则违反法定程序，行政处罚不能成立。

9. 行政处罚听证通知书

当决定举行听证会后，要制作此文书通知当事人听证会的时间、地点、权利和注意事项。

10. 行政处罚决定书

经过调查取证，当事人的环境违法行为已被确定存在，需要对其做出行政处罚决定时，要下达本文书。行政处罚决定一经做出，非经法定程序不得擅自变更或者撤销。

11. 当场行政处罚决定书

违法事实确凿、情节轻微并有法定依据，对公民处以 50 元以下、对法人或者其他组织处以 1000 元以下罚款或者警告的行政处罚，当场做出行政处罚决定的，要当场下达本文书。也就是在我们说的简易程序中使用。

（三）行政征收文书类

1. 征收排污费通知书

排放污染物情况和缴纳排污费的数额经核定后，环保部门要对缴纳排污费的数额和有关履行方式等事项做出决定，并下达本文书，通知缴纳排污费单位。

2. 限期缴纳排污费通知书

本文书可以作为给予相应处罚的事先告知书。

对在规定的期限内未按期缴纳排污费的单位，环保部门应当按规定向排污者下达本文书，责令排污单位限期缴纳排污费及其数额；告知限期缴纳的期限；通知排污单位计征滞纳金的日期；告知排污单位逾期再不缴纳拟给予的处罚。

（四）环境民事纠纷行政调解类

环境民事纠纷是指由于一方行为而排放污染物或产生其他环境污染的要素，损害另一方的环境权益，由另一方就权利、义务向环保部门提出行政调解请求的纠纷。

1. 环境民事纠纷行政调解立案审查表

受理环境民事纠纷的经办人对接受的举报、控告或移送的纠纷的基本事实审核后，认为有必要立案调查的，应当填写本立案审查表。该表由环保部门受理纠纷的内设机构领导审查决定立案或不予立案。

2. 环境民事纠纷行政调解意见书

经调解，当事人双方就权利义务请求达成协议后，经办的环保部门应当制作调解意见书。

（五）建设项目和生态环境监察文书类

为监督建设项目依法进行建设和及时发现、处理生态破坏事件，保障饮用水源安全等，环境监察机构应当对本级环保部门管辖的建设项目、重点生态保护区域、饮用水源等进行定期检查所制定的文书。

（六）固体废物环境管理文书类（略）

（七）环境保护行政强制措施文书类

1. 环境污染应急处理决定书

发生事故，环境处于应急状态；或者因为其他原因，环保部门或其现场执法人员认为必须采取应急措施，以保证环境安全的，应当做出应急处理决定。当场做出决定的，现场执法人员应当事后向领导汇报。

2. 限期治理建议书

根据法律规定，环保部门认为对排污单位应当采取限期治理措施的，应当编制本文书，向有管辖权的部门和政府提出建议。

3. 限期治理决定书

有权做出限期治理决定的人民政府或部门，做出限期治理决定后，应当制作本文书，载明决定的有关内容。

4. 责令关闭建议书

根据日常监督管理所掌握的情况和环境保护法律规定，经环保部门认定，排污单位或者生态破坏单位的排污事实或者生态破坏事实，符合法律规定的责令关闭的事实要件，并确实应该采取关闭措施的，环保部门应当向有权责令关闭的政府和有关部门提出建议。

5. 责令关闭决定书

对确应采取关闭措施，以保证环境要求的单位，有权做出责令关闭决定的政府或部门依法做出决定后，应当制作本文书。

（八）提请协助文书类

根据《环境保护法》第 40 条、《行政诉讼法》第 66 条和《最高人民法院关于执行〈中华人民共和国行政诉讼法〉若干问题的解释》第 84 条、第 85 条、第 86 条、第 88 条和第 89 条，环保部门做出的具体行政行为，如行政处罚、行政征收、行政代处理等，在下达决定书或者通知书后，符合法定情况的可以制作环境保护行政强制执行申请书申请人民法院强制执行。

三、环境监察常用文书格式

样式一：

×××环境保护局
环境违法行为立案审批表

案件来源			立案号	
案由				
当事人	名称（姓名）			
	住址（地址）		邮政编码	
	营业执照注册号（公民身份证号）		组织机构代码	
	法定代表人（负责人）		联系电话 手机	
案情简介及 立案理由				
承办人意见			签字： 年 月 日	
承办机构负责 人审核意见			签字： 年 月 日	
环保部门负责 人审批意见			签字： 年 月 日	
备注				

样式二：

×××环境保护局
调查询问笔录

时　间：_____年_____月_____日_____时_____分至_____时_____分
地　点：_____
询问人姓名及执法证号_____、_____记录人：_____
工作单位：_____
被询问人姓名：_____年龄：_____身份证号：_____
工作单位：_____职务：_____与本案关系：_____
住址：_____邮编：_____手机：_____
其他参加人姓名及工作单位：_____

执法人员出示执法证件、表明身份的记录及被询问人的确认记录：_____
告知当事人申请回避权利和配合调查义务的记录：_____
_____

询问内容：_____
_____
_____
_____
_____
_____
_____

被询问人对笔录的审阅确认意见：_____
被询问人签名：_____ _____年___月___日
询问人签名：_____ _____年___月___日
记录人签名：_____ _____年___月___日
参加人签名：_____ _____年___月___日

样式三：

×××环境保护局
责令改正违法行为决定书
×× 〔 〕×号

(当事人名称或者姓名，与营业执照、居民身份证一致)：_____

营业执照注册号（公民身份号码）：_____组织机构代码：_____

地址：(与营业执照、居民身份证一致)_____

法定代表人（负责人）（姓名）

我局于___年_月_日对你（单位）进行了调查，发现你（单位）实施了以下环境违法行为：

1. (陈述违法事实，如违法行为发生的时间、地点、情节、动机、危害后果等内容)_____

2. _____

有(列举证据形式，阐述证据所要证明的内容)等证据为凭。

你（单位）的上述行为违反了(相关法律、法规、规章名称及条款序号)的规定。依据《中华人民共和国行政处罚法》第23条和(相关法律、法规、规章名称及条款序号)，责令你（单位）（于___年_月_日之前）(改正违法行为的具体形式)，并于___年_月_日前将改正情况书面报告我局。【法律、法规、规章有禁止性规定但无罚则的，可写明：你（单位）的上述行为违反了(相关法律、法规、规章名称及条款序号)的规定，责令你（单位）（于___年_月_日之前）改正上述违法行为，并于___年_月_日前将改正情况书面报告我局。】

我局将对你（单位）改正违法行为的情况进行监督。（逾期）未改正的，我局将申请××人民法院强制执行。【法律、法规、规章规定限期改正为行政处罚前置条件的，注明：逾期未改正的，我局将依据(相关法律、法规、规章名称及条款序号)实施行政处罚。】

你（单位）如对本决定不服，可在收到本决定书之日起60日内向×××环境保护局或者×××人民政府申请行政复议，也可在收到本决定书之日起三个月内向×××人民法院提起行政诉讼。

年 月 日
（×××环境保护局印章）

样式四：

×××环境保护局
行政处罚事先（听证）告知书
×× 〔 〕×号

(当事人名称或者姓名，与营业执照、居民身份证一致)：_____

我局于_年_月_日对你（单位）进行了调查，发现你（单位）实施了以下环境违法行为：

1. (陈述违法事实，如违法行为发生的时间、地点、情节、动机、危害后果等内容)_____

2. _____

有(列举证据形式，阐述证据所要证明的内容)等证据为凭。

你（单位）的上述行为违反了(相关法律、法规、规章名称及条款序号)的规定。依据(相关法律、法规、规章名称及条款序号)的规定，我局拟对你（单位）做出如下行政处罚：

1. _____；

2. _____。(其中为罚款的，罚款数额大写)

根据《中华人民共和国行政处罚法》第32条的规定，你（单位）如有异议，可以向我局提出书面陈述申辩意见；未提出陈述申辩意见的，视为你（单位）放弃陈述和申辩权利。【《行政处罚听证告知书》还注明：其中对你（单位）拟做出的(符合听证条件的处罚种类、幅度)，符合听证条件。根据《中华人民共和国行政处罚法》第42条的规定，你（单位）有要求举行听证的权利。你（单位）如果要求听证，可以在收到本告知书之日起3日内向我局提出听证申请；逾期未提出听证申请的，视为你（单位）放弃听证要求。】

联系人：_____电话：_____

地址：_____邮政编码：_____

年 月 日
（×××环境保护局印章）

样式五：

×××环境保护局

行政处罚决定书

×× 〔 〕 ×号

(当事人名称或者姓名，与营业执照、居民身份证一致)：_____

营业执照注册号（公民身份号码）：_____ 组织机构代码：_____

地址：（与营业执照、居民身份证一致）_____

法定代表人（负责人）：___（姓名）___

一、调查情况及发现的环境违法事实、证据和陈述申辩（听证）及采纳情况

我局于__年__月__日对你（单位）进行了调查，发现你（单位）实施了以下环境违法行为：

1. (陈述违法事实，如违法行为发生的时间、地点、情节、动机、危害后果等内容)_____

2. _____

以上事实，有(列举证据形式，阐述证据所要证明的内容)等证据为凭。

你（单位）的上述行为违反了(相关法律、法规、规章名称及条款序号)的规定。我局于__年__月__日以《行政处罚事先（听证）告知书》(×× 〔 〕 ×号)告知你（单位）陈述申辩权（听证申请权）。__年__月__日，(叙述陈述申辩及听证过程、当事人意见理由及证据、环保部门采纳当事人意见的情况及理由。有从重、从轻、减轻或其他有裁量幅度的，说明法定理由和依据。)

二、行政处罚的依据、种类及其履行方式、期限

依据(相关法律、法规、规章名称及条款序号)的规定，我局决定对你（单位）处以如下行政处罚：

1. 罚款（大写）_____元。

限于接到本处罚决定之日起15日内缴至指定银行和账号。逾期不缴纳罚款的，我局将每日按罚款数额的3%加处罚款。

收款银行：_____ 户名：_____

账号：_____

2. _____

三、申请行政复议或者提起行政诉讼的途径和期限

如不服本处罚决定，可在收到本处罚决定书之日起60日内向×××环境保护局或者向×××人民政府申请复议，也可在15日内直接向×××人民法院起诉。

申请行政复议或者提起行政诉讼，不停止行政处罚决定的执行。

逾期不申请行政复议，不提起行政诉讼，又不履行本处罚决定的，我局将依法申请人民法院强制执行。

年 月 日

（×××环境保护局印章）

第二节 环境监察档案分类与管理

一、环境监察档案管理

（一）环境监察档案的概念

目前对环境监察档案管理的依据主要是国家环保局于1994年10月6日颁布实施的《环境保护档案管理办法》。

《环境保护档案管理办法》明确规定："环境保护档案是指各级环境保护行政主管部门及其直属单位，在环境保护活动中直接形成的、对国家和社会有保存价值的各种文字、图表、声像等不同形式和载体的历史记录。"该规定明确具体的阐述了环境保护档案的概念和特定范畴，规定了目前环境保护档案的基本范围。

环境监察档案是指各级环境保护行政主管部门及其所属的环境监察机构在从事环境监察活动中直接形成的，有保存价值的各种文字、图标、声像等不同形式和载体的历史记录。环境监察档案是环境监察活动历史的真实写照，是秉公执法的珍贵资料，是国家的宝贵财富，是环境保护档案的重要组成部分，在环境保护工作和国家经济建设中发挥重要作用。

（二）环境监察档案的作用

1. 环境监察档案是环境监察工作的真实记录

随着国家对环境保护的重视，环境监察工作的职能不断拓展，各级环境监察机构在日常的现场监察、检查和处理的执法工作中做了大量具体工作，通过环境监察档案以各种形式记载环境监察工作的实际情况，包括监察机构、人员、执法能力的变化情况记载；污染源现场监督、检查、处理的各种记载；排污费的征收、财务管理和排污费使用情况的记载；各类环境污染事故和污染纠纷调查、处理的记载等等。原始、详尽的环境监察工作档案可以清晰的反映各级环境监察工作的发展历史，为环境保护工作提供具体的历史数据。这些档案资料对环境监察工作做出历史回顾评价、现状评价、预测评价及总结经验提供依据，有助于环境监察活动的科学决策，对推动环境管理和环境监察工作的发展具有重要的意义。

2. 环境监察档案是开展污染源环境管理工作的必要条件

环境监察档案详尽的记录了辖区内各类污染源的分类目录、各排污单位的排污申报等级的历史资料、各类污染源的各类污染物排放的历史资料、各排污单位污染治理设施的"三同时"原始资料、污染治理设施每个时期的运行记录、违反环境保护法律法规行为的记录等。为今后对污染源的污染调查、污染控制、污染源监察、排污申报核定、排污收费和污染事故的防范，提供宝贵的数据和资料。在污染源的监督管理过程中，排污历史资料是十分必要的。而且环境污染源档案所记载的信息还可以使我们了解一个地方的环境污染的破坏程度，以及对其他地方的影响，有利于制定污染综合治理的防治、策略，探索污染物质的运动规律，提出有价值的预防和治理环境污染的科学论断。

3. 环境监察档案是环境行政复议和环境行政诉讼的重要依据

在环境行政处罚和排污收费工作中，环境监察工作人员和排污单位对某些问题会产生争议，从而进行听证、环境行政复议和环境行政诉讼。在这些程序中都需要环境监察人员出示有利的证据，而环境监察档案的有关环境监察记录、监测数据、现场的人证、物证，当时处理问题时的法律依据、规定、文件和处罚文书等，具有重要的凭证作用，利用这些历史档案资料，可以使环境监察工作者有合理的法律、标准依据，有准确、合法的事实依据，处罚合理公正。

4. 环境监察档案是保证环境监察工作连续性的重要基础

环境监察工作是在不断发展和完善，但环境监察工作的发展和变化是有一定连续性的，是在以往工作基础上的提高和完善，需要借鉴已有的成果和经验，在研究借鉴的基础上加以创新，在延续中发展、前进。环境监察档案是记录环境监察工作成果和经验的最原始、真实的资料，是环境监察人员劳动智慧的结晶。研究和借鉴这些成果，可以及时总结环境监察工作的经验和教训，为本单位的环境监察工作提供新思路，推进环境监察工作的连续发展。

环境监察档案对保证环境监察工作的连续发展的作用还体现在：当环境监察人员出现变动时，完整、详细的环境监察档案也可以为新的环境监察工作人员提供熟悉的各方面的资料，使新的环境监察工作人员能很快适应新的环境监察工作环境、管理对象，熟悉自己的工作职责。

（三）环境监察档案管理管理制度

为了加强环境监察档案的管理，各级环境监察机构应建立必要的档案管理制度，严格按章办事、依法管档。档案管理制度的制定应以《档案法》、《环境保护档案管理规范：环境监察》及国家有关档案工作政策、法规、标准作为依据，结合本单位实际情况来制定，并将其作为本单位内部的一个组成部分，列入有关部门和人员的岗位职责，要认真执行。通过档案工作规章制度的执行，保证档案法律、法规在本单位的具体落实。常用的规章制度有以下几种：

（1）环境保护档案管理规范（行业标准）：是开展环境监察业务工作的指导性文件。明确环境监察工作人员在执行公务活动中形成的各类文件，应属于国家所有，任何部门或个人不得据为己有或拒绝归档；明确档案机构和档案人员的职责和任务；环境监察档案整理、分类、保管、开发和利用的有关规定。

（2）环境监察文件材料形成、积累、立卷归档制度：规定国家所有并属于归档范围的文件材料，由文书部门或承办部门收集齐全并整理、立卷，定期移交各级环境监察档案管理机构集中管理。明确立卷归档的范围、归档时间、归档份数、归档手续等各项要求。

（3）"三纳入"制度：将环境监察档案的形成、积累、收集、整理、归档工作纳入环境监察的工作程序；纳入环境监察部门的工作计划；纳入有关业务部门和有关人员的管理职责。

（4）档案人员岗位责任制：规定档案工作人员的职责范围。

（5）档案借阅制度：明确环境监察档案的检索、查借阅、摘录、复制、归还的各项规定。

（6）档案保密制度：明确档案人员必须从维护国家利益出发，严格执行保密规定；秘密档案的保存、使用要求；严防档案失密、泄密事件发生。

（7）档案鉴定销毁制度：档案保管期限的划分；档案鉴定的组织与方法、销毁审批程序与手续等。

（8）档案库房管理制度：档案库房保管要求；八防措施与要求；档案出入库管理手续及要求；库房设施、设备的使用与维护等。

二、环境监察档案整理归档和保存

（一）环境监察档案的范围

这里主要指环境监察档案的归档范围，根据《环境保护档案管理规范：环境监察》

的规定，凡直接记述和反映环境监察工作活动，具有保存价值的文字材料、账册、图表、声像、电子文件等不同形式的历史记录均属归档范围。具体包括：

（1）环境监察机构和人员的资料。如各个时期环境监察机构的部门分工，各部门负责人、工作人员的分工情况；环境监察工作人员参加考核、业务培训成绩的文件材料；环境监察证件发放材料等。

（2）环境监察政策、法规及规划等文件。如与环境监察工作有关的国家或地方法律、法规、标准、法律解释、复函、通知等文件；工作计划、总结等文件；各种会议资料；环境监察机构与其他部门联合办理的文件；监察机构在报纸、杂志上发表的文章、论文以及发表的有关监察机构或工作人员的工作或事迹的文章。

（3）环境监察各项管理制度。如环境监察机构各时期制定的各项管理制度、各部门的职责规定、试点和验收材料等。

（4）污染源监察档案。如辖区内各种污染源、建设项目的名称、位置；辖区内各排污口规范化整治的资料；辖区内各排污单位各时期的各类污染物排放情况的资料；辖区内各排污单位污染治理情况的资料等。

（5）环境管理制度监察档案。如辖区内的环境影响评价、"三同时"制度履行情况；辖区内限期治理日常监理情况记录；辖区内排污许可证的审核发放情况等。

（6）排污费征收、管理、使用档案。如排污费核定通知书、征收排污费通知书及送达回执，环境保护补助资料或环境保护专项资金管理使用过程中行程的各种文书等。

（二）环境监察档案的归档整理与保存

1. 归档整理

根据《全面推进依法行政实施纲要》，要求健全行政执法案卷评查制度。行政机关应当建立有关行政处罚、行政许可、行政强制等行政执法的案卷。对公民、法人和其他组织的有关监督监察记录、证据材料、执法文书应当立卷归档。《环境保护档案管理办法》也规定，环境保护文件材料的形成、积累、整理和立卷归档工作，由文件材料的经办部门和经办人负责。在职务活动中形成的文件材料，必须定期由文书部门或者经办部门整理、立卷，并移交档案管理机构集中管理，任何人不得占为己有或者拒绝归档。

在实施环境监察工作中形成的文字、图表、声像等各种形式的历史记录，直接去、全面的地记录了环境监察执法的实施过程全貌，具有重要的查证价值，必须收集齐全，并按有关规定立卷归档。

《环境行政处罚办法》第68条规定：结案的行政处罚案件，应当按照下列要求将案件材料立卷归档：①一案一卷，案卷可以分正卷、副卷；②各类文书齐全，手续完备；③书写文书用签字笔、钢笔或者打印；④案卷装订应当规范有序，符合文档要求。第69条规定：正卷按下列顺序装订：①行政处罚决定书及送达回证；②立案审批材料；③调查取证及证据材料；④行政处罚事先告知书、听证告知书、听证通

知书等法律文书及送达回证；⑤听证笔录；⑥财物处理材料；⑦执行材料；⑧结案材料；⑨其他有关材料。副卷按下列顺序装订：①投诉、申诉、举报等案源材料；②涉及当事人有关技术秘密和商业秘密的材料；③听证报告；④审查意见；⑤集体审议记录；⑥其他有关材料。

案卷归档后，任何单位、个人不得修改、增加、抽取案卷材料。案卷保管及查阅，按档案管理有关规定执行。环境保护主管部门应当建立行政处罚案件统计制度，并按照环境保护部有关环境统计的规定向上级环境保护主管部门报送本行政区的行政处罚情况。

2. 环境监察档案保管期限

档案的保管是一项日常工作，它的基本任务是为保护档案的完整与安全，最大限度的延长档案的保存时间和正常的发挥作用提供条件并实施监督。按照《档案库房技术管理暂行规定》、《环境保护档案管理办法》执行。

一个单位集中保管档案的场所就是档案库房，它是维护档案完整与安全的重要物质条件。要妥善、安全保存环境监察档案，就要配备专用库房，并远离火源、污染源，门窗要坚固，密封程度要好。库房内必须配备相应的防盗、防火、防潮、防光、防高温、防有害生物、防污染等必要设施。库房内的柜、架要合理放置，档案排架的编号要与档案整理分类编号顺序一致。档案装具也应符合档案保管要求。而且档案库房要与办公室、阅览室分开。环境监察档案管理人员应定期检查环境监察档案的保管情况，对破损的档案应及时修复；做好出入库登记、管理；建立档案统计台账。

环境监察档案归档的范围和保管期限，详见表9.1。

表 9.1　环境监察档案归档范围、保管期限

环境监察工作	文件材料名称	保管期限
污染源监察	污染源名录、排放口位置和功能区类别	长期
	污染物排放情况（废水、废气、噪声、固体废弃物）	长期
	环境监察计划、总结	短期
	原辅材料、生产工艺、设备、生产能力及变更调查表	长期
	现场调查、询问笔录	短期
	监测数据报告	短期
污染防治设施监察	污染防治设施目录，污染防治技术工艺、设备、能力及变更情况	短期
	日常现场监察、系统内部沟通信息、群众举报记录	短期
	污染防治设施设计、图纸等其他技术文件副本	短期
	建成时间、运行状况记录和检修的时间安排	短期
	设施停止运行或者报废申请书及批准停止运行的文件	短期
	现场调查、询问笔录	短期
	日常现场监察形成的其他材料	短期

续表

环境监察工作	文件材料名称	保管期限
建设项目 现场监察	建设项目"三同时"审批表、执行"三同时"情况文件材料	永久
	建设项目执行环境影响评价制度审批文件	短期
	现场检查情况报告	短期
	行政处罚材料	短期
	现场调查、询问笔录	短期
	年度总结报告	短期
限期治理 环境监察	限期治理建议书	长期
	限期治理决定书	长期
	限期治理计划	长期
	日常现场检查、调查、询问笔录等其他材料	短期
	环境监察行政处罚建议书	长期
	责令停业、停产或关闭文件	长期
	当事人复议、诉讼材料	短期
	其他有关材料	短期
排污许可证 监察	排污许可证监督管理材料	短期
	计量装置运行情况	短期
	现场调查、询问笔录	短期
征收排污费	污染物排放情况申报登记表	长期
	排污收费污染源监督性监测计划	短期
	监测数据报告	长期
	污染物排放情况和缴纳排污费核定通知书	短期
	限期缴纳排污费通知书	短期
	排污费减、缓、免过程材料	短期
	排污单位复议、诉讼材料	长期
	排污收费票据	长期
	缴纳国库的有关材料	长期
环境保护专 项资金管理 与使用	排污费征收及拖欠、解缴入库、污染治理需求、自身建设有关文件材料	长期
	污染治理贷款（补助）资金、环保专项资金使用计划	长期
	环保专项资金使用审批文件	长期
	排污收费财务报表	永久
	环保专项资金管理和使用过程中形成的文件、票据、会计账簿、报表等	长期
行政处罚	环境违法案件移送或报请管辖的文书	短期
	立案审批表	短期
	调查报告表和处理建议	短期
	证据和调查询问笔录	短期

环境监察工作	文件材料名称	保管期限
行政处罚	责令改正通知书	短期
	重大案件审议行政处罚委员会审查意见	长期
	行政处罚告知书	短期
	行政处罚听证告知书	短期
	行政处罚听证通知书	短期
	当事人复议、诉讼材料	短期
	听证会记录	短期
	行政处罚决定书	长期
	送达回证	短期
	申请法院强制执行申请书	短期
	结案报告	长期
	其他有关材料	短期
环境污染、海洋与生态破坏事故调查处理	现场检查、调查、询问笔录	短期
	事故速报、确报的文字材料	短期
	事故调查组织工作有关材料（包括调查组成员名单、内部分工等）	短期
	事故处理建议书、技术指导等文件材料	短期
	事故报告及领导批示材料	永久
	处理决定、现场应急处理决定或者其他文字材料	永久
	伤害、经济损失等鉴定材料和其他证据	长期
	其他有关材料	短期
生态环境监察	生态环境监察试点名录、方案、总结、验收等文件材料	永久
	生态环境监察工作计划、总结、报表、调研报告等文件材料	永久
	跨省界区域、流域重大生态环境纠纷协调工作产生的文件材料	永久
	其他有关材料	短期
环境民事纠纷行政调解的调查处理	当事人书面申请或口头申请记录	长期
	现场调查、询问笔录	长期
	伤害、损失等鉴定材料和其他证据	长期
	有当事人参加的协调会会议纪要	长期
	环境民事纠纷行政调解处理意见书	长期
	案件终结报告	长期
	其他有关材料	长期
	热线日志（反映热线日常运行）	短期
	热线投诉受理、处理及回复情况	长期
	热线投诉受理现场检查、询问笔录	长期
	热线投诉处理意见书或协调纪要	长期
	结案及回复情况	长期

续表

环境监察工作	文件材料名称	保管期限
环境监察稽查	环境监察法规、标准化建设等文件材料	永久
	监察稽查报告	短期
	环境监察工作季度报表	短期
	现场调查、询问笔录	短期

三、环境监察档案的鉴定与销毁

（一）档案的鉴定

档案鉴定需成立鉴定工作小组，并由鉴定工作小组负责完成档案鉴定工作。鉴定工作小组由单位主管档案工作的领导、环境监察部门的领导、档案人员组成。环境监察档案鉴定工作分为归档前鉴定和归档后鉴定两个阶段。

1. 归档前鉴定

由立卷人依据环境监察文件材料保存价值对环境监察文件材料确定保管期限。

2. 归档后鉴定

对保管期限超期或密级需要调整的案卷，重新加以调整，对无继续保存价值的档案，予以剔除销毁。

鉴定工作结束后，鉴定小组写出鉴定工作报告，内容主要包括：鉴定小组成员名单、鉴定范围、案卷保管期限、需销毁档案数量等，同时编制环境监察档案销毁清册一式两份，一份报请单位领导审查批准存档，一份送上级主管部门备案。鉴定工作报告和档案销毁清册，档案部门应永久存档备查。

（二）档案的销毁

档案销毁是档案价值鉴定的收尾工作，根据档案鉴定，对已超过保管期限、无继续保管价值的档案，进行销毁处理的过程。

（1）编造档案销毁清册。需销毁的档案应当同时编制环境监察档案销毁清册一式两份，一份报请单位领导审查批准存档，一份送上级主管部门备案。

（2）档案销毁前的复审鉴定工作。在档案销毁前，为避免工作中的失误，应将拟销毁的档案材料再次进行审查核对等复审鉴定工作，确认无保存价值后，再按有关规定进行销毁。未经鉴定和批准，任何单位和个人无权销毁任何档案。

（3）实行监销制度。销毁档案要有专人监督，并在销毁清册上注明"已销毁"字样和销毁日期、监销人姓名。

（4）鉴定工作报告和档案销毁清册，档案部门应永久存档备查。

（三）档案的补充与调查

（1）根据污染物的产生与排放都是非恒定的特点，对环境监察档案应实行动态管理。

（2）定期或随时将发生变化的数据进行补充和调整。环境监察档案需要补充和调整时，应由环境监察部门负责人填写修改申报单经档案主管部门批准后，方可进行补充或调整。

（3）档案部门根据补充材料的保存价值，及时对案卷保管期限进行调整。

四、环境监察档案信息资源的开发与利用

环境监察档案的开发与利用是指档案部门将收集到的环境监察档案根据利用者的不同需求，按照不同的目的和要求进行不同方式、不同程度的整序加工，并以各种信息产品的方式提供给利用者使用。通过开发将无需信息变为有序信息，从浅层信息变为深层信息，最大限度发挥环境监察档案信息的资源优势。环境监察档案的开发利用，是开展环境监察档案工作的目的，是档案工作生命力所在，也是环境监察档案工作直接服务于环境保护事业的表现形式。

其主要内容包括加工和处理档案信息，组织各种目录和数据；对环境监察档案信息进行加工、编研、编写综合性参考资料；采取多种形式直接提供档案信息服务。

（一）档案信息的开发

1. 检索工具编制工作

档案检索工具的作用是为了方便使用者提高档案和资料的查准、查全率，同时也可以帮助档案管理人员对档案进行系统的管理。

编制检索工具要达到灵活、全面、准确、迅速的要求。灵活是指能够从多种途径进行检索，比如按分类号、主题词、形成者等途径检索。全面是指根据利用者的需求，在存贮有关档案信息时尽可能多一些，以便在检索时提高查全率，不致漏检。准确是指对档案信息存贮和检索有一定的深度，针对性强，以便检索时提高查准率，不致误检。迅速是指提高检索速度，尽快地找到所需的信息。

常用的档案检索工具有案卷目录、专题目录、分类目录、全引目录、重要文件目录、文号目录、档案室指南、专题指南等。

2. 档案编研工作

档案编研是档案部门根据馆藏档案和实际需要、有目的地按一定形式将档案信息进行系统的加工、处理和提炼，编制各种不同类型的编研材料，如档案资料、参考资料等。

环境监察档案的参考资料的种类主要有环境监察工作大事记、组织变革、基础数字汇集、会议简介、专题概要。

（二）档案的利用

环境监察档案的利用是指采取多种方式，为利用者提供档案信息服务。它是档案工

作的根本目的和中心任务。环境监察档案管理人员应尽量多的采取多种形式满足利用者对档案信息需求。

档案利用的基本要求是处理好档案的安全与有效利用之间的矛盾，建立环境监察档案的借阅、保密等制度。借阅、查阅环境监察档案必须履行档案借阅和归还手续。凡查阅涉及国家机密的环境监察档案时，必须经过分管档案工作的行政领导批准；查阅未公开的档案，必须经过有关业务部门负责人的批准；摘录和复制档案，必须经过环境监察档案管理机构负责人的批准。档案利用者应对所借档案负安全和保密责任，不得泄密、遗失、擅自转借。严禁剪裁、勾画、涂抹、污损档案。

五、环境监察档案现代化管理

档案管理现代化，是指档案管理以自动化设备和高新技术替代传统工作方式。伴随高新技术的发展和信息时代的到来，各行各业各领域都发生着一场工作手段的革命，档案管理工作也不例外，环境监察档案管理现代化是科学化的又一个重要内容，数字化、网络化、自动化已是档案管理的大势所趋。在日常工作中主要是运用电子计算机技术、实现环境监察档案存贮、检索、利用自动化。运用现代通信技术，网络技术实现环境监察档案信息传递、交流、利用网络化。使不断增长的环境监察档案信息资源开发利用畅通无阻，从时间和空间上给环境监察档案利用者提供极大的便利。运用现代化光学技术，实现环境监察档案缩微化，使传统的档案资料占有大量的保管空间，保管过程要从花费大量的人力和物力中解脱出来，除此外，还应配置诸如档案污染监测、防盗报警、温湿度控制等先进的仪器设备，为环境监察档案技术与设备管理现代化提供必要的保管条件。

（一）环境监察档案自动化管理的特点

1. 文件、档案管理一体化

档案管理自动化系统使文书、业务部门文件整理与归档工作一次完成，避免了大量重复劳动，大大提高了工作效率；档案人员也不必再进行归档文件目录的输入及电子文件挂接、图像扫描等工作，可以节省大量人力和时间，进行环境监察档案信息资源的开发工作；另外，档案管理部门也可以通过自动化系统随时掌握文书、业务部门的管理动态，及时进行指导，真正实现档案的超前性、预见性管理。

2. 档案全文存储与检索

应用档案管理自动化系统，环保机关各部门可以随时将形成的有查考利用价值的文件（Word、Excel、Web 等电子文件，CAD 图纸，不同格式的图片文件等）归档存储到服务器上，档案部门也可以将原有的档案原件扫描后存储到服务器上，使用者通过身份确定，就可以在局域网的任何终端检索、浏览到需要的档案信息及其全文，不必到档案部门也能查找到档案信息了。档案管理自动化为环境保护及相关工作提供了快捷、高质量的服务。

3. 档案业务管理自动化

环境监察档案业务工作包括档案的统计、鉴定、销毁、保管、开发利用等工作，需要档案人员定期、不定期地进行档案基本情况统计，档案借阅归还统计，档案销毁统计，销毁清册登记，超期档案催还工作。应用档案自动化系统，可以随时随地进行各种数据的统计，打印各种报表，进行借阅登记、催还提醒，检索进行技术分析需要的相关资料等等，让档案人员从繁杂的日常事务中解脱出来，真正实现了档案业务办公自动化。

（二）环境监察档案自动化管理的实现

1. 健全档案管理制度

健全档案管理制度，明确各部门的职责是实现档案管理自动化的基础，也是开辟档案信息资源，丰富档案室藏，提供全面、高级信息服务的先决条件。

2. 理顺管理工作程序

以文书归档为例：各部门需将文件按要求整理后归办公室，办公室文书将各部门的归档文件与收发文处理的文件一起统一编排件号后移交档案室。针对这一工作流程，自动化系统将设计、建立相应的用户数据表，满足管理需要。只有事先理顺好管理工作程序，才能避免软件开发时走弯路。

3. 参与自动化软件的功能开发

档案人员要积极参加档案管理软件的功能开发，只有档案人员了解环境监察档案管理的全过程，了解档案专业管理的全部内容，只有档案人员参加才能设计出满足需要的自动化软件，真正实现管理自动化，而不出现半自动化及功能虚设的现象。选择最合理的设计方案，避免出现业务部门与档案部门重复劳动的现象。

4. 提高环境监察档案工作者素质

当今世界进入信息化时代，档案工作人员所管理的档案信息数量与质量以及储存方式发生了重大变化，档案信息的管理与服务效率比传统的方式有很大的提高，对人才素质的要求也更高。现代技术的发展一日千里，没有一支具有专业知识、技术能力、信息素养的人才队伍，要实现环境监察档案自动化是不可能的。

（三）文档一体化管理

文档一体化是从文书管理和档案管理的全局出发，实现从文件生成、办理到档案归档管理的全过程管理。它包括：文档实体生成一体化管理，即对公文、档案从生成、流转、归档形成档案直到销毁为止的整个生命周期进行全面管理；文档一体化管理，从管理体制、组织机构、人员配备等方面保证管理的实现；文档信息利用一体化管理，利用时不用考虑是文件信息还是档案信息，只用一条检索命令即可查到全部文档信息，是对文档数据信息内部运动的全过程实现的有效体现。文档一体化的意义在于保证档案信息收集完整、系统、准确；从文件生产到归档全程控制；数据信息重复利用，提高工作效率。

文书工作是档案工作的基础，档案工作是文书工作的延伸和发展，两者有效地结合起来，才能实现文书运转的高效率和档案管理的高质量。文档一体化利用管理系统将公文处理与档案管理相结合，充分利用文书处理过程中形成的数据信息，避免档案部门的重复劳动，使文书工作中文件的收发、登记、运转、承办、催办以及文件的收集、整理、立卷和归档、利用、统计形成一个有序的整体。从而达到文件处理精炼化、完成案卷系统化、查找利用标准化，档案部门也就摆脱了繁琐立卷任务。

 思考与练习题

1. 什么是环境监察文书？环境监察文书的作用有哪些？
2. 环境监察文书有哪些特征？
3. 环境行政处罚类文书包括哪些？有什么用途？
4. 什么是环境监察档案？范围包括哪些？
5. 环境监察档案管理制度有哪些？
6. 环境监察文书管理主要包括那几个方面的内容？
7. 环境监察档案销毁应注意哪些问题？
8. 什么是环境监察档案现代化管理？举例说明现代化管理的优点。

第十章　环境监察信息化建设与管理

学习目标

通过本章的学习，知道一个区域内污染源自动化监控系统如何运行和管理，能基本承担企业污染源自动监控设施的操作和维护；了解环境举报途径，对环境违法事件的环境保护举报作出迅速反应和处理；通过本章的学习，熟悉排污费征收管理系统的操作流程和操作方法，进一步掌握排污费征收与管理程序，进一步熟悉环境监察机构的办公自动化系统。

技能要求

1. 能熟悉和掌握区域内污染源自动化监控系统的操作运行和管理，能基本承担企业污染源自动监控设施的操作和维护。

2. 掌握环境保护举报途径，基本具备对环境违法事件的环境保护举报进行迅速反应和处理的能力，了解环境保护举报热线的建设和管理。

3. 掌握排污费征收管理系统的操作流程和操作方法。

任务分析

环境监察工作的信息化建设非常重要，它是各级环境监察单位硬实力和软实力即综合能力的表征，是环境监察执法能力建设的重要环节。本章的任务是能熟悉和掌握区域内污染源自动监控系统的操作运行和维护管理，掌握环境保护举报途径以及环境保护举报热线的建设和管理，掌握排污费征收管理系统的操作流程，能基本承担企业污染源自动监控设施的操作运行和维护，基本能对环境违法事件的环境保护举报进行处理，熟练操作排污费征收系统。

一、污染源自动监控系统建设与管理

污染源自动监控系统的概念与自动化、信息化、网络化密不可分，污染源自动监控概念的提出是环境管理引入现代化手段的必然结果。

（一）污染源自动监控

1. 污染源自动监控的概念

污染源监控，"监"就是监测、取证，对生产过程的污染排放情况进行监测；"控"就是调查、处理。即依据环境保护法律、法规，环境保护部门对辖区内污染源污染物的排放、污染治理设施运行等情况进行现场检查、取证、处理。

污染源自动监控系统是利用自动监控仪器技术、计算机技术和网络通信技术，对排污单位的废水、烟尘/气排放口的排放量和主要排污因子的浓度等指标实现连续自动监测，自动采集监测数据，自动远程传输至各级管理部门并自动分析处理的系统。

2. 污染源自动监控系统的特点

（1）主要完成重点污染源在线监控中心的基本功能，全天候在线监控重点污染源企业污染物排放情况及污染处理设施运行情况，包括污染源自动监控及污染源报警，主要实现污染源远程监测、现场数据采集、自动判断是否超标、超标报警等功能。

（2）污染源在线监测与报警系统与地理子系统结合在一起。系统是基于地理信息子系统建设的，将信息系统中与空间因素相关的信息以结合电子地图的形式表现出来，把污染源的信息展现在电子地图中，实现实时、直观、动态、可视化的环境监控。根据重点污染源的地理位置、所在流域、污染物的排放去向等环保信息可以快速检索出相关污染源，对于出现污染能够快速排查和分析，具有强的现实意义。

（3）在数据通信传输方式上采用无线（GSM/GPRS）方式，通过 GPRS 实现数据的 24 小时在线，同时兼容有限（PSTN/ADSL）提供给 GPRS 通信信号不能覆盖的地区使用，系统充分考虑先进性和实用性，根据不同实际情况在不同的污染源在线监控点选择不同数据传输方式，将现场在线监测仪器采集的排污数据上传到环保局数据服务器，实现各重点污染源的联网。

采用 GPRS 无线通信方式可实现污染数据的自身报警。下端设备全天 24h 自动向环保局上报实时数据，可大大减少工作人员采集数据所花费的工作时间，提高工作效率。

（4）具备监控报警及反向控制功能，对于企业排污。污染治理设备及监测、监控设备进行实时监控。当发生排污超标、治理设施运行等异常事件时，现场适配器能自动识别事件类型，报送环境监察部门，并告知事件内容。这样环境监察部门能够以最快的速度及时处理企业的违规行为，从而能保证环境监察工作的时效性和权威性，报警系统可与环境监察信息系统配套使用。系统也能通过手机短信息和邮件等快速手段及时报警信息通知管理人员和企业负责人，实现移动执法。报警提供的报警内容包括：实时流量超标事件；实时排污超标事件。系统同时实现对水、气、声多种污染源的监控功能。

3. 污染源自动监控的作用

污染源在线监控工作，就是要利用现代化的科技手段，促进执法到位。推进污染源

自动监控工作具有如下作用:

1) 推进污染源自动监控是应对当前严峻环境形势的需要

当前,我国生态环境形势相当严峻,一些地方环境污染异常突出。从多年来的实践看,存在这些问题的重要根源就是有法不依、执法不到位。一些唯利是图、缺乏社会责任的排污者,于人民群众的环境权益而不顾,大肆偷排偷放。传统的环境监管方式耗费了大量的人力、物力和财力,依然难以对排污企业实施有效监控,易给违法排污者造成可乘之机。推进污染源自动监控,提高环境监管能力才是缓解当前偷排偷放的迫切要求和必要选择。安装污染源自动监控装备,就是对排污企业配置了一双"电子眼",可以实施实时监控,震慑企业的环境违法活动,规范企业的环境行为。"十二五"期间,我国环境与发展的矛盾将更为突出,如不采取坚决有效的措施,环境问题将严重制约经济发展,影响社会稳定。

2) 推进污染源自动监控是提高环境执法效能的需要

推进污染源自动监控,不仅仅是为了方便地获得相关数据,更重要的是快捷地对排污企业实施监管,有利于对重大环境污染事故及时采取预防和应急措施;同时,也可以降低环境执法成本。"十二五"期间,环境保护任务不断加重,给环境执法工作提出了更高要求。如果我们的监管手段仍然停留在人盯人的水平上,是无法真正做到监管到位的,其结果只能是环境监察人员疲于奔命,而难以抓住偷排偷放者的证据。实施污染源自动监控,可以大大减少现场检查次数,提高执法监察效能。

另外,我国环境污染事故频繁出现,迫切要求大力加强环境安全监管的及时预警、快速反应能力。污染源自动监控系统为及时获取现场的第一手资料、快速反应、处置和领导决策发挥了重要作用。

3) 推进污染源自动监控是实现环境管理创新的需要

对辖区内污染源排放污染物、污染治理设施运行等情况进行现场检查、取证、处理是环境管理的重要内容。当前,我国企业污染物排放情况复杂、变化快,环境监察人员少、任务重、能力严重不足。因此,必须改变传统环境管理模式,创新环境管理思路。实施污染源自动监控,是对传统的业务流程进行梳理、规范和再造,是环境管理能力创新的重要内容。将信息化、自动化等先进技术手段引入环境执法工作,通过排污现场的自动监控设备,取得污染物排放、污染治理设施运行情况,然后传输到环保部门的监控中心,利用这些信息进行排污量核定、排污费征收、远程监视并付诸执法。实施污染源自动监控可以使环境监管工作更加严密、规范,服务更加便捷、高效,环境监管和服务能力得到明显增强。

4) 推进污染源自动监控是加强廉政建设的需要

实施污染源自动监控能够规范环境执法人员工作程序的缺失,减少管理上的漏洞,使个别缺失职业道德、纵容违法排污的监管人员,在权力运行的重要部位和关键环节"不能为",可以有效预防"协商执法"和"人情执法",推动政务公开,促进依法行政。

(二)污染源自动监控的环境监察

2005 年 11 月 1 日,国家环境保护总局《污染源自动监控管理办法》正式施行。其对污染源自动监控系统的建设、运行管理、维修、停用、拆除或者更换要求和环境监察机构职责的相关规定，是实施污染源自动监控系统环境监察工作的依据。

1. 污染源自动监控系统的要求

1）建设要求

（1）自动监控设备中的相关仪器应当选用经国家环保部指定的环境监测仪器检测机构适用性检测合格的产品。

（2）数据采集和传输符合国家有关污染源在线自动监控（监测）系统数据传输和接口标准的技术规范。

（3）自动监控设备应安装在符合环境保护规范要求的排污口。

（4）按照国家有关环境监测技术规范，环境监测仪器的比对监测应当合格。

（5）自动监控设备与监控中心能够稳定联网。

（6）建立自动监控系统运行、使用、管理制度。

2）运行和维护要求

自动监控系统的运行和维护，应当遵守以下规定：

（1）自动监控设备的操作人员应当按国家相关规定，经培训考核合格、持证上岗。

（2）自动监控设备的使用、运行、维护符合有关技术规范。

（3）定期进行比对监测。

（4）建立自动监控系统运行记录。

（5）自动监控设备因故障不能正常采集、传输数据时，应当及时检修并向环境监察机构报告，必要时应当采用人工监测方法报送数据。

自动监控系统由第三方运行和维护的，接受委托的第三方应当依据《环境污染治理设施运营资质许可管理办法》的规定，申请取得环境污染治理设施运营资质证书。

3）维修、停用、拆除或者更换要求

自动监控设备需要维修、停用、拆除或者更换的，应当事先报经环境监察机构批准同意。环境监察机构应当自收到排污单位的报告之日起7日内予以批复；逾期不批复的，视为同意。

2. 污染源自动监控工作的环境监察职责

（1）国家环保部负责指导全国重点污染源自动监控工作，制定有关工作制度和技术规范；地方环境保护部门根据国家环保部的要求按照统筹规划、保证重点、兼顾一般、量力而行的原则，确定要自动监控的重点污染源，制订工作计划。

（2）环境监察机构负责以下工作：

参与制订工作计划，并组织实施。

核实自动监控设备的选用、安装、使用是否符合要求。

对自动监控系统的建设、运行和维护等进行监督检查。

本行政区域内重点污染源自动监控系统联网监控管理。

核定自动监控数据,并向同级环境保护部门和上级环境监察机构等联网报送。

对不按照规定建立或者擅自拆除、闲置、关闭及不正常使用自动监控系统的排污单位提出依法处罚的意见。

(三)污染源自动监控系统简介

1. 污染源自动监控系统的组成

污染源自动监控系统主要包括污染源监控中心、传输网络以及企业现场端监控设备三部分,如图 10.1 和图 10.2 所示。

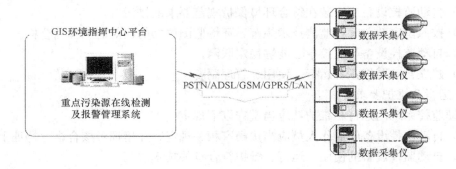

图 10.1 污染源自动监控系统结构

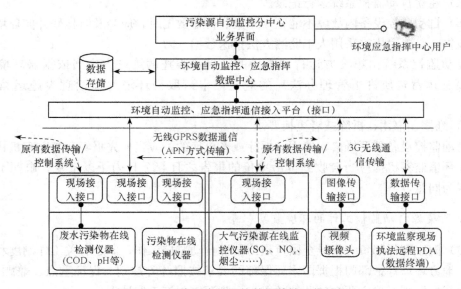

图 10.2 污染源自动监控数据传输网络结构

2. 系统功能介绍

重点污染源自动监控系统应能实现以下功能:

(1) GIS 基本操作:基本功能;窗口放大、缩小、移动、复位、更新、消除等;点位查询、信息查询;图形数据库编辑。提供多种专题图的编辑与管理操作,包括开窗口、移动窗口、任意放大缩小窗口比例，显示窗口及图形捕获信息等系列可视化技术功能。

（2）企业基本信息：根据用户需要要选择不同的企业在界面上显示该企业的基本信息，无论用户在地图上选择企业还是在企业列表项中选择企业都要保持数据的同步性，一方变动则另一方跟着变动。

（3）企业点定位：在 GIS 界面上定位一个企业的坐标，可以很直观地在 GIS 界面上看到一个企业的位置。从 GIS 界面获得地理坐标，作出企业坐标并保存在企业信息表中。

（4）在线监测数据：根据用户选择不同的企业，而在界面上连动显示该企业对应的在线监测数据。在线监测数据包括：监测日期、排放口流量、污染物浓度。

（5）设备运行时间：根据用户选择不同的企业，在界面上通过图形和数据结合的方式显示出该企业在一天之中设备的运行时间。

（6）在线强制采样：根据用户选择不同企业，对于该企业的污染源数据的采集可以直接在截面上强制采样，通过 GPRS 联网测点定时发送实时数据即采集排放口流量数据和污染物浓度数据。

（7）数据主动上报和中心站轮巡采集功能：提供手动操作和定时轮巡采集数据的功能。

（8）设备状态显示：在 GIS 界面提供直观显示每台设备的通信状态。比如红色表示超标，绿色表示正常，黄色表示设备不在线。方便用户对设备状态的快速、直观查询。

（9）远程控制和设置功能：系统应能适应已有的仪器的通信规约，根据已有通信规约进行远程控制与设置。远程控制与设置不应低于通信规约内所包含的功能集。

（10）反控功能：可以对前端设备（如等比例分瓶水采样器或 COD 等）实现反控命令功能。即远程控制现场在线分析设备的采样、校时、开启、立即检测、采样时间设置、标定等。

（11）远程控制——参数设置：可以远程设置现场设备的上报周期、报警门限参数等，实现对自动监测设备进行远程控制和操作。

（12）远程控制——数据补采：可以远程控制现场仪器进行遗漏数据的人工、自动采集。

（13）远程控制——设备校准：可以远程对现场仪器设备进行量程校准、时钟校准。

（14）远程控制——及时采样：可以远程控制现场仪器进行采样分析。

（15）通信流量统计：提高通信流量统计功能，按月统计每一个数采仪通信卡的月通信传输流量，为用户及时了解各个通信卡的通信费用提供帮助。

（16）数据审核处理功能：按照一定的业务规则，对原始数据进行必要的逻辑性审核，剔除无效数据或修订存在问题的数据，然后存储到数据中心的核定库中。

（17）污染源数据过滤：提供按行政区划、监测状态、河流过滤、行业过滤的条件由用户来进行选择过滤，同时与监测类型相结合的条件进行过滤。

（18）企业检索：由于企业比较多，需要提供按照关键字的匹配进行模糊查询。

（19）污染源信息管理：对企业基本信息、污染治理设施、黑匣子、适配器、排放口等进行常规管理。

（20）污染源分布：主要用于对锅炉、排污口等污染源分布信息进行显示、查询和统计。比如可按吨位、高度、用途等信息对锅炉分布进行不同的分层显示，每种类别使用不同的符号标志；可按吨位、高度、用途、地区分布等信息进行统计；可按不同的条件要求制作专题图（图 10.3）。

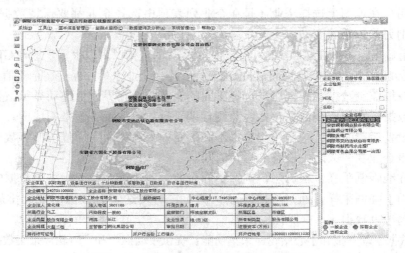

图 10.3　铜陵市重点污染源监控系统显示

（21）污染源有线数据监测：有线的数据采集需要通过电话线路通过拨号的方式，能够采集以前部分企业保存的有线适配器的数据。

（22）数据汇总：数据进行汇总，并把汇总数据存入汇总数据库中，以备上级采集调用和报表的输出。

（23）污染源数据分析：对于企业排放汇总数据（各种污染物排放量、污水排放量和治理设施运行时间），按指定的时段（年度、月度、周度、日）进行列表和图形方式分析，列表分析将以表格方式给出上述数据，而图形方式通过使用 3 种图形（直方柱状图、曲线图、饼图）直观地给出上述数据（图 10.4）。

图 10.4　某汽车厂 COD 实时监测数据显示

（24）连续一段时间内的数据分析：连续采集完一段数据后，可以在此模块中查看采集到的一段时间内的数据，显示的方式可以通过图形方式显示和列表方式显示。

（25）数据查询：可以将企业某时段内的污染数据用列表方式显示出来，是按照时间段进行查询的。

（26）掉电记录：在企业列表中选择要查询掉电记录的企业，然后选择起始和截止时间，系统就会从数据库中得到该时间段中掉电记录。根据用户的选择从数据中提取掉电记录，并且设置设施状态是开还是关。

（27）污染源无线监测：在监测点安装实时自动监控设备，负责监测污染。分析污染情况和传输监测数据。通过 GPRS 联网测点定时发送实时数据采集排放口流量数据和污染物浓度数据。比较监测数据与监测标准，判断是否超标。

（28）报表输出：该模块提供特定企业、处在特定时间段内（年度、季度、月度）的各种常用报表，并可查询各种常用的环境监察历史档案以及污染源监控报表。

（29）系统管理：管理人员能够分配系统用户功能模块的操作权限，能够查看系统的操作日志、恢复被删除企业，设置编码表信息。

二、环境保护举报工作信息化建设与管理

（一）环境保护举报工作信息化意义

国家环境保护行政主管部门为了加强社会监督，防止污染事故的发生，鼓励公众举报各类环境违法行为，决定在全国开通统一的环保举报热线。国家环境保护总局组织开发了"全国举报信息自动管理系统"。该系统能够实现群众举报的自动受理、自动记录、自动转办、交办、自动查询、统计、应急处理等功能，并将在全国联网运行。

国家信息产业部为国家环境保护总局核配"12369"作为全国统一的环保投诉举报电话号码。"12369 中国环保热线"的开通，为广大群众维护环境权益提供了最重要、最直接的途径，是环保部门转变工作作风、提高工作效能的重要抓手，建设"12369 中国环保热线"管理系统的作用主要表现在以下几个方面：

（1）加强"12369 中国环保热线"环境投诉受理工作是维护群众环境权益的最重要、最直接的途径。随着信息化的发展，电话、网络已经成为群众投诉的便捷工具，"12369 中国环保热线"作为群众环境投诉的"绿色通道"，是环境保护部门了解民意、发挥职能的重要阵地。

（2）加强"12369 中国环保热线"环境投诉受理工作是转变工作作风、提高工作效能、树立环境保护部门形象的重要抓手。"12369 中国环保热线"能够充分发挥群众举报监督作用，促进环境保护部门提高工作效能。此外，"12369 中国环保热线"也是环境保护部门连接群众的桥梁和纽带，是环境保护部门的形象窗口，电话受理是否热情、细致，案件办理是否及时、到位，直接关系到环境保护部门的形象和权威。

（3）加强"12369 中国环保热线"环境投诉受理工作是推进环境应急管理工作的迫切需要。在如今强调可持续发展的新形势下，实现历史性转变、探索环保新道路的要求促使我们必须建立环境应急管理新体系，加快推进环境应急的全过程管理、综合管理以

及常态管理与非常态管理相结合。全过程环境应急管理要求突出环境安全隐患举报、排查。通过群众举报，可以及时发现重大环境安全隐患，有效防范环境风险。其次，综合环境应急管理要求加快建立健全公众参与机制，实现组织、信息、资源的有机统一。"12369 中国环保热线"是发动群众与环境应急管理的重要通道。

近年来，"12369 中国环保热线"的工作取得了重要进展并发挥了积极作用。据统计，2002~2008 年，全国"12369 中国环保热线"共接受群众投诉 270 多万件，受理 250 多万件，办结率达 99％以上。其中，仅环境保护部举报电话在 2008 年就受理群众电话举报环境案件 2081 件。由此可见，"12369 中国环保热线"在畅通环境投诉渠道、查处环境违法行为、保障群众环境权益方面起到了至关重要的作用。

（二）"12369 中国环保热线"管理

1. 管理职责分工

（1）国家环境监察局代表国家环境保护部对"12369 中国环保热线"实施全面综合管理。

（2）各省、自治区环保局的监察部门负责本辖区"12369 中国环保热线"的建设、管理和协调工作，暂没开通"12369 中国环保热线"的地区，应面向社会公布一个普通电话号码，受理本辖区重大环境污染事故、环境监察部门和环境执法人员违法、违纪行为的举报，以及赢取环境安全方面的建议和意见。

（3）各中心城市（直辖市、地级市）环保局的监察部门，均须开通"12369 中国环保热线"，负责本辖区"12369 中国环保热线"的建设、管理和运行工作；受理本辖区各类污染事件的举报和投诉。公众对环境安全问题的意见和建议、环境监察部门和环境执法人员违法、违纪行为的举报。

（4）市辖区局、各中心城市（直辖市、地级市）所属区（含独立行政建制的经济技术开发区）的环保局的监察部门，在市局的统一部署下做好"12369 中国环保热线"的各项工作。

（5）市县级环保局的监察部门，应独立于中心城市或地区环保局开通"12369 中国环保热线"，负责本辖区"12369 中国环保热线"的建设、管理和运行工作，受理本辖区各类污染事故的举报和投诉、公众对环境安全问题的意见和建议、环境监察部门和环境执法人员违法违纪行为的举报。

（6）非独立行政区划建制的经济技术开发区、国家自然保护区、林区、垦区，可根据本地区的实际情况，报经市（地）环保局同意后建设"12369 中国环保热线"。

2. 管理内容

1）信息管理

（1）"12369 中国环保热线"的管理实行一次电话解决问题的原则。即不论是人工值班还是机器值班，均应明确不误地告之举报投诉人，其所举报投诉的问题能否被受理，由哪一级受理，如何找到受理机关等。坚决杜绝推诿扯皮等不负责任的不作为现象发生。

（2）通过"12369 中国环保热线"以及通过信件、传真、网络、面谈等方式受理的环境安全的有关内容（包括语音、文本、图像等），均应保留原始数据，以备处理环境安全事件时调用。

（3）"12369 中国环保热线"管理员应将受理的环境安全信息，及时交给环境监察人员处理，不得延误。环境监察人员必须及时处置该事件，并通过"12369 中国环保热线"信息反馈系统，及时向举报人反馈处理结果。

（4）国家环保总局统一开发的处理软件与受理系统是一套完整的不可分割的统一体，是环保监察部门标准化建设主要要素之一。各级环保部门应在使用的过程中，应不断总结、提出建设性意见，以提高软件的科学性和适用性。

（5）各级环境保护部门应按照规定的格式和内容，通过"环保举报信息管理系统"全国联网平台软件和"12369. gov. cn"数据传输系统，即时把本辖区的数据、信息上传到中央数据库。

（6）"12369 中国环保热线"管理员每天应及时通过"环保举报信息管理系统"全国联网平台软件和"12369. gov. cn"数据传输系统，从中央数据库下载指向本辖区的工作指令、网上举报、网上建议以及相关工作软件等信息，以便使上级的工作指令得到及时地贯彻执行，使相关信息得到及时处理。

（7）各级环境保护部门在及时存储各类数据、信息、保证其原始性和完整性的基础上，应按行政区划、按时间、按类别建立科学、系统的电子档案。

2）日常管理

"12369 中国环保热线"实行 24 小时人/机器值班制，随时受理公众有关环境问题的举报、投诉、建议、意见，取信于民。

凡开通"12369 中国环保热线"的环境监察机关，均应根据本地区经济建设和社会发展以及环保事业的实际需要，设立"12369 中国环保热线"工作岗位，确定编制，固定管理人员，满足实际管理工作需要。

在国家未颁布"12369 工作环保热线"岗位规范前，各级环保局应制定本地区的岗位规范，以满足本岗位的实际需要。

"12369 中国环保热线"实行"受理"与"处置"分离的工作制度，以分清责任、堵塞漏洞、杜绝某些社会时弊。国家环境保护总局将在调查研究的基础上，制定全国统一的工作流程，不断升级软件，以实现统一管理的科学化。

三、排污费征收管理系统的开发与应用

（一）排污费征收管理系统简介

排污申报收费的过程比较复杂，涉及几十张申报登记表格的管理、各类数据（申报数据、自动监控数据、监督性监测数据等）的综合应用、多种因子的排污费计算。单纯采用手工方式完成这些环节的管理难度很大，费时费力，且容易出错。因此开发切实可行的排污收费软件系统，将会大大提高各级环境监察部门的排污收费工作效率。为了配

合总量收费制度的实施，统一排污收费软件系统，原国家环境保护总局组织开发了基于总量的排污费计算、征收、管理系统。

排污费征收管理系统以总量收费制度为依据和标准，以实现排污收费工作的数字化。系统内充分体现了排污收费的正规流程，简化收费工作人员的工作。系统具有较好的统计查询功能、统计汇总功能和决策分析功能，能为用户提供一目了然的统计报表，初步实现了排污收费工作的信息化。

排污收费信息系统主要是从四个方面来实现排污申报收费工作的辅助管理：

（1）业务流程管理。即对排污申报登记、排污申报登记核定、排污费计算、排污费征收与缴纳等排污费征收环节实施计算机自动辅助管理，以提高排污费征收工作效率。

（2）排污费自动计算。用计算机网络的强大处理能力开发高效、准确的排污费计算，降低排污费计算的工作强度，确保收费过程的公平、公正、科学、合理。

（3）数据共享利用数据接口实现本系统与污染源自动监控、污染源基础数据库、现场执法管理、行政处罚管理等系统的资源共享，进一步发掘环境监察各类信息资源，扩大监察信息的使用范围和深度。

（4）查询统计。用各类查询、统计、分析、联网工具实现数据资源的深层次应用。

（二）排污收费系统流程

整个排污收费系统流程分为两个部分，即排污收费业务流程和业务数据管理流程。

1. 排污收费业务流程

根据最新的排污收费条例，排污费征收业务过程包括排污申报登记、排污申报登记审核、排污申报登记核定、排污收费计算、送达与公告、排污费征收缴纳等诸多环节，

1）排污申报登记

在排污申报收费信息系统中，排污申报登记方式有三种：

第一种，环保部门开通网上申报管理系统，由企业在线填写，负责排污申报登记的环境监察人员在线审核企业填报的数据，通过网上几轮交互完成申报登记和审核的过程。

第二种，企业上报纸质表，由负责排污申报登记的环境监察人员录入排污申报收费信息系统并进行审核。

第三种，企业通过计算机软件，完成申报登记表格的填写，确认后，导出待上报的中间格式文件，通过电子邮件或报盘方式提交给环保部门，环保部门监察人员再把企业上报的中间格式文件导入排污申报收费信息系统。

2）排污申报登记审核

审核的本质即为对登记情况的核实、修改、再核实的过程。在系统实现时，依据排污申报登记方式的不同，审核模式也不同。例如，如果采用了网络在线填写的申报登记模式，相应地，也可以通过网络在线进行远程审核，包括远程补填、远程复核等。该功

能模块除了需要完成申报登记信息的审核外，还需要实现免缴管理。

3）排污申报登记核定

关于申报核定有几个关键点：①排污申报核定有年审核、月核定、变更核定等；②核定的依据有自动监控数据、监督性监测数据、物料衡算数据等；③核定通过向排污者返回申报登记表或排污核定通知书；核定未通过，将责令排污者限期改正。系统实现这一部分功能时，需要从四个方面进行考虑：

（1）核定依据来源。根据相关规定，核定数据可用污染源自动监控数据、变更申报数据、申报核定通过数据等。需要注意的是，这些核定数据的来源存在优先顺序。通常，污染源自动监控数据和监督性监测数据是主要的核定依据。

（2）选择核定方法。核定方法有手工核定、自动核定、手工自动混合核定（先自动核定后手工检查）三种。具体采用何种核定方法要根据核定数据来源、来源方式；核定数据的准确性要求等多个方面加以考虑。

（3）核定业务流程管理。根据核定业务流程规定，排污申报核定存在核定、复核、变更申报等环节，在每一个环节，可能还存在内部审核、逐级批示。这种核定流程在信息基础条件好、网络环境安全的环保部门应用的可能性较大。因此，系统在实现过程中，需要把核定的三个环节和内部审批环节结合起来考虑，依据环保部门的实际业务流程和管理模式进行设计，确保业务流程合理、应用方便、操作简单。

（4）核定结果报表管理。核定结果报表有《排污核定通知书》、《排污核定复核决定通知书》等。系统要能够自动生成这些报表，并依据环保部门的管理模式完成内部审核。

4）排污收费计算

排污收费计算过程包括污染物排放量计算、污染物当量计算、收费因子确定和排污费计算等四个环节，计算依据有三类：第一类是《排污核定通知书》中的核定数据；第二类是《排污核定复核决定通知书》中的复核数据；第三类是行政复议讼诉变更复议数据。

5）送达与公告

系统在实现"送达与公告"功能模块时，一要保证能自动打印相应的文书，二要能准确地记录送达与公告的日志。送达/公告的日志要包括签批人、送达/公告签批内容、送达/公告送达与公告时间、送达/公告负责人、送达/公告方式、签收人、签收时间等。

6）排污费征收与缴纳

根据业务情况，该模块要实现四个方面的功能：

（1）银行对账单核对。这可通过银行联网实现自动核对，也可通过手工输入对账单核对。

（2）过快对账单核对。可通过与相关财政部门联网实现自动核对，也可通过转账凭证手工核对。

（3）催缴管理。即对未缴或少缴的单位进行催办。系统实现催缴提醒、生成催缴文书、记录催缴日志等。

（4）定期汇总与上报。系统能生成汇总数据，通过联网上报报告。

2. 业务数据管理流程

业务数据管理流程是在排污收费业务完成后,对排污收费数据进行统计、汇总、分析的过程。包括数据汇总及下级数据的导入,接着可以进行排污费的查询、统计、排污者状况查询、通知单状况查询、数据的导出等项操作了。

(三)系统参数设置和排污费业务流程具体介绍

(1)在"系统管理/用户权限管理"模块汇总添加使用本系统的操作人员的名称和相应的口令,这是保障使用安全的重要手段。

(2)在"系统管理/系统参数设定/监察机构设置"模块中选定本系统所用的行政级别。

(3)在"系统管理/编码管理"模块中设置本系统中要使用的污染物种类及其污染当量、河流编码、流域选择、行业种类等系统参数。

(4)在"总量收费系统/系统设置/环保部门收费信息"模块中设置使用本系统的环保部门的编码、名称等信息,并设定废水、废气、噪声地区调整系数等基本污染物的收费单价。

(5)在"总量收费系统/系统设置/排放标准设置"模块中设置使用各种排放标准,再在"总量收费系统/系统设置/征收标准设置"模块中设置使用各种征收标准。

(6)在"总量收费系统/系统设置/监察机构联系单"模块中添加录入各个下级环保部门的基本信息,这些信息用于排污收费数据的统计,分析模块。

(7)录入应收费的企业和其相应的污染设置信息(污染源基本信息管理公用模块)。在企业信息的基础上,录入企业本月的污染物排放量监测值(总量排污收费系统/排污收费业务/监察数据录入),再录入其环保部门监测值或环保局的审核值(总量排污收费系统/排污收费业务/数据审核)。

(8)环保局根据审核后的企业排污量计算出企业本月的排污费用。然后根据计算出的企业排污费用确定企业本月实际应该缴纳的排污费用(总量排污收费系统/排污收费业务/排污费审核)。

(9)环保局根据确定的企业应缴纳的实际排污费用,打印排污收费通知书,并送达企业(总量排污收费系统/排污收费业务/收费通知单)。

(10)企业根据排污收费通知书到环保局缴纳排污费,因此,环保局可以在"总量排污费系统/排污收费处理/收费开单"模块,至此,本月的收费流程结束。

另外,由于某些企业需要减免缓缴纳当月排污费,因此,环保局可以在"总量排污收费系统/排污收费处理/减免缓审批"模块录入该企业的减免缓金额,该金额将自动记录并在相应企业应缴排污费中减去。对于逾期还没有缴纳减免缓排污费的企业,环保局还可以选择"打入欠收"或"继续缓交"等处理措施。

四、环境监察办公自动化系统建设

(一)环境监察办公自动化建设

环保监察办公自动化系统(图 10.5)是为环保日常监察工作服务的办公系统,办公人员可以根据相应的操作权限各负其责，通过内部电子邮件收文、发文，提交、审批完成整个监察工作流程。它可以分为环境监察工作管理（包括污染源管理、建设项目监察、限期治理项目监察、投诉举报、污染事故处理、排污收费处理内容）、资料管理（包括资料档案、声像档案、文书档案、照片档案等管理内容）、日常管理（包括物品管理、图书管理、车辆管理、差旅管理等内容）、会议管理（包括会议计划、会议材料、会议通知、会议纪要等内容）、公共信息管理（包括国家政策、规章制度、意见建议、日程安排、留言板等内容）、个人信息管理模块，并且可以根据用户需要扩展新的应用和功能。

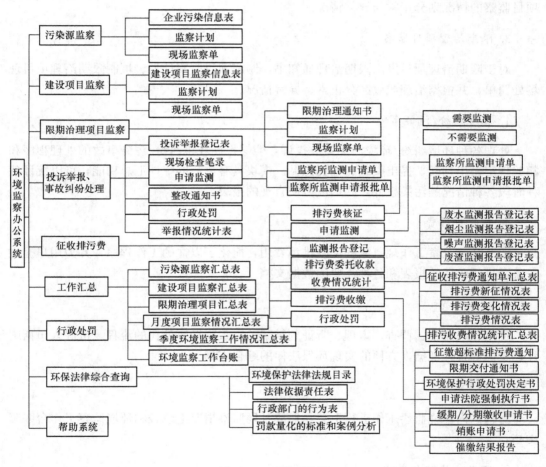

图 10.5　功能结构图

该系统以现行的国家有关环境保护法律、法规为依据，针对环境监察部门的工作特点，为环境人员提供有效的沟通、协调、控制手段，促进环境监察工作的规范化，及环境监察业务的规范化和环境监察信息的规范化。鉴于环境监察工作细节多、具体情况差别比较大，《环境监察办公系统》为用户提供了建设项目监察、行政处罚、征收排污费、环保法律综合查询等多项实用功能。该系统对于促进环境监察工作的规范化、制度化有着十分积极的作用。其功能简介如下：

1. 污染源管理

对分布于各处企业的污染源进行排污许可证、污染源排放、污染治理设施监察等事件管理。整理企业污染源信息表，制定监察计划，填制现场监察处罚单，根据污染源的排放情况区分正常、异常，并进行分类列表。

2. 建设项目监察

建设项目监察包括建设项目信息管理、监察计划、现场监察处罚单等事务，同时按项目监察的情况划分正常与异常情况。

3. 限期治理项目监察

对于限期治理项目发出限期治理通知书，制定项目监察计划、填制限期治理项目现场处罚单，并根据治理成效区分正常、异常情况。

4. 环境纠纷/污染事故

处理各种环境纠纷/环境污染事故投诉，能够根据环境纠纷/污染事故的处理程序和相关规定做出判断，提出整改、处罚意见。模块具有灵活的统计汇总功能，可以统计各种时段各种情况的污染事件，并形成方便直观的报表。

5. 征收排污费

按照环境监察工作规范流程征收排污费用，简化了以往的工作程序，并为用户提供一整套排污收费的报表和各种需要的数据文档。

6. 行政处罚

建立起从立案、调查、审理、听证到结案的一系列行政处罚的流程，可嵌入包括图片、录像等各种证据，方便的实现环保法律的综合查询。

7. 工作汇总

对辖区内环境监察工作进行汇总，形成月度监察情况汇总表和环境监察工作台账等文档。

8. 环保法律综合查询

提供了环境保护法律法规目录、法律依据责任表、行政部门行为表、罚款量化的标准和案例分析四种方式查询。环境监察单位在执法过程中，可按照相关的法律、法规进行规范化处罚，提高监察工作的有效性和严肃性。

（二）环境监察移动办公执法系统建设

应用移动办公执法系统，可以达到以下目标：第一，应用移动办公执法系统和报警的无线接入；第二，以手机短消息和数据通信方式实现数据接入和报警接入；第三，环保移动办公应用整合，可广泛接入移动信息终端（PDA、WAP、手机等），实现就近告警、定向告警、移动间事故处理、移动报警、事故处理、预案分发等功能，实现环保办公的固定——移动互联，提高办事效率和应变能力。移动办公执法系统主要由短信息平台、WAP网站、Web网站组成。

1. 短信息平台

主要为配合有手机的移动监察人员或监察车提供短信息服务，能够接收现场办公人员的监察信息并将相关信息发给现场办公人员。

2. WAP 网站

当外出办公人员所需信息较多的时候，可以通过 WAP 网站直接和环保局取得联系，可以方便快捷地传递各种文件、资料，和环保办公自动化系统的工作流程紧密结合起来，并可以通过 Web 网站进行实时数据和历史记录的查询。

3. Web 网站

对于环保部门的领导在外出的时候，可以通过 Web 网站了解到最新的环境状况，可以通过相应的查询系统了解企业的最新污染数据。同时，监察人员也可以通过手机或 PDA 等多种方式对企业排污数据进行查询，满足现场执法的需要。

4. 排污现场监测数据和报警的无线接入

利用移动通信线路作为数据采集的传输介质，以定制的工业手机作为现场数据采集的通信设备，以手机内置的 Modem 接口实现数据接收和转发，以手机短信息和数据通信方式实现数据接入和报警接入。此外，借助蜂窝网的双频覆盖，实现对手机方位的估测，对于违章移动适配器的操作提供报警功能。由于工业手机可以整体封装在适配器中，因此可以较为方便地实现通信工具的专用性，确保通信线路不轻易遭到破坏，从而影响监察效果。

5. 移动环境监控手段

利用覆盖广泛的移动通信网络，实现对移动环境监控的全面支持，环境监督执法人员利用手机的 WAP 服务，即可实现对目标企业污染数据的实时接入，并可实现对污染源状况的查询，这样可以大大加强执法人员对现场状况的监控能力，提高环境监察质量。作为增值服务的一部分，还可以建立监察人员的移动执法系统等。

6. 环保移动办公应用整合

利用移动通信网络，实现对持有移动信息终端（PDA、WAP、手机等）的广泛介入，将环保信息系统的工作管理功能与 GID、GPS（通过移动网络得到）相结合，实现就近告警、定向告警、移动间事故处理、移动报警（特别是存在环境隐患的物流活动）、事故处理、预案分发等功能，实现环保办公的固定-移动互联，提高办事效率和应变能力。

（三）环保政务公开系统建设

《环保政务公开系统》作为环保部门的一个对外窗口，提高美观、方便的人机交互界面，用户可通过置于环保部门的大屏幕触摸屏进行操作，也可用普通计算机通过浏览器进行查询。系统接入环保信息库，提高方便的信息查询功能，公开环保部门的工作流程、工作进度、处理情况、意见反馈、投诉申请等信息，实现环保部门的政务公开，树立环保良好形象。

 思考与练习题

1. 环境监测机构在污染源自动监控中主要应负责哪些工作？
2. 简述污染源在线监控系统的特点。
3. 简述污染源在线监控系统的主要功能。
4. 简述"12369 中国环保热线"的管辖职责。
5. 简述排污收费系统的流程。

附　　录

附录一　排污费征收使用管理条例

第一章　总　　则

第一条　为了加强对排污费征收、使用的管理，制定本条例。

第二条　直接向环境排放污染物的单位和个体工商户（以下简称排污者），应当依照本条例的规定缴纳排污费。

排污者向城市污水集中处理设施排放污水、缴纳污水处理费用的，不再缴纳排污费。排污者建成工业固体废物贮存或者处置设施、场所并符合环境保护标准，或者其原有工业固体废物贮存或者处置设施、场所经改造符合环境保护标准的，自建成或者改造完成之日起，不再缴纳排污费。

国家积极推进城市污水和垃圾处理产业化。城市污水和垃圾集中处理的收费办法另行制定。

第三条　县级以上人民政府环境保护行政主管部门、财政部门、价格主管部门应当按照各自的职责，加强对排污费征收、使用工作的指导、管理和监督。

第四条　排污费的征收、使用必须严格实行"收支两条线"，征收的排污费一律上缴财政，环境保护执法所需经费列入本部门预算，由本级财政予以保障。

第五条　排污费应当全部专项用于环境污染防治，任何单位和个人不得截留、挤占或者挪作他用。

任何单位和个人对截留、挤占或者挪用排污费的行为，都有权检举、控告和投诉。

第二章　污染物排放种类、数量的核定

第六条　排污者应当按照国务院环境保护行政主管部门的规定，向县级以上地方人民政府环境保护行政主管部门申报排放污染物的种类、数量，并提供有关资料。

第七条　县级以上地方人民政府环境保护行政主管部门，应当按照国务院环境保护行政主管部门规定的核定权限对排污者排放污染物的种类、数量进行核定。

装机容量30万kW以上的电力企业排放二氧化硫的数量，由省、自治区、直辖市人民政府环境保护行政主管部门核定。

污染物排放种类、数量经核定后，由负责污染物排放核定工作的环境保护行政主管部门书面通知排污者。

第八条　排污者对核定的污染物排放种类、数量有异议的，自接到通知之日起7日内，可以向发出通知的环境保护行政主管部门申请复核；环境保护行政主管部门应当自

接到复核申请之日起 10 日内，作出复核决定。

第九条　负责污染物排放核定工作的环境保护行政主管部门在核定污染物排放种类、数量时，具备监测条件的，按照国务院环境保护行政主管部门规定的监测方法进行核定；不具备监测条件的，按照国务院环境保护行政主管部门规定的物料衡算方法进行核定。

第十条　排污者使用国家规定强制检定的污染物排放自动监控仪器对污染物排放进行监测的，其监测数据作为核定污染物排放种类、数量的依据。

排污者安装的污染物排放自动监控仪器，应当依法定期进行校验。

第三章　排污费的征收

第十一条　国务院价格主管部门、财政部门、环境保护行政主管部门和经济贸易主管部门，根据污染治理产业化发展的需要、污染防治的要求和经济、技术条件以及排污者的承受能力，制定国家排污费征收标准。

国家排污费征收标准中未作规定的，省、自治区、直辖市人民政府可以制定地方排污费征收标准，并报国务院价格主管部门、财政部门、环境保护行政主管部门和经济贸易主管部门备案。

排污费征收标准的修订，实行预告制。

第十二条　排污者应当按照下列规定缴纳排污费：

（一）依照大气污染防治法、海洋环境保护法的规定，向大气、海洋排放污染物的，按照排放污染物的种类、数量缴纳排污费。

（二）依照水污染防治法的规定，向水体排放污染物的，按照排放污染物的种类、数量缴纳排污费；向水体排放污染物超过国家或者地方规定的排放标准的，按照排放污染物的种类、数量加倍缴纳排污费。

（三）依照固体废物污染环境防治法的规定，没有建设工业固体废物贮存或者处置的设施、场所，或者工业固体废物贮存或者处置的设施、场所不符合环境保护标准的，按照排放污染物的种类、数量缴纳排污费；以填埋方式处置危险废物不符合国家有关规定的，按照排放污染物的种类、数量缴纳危险废物排污费。

（四）依照环境噪声污染防治法的规定，产生环境噪声污染超过国家环境噪声标准的，按照排放噪声的超标声级缴纳排污费。

排污者缴纳排污费，不免除其防治污染、赔偿污染损害的责任和法律、行政法规规定的其他责任。

第十三条　负责污染物排放核定工作的环境保护行政主管部门，应当根据排污费征收标准和排污者排放的污染物种类、数量，确定排污者应当缴纳的排污费数额，并予以公告。

第十四条　排污费数额确定后，由负责污染物排放核定工作的环境保护行政主管部门向排污者送达排污费缴纳通知单。

排污者应当自接到排污费缴纳通知单之日起 7 日内，到指定的商业银行缴纳排污费。商业银行应当按照规定的比例将收到的排污费分别解缴中央国库和地方国库。具体办法由国务院财政部门会同国务院环境保护行政主管部门制定。

第十五条　排污者因不可抗力遭受重大经济损失的，可以申请减半缴纳排污费或者免缴排污费。

排污者因未及时采取有效措施，造成环境污染的，不得申请减半缴纳排污费或者免缴排污费。

排污费减缴、免缴的具体办法由国务院财政部门、国务院价格主管部门会同国务院环境保护行政主管部门制定。

第十六条　排污者因有特殊困难不能按期缴纳排污费的，自接到排污费缴纳通知单之日起 7 日内，可以向发出缴费通知单的环境保护行政主管部门申请缓缴排污费；环境保护行政主管部门应当自接到申请之日起 7 日内，作出书面决定；期满未作出决定的，视为同意。

排污费的缓缴期限最长不超过 3 个月。

第十七条　批准减缴、免缴、缓缴排污费的排污者名单由受理申请的环境保护行政主管部门会同同级财政部门、价格主管部门予以公告，公告应当注明批准减缴、免缴、缓缴排污费的主要理由。

第四章　排污费的使用

第十八条　排污费必须纳入财政预算，列入环境保护专项资金进行管理，主要用于下列项目的拨款补助或者贷款贴息：

（一）重点污染源防治；

（二）区域性污染防治；

（三）污染防治新技术、新工艺的开发、示范和应用；

（四）国务院规定的其他污染防治项目。

具体使用办法由国务院财政部门会同国务院环境保护行政主管部门征求其他有关部门意见后制定。

第十九条　县级以上人民政府财政部门、环境保护行政主管部门应当加强对环境保护专项资金使用的管理和监督。

按照本条例第十八条的规定使用环境保护专项资金的单位和个人，必须按照批准的用途使用。

县级以上地方人民政府财政部门和环境保护行政主管部门每季度向本级人民政府、上级财政部门和环境保护行政主管部门报告本行政区域内环境保护专项资金的使用和管理情况。

第二十条　审计机关应当加强对环境保护专项资金使用和管理的审计监督。

第五章　罚　　则

第二十一条　排污者未按照规定缴纳排污费的，由县级以上地方人民政府环境保护行政主管部门依据职权责令限期缴纳；逾期拒不缴纳的，处应缴纳排污费数额 1 倍以上 3 倍以下的罚款，并报经有批准权的人民政府批准，责令停产停业整顿。

第二十二条 排污者以欺骗手段骗取批准减缴、免缴或者缓缴排污费的，由县级以上地方人民政府环境保护行政主管部门依据职权责令限期补缴应当缴纳的排污费，并处所骗取批准减缴、免缴或者缓缴排污费数额 1 倍以上 3 倍以下的罚款。

第二十三条 环境保护专项资金使用者不按照批准的用途使用环境保护专项资金的，由县级以上人民政府环境保护行政主管部门或者财政部门依据职权责令限期改正；逾期不改正的，10 年内不得申请使用环境保护专项资金，并处挪用资金数额 1 倍以上 3 倍以下的罚款。

第二十四条 县级以上地方人民政府环境保护行政主管部门应当征收而未征收或者少征收排污费的，上级环境保护行政主管部门有权责令其限期改正，或者直接责令排污者补缴排污费。

第二十五条 县级以上人民政府环境保护行政主管部门、财政部门、价格主管部门的工作人员有下列行为之一的，依照刑法关于滥用职权罪、玩忽职守罪或者挪用公款罪的规定，依法追究刑事责任；尚不够刑事处罚的，依法给予行政处分：

（一）违反本条例规定批准减缴、免缴、缓缴排污费的；

（二）截留、挤占环境保护专项资金或者将环境保护专项资金挪作他用的；

（三）不按照本条例的规定履行监督管理职责，对违法行为不予查处，造成严重后果的。

第六章　附　　则

第二十六条 本条例自 2003 年 7 月 1 日起施行。1982 年 2 月 5 日国务院发布的《征收排污费暂行办法》和 1988 年 7 月 28 日国务院发布的《污染源治理专项基金有偿使用暂行办法》同时废止。

附录二　环境行政处罚办法

第一章　总　　则

第一条【立法目的】为规范环境行政处罚的实施，监督和保障环境保护主管部门依法行使职权，维护公共利益和社会秩序，保护公民、法人或者其他组织的合法权益，根据《中华人民共和国行政处罚法》及有关法律、法规，制定本办法。

第二条【适用范围】公民、法人或者其他组织违反环境保护法律、法规或者规章规定，应当给予环境行政处罚的，应当依照《中华人民共和国行政处罚法》和本办法规定的程序实施。

第三条【罚教结合】实施环境行政处罚，坚持教育与处罚相结合，服务与管理相结合，引导和教育公民、法人或者其他组织自觉守法。

第四条【维护合法权益】实施环境行政处罚，应当依法维护公民、法人及其他组织的合法权益，保守相对人的有关技术秘密和商业秘密。

第五条【查处分离】实施环境行政处罚，实行调查取证与决定处罚分开、决定罚款与收缴罚款分离的规定。

第六条【规范自由裁量权】行使行政处罚自由裁量权必须符合立法目的，并综合考虑以下情节：

（一）违法行为所造成的环境污染、生态破坏程度及社会影响；

（二）当事人的过错程度；

（三）违法行为的具体方式或者手段；

（四）违法行为危害的具体对象；

（五）当事人是初犯还是再犯；

（六）当事人改正违法行为的态度和所采取的改正措施及效果。

同类违法行为的情节相同或者相似、社会危害程度相当的，行政处罚种类和幅度应当相当。

第七条【不予处罚情形】违法行为轻微并及时纠正，没有造成危害后果的，不予行政处罚。

第八条【回避情形】有下列情形之一的，案件承办人员应当回避：

（一）是本案当事人或者当事人近亲属的；

（二）本人或者近亲属与本案有直接利害关系的；

（三）法律、法规或者规章规定的其他回避情形。

符合回避条件的，案件承办人员应当自行回避，当事人也有权申请其回避。

第九条【法条适用规则】当事人的一个违法行为同时违反两个以上环境法律、法规或者规章条款，应当适用效力等级较高的法律、法规或者规章；效力等级相同的，可以适用处罚较重的条款。

第十条【处罚种类】根据法律、行政法规和部门规章，环境行政处罚的种类有：

（一）警告；

（二）罚款；

（三）责令停产整顿；

（四）责令停产、停业、关闭；

（五）暂扣、吊销许可证或者其他具有许可性质的证件；

（六）没收违法所得、没收非法财物；

（七）行政拘留；

（八）法律、行政法规设定的其他行政处罚种类。

第十一条【责令改正与连续违法认定】环境保护主管部门实施行政处罚时，应当及时作出责令当事人改正或者限期改正违法行为的行政命令。

责令改正期限届满，当事人未按要求改正，违法行为仍处于继续或者连续状态的，可以认定为新的环境违法行为。

第十二条【责令改正形式】根据环境保护法律、行政法规和部门规章，责令改正或者限期改正违法行为的行政命令的具体形式有：

（一）责令停止建设；

（二）责令停止试生产；

（三）责令停止生产或者使用；

（四）责令限期建设配套设施；

（五）责令重新安装使用；

（六）责令限期拆除；

（七）责令停止违法行为；

（八）责令限期治理；

（九）法律、法规或者规章设定的责令改正或者限期改正违法行为的行政命令的其他具体形式。

根据最高人民法院关于行政行为种类和规范行政案件案由的规定，行政命令不属行政处罚。行政命令不适用行政处罚程序的规定。

第十三条【处罚不免除缴纳排污费义务】实施环境行政处罚，不免除当事人依法缴纳排污费的义务。

第二章　实施主体与管辖

第十四条【处罚主体】县级以上环境保护主管部门在法定职权范围内实施环境行政处罚。

经法律、行政法规、地方性法规授权的环境监察机构在授权范围内实施环境行政处罚，适用本办法关于环境保护主管部门的规定。

第十五条【委托处罚】环境保护主管部门可以在其法定职权范围内委托环境监察机构实施行政处罚。受委托的环境监察机构在委托范围内，以委托其处罚的环境保护主管部门名义实施行政处罚。

委托处罚的环境保护主管部门，负责监督受委托的环境监察机构实施行政处罚的行为，并对该行为的后果承担法律责任。

第十六条【外部移送】发现不属于环境保护主管部门管辖的案件，应当按照有关要求和时限移送有管辖权的机关处理。

涉嫌违法依法应当由人民政府实施责令停产整顿、责令停业、关闭的案件，环境保护主管部门应当立案调查，并提出处理建议报本级人民政府。

涉嫌违法依法应当实施行政拘留的案件，移送公安机关。

涉嫌违反党纪、政纪的案件，移送纪检、监察部门。

涉嫌犯罪的案件，按照《行政执法机关移送涉嫌犯罪案件的规定》等有关规定移送司法机关，不得以行政处罚代替刑事处罚。

第十七条【案件管辖】县级以上环境保护主管部门管辖本行政区域的环境行政处罚案件。

造成跨行政区域污染的行政处罚案件，由污染行为发生地环境保护主管部门管辖。

第十八条【优先管辖】两个以上环境保护主管部门都有管辖权的环境行政处罚案件，由最先发现或者最先接到举报的环境保护主管部门管辖。

第十九条【管辖争议解决】对行政处罚案件的管辖权发生争议时，争议双方应报请共同的上一级环境保护主管部门指定管辖。

第二十条【指定管辖】下级环境保护主管部门认为其管辖的案件重大、疑难或者实施处罚有困难的，可以报请上一级环境保护主管部门指定管辖。

上一级环境保护主管部门认为下级环境保护主管部门实施处罚确有困难或者不能独立行使处罚权的，经通知下级环境保护主管部门和当事人，可以对下级环境保护主管部门管辖的案件指定管辖。

上级环境保护主管部门可以将其管辖的案件交由有管辖权的下级环境保护主管部门实施行政处罚。

第二十一条【内部移送】不属于本机关管辖的案件，应当移送有管辖权的环境保护主管部门处理。

受移送的环境保护主管部门对管辖权有异议的，应当报请共同的上一级环境保护主管部门指定管辖，不得再自行移送。

第三章 一般程序

第一节 立 案

第二十二条【立案条件】环境保护主管部门对涉嫌违反环境保护法律、法规和规章的违法行为，应当进行初步审查，并在 7 个工作日内决定是否立案。

经审查，符合下列四项条件的，予以立案：

（一）有涉嫌违反环境保护法律、法规和规章的行为；

（二）依法应当或者可以给予行政处罚；

（三）属于本机关管辖；

（四）违法行为发生之日起到被发现之日止未超过 2 年，法律另有规定的除外。违法行为处于连续或继续状态的，从行为终了之日起计算。

第二十三条【撤销立案】对已经立案的案件，根据新情况发现不符合第二十二条立案条件的，应当撤销立案。

第二十四条【紧急案件先行调查取证】对需要立即查处的环境违法行为，可以先行调查取证，并在 7 个工作日内决定是否立案和补办立案手续。

第二十五条【立案审查后的案件移送】经立案审查，属于环境保护主管部门管辖，但不属于本机关管辖范围的，应当移送有管辖权的环境保护主管部门；属于其他有关部门管辖范围的，应当移送其他有关部门。

第二节 调查取证

第二十六条【专人负责调查取证】环境保护主管部门对登记立案的环境违法行为，应当指定专人负责，及时组织调查取证。

第二十七条【协助调查取证】需要委托其他环境保护主管部门协助调查取证的，应当出具书面委托调查函。

受委托的环境保护主管部门应当予以协助。无法协助的，应当及时将无法协助的情况和原因函告委托机关。

第二十八条【调查取证出示证件】调查取证时，调查人员不得少于两人，并应当出示中国环境监察证或者其他行政执法证件。

第二十九条【调查人员职权】调查人员有权采取下列措施：

（一）进入有关场所进行检查、勘察、取样、录音、拍照、录像；

（二）询问当事人及有关人员，要求其说明相关事项和提供有关材料；

（三）查阅、复制生产记录、排污记录和其他有关材料。

环境保护主管部门组织的环境监测等技术人员随同调查人员进行调查时，有权采取上述措施和进行监测、试验。

第三十条【调查人员责任】调查人员负有下列责任：

（一）对当事人的基本情况、违法事实、危害后果、违法情节等情况进行全面、客观、及时、公正的调查；

（二）依法收集与案件有关的证据，不得以暴力、威胁、引诱、欺骗以及其他违法手段获取证据；

（三）询问当事人、证人或者其他有关人员，应当告知其依法享有的权利；

（四）对当事人、证人或者其他有关人员的陈述如实记录。

第三十一条【当事人配合调查】 当事人及有关人员应当配合调查、检查或者现场勘验，如实回答询问，不得拒绝、阻碍、隐瞒或者提供虚假情况。

第三十二条【证据类别】 环境行政处罚证据，主要有书证、物证、证人证言、视听资料和计算机数据、当事人陈述、监测报告和其他鉴定结论、现场检查（勘察）笔录等形式。

证据应当符合法律、法规、规章和最高人民法院有关行政执法和行政诉讼证据的规定，并经查证属实才能作为认定事实的依据。

第三十三条【现场检查笔录】 对有关物品或者场所进行检查时，应当制作现场检查（勘察）笔录，可以采取拍照、录像或者其他方式记录现场情况。

第三十四条【现场检查取样】 需要取样的，应当制作取样记录或者将取样过程记入现场检查（勘察）笔录，可以采取拍照、录像或者其他方式记录取样情况。

第三十五条【监测报告要求】 环境保护主管部门组织监测的，应当提出明确具体的监测任务，并要求提交监测报告。

监测报告必须载明下列事项：

（一）监测机构的全称；

（二）监测机构的国家计量认证标志（CMA）和监测字号；

（三）监测项目的名称、委托单位、监测时间、监测点位、监测方法、检测仪器、检测分析结果等内容；

（四）监测报告的编制、审核、签发等人员的签名和监测机构的盖章。

第三十六条【在线监测数据可为证据】 环境保护主管部门可以利用在线监控或者其他技术监控手段收集违法行为证据。经环境保护主管部门认定的有效性数据，可以作为认定违法事实的证据。

第三十七条【现场监测数据可为证据】 环境保护主管部门在对排污单位进行监督检查时，可以现场即时采样，监测结果可以作为判定污染物排放是否超标的证据。

第三十八条【证据的登记保存】 在证据可能灭失或者以后难以取得的情况下，经本机关负责人批准，调查人员可以采取先行登记保存措施。

情况紧急的，调查人员可以先采取登记保存措施，再报请机关负责人批准。

先行登记保存有关证据，应当当场清点，开具清单，由当事人和调查人员签名或者盖章。

先行登记保存期间，不得损毁、销毁或者转移证据。

第三十九条【登记保存措施与解除】 对于先行登记保存的证据，应当在 7 个工作日内采取以下措施：

（一）根据情况及时采取记录、复制、拍照、录像等证据保全措施；

（二）需要鉴定的，送交鉴定；

（三）根据有关法律、法规规定可以查封、暂扣的，决定查封、暂扣；

（四）违法事实不成立，或者违法事实成立但依法不应当查封、暂扣或者没收的，决定解除先行登记保存措施。

超过 7 个工作日未作出处理决定的，先行登记保存措施自动解除。

第四十条【依法实施查封暂扣】实施查封、暂扣等行政强制措施，应当有法律、法规的明确规定，并应当告知当事人有申请行政复议和提起行政诉讼的权利。

第四十一条【查封暂扣实施要求】查封、暂扣当事人的财物，应当当场清点，开具清单，由调查人员和当事人签名或者盖章。

查封、暂扣的财物应当妥善保管，严禁动用、调换、损毁或者变卖。

第四十二条【查封暂扣解除】经查明与违法行为无关或者不再需要采取查封、暂扣措施的，应当解除查封、暂扣措施，将查封、暂扣的财物如数返还当事人，并由调查人员和当事人在财物清单上签名或者盖章。

第四十三条【当事人与现场调查取证】环境保护主管部门调查取证时，当事人应当到场。

下列情形不影响调查取证的进行：

（一）当事人拒不到场的；

（二）无法找到当事人的；

（三）当事人拒绝签名、盖章或者以其他方式确认的；

（四）暗查或者其他方式调查的；

（五）当事人未到场的其他情形。

第四十四条【调查终结】有下列情形之一的，可以终结调查：

（一）违法事实清楚、法律手续完备、证据充分的；

（二）违法事实不成立的；

（三）作为当事人的自然人死亡的；

（四）作为当事人的法人或者其他组织终止，无法人或者其他组织承受其权利义务，又无其他关系人可以追查的；

（五）发现不属于本机关管辖的；

（六）其他依法应当终结调查的情形。

第四十五条【案件移送审查】终结调查的，案件调查机构应当提出已查明违法行为的事实和证据、初步处理意见，按照查处分离的原则送本机关处罚案件审查部门审查。

第三节　案件审查

第四十六条【案件审查的内容】案件审查的主要内容包括：

（一）本机关是否有管辖权；

（二）违法事实是否清楚；

（三）证据是否确凿；

（四）调查取证是否符合法定程序；

（五）是否超过行政处罚追诉时效；

（六）适用依据和初步处理意见是否合法、适当。

第四十七条【补充或重新调查取证】违法事实不清、证据不充分或者调查程序违法的，应当退回补充调查取证或者重新调查取证。

第四节　告知和听证

第四十八条【处罚告知和听证】在作出行政处罚决定前，应当告知当事人有关事实、理由、依据和当事人依法享有的陈述、申辩权利。

在作出暂扣或吊销许可证、较大数额的罚款和没收等重大行政处罚决定之前，应当告知当事人有要求举行听证的权利。

第四十九条【当事人申辩的处理】环境保护主管部门应当对当事人提出的事实、理由和证据进行复核。当事人提出的事实、理由或者证据成立的，应当予以采纳。

不得因当事人的申辩而加重处罚。

第五十条【处罚听证的执行】行政处罚听证按有关规定执行。

第五节　处 理 决 定

第五十一条【处罚决定】本机关负责人经过审查，分别作出如下处理：

（一）违法事实成立，依法应当给予行政处罚的，根据其情节轻重及具体情况，作出行政处罚决定；

（二）违法行为轻微，依法可以不予行政处罚的，不予行政处罚；

（三）符合本办法第十六条情形之一的，移送有权机关处理。

第五十二条【重大案件集体审议】案情复杂或者对重大违法行为给予较重的行政处罚，环境保护主管部门负责人应当集体审议决定。

集体审议过程应当予以记录。

第五十三条【处罚决定书的制作】决定给予行政处罚的，应当制作行政处罚决定书。

对同一当事人的两个或者两个以上环境违法行为，可以分别制作行政处罚决定书，也可以列入同一行政处罚决定书。

第五十四条【处罚决定书的内容】行政处罚决定书应当载明以下内容：

（一）当事人的基本情况，包括当事人姓名或者名称、组织机构代码、营业执照号码、地址等；

（二）违反法律、法规或者规章的事实和证据；

（三）行政处罚的种类、依据和理由；

（四）行政处罚的履行方式和期限；

（五）不服行政处罚决定，申请行政复议或者提起行政诉讼的途径和期限；

（六）作出行政处罚决定的环境保护主管部门名称和作出决定的日期，并且加盖作出行政处罚决定环境保护主管部门的印章。

第五十五条【作出处罚决定的时限】环境保护行政处罚案件应当自立案之日起的3个月内作出处理决定。案件办理过程中听证、公告、监测、鉴定、送达等时间不计入期限。

第五十六条【处罚决定的送达】行政处罚决定书应当送达当事人,并根据需要抄送与案件有关的单位和个人。

第五十七条【送达方式】送达行政处罚文书可以采取直接送达、留置送达、委托送达、邮寄送达、转交送达、公告送达、公证送达或者其他方式。

送达行政处罚文书应当使用送达回证并存档。

第四章 简 易 程 序

第五十八条【简易程序的适用】违法事实确凿、情节轻微并有法定依据,对公民处以 50 元以下、对法人或者其他组织处以 1000 元以下罚款或者警告的行政处罚,可以适用本章简易程序,当场作出行政处罚决定。

第五十九条【简易程序规定】当场作出行政处罚决定时,环境执法人员不得少于两人,并应遵守下列简易程序:

(一)执法人员应向当事人出示中国环境监察证或者其他行政执法证件;

(二)现场查清当事人的违法事实,并依法取证;

(三)向当事人说明违法的事实、行政处罚的理由和依据、拟给予的行政处罚,告知陈述、申辩权利;

(四)听取当事人的陈述和申辩;

(五)填写预定格式、编有号码、盖有环境保护主管部门印章的行政处罚决定书,由执法人员签名或者盖章,并将行政处罚决定书当场交付当事人;

(六)告知当事人如对当场作出的行政处罚决定不服,可以依法申请行政复议或者提起行政诉讼。

以上过程应当制作笔录。

执法人员当场作出的行政处罚决定,应当在决定之日起 3 个工作日内报所属环境保护主管部门备案。

第五章 执   行

第六十条【处罚决定的履行】当事人应当在行政处罚决定书确定的期限内,履行处罚决定。

申请行政复议或者提起行政诉讼的,不停止行政处罚决定的执行。

第六十一条【强制执行的适用】当事人逾期不申请行政复议、不提起行政诉讼、又不履行处罚决定的,由作出处罚决定的环境保护主管部门申请人民法院强制执行。

第六十二条【强制执行的期限】申请人民法院强制执行应当符合《最高人民法院关于执行〈中华人民共和国行政诉讼法〉若干问题的解释》的规定,并在下列期限内提起:

(一)行政处罚决定书送达后当事人未申请行政复议且未提起行政诉讼的,在处罚决定书送达之日起 60 日后起算的 180 日内;

(二)复议决定书送达后当事人未提起行政诉讼的,在复议决定书送达之日起 15 日后起算的 180 日内;

（三）第一审行政判决后当事人未提出上诉的，在判决书送达之日起 15 日后起算的 180 日内；

（四）第一审行政裁定后当事人未提出上诉的，在裁定书送达之日起 10 日后起算的 180 日内；

（五）第二审行政判决书送达之日起 180 日内。

第六十三条【被处罚企业资产重组后的执行】当事人实施违法行为，受到处以罚款、没收违法所得或者没收非法财物等处罚后，发生企业分立、合并或者其他资产重组等情形，由承受当事人权利义务的法人、其他组织作为被执行人。

第六十四条【延期或者分期缴纳罚款】确有经济困难，需要延期或者分期缴纳罚款的，当事人应当在行政处罚决定书确定的缴纳期限届满前，向作出行政处罚决定的环境保护主管部门提出延期或者分期缴纳的书面申请。

批准当事人延期或者分期缴纳罚款的，应当制作同意延期（分期）缴纳罚款通知书，并送达当事人和收缴罚款的机构。延期或者分期缴纳的最后一期缴纳时间不得晚于申请人民法院强制执行的最后期限。

第六十五条【没收物品的处理】依法没收的非法财物，应当按照国家规定处理。

销毁物品，应当按照国家有关规定处理；没有规定的，经环境保护主管部门负责人批准，由两名以上环境执法人员监督销毁，并制作销毁记录。

处理物品应当制作清单。

第六十六条【罚没款上缴国库】罚没款及没收物品的变价款，应当全部上缴国库，任何单位和个人不得截留、私分或者变相私分。

第六章　结案和归档

第六十七条【结案】有下列情形之一的，应当结案：

（一）行政处罚决定由当事人履行完毕的；

（二）行政处罚决定依法强制执行完毕的；

（三）不予行政处罚等无须执行的；

（四）行政处罚决定被依法撤销的；

（五）环境保护主管部门认为可以结案的其他情形。

第六十八条【立卷归档】结案的行政处罚案件，应当按照下列要求将案件材料立卷归档：

（一）一案一卷，案卷可以分正卷、副卷；

（二）各类文书齐全，手续完备；

（三）书写文书用签字笔、钢笔或者打印；

（四）案卷装订应当规范有序，符合文档要求。

第六十九条【归档顺序】正卷按下列顺序装订：

（一）行政处罚决定书及送达回证；

（二）立案审批材料；

（三）调查取证及证据材料；

（四）行政处罚事先告知书、听证告知书、听证通知书等法律文书及送达回证；

（五）听证笔录；

（六）财物处理材料；

（七）执行材料；

（八）结案材料；

（九）其他有关材料。

副卷按下列顺序装订：

（一）投诉、申诉、举报等案源材料；

（二）涉及当事人有关技术秘密和商业秘密的材料；

（三）听证报告；

（四）审查意见；

（五）集体审议记录；

（六）其他有关材料。

第七十条【案卷管理】案卷归档后，任何单位、个人不得修改、增加、抽取案卷材料。案卷保管及查阅，按档案管理有关规定执行。

第七十一条【案件统计】环境保护主管部门应当建立行政处罚案件统计制度，并按照环境保护部有关环境统计的规定向上级环境保护主管部门报送本行政区的行政处罚情况。

第七章 监 督

第七十二条【信息公开】除涉及国家机密、技术秘密、商业秘密和个人隐私外，行政处罚决定应当向社会公开。

第七十三条【监督检查】上级环境保护主管部门负责对下级环境保护主管部门的行政处罚工作情况进行监督检查。

第七十四条【处罚备案】环境保护主管部门应当建立行政处罚备案制度。

下级环境保护主管部门对上级环境保护主管部门督办的处罚案件，应当在结案后20日内向上一级环境保护主管部门备案。

第七十五条【纠正、撤销或变更】环境保护主管部门通过接受当事人的申诉和检举，或者通过备案审查等途径，发现下级环境保护主管部门的行政处罚决定违法或者显失公正的，应当督促其纠正。

环境保护主管部门经过行政复议，发现下级环境保护主管部门作出的行政处罚违法或者显失公正的，依法撤销或者变更。

第七十六条【评议和表彰】环境保护主管部门可以通过案件评查或者其他方式评议行政处罚工作。对在行政处罚工作中做出显著成绩的单位和个人，可依照国家或者地方的有关规定给予表彰和奖励。

第八章 附 则

第七十七条【违法所得的认定】当事人违法所获得的全部收入扣除当事人直接用于

经营活动的合理支出，为违法所得。

法律、法规或者规章对"违法所得"的认定另有规定的，从其规定。

第七十八条【较大数额罚款的界定】本办法第四十八条所称"较大数额"罚款和没收，对公民是指人民币（或者等值物品价值）5000 元以上、对法人或者其他组织是指人民币（或者等值物品价值）50000 元以上。

地方性法规、地方政府规章对"较大数额"罚款和没收的限额另有规定的，从其规定。

第七十九条【期间规定】本办法有关期间的规定，除注明工作日（不包含节假日）外，其他期间按自然日计算。

期间开始之日，不计算在内。期间届满的最后一日是节假日的，以节假日后的第一日为期间届满的日期。期间不包括在途时间，行政处罚文书在期满前交邮的，视为在有效期内。

第八十条【相关法规适用】本办法未作规定的其他事项，适用《行政处罚法》、《罚款决定与罚款收缴分离实施办法》、《环境保护违法违纪行为处分暂行规定》等有关法律、法规和规章的规定。

第八十一条【核安全处罚适用例外】核安全监督管理的行政处罚，按照国家有关核安全监督管理的规定执行。

第八十二条【生效日期】本办法自 2010 年 3 月 1 日起施行。

1999 年 8 月 6 日原国家环境保护总局发布的《环境保护行政处罚办法》同时废止。

附录三 现行有效的国家环保部门规章目录

(含：城乡建设环境保护部规章 2 件，国家环境保护局规章 13 件，国家环境保护总局规章 37 件，环境保护部规章 10 件，总计 62 件)

序号	规章名称	制定机关	文号
1	全国环境监测管理条例	城乡建设环境保护部	城环字〔1983〕483 号
2	城市放射性废物管理办法	国家环境保护局	(87) 环放字第 239 号
3	饮用水水源保护区污染防治管理规定	国家环境保护局、卫生部、建设部、水利部、地矿部	(89) 环管字第 201 号
4	汽车排气污染监督管理办法	国家环境保护局、公安部、国家进出口商品检验局、中国人民解放军总后勤部、交通部、中国汽车工业总公司	(90) 环管字第 359 号
5	防止多氯联苯电力装置及其废物污染环境的规定	国家环境保护局、能源部	(91) 环管字第 050 号
6	环境监理工作暂行办法	国家环境保护局	(91) 环监字第 338 号
7	国家环境保护局环境保护科学技术研究成果管理办法	国家环境保护局	国家环境保护局令第 7 号
8	环境监理执法标志管理办法	国家环境保护局	国家环境保护局令第 9 号
9	防治尾矿污染环境管理规定	国家环境保护局	国家环境保护局令第 11 号
10	化学品首次进口及有毒化学品进出口环境管理规定	国家环境保护局	环管〔1994〕140 号
11	环境保护档案管理办法	国家环境保护局	国家环境保护局令第 13 号
12	环境监理人员行为规范	国家环境保护局	国家环境保护局令第 16 号
13	废物进口环境保护管理暂行规定	国家环境保护局、对外贸易经济合作部、海关总署、国家工商局和国家商检局	环控〔1996〕204 号
14	关于废物进口环境保护管理暂行规定的补充规定	国家环境保护局、对外贸易经济合作部、海关总署、国家工商局、国家商检局	环控〔1996〕629 号
15	电磁辐射环境保护管理办法	国家环境保护局	国家环境保护局令第 18 号
16	环境保护法规解释管理办法	国家环境保护总局	国家环境保护总局令第 1 号
17	环境标准管理办法	国家环境保护总局	国家环境保护总局令第 3 号
18	秸秆禁烧和综合利用管理办法	国家环境保护总局、农业部、财政部、铁道部、交通部、中国民航总局	环发〔1999〕98 号
19	危险废物转移联单管理办法	国家环境保护总局	国家环境保护总局令第 5 号
20	污染源监测管理办法	国家环境保护总局	环发〔1999〕246 号
21	消耗臭氧层物质进出口管理办法	国家环境保护总局、对外贸易经济合作部和海关总署	环发〔1999〕278 号
22	近岸海域环境功能区管理办法	国家环境保护总局	国家环境保护总局令第 8 号
23	关于加强对消耗臭氧层物质进出口管理的规定	国家环境保护总局	环发〔2000〕85 号

续表

序号	规章名称	制定机关	文号
24	畜禽养殖污染防治管理办法	国家环境保护总局	国家环境保护总局令第 9 号
25	淮河和太湖流域排放重点水污染物许可证管理办法（试行）	国家环境保护总局	国家环境保护总局令第 11 号
26	建设项目竣工环境保护验收管理办法	国家环境保护总局	国家环境保护总局令第 13 号
27	环境影响评价审查专家库管理办法	国家环境保护总局	国家环境保护总局令第 16 号
28	专项规划环境影响报告书审查办法	国家环境保护总局	国家环境保护总局令第 18 号
29	全国环保系统六条禁令	国家环境保护总局	国家环境保护总局令第 20 号
30	医疗废物管理行政处罚办法	卫生部、国家环境保护总局	卫生部、国家环境保护总局令第 21 号
31	环境保护行政许可听证暂行办法	国家环境保护总局	国家环境保护总局令第 22 号
32	环境污染治理设施运营资质许可管理办法	国家环境保护总局	国家环境保护总局令第 23 号
33	环境保护法规制定程序办法	国家环境保护总局	国家环境保护总局令第 25 号
34	建设项目环境影响评价资质管理办法	国家环境保护总局	国家环境保护总局令第 26 号
35	废弃危险化学品污染环境防治办法	国家环境保护总局	国家环境保护总局令第 27 号
36	污染源自动监控管理办法	国家环境保护总局	国家环境保护总局令第 28 号
37	国家环境保护总局建设项目环境影响评价文件审批程序规定	国家环境保护总局	国家环境保护总局令第 29 号
38	建设项目环境影响评价行为准则与廉政规定	国家环境保护总局	国家环境保护总局令第 30 号
39	放射性同位素与射线装置安全许可管理办法	国家环境保护总局	国家环境保护总局令第 31 号
40	病原微生物实验室生物安全环境管理办法	国家环境保护总局	国家环境保护总局令第 32 号
41	环境信访办法	国家环境保护总局	国家环境保护总局令第 34 号
42	环境信息公开办法（试行）	国家环境保护总局	国家环境保护总局令第 35 号
43	国家级自然保护区监督检查办法	国家环境保护总局	国家环境保护总局令第 36 号
44	环境统计管理办法	国家环境保护总局	国家环境保护总局令第 37 号
45	环境监测管理办法	国家环境保护总局	国家环境保护总局令第 39 号
46	电子废物污染环境防治管理办法	国家环境保护总局	国家环境保护总局令第 40 号
47	排污费征收工作稽查办法	国家环境保护总局	国家环境保护总局令第 42 号
48	民用核安全设备设计制造安装和无损检验监督管理规定（HAF601）	国家环境保护总局	国家环境保护总局令第 43 号
49	民用核安全设备无损检验人员资格管理规定（HAF602）	国家环境保护总局	国家环境保护总局、国防科工委令第 44 号
50	民用核安全设备焊工焊接操作工资格管理规定（HAF603）	国家环境保护总局	国家环境保护总局令第 45 号
51	进口民用核安全设备监督管理规定（HAF604）	国家环境保护总局	国家环境保护总局令第 46 号
52	危险废物出口核准管理办法	国家环境保护总局	国家环境保护总局令第 47 号

续表

序号	规章名称	制定机关	文号
53	国家危险废物名录	环境保护部、国家发改委	环境保护部、发展改革委令第1号
54	建设项目环境影响评价分类管理名录	环境保护部	环境保护部令第2号
55	环境行政复议办法	环境保护部	环境保护部令第4号
56	建设项目环境影响评价文件分级审批规定	环境保护部	环境保护部令第5号
57	限期治理管理办法（试行）	环境保护部	环境保护部令第6号
58	新化学物质环境管理办法	环境保护部	环境保护部令第7号
59	环境行政处罚办法	环境保护部	环境保护部令第8号
60	地方环境质量标准和污染物排放标准备案管理办法	环境保护部	环境保护部令第9号
61	进出口环保用微生物菌剂环境安全管理办法	环境保护部	环境保护部令第10号
62	放射性物品运输安全许可管理办法	环境保护部	环境保护部令第11号

附录四　企业环境监督员制度建设指南（暂行）

　　企业环境监督员制度是指在特定企业设置负责环境保护的企业环境管理总负责人和具有掌握环境基本法律和污染控制基本技术的企业环境监督员，规范企业内部环境管理机构和制度建设，通过建立企业环境管理组织架构和规范企业环境管理制度，全面提高企业的自主环境管理水平，推动企业主动承担环境保护社会责任。为指导各地深化企业环境监督员制度试点工作，规范企业的环境行为，在 2003～2007 年试点工作的基础上，编制了本指南，指南主要分为实施依据、术语定义、制度框架和培训管理四部分。

一、实施依据

　　(1)《中华人民共和国环境保护法》第二十四条："产生环境污染和其他公害的单位，必须把环境保护工作纳入计划，建立环境保护责任制度"；

　　(2)《国务院关于落实科学发展观加强环境保护的决定》（国发［2005］39 号）第二十条："建立健全国家监察、地方监管、单位负责的环境监管体制"，"法人和其他组织负责解决所辖范围有关的环境问题。建立企业环境监督员制度，实行职业资格管理"；

　　(3)《国务院关于印发〈国家环境保护"十一五"规划〉的通知》（国发［2007］37号）要求"建立企业环境监督员制度，实施职业资格管理"；

　　(4)《国务院关于印发〈节能减排综合性工作方案〉的通知》（国发［2007］15 号）要求"企业必须严格遵守节能和环保法律法规及标准，落实目标责任，强化管理措施，自觉节能减排"，"扩大国家重点监控污染企业实行环境监督员制度试点"；

　　(5)《建设项目竣工环境保护验收管理办法》、《建设项目环境保护设计规定》、《污染源自动监控管理办法》、《环境统计管理办法》、《排放污染物申报登记管理规定》等有关设立环境管理机构、配备负责环境管理的人员、健全企业内部环境管理规章制度的要求。

二、术语定义

　　下列术语和定义适用于本指南。

　　1. 企业环境管理与监督人员

　　企业环境管理与监督人员包括企业环境管理总负责人和企业环境监督员。企业环境管理总负责人和企业环境监督员不属于企业行政管理职务。企业环境管理与监督人员实行培训持证上岗制度，并将逐步实施职业资格管理。

　　2. 企业环境管理总负责人

　　指在企业内全面负责环境管理工作，对企业环境监督员进行指导、监督，承担企业环境行为法律责任的企业厂长或负责环境管理的副厂长，或者其他同等级别，并取得环境保护部颁发的培训合格证书的企业主要负责人。

3. 企业环境监督员

在企业环境管理总负责人的领导下，具体负责企业的污染防治、监督、检查等环境管理工作，承担其工作范围内的法律责任，并取得环境保护部颁发的培训合格证书的企业环境管理人员。各地可以根据实际情况将企业环境监督员分为水污染类企业环境监督员、大气污染类企业环境监督员和固废类企业环境监督员等类别。

4. 特定企业

特定企业是指一定生产规模或特定行业的生产企业。特定企业的划分主要根据是污染物的排放总量或特定污染物种类，如有毒有害物质。此次深化试点工作的特定企业主要是指：国家重点监控污染企业，已开展企业环境监督员制度试点的企业，以及各地环保部门认为有必要纳入试点的企业。

三、制度框架

（一）建立企业环境管理组织架构

企业应明确设置环境监督管理机构，建立企业领导、环境管理部门、车间负责人和车间环保员组成的企业环境管理责任体系，定期不定期召开企业环保情况报告会和专题会议，专题研究解决企业的环境问题，共同做好本企业的环境保护工作。企业需设置一名由企业主要领导担任的企业环境管理总负责人，全面负责企业的环境管理工作，负责监督检查企业的环境守法状况。企业应根据企业规模和污染物产生排放实际情况，至少设置 1 名企业环境监督员，负责监督检查企业的环境守法状况，并保持相对稳定。废气、废水等处理设施必须配备保证其正常运行的足够操作人员，设立能够监测主要污染物和特征污染物的化验室，配备专职的化验人员。有关职责如下：

1. 企业环境管理总负责人

（1）全面负责企业的环境管理工作。
（2）负责监督、指导企业环境监督员的工作，审核企业环境报告和环境信息等。
（3）负责组织制定并组织实施企业污染减排计划，落实削减目标。
（4）负责组织制定并组织实施企业内部环境管理制度。
（5）负责建立并组织实施企业环境突发事故应急制度。

2. 企业环境监督员

（1）负责制定并监督实施企业的环保工作计划和规章制度。
（2）负责企业污染减排计划实施和工作技术支持，协助污染减排核查工作。
（3）协助组织编制企业新建、改建、扩建项目环境影响报告及"三同时"计划，并予以督促实施。
（4）负责检查企业产生污染的生产设施、污染防治设施及存在环境安全隐患设施的运转情况，监督各环保操作岗位的工作。

（5）负责检查并掌握企业污染物的排放情况。

（6）负责向环保部门报告污染物排放情况，污染防治设施运行情况，污染物削减工程进展情况以及主要污染物减排目标实现情况，报告每季度不少于一次。接受环保部门的指导和监督，并配合环保部门监督检查。

（7）协助开展清洁生产、节能节水等工作。

（8）组织编写企业环境应急预案，对企业突发性环境污染事件及时向环保部门汇报，并进行处理。

（9）负责环境统计工作。

（10）负责组织对企业职工的环保知识培训。

3．企业环境监督员应承担的技术性事项

1）对于废气的管理与监督

（1）检查使用的燃料或原材料。

（2）检测烟尘发生设施。

（3）操作、检测并维护处理烟尘发生设施产生的烟尘的设备。

（4）测定烟尘量或烟尘浓度并记录其结果。

（5）检测并维护检测仪器。

（6）当发生烟尘类污染事故时，减少烟尘量或浓度并限制使用烟尘发生设施以及采取其他必要措施等。

2）对于废水的管理与监督

（1）检查使用的原材料。

（2）检测污水排放设施。

（3）操作、检测并维护处理污水排放设施排放的污水或废液设施及其附属设备。

（4）测定污水排放或特定地下水渗透水的污染状况并记录其结果。

（5）检测并维护检测仪器。

（6）当发生污水污染事件时，采取措施减少污水排放量以及采取其他必要应急措施。

3）对于固废的管理与监督

（1）检查使用的原材料。

（2）检测危险废弃物发生设施。

（3）调查危险废弃物发生种类、排放量、排放频率。

（4）检查危险废弃物的种类、性状并记录。

（5）操作检测并维护处理危险废弃物的设施及其附属设备。

（6）检查并维护检测仪器。

（7）设定并记录危险废弃物委托处理，编制转移联单。

（8）确认并现场检查危险废弃物委托处理方的处理方法（包括收集运输、再生利用的中间处理和最终处置）。

(9) 突发危险废弃物污染时采取的必要应急措施。

4. 企业环境管理部门

(1) 认真贯彻执行国家、上级主管部门的有关环保方针、政策和法律法规，主动了解熟悉国家和省、市及行业环保法律法规与政策标准，负责组织本企业环保工作的管理、监督和监测任务。

(2) 负责组织实施企业环保规划、污染减排规划、应急方案，编制年度环保工作总结报告。

(3) 监督检查企业"三废"治理设施运行情况，参加新建、扩建和改造项目方案的研究和审查工作，参加项目环保设施的竣工验收，提出环保意见和要求。

(4) 组织企业内部环境监测，掌握原始记录，建立环保设施运行台账，做好环保资料归档和统计工作，及时向环境保护行政主管部门报告情况。

(5) 组织企业员工进行环保法律、法规的宣传教育和培训考核，提高员工的环保意识。

(二) 提高企业环境管理与监督人员素质

对企业环境管理与监督人员具备知识的要求分为掌握、熟悉、了解三个层次。掌握即要求能在实际工作中灵活运用，熟悉即要求能够理解并简单应用，了解即要求具有企业环境管理相关的广泛知识。

1. 企业环境管理总负责人要求具备知识

(1) 了解国家环境保护方针政策及法律、法规。

(2) 了解环境保护基础知识。

(3) 了解一般环境污染防治及生态保护技术。

(4) 了解环境污染事故应急处理技术和相关知识。

2. 企业环境监督员要求具备知识

(1) 掌握国家环境保护方针政策及法律、法规。

(2) 掌握环境保护基础知识。

(3) 掌握污染防治理论和技术。

(4) 熟悉污染物测定和分析技术。

(5) 掌握环境污染事故应急处理技术和相关知识等。

(6) 掌握本企业的生产工艺和污染防治设施的基本情况。

(三) 建立健全企业环境管理台账和资料

(1) 环境影响评价文件，包括环境影响报告书（表）、环境影响评价批文。

(2) 企业环境保护职责和管理制度。

(3) 各类污染物处理装置设计、施工资料、竣工验收资料。

（4）企业环保"三同时"验收资料。

（5）企业污染物排放总量控制指标和排污申报登记表。

（6）废水和废气污染物处理装置日常运行状况和监测记录、报表，包括现状处理量、处理效率、运行时间、处理前和处理后排放情况、日常运行存在问题及解决措施落实情况。

（7）废水排放管网和在线自动监测仪器日常维护保养记录。

（8）分析监测仪器和设备日常维护和计量记录。

（9）工业固废委外处理协议，危险固废安全处置五联单据。

（10）企业主要噪声污染源数量、噪声级和厂界噪声监测数据。

（11）防范环境风险事故措施和环境风险事故应急预案。事故应急演练组织实施方案、记录。

（12）环境风险事故总结材料。

（13）安全防护和消防设施日常维护保养记录。

（14）企业环境管理工作人员专业技术培训登记情况。

（15）适用于本企业的环境保护法律、法规、规章制度及相关政策性文件。

（16）环境影响评价文件中规定的环境监控监测记录。

（17）企业总平面布置图和污水管网线路图，总平面布置图应包括废气污染源和污水排放口位置。

以上企业环境管理档案要求分类分年度装订，资料台账完善整齐，装订规范，排污许可证齐全，监测记录连续完整，指标符合环境管理要求，能反映企业在环境方面的全面情况。

（四）建立和完善企业内部环境管理制度

各有关企业要结合本企业实际情况，建立健全企业内部环境管理制度，完善企业内部环境管理机制。重点包括：

（1）企业环境规划与计划。

（2）企业污染减排计划。

（3）企业环境综合管理制度，包括企业各部门环境职责分工、环境报告制度、环境监测制度、尾矿库或渣场环境管理制度、危险废物环境管理制度、环境宣传教育和培训制度等。

（4）企业环境保护设施设备运行管理制度，包括企业环境保护设施设备操作规程、交接班制度、台账制度、环境保护设施设备维护保养管理制度等。

（5）企业环境监督管理制度，包括环境保护设施设备运转巡查制度等。

（6）企业环境应急管理制度，包括环境风险管理、环境应急报告、综合环境应急预案和有关专项预案等。

（7）企业环境监督员管理制度，包括企业环境管理总负责人和企业环境监督员工作职责、工作规范等。

以上制度应作为企业基本环境管理制度，以企业内部文件形式下发到各车间、部门；纳入环境保护管理档案；在企业内公示、张贴；在日常生产中贯彻落实到位。

（五）规范管理企业环境管理与监督人员

1. 登记备案制度

企业环境管理与监督人员实行登记备案管理制度。填写登记申请表，由县级以上环保部门环境监察机构对符合条件申请人，根据级别和专业分别登记，登记类别分为：
——企业环境管理总负责人
——企业环境监督员
获得培训合格证书者须在 3 个月内办理登记。

2. 报告制度

企业环境管理与监督人员实行报告制度，加强与环保部门沟通。每季度向市级以上环保部门环境监察机构报告有关情况。

（六）其他事项

（1）严格执行国家和地方的环保法律法规、环境标准，做到知法、懂法、守法。做到企业主要领导熟记本企业应执行的环保法律法规和标准名称、污染减排目标任务；车间、部门领导熟记环境保护目标任务；操作人员熟记岗位职责和操作规范。
（2）在企业内部进行环境保护宣传工作，各生产线应有标示牌图示生产工艺过程、产污环节、主要污染物名称及单位产品产污量、污染物处理方法和污染物排放去向。在企业醒目位置设立污染源分布图、污染物处理流程图和企业环境管理责任体系网络图公示牌。

四、培训管理

为了统一试点指导工作，试点工作的企业环境管理与监督人员的培训工作由环境保护部统一组织实施，年度培训工作计划另发。培训考试合格者，可以获得培训合格证书。通过培训，使不同类别的企业环境管理与监督人员掌握相应的专业知识和实际操作技术，确保其在具体工作岗位履行职责的能力。培训内容包括：
（1）环境保护基础知识、污染减排政策。
（2）环境保护法律体系和标准体系。
（3）企业社会责任和企业社会环境责任。
（4）企业环境管理与监督基本理论及方法，包括日常环境管理和环境应急管理等。
（5）环境污染控制技术和监测技术。
（6）企业环境监督员制度框架。

附录五　水环境保护标准目录（摘录）

（2011 年 01 月 12 日实施）

一、水环境质量标准

标准名称	标准编号	发布时间	实施时间
地表水环境质量标准	GB 3838—2002	2002-4-28	2002-6-1
海水水质标准	GB 3097—1997	1997-12-3	1998-7-1
地下水质量标准	GB/T 14848—1993	1993-12-30	1994-10-1
农田灌溉水质标准	GB 5084—1992	1992-1-4	1992-10-1
渔业水质标准	GB 11607—1989	1989-8-12	1990-3-1

二、水污染物排放标准

标准名称	标准编号	发布时间	实施时间
磷肥工业水污染物排放标准	GB 15580—2011	2011-4-2	2011-10-1
稀土工业污染物排放标准	GB 26451—2011	2011-1-24	2011-10-1
钒工业污染物排放标准	GB 26452—2011	2011-4-2	2011-10-1
弹药装药行业水污染物排放标准	GB 14470.3—2011	2011-4-29	2012-1-1
淀粉工业水污染物排放标准	GB 25461—2010	2010-9-27	2010-10-1
酵母工业水污染物排放标准	GB 25462—2010	2010-9-27	2010-10-1
油墨工业水污染物排放标准	GB 25463—2010	2010-9-27	2010-10-1
陶瓷工业污染物排放标准	GB 25464—2010	2010-9-27	2010-10-1
铝工业污染物排放标准	GB 25465—2010	2010-9-27	2010-10-1
铅、锌工业污染物排放标准	GB 25466—2010	2010-9-27	2010-10-1
铜、镍、钴工业污染物排放标准	GB 25467—2010	2010-9-27	2010-10-1
镁、钛工业污染物排放标准	GB 25468—2010	2010-9-27	2010-10-1
硝酸工业污染物排放标准	GB 26131—2010	2010-12-30	2011-3-1
硫酸工业污染物排放标准	GB 26132—2010	2010-12-30	2011-3-1
杂环类农药工业水污染物排放标准	GB 21523—2008	2008-4-2	2008-7-1
制浆造纸工业水污染物排放标准	GB 3544—2008	2008-7-25	2008-8-1
电镀污染物排放标准	GB 21900—2008	2008-7-25	2008-8-1
羽绒工业水污染物排放标准	GB 21901—2008	2008-7-25	2008-8-1
合成革与人造革工业污染物排放标准	GB 21902—2008	2008-7-25	2008-8-1
发酵类制药工业水污染物排放标准	GB 21903—2008	2008-7-25	2008-8-1
化学合成类制药工业水污染物排放标准	GB 21904—2008	2008-7-25	2008-8-1
提取类制药工业水污染物排放标准	GB 21905—2008	2008-7-25	2008-8-1

续表

标准名称	标准编号	发布时间	实施时间
中药类制药工业水污染物排放标准	GB 21906—2008	2008-7-25	2008-8-1
生物工程类制药工业水污染物排放标准	GB 21907—2008	2008-7-25	2008-8-1
混装制剂类制药工业水污染物排放标准	GB 21908—2008	2008-7-25	2008-8-1
制糖工业水污染物排放标准	GB 21909—2008	2008-7-25	2008-8-1
皂素工业水污染物排放标准	GB 20425—2006	2006-9-1	2007-1-1
煤炭工业污染物排放标准	GB 20426—2006	2006-9-1	2006-10-1
医疗机构水污染物排放标准	GB 18466—2005	2005-7-27	2006-1-1
啤酒工业污染物排放标准	GB 19821—2005	2005-7-18	2006-1-1
柠檬酸工业污染物排放标准	GB 19430—2004	2004-1-18	2004-4-1
味精工业污染物排放标准	GB 19431—2004	2004-1-18	2004-4-1
兵器工业水污染物排放标准火炸药	GB 14470.1—2002	2002-11-18	2003-7-1
兵器工业水污染物排放标准火工药剂	GB 14470.2—2002	2002-11-18	2003-7-1
兵器工业水污染物排放标准弹药装药	GB 14470.3—2002	2002-11-18	2003-7-1
城镇污水处理厂污染物排放标准	GB 18918—2002	2002-11-19	2003-7-1
合成氨工业水污染物排放标准	GB 13458—2001	2001-11-12	2002-1-1
污水海洋处置工程污染控制标准	GB 18486—2001	2001-11-12	2002-1-1
畜禽养殖业污染物排放标准	GB 18596—2001	2001-12-28	2003-1-1
污水综合排放标准	GB 8978—1996	1996-10-4	1998-1-1
磷肥工业水污染物排放标准	GB 15580—1995	1995-6-12	1996-7-1
烧碱、聚氯乙烯工业水污染物排放标准	GB 15581—1995	1995-6-12	1996-7-1
航天推进剂水污染物排放标准	GB 14374—1993	1993-5-22	1993-12-1
钢铁工业水污染物排放标准	GB 13456—1992	1992-5-18	1992-7-1
肉类加工工业水污染物排放标准	GB 13457—1992	1992-5-18	1992-7-1
纺织染整工业水污染物排放标准	GB 4287—1992	1992-5-18	1992-7-1
海洋石油开发工业含油污水排放标准	GB 4914—1985	1985-1-18	1985-8-1
船舶工业污染物排放标准	GB 4286—1984	1984-5-18	1985-3-1
船舶污染物排放标准	GB 3552—1983	1983-4-9	1983-10-1

附录六　大气环境保护标准目录（摘录）

（2011 年 05 月 23 日实施）

一、大气环境质量标准

标准名称	标准编号	发布时间	实施时间
室内空气质量标准	GB/T 18883—2002	2002-11-19	2003-3-1
环境空气质量标准	GB 3095—1996	1996-1-18	1996-10-1
保护农作物的大气污染物最高允许浓度	GB 9137—1988	1998-4-30	1998-10-1

二、大气污染物排放标准

标准名称	标准编号	发布时间	实施时间
摩托车和轻便摩托车排气污染物排放限值及测量方法（双急速法）	GB 14621—2011	2011-5-12	2011-10-1
稀土工业污染物排放标准	GB 26451—2011	2011-1-24	2011-10-1
钒工业污染物排放标准	GB 26452—2011	2011-4-2	2011-10-1
平板玻璃工业大气污染物排放标准	GB 26453—2011	2011-4-2	2011-10-1
陶瓷工业污染物排放标准	GB 25464—2010	2010-9-27	2010-10-1
铝工业污染物排放标准	GB 25465—2010	2010-9-27	2010-10-1
铅、锌工业污染物排放标准	GB 25466—2010	2010-9-27	2010-10-1
铜、镍、钴工业污染物排放标准	GB 25467—2010	2010-9-27	2010-10-1
镁、钛工业污染物排放标准	GB 25468—2010	2010-9-27	2010-10-1
硝酸工业污染物排放标准	GB 26131—2010	2010-12-30	2011-3-1
硫酸工业污染物排放标准	GB 26132—2010	2010-12-30	2011-3-1
非道路移动机械用小型点燃式发动机排气污染物排放限值与测量方法（中国第一、二阶段）	GB 26133—2010	2010-12-30	2011-3-1
煤层气（煤矿瓦斯）排放标准（暂行）	GB 21522—2008	2008-4-2	2008-7-1
电镀污染物排放标准	GB 21900—2008	2008-6-25	2008-8-1
合成革与人造革工业污染物排放标准	GB 21902—2008	2008-6-25	2008-8-1
储油库大气污染物排放标准	GB 20950—2007	2007-6-22	2007-8-1
加油站大气污染物排放标准	GB 20952—2007	2007-6-22	2007-8-1
煤炭工业污染物排放标准	GB 20426—2006	2006-9-1	2006-10-1
水泥工业大气污染物排放标准	GB 4915—2004	2004-12-29	2005-1-1
火电厂大气污染物排放标准	GB 13223—2003	2003-12-30	2004-1-1
锅炉大气污染物排放标准	GB 13271—2001	2001-11-12	2002-1-1
饮食业油烟排放标准（试行）	GB 18483—2001	2001-11-12	2002-1-1

续表

标准名称	标准编号	发布时间	实施时间
工业炉窑大气污染物排放标准	GB 9078—1996	1996-3-7	1997-1-1
炼焦炉大气污染物排放标准	GB 16171—1996	1996-3-7	1997-1-1
大气污染物综合排放标准	GB 16297—1996	1996-4-12	1997-1-1
恶臭污染物排放标准	GB 14554—1993	1993-8-6	1994-1-15
重型车用汽油发动机与汽车排气污染物排放限值及测量方法（中国Ⅲ、Ⅳ阶段）	GB 14762—2008	2008-4-2	2009-7-1
摩托车污染物排放限值及测量方法（工况法，中国第Ⅲ阶段）	GB 14622—2007	2007-4-3	2008-7-1
轻便摩托车污染物排放限值及测量方法（工况法，中国第Ⅲ阶段）	GB 18176—2007	2007-4-3	2008-7-1
非道路移动机械用柴油机排气污染物排放限值及测量方法（中国Ⅰ、Ⅱ阶段）	GB 20891—2007	2007-4-3	2007-10-1
汽油运输大气污染物排放标准	GB 20951—2007	2007-6-22	2007-8-1
摩托车和轻便摩托车燃油蒸发污染物排放限值及测量方法	GB 20998—2007	2007-7-19	2008-7-1
车用压燃式发动机和压燃发动机汽车排气烟度排放限值及测量方法	GB 3847—2005	2005-5-30	2005-7-1
装用点燃式发动机重型汽车曲轴箱污染物排放限值	GB 11340—2005	2005-4-15	2005-7-1
装用点燃式发动机重型汽车燃油蒸发污染物排放限值	GB 14763—2005	2005-4-15	2005-7-1
车用压燃式、气体燃料点燃式发动机与汽车排气污染物排放限值及测量方法（中国Ⅲ、Ⅳ、Ⅴ阶段）	GB 17691—2005	2005-5-30	2007-1-1
点燃式发动机汽车排气污染物排放限值及测量方法（双怠速法及简易工况法）	GB 18285—2005	2005-5-30	2005-7-1
轻型汽车污染物排放限值及测量方法（中国Ⅲ、Ⅳ阶段）	GB 18352.3—2005	2005-4-15	2007-7-1
三轮汽车和低速货车用柴油机排气污染物排放限值及测量方法（中国Ⅰ、Ⅱ阶段）	GB 19756—2005	2005-5-30	2006-1-1
摩托车和轻便摩托车排气烟度排放限值及测量方法	GB 19758—2005	2005-5-30	2005-7-1
摩托车和轻便摩托车排气污染物排放限值及测量方法（怠速法）	GB 14621—2002	2002-11-27	2003-1-1
车用点燃式发动机及装用点燃式发动机汽车排气污染物排放限值及测量方法	GB 14762—2002	2002-11-18	2003-1-1
农用运输车自由加速烟度排放限值及测量方法	GB 18322—2002	2002-1-4	2002-7-1
车用压燃式发动机排气污染物排放限值及测量方法	GB 17691—2001	2001-4-16	2001-4-16
轻型汽车污染物排放限值及测量方法（Ⅰ）	GB 18352.1—2001	2001-4-16	2001-4-16

附录七　固体废物环境标准目录（摘录）

（2010 年 02 月 25 日实施）

一、固体废物污染控制标准

标准名称	标准编号	发布时间	实施时间
生活垃圾填埋场污染控制标准	GB 16889—2008	2008-4-2	2008-7-1
进口可用作原料的固体废物环境保护控制标准—骨废料	GB 16487.1—2005	2005-12-14	2006-2-1
进口可用作原料的固体废物环境保护控制标准—冶炼渣	GB 16487.2—2005	2005-12-14	2006-2-1
进口可用作原料的固体废物环境保护控制标准—木、木制品废料	GB 16487.3—2005	2005-12-14	2006-2-1
进口可用作原料的固体废物环境保护控制标准—废纸或纸板	GB 16487.4—2005	2005-12-14	2006-2-1
进口可用作原料的固体废物环境保护控制标准—废纤维	GB 16487.5—2005	2005-12-14	2006-2-1
进口可用作原料的固体废物环境保护控制标准—废钢铁	GB 16487.6—2005	2005-12-14	2006-2-1
进口可用作原料的固体废物环境保护控制标准—废有色金属	GB 16487.7—2005	2005-12-14	2006-2-1
进口可用作原料的固体废物环境保护控制标准—废电机	GB 16487.8—2005	2005-12-14	2006-2-1
进口可用作原料的固体废物环境保护控制标准—废电线电缆	GB 16487.9—2005	2005-12-14	2006-2-1
进口可用作原料的固体废物环境保护控制标准—废五金电器	GB 16487.10—2005	2005-12-14	2006-2-1
进口可用作原料的固体废物环境保护控制标准—供拆卸的船舶及其他浮动结构体	GB 16487.11—2005	2005-12-14	2006-2-1
进口可用作原料的固体废物环境保护控制标准—废塑料	GB 16487.12—2005	2005-12-14	2006-2-1
进口可用作原料的固体废物环境保护控制标准—废汽车压件	GB 16487.13—2005	2005-12-14	2006-2-1
医疗废物集中处置技术规范（试行）	环发〔2003〕206 号	2003-12-26	2003-12-26
医疗废物转运车技术要求（试行）	GB 19217—2003	2003-6-30	2003-6-30
医疗废物焚烧炉技术要求（试行）	GB 19218—2003	2003-6-30	2003-6-30
危险废物焚烧污染控制标准	GB 18484—2001	2001-11-12	2002-1-1
生活垃圾焚烧污染控制标准	GB 18485—2001	2001-11-12	2002-1-1
危险废物贮存污染控制标准	GB 18597—2001	2001-12-28	2002-7-1
危险废物填埋污染控制标准	GB 18598—2001	2001-12-28	2002-7-1
一般工业固体废物贮存、处置场污染控制标准	GB 18599—2001	2001-12-28	2002-7-1
含多氯联苯废物污染控制标准	GB 13015—91	1991-6-27	1992-3-1
城镇垃圾农用控制标准	GB 8172—87	1987-10-5	1988-2-1
农用粉煤灰中污染物控制标准	GB 8173—87	1987-10-5	1988-2-1
农用污泥中污染物控制标准	GB 4284—84	1984-5-18	1985-3-1

二、危险废物鉴别标准

标准名称	标准编号	发布时间	实施时间
危险废物鉴别标准 腐蚀性鉴别	GB 5085.1—2007	2007-4-25	2007-10-1
危险废物鉴别标准 急性毒性初筛	GB 5085.2—2007	2007-4-25	2007-10-1
危险废物鉴别标准 浸出毒性鉴别	GB 5085.3—2007	2007-4-25	2007-10-1
危险废物鉴别标准 易燃性鉴别	GB 5085.4—2007	2007-4-25	2007-10-1
危险废物鉴别标准 反应性鉴别	GB 5085.5—2007	2007-4-25	2007-10-1
危险废物鉴别标准 毒性物质含量鉴别	GB 5085.6—2007	2007-4-25	2007-10-1
危险废物鉴别标准 通则	GB 5085.7—2007	2007-4-25	2007-10-1
危险废物鉴别技术规范	HJ/T 298—2007	2007-5-21	2007-7-1

附录八　生态环境保护标准目录

（2010 年 10 月 25 日实施）

一、相关技术规范、标准

标准名称	标准编号	发布时间	实施时间
化肥使用环境安全技术导则	HJ 555—2010	2010-3-8	2010-5-1
农药使用环境安全技术导则	HJ 556—2010	2010-7-9	2011-1-1
农业固体废物污染控制技术导则	HJ 588—2010	2010-10-18	2011-1-1
环保用微生物菌剂环境安全评价导则	HJ/T 415—2008	2008-1-4	2008-5-1
生态环境状况评价技术规范（试行）	HJ/T 192—2006	2006-3-9	2006-5-1
食用农产品产地环境质量评价标准	HJ 332—2006	2006-11-17	2007-2-1
温室蔬菜产地环境质量评价标准	HJ 333—2006	2006-11-17	2007-2-1
自然保护区管护基础设施建设技术规范	HJ/T 129—2003	2003-8-13	2003-10-1
有机食品技术规范	HJ/T 80—2001	2001-12-24	2002-4-1
畜禽养殖业污染防治技术规范	HJ/T 81—2001	2001-12-29	2002-4-1
海洋自然保护区类型与级别划分原则	GB/T 17504—1998	1998-10-12	1999-4-1
山岳型风景资源开发环境影响评价指标体系	HJ/T 6—1994	1994-4-21	1994-10-1
自然保护区类型与级别划分原则	GB/T 14529—1993	1993-7-19	1994-1-1

二、相关监测规范、方法标准

标准名称	标准编号	发布时间	实施时间
生物尿中 1-羟基芘的测定　高效液相色谱法	GB/T 16156—1996	1996-3-6	1996-10-1
生物质量　六六六和滴滴涕的测定　气相色谱法	GB/T 14551—1993	1993-8-6	1994-1-15
粮食和果蔬质量　有机磷农药的测定　气相色谱法	GB/T 14553—1993	1993-8-6	1994-1-15

附录九　环境噪声与振动标准目录（摘录）

（2009 年 04 月 17 日实施）

一、声环境质量标准

标准名称	标准编号	发布时间	实施时间
声环境质量标准	GB 3096—2008	2008-8-19	2008-10-1
机场周围飞机噪声环境标准	GB 9660—1988	1988-8-11	1988-11-1
城市区域环境振动标准	GB 10070—1988	1988-12-10	1989-7-1

二、环境噪声排放标准

标准名称	标准编号	发布时间	实施时间
工业企业厂界环境噪声排放标准	GB 12348—2008	2008-8-19	2008-10-1
社会生活环境噪声排放标准	GB 22337—2008	2008-8-19	2008-10-1
摩托车和轻便摩托车定置噪声排放限值及测量方法	GB 4569—2005	2005-4-15	2005-7-1
摩托车和轻便摩托车加速行驶噪声限值及测量方法	GB 16169—2005	2005-4-15	2005-7-1
三轮汽车和低速货车加速行驶车外噪声限值及测量方法（中国Ⅰ、Ⅱ阶段）	GB 19757—2005	2005-5-30	2005-7-1
汽车加速行驶车外噪声限值及测量方法	GB 1495—2002	2002-1-4	2002-10-1
汽车定置噪声限值	GB 16170—1996	1996-3-7	1997-1-1
建筑施工场界噪声限值	GB 12523—1990	1990-11-9	1991-3-1
铁路边界噪声限值及其测量方法	GB 12525—1990	1990-11-9	1991-3-1

附录十　排放污染物申报登记统计表

行政区划代码 □□□□□□-□□□

法定代表人(签章)＿＿＿＿＿＿

填　表　人＿＿＿＿＿＿＿＿＿

申报年度:□□□□

单位名称(盖章)

申报单位法人代码□□□□□□□□-□(□□)

报出日期:＿＿＿年＿＿月＿＿日

环境保护部　制

排污类型	
污水	□
废气	□
固体废物	□
噪声	□

审核意见

经办人意见:	环境监察机构审核意见:
经办人:　　　年　月　日	负责人:　　　单位(盖章)　　　年　月　日

一、基本情况及上年污染物排放情况

附表 10.1 单位基本信息

1. 单位地址	省(自治区、直辖市)___ 市(地、州、盟)___ 县(市、旗、区)___ 乡、镇及街(道、路)___
2. 中心经度	°′″
3. 中心纬度	°′″
4. 单位环保机构名称	
5. 专职环保人员数	6. 联系人 ___ 7. 电话/传真 ___ 8. 电子邮件 ___
9. 通信地址	10. 邮政编码
11. 投产(开业)日期 □	12. 上年生产(经营)天数 ___ 13. 年末职工人数 ___ 14. 企业规模 ___
15. 单位类别 □□□	16. 登记注册类型 ___ 17. 隶属关系 ___ 18. 行业类别 □ □□□
19. 开户行	20. 账号
21. 上年总产值/万元	22. 上年利税金额/万元 ___ 23. 上年"三废"综合利用产品产值/万元 ___ 24. 上年末固定资产原值/万元 ___
25. 环保设施原值/万元	26. 污水治理设施数/套 ___ 27. 污水治理设施处理能力/(t/d) ___ 28. 上年污水治理设施运行费用/万元 ___
29. 锅炉数/台 [台]	
30. 锅炉总蒸吨数 [蒸吨]	
31. 其中烟尘排放达标数	32. 其中二氧化硫排放/标数 ___ 33. 工业炉窑数/座 ___ 34. 其中烟尘排放达标数/座 ___ 35. 其中二氧化硫排放达标数/座 ___
36. 废气治理设施数/套	37. 废气治理设施处理能力/(标 m³/h) ___ 38. 上年废气治理设施运行费用/万元 ___ 39. 脱硫设施数/套 ___ 40. 脱硫设施脱硫能力/kg/h ___
排污许可证	41. 编号 ___ 42. 发证日期 ___ 43. 是否重点污染源 国家级□ 省级□ 地市级□ 否□
44. 上年缴纳排污费总额/万元	
45. 上年环境违法罚款/万元	

附表 10.2　上年污染治理设施情况

1. 治理设施名称	2. 污染类别	3. 处理方法	4. 设计处理能力	5. 处理量	6. 排向的排放口名称及编号	7. 运行天数	8. 运行费用/万元	9. 投入使用日期
(1)								

附表 10.3　上年主要产品、原辅材料年产（用）量

1. 主要产品名称	2. 计量单位	3. 设计年产量	4. 年产量	5. 主要原辅料名称	6. 计量单位	6. 用（耗）量	7. 单位产品用水量/t	8. 单位产品能耗量/t 标煤	9. 其中单位产品煤耗量/t
(1)									

附表 10.4　上年单位产品排污量

1. 主要产品名称	2. 计量单位	3. 单位产品污水排放量/t	单位产品污水中主要污染物排放量		6. 单位产品废气排放量/m³	单位产品废气中主要污染物排放量	
			4. 污染物名称	5. 排放量/kg		7. 污染物名称	8. 排放量/kg
(1)							
(2)							

附表 10.5　上年能源消耗情况

固体燃料				液体燃料					气体燃料	
煤炭				油类燃料						
1. 合计/t	2. 燃料煤/t	3. 原料煤/t	4. 其他固体燃料/t	5. 合计/t	6. 重油/t	7. 柴油/t	8. 其他油类燃料/t	9. 其他液体燃料/t	10. 天然气/万标 m³	11. 其他气体燃料/万标 m³

附表10.6　上年用水情况（单位：万t）

1.用水总量	新鲜用水量					重复用水	
	2.合计	3.自来水	4.地下水	5.地表水	6.其他水	7.重复用水量	8.重复用水率/%

附表10.7　上年污水及污染物排放汇总情况

1.排放口数量/个				
2.污水排放量/万t				
3.达标排放量/万t				
4.超标排放量/万t				
5.直接排入海量/万t				
6.直接排入江河湖库量/万t				
7.排入城市管网量/万t				
8.其中排入城镇污水处理厂量/万t				
9.其他去向量/万t				

10.污染物名称	排放量/t			去除量/t	
	13.合计	14.达标量	15.超标量	11.去除量	12.其中当年新增设施去除量
(1)汞					
(2)镉					
(3)六价铬					
(4)铅					
(5)砷					
(6)挥发酚					
(7)氰化物					
(8)化学需氧量					
(9)石油类					
(10)氨氮					
(11)					
(12)					

附表10.8　上年废气及污染物排放汇总情况

1.废气排放口数量/个												
2.其中工艺废气排放口数量/个												
3.其中燃烧废气排放口数量/个												
4.废气排放量/万标m³												
5.其中工艺废气排放量/万标m³												
6.其中燃烧废气排放量/万标m³												

7.污染物名称	排放量/t			其中:工艺废气排放/t			其中:燃烧废气排放/t			去除量/t			
	12.合计	13.达标量	14.超标量	15.合计	16.达标量	17.超标量	18.合计	19.达标量	20.超标量	8.合计	9.其中当年新增设施去除量	10.其中燃烧废气去除量	11.其中工艺废气去除量
(1)二氧化硫													
(2)烟尘													
(3)工业粉尘				—			—						—

附表 10.9　上年固体废物产生及去向情况（单位：t）

1. 固体废物名称	2. 产生量	3. 主要有害成分	综合利用量		处置量					贮存量				15. 排放量	16. 是否办理转移联单
			4. 合计	5. 其中综合利用往年贮存量	6. 合计	7. 符合环保标准处置量	8. 不符合环保标准处置量	9. 其中运往集中处置厂量	10. 处置往年贮存量	11. 合计	12. 符合环保标准贮存量	13. 不符合环保标准贮存量	14. 历年累计贮存量		
(1) 危险废物															
(2) 其中:医疗废物															
(3) 冶炼渣															
(4) 粉煤灰															
(5) 放射性废物		—	—		—	—		—	—		—	—		—	—
(6) 其他															
合计		—	—		—	—		—	—		—	—		—	—

附表 10.10　上年工业企业污染治理项目建设情况

1. 污染治理项目名称	2. 治理类型	3. 开工年月	4. 建成投产年月	5. 计划总投资/万元	6. 至上年底累计完成投资/万元	上年完成投资及资金来源/万元							14. 上年竣工项目设计及新增处理能力
						7. 合计	8. 国家预算内资金	9. 环境保护专项资金	其他资金				
									10. 合计	其中			
										11. 国内贷款	12. 利用外资	13. 企业自筹	
(1)													
(2)													

附表 10.11　排污许可证情况

	1. 污染物名称	2. 污水中污染物允许排放量/(t/a)	3. 最高允许排放浓度/(mg/L)
污水			
	4. 污水允许排放量/(万t/a)		

	5. 污染物名称	6. 废气中污染物允许排放量/(t/a)	7. 最高允许排放浓度/(mg/m³)
废气			
	8. 废气允许排放量/(万标m³/a)		

二、本年污染物排放申报

附表 10.12 污染物排放年汇总表

污水

1. 污水排放口数量/个	2. 污水排放量/万 t	3. 水污染物名称	4. 排放量/t
		(1)汞	
		(2)镉	
		(3)六价铬	
		(4)铅	
		(5)砷	
		(6)挥发酚	
		(7)氰化物	
		(8)化学需氧量	
		(9)石油类	
		(10)氨氮	
		(11)	
		(12)	
		(13)	
		(14)	
		(15)	
		(16)	

废气

5. 废气排放口数量/个	6. 工艺废气排放口数量/个	7. 燃烧废气排放口数量/个	8. 废气排放量/万标 m³	9. 工艺废气排放量/(万标 m³)	11. 工艺废气污染物名称	12. 排放量/t	10. 燃烧废气排放量/(万标 m³)	11. 燃烧废气污染物名称	12. 排放量/t
					(1)二氧化硫			(1)二氧化硫	
					(2)烟尘			(2)烟尘	
					(3)工业粉尘			(3)	
					(4)			(4)	
					(5)			(5)	
					(6)			(6)	

固体废物/t

13. 固体废物名称	14. 产生量	15. 综合利用量	16. 处置量	17. 贮存量	18. 排放量
(1)危险废物					
(2)其中:医疗废物					
(3)冶炼渣					
(4)粉煤灰					
(5)炉渣					
(6)煤矸石					
(7)尾矿					
(8)放射性废物					
(9)其他渣					

附表 10.13　污水排放口年排放情况

1. 排放口名称			
2. 排放口编号			
3. 排放口位置	4. 经度	° ′ ″	6. 功能区类别
	5. 纬度	° ′ ″	
7. 执行标准类别			
8. 污水排放规律 □			
9. 排放天数			
10. 排放时间/(h/d) □			
11. 排放去向			
12. 水体名称			
13. 污水排放量/万 t	14. 其中达标排放量/万 t		15. 其中超标排放量/万 t
16. 排放月份	1月□ 2月□ 3月□ 4月□　5月□ 6月□ 7月□ 8月□　9月□ 10月□ 11月□ 12月□		
17. 最近一次建设的项目名称	18. 建设日期		19. 污染源自动监控仪器名称

20. 污染物名称	污染物排放量/t		
	22. 达标排放量	其中 23. 超标排放量	
21. 合计			
(1) 汞			
(2) 镉			
(3) 六价铬			
(4) 铅			
(5) 砷			
(6) 挥发酚			
(7) 氰化物			
(8) 化学需氧量			
(9) 石油类			
(10) 氨氮			

附表 10.14　废气排放口年排放情况

1. 排放口名称			
2. 排放口编号			
3. 排放口位置	4. 经度	° ′ ″	6. 功能区类别
	5. 纬度	° ′ ″	
7. 执行标准类别			
8. 是否两控区	是□否□		
9. 排放口类型	工艺废气排放口□ 燃烧废气排放口□		
10. 设备名称			
11. 废气排放规律			
12. 排放天数			
13. 排放口高度/m	14. 排放时间/(h/d)	15. 出口内径/m	16. 装机容量/万 kw
17. 燃料名称	18. 燃料耗量/(万 t 或万 m³)	19. 燃烧方式	20. 燃烧设备用途 生产经营□ 冬季采暖□
△21. 车间工段名称			

续表

22. 废气排放量/（万标 m³）	23. 其中达标排放量/（万标 m³）	24. 其中超标排放量/（万标 m³）	25. 排放月份	26. 污染源自动监控仪器名称
			1月□ 2月□ 3月□ 4月□ 5月□ 6月□ 7月□ 8月□ 9月□ 10月□ 11月□ 12月□	

27. 污染物名称	污染物排放量/t		
	28. 合计	其中	
		29. 达标排放量	30. 超标排放量
(1) 二氧化硫			
(2) 烟尘			
(3) 工业粉尘			
(4)			

附表 10.15　污水排放口污染物月排放情况

1. 排放口名称		2. 排放口编号		3. 污水排放量/t		4. 污水排放量数据来源	

5. 污染物名称	排放浓度/(mg/L)		8. 数据来源	排放量/kg		
	6. 执行标准值	7. 排放浓度		9. 合计	10. 达标排放量	11. 超标排放量
(1) 汞						
(2) 镉						
(3) 六价铬						
(4) 铅						
(5) 砷						
(6) 挥发酚						
(7) 氰化物						
(8) 化学需氧量						
(9) 石油类						
(10) 氨氮						
(11)						
(12)						

附表 10.16　废气排放口污染物月排放情况

1. 排放口名称			4. 废气排放量/标 m³	5. 废气排放量数据来源	6. 排放时间/h	7. 林格曼黑度/级　0□ 1□ 2□ 3□ 4□ 5□
2. 排放口编号	3. 排放口类型	工艺废气排放口 □　燃烧废气排放口 □				
8. 燃料名称	9. 燃料产地		10. 燃料用量/t 或 m³	11. 燃料硫分/%	12. 燃料灰分/%	13. 燃料热值

14. 污染物名称	排放浓度/(mg/m³)		排放速率/(kg/h)		19. 数据来源	排放量/kg		
	15. 执行标准值	16. 排放浓度	17. 执行标准值	18. 排放速率		20. 合计	21. 达标排放量	22. 超标排放量
(1)二氧化硫								
(2)烟尘								
(3)工业粉尘								
(4)								

附表 10.17　固体废物月排放情况

单位：t

1. 固体废物名称	2. 产生量	3. 综合利用量	处置量				贮存量			11. 排放量
			4. 合计	5. 符合环保标准处置量	6. 不符合环保标准处置量	7. 其中运往集中处置厂量	8. 合计	9. 符合环保标准准处置量	10. 不符合环保标准处置量	
(1)危险废物										
(2)其中:医疗废物										
(3)冶炼渣										
(4)粉煤灰										
(5)炉渣										
(6)煤矸石										
(7)尾矿			—		—		—		—	—
(8)放射性废物										
(9)其他渣										

附表 10.18　边界噪声月排放情况

1. 测点名称	2. 测点位置	3. 对应噪声源及编号	4. 噪声源性质	5. 功能区类别	6. 昼间噪声排放（__时_时）				11. 夜间噪声排放（__时_时）					17. 边界超标长度是否超过100m
					7. 执行标准 L_{eq}/dB(A)	8. 等效声级/dB(A)	9. 超标分贝数	10. 超标天数	12. 执行标准 L_{eq}/dB(A)	13. 等效声级/dB(A)	14. 峰值声级/dB(A)	15. 超标分贝数	16. 超标天数	
(1)														
(2)														
(3)														
(4)														

主要参考文献

陈海洋. 2010. 环境监察信息化. 北京：中国环境科学出版社.

郭正，陈喜红. 2005. 环境监察. 北京：化学工业出版社.

国家环保总局. 2003. 排污收费制度. 北京：中国环境科学出版社.

国家环保总局. 2004. 排污申报登记实用手册. 北京：中国环境科学出版社.

国家环保总局. 2008. 环境监察（第二版）. 北京：中国环境科学出版社.

国家环保总局科技标准司. 2003. 工业污染物产生与排放系数手册. 北京：中国环境科学出版社.

国家环境保护总局. 2004. 生态环境监察工作指南. 北京：中国环境科学出版社.

国家环境保护总局. 2006. 环境监察. 北京：中国环境科学出版社.

国家环境保护总局环境监察局，监察部执法监察司. 2005. 环境保护行政监察实用手册. 北京：中国环境科学出版社.

环境保护部环境监察局. 2009. 环境监察（第三版）. 北京：中国环境科学出版社.

环境保护部环境监察局. 2011. 环境行政处罚法释义. 北京：中国环境科学出版社.

金毓荃，李坚. 2002. 环境工程设计基础. 北京：化学工业出版社.

李爱年，李慧玲. 2008. 环境与资源保护法. 杭州：浙江大学出版社.

毛应淮. 2004. 排污收费概论. 北京：中国环境科学出版社.

肖北庚，刘丹. 2008. 行政法与行政诉讼法学. 长沙：湖南人民出版社.

周发武，鲍建国. 2007. 环境自动监控系统：技术与管理. 北京：中国环境科学出版社.